Vita Mathematica
Band 3

Herausgegeben
von Emil A. Fellmann

Heinrich Heesch

Kristallgeometrie
Parkettierungen
Vierfarbenforschung

von Hans-Günther Bigalke

1988 Birkhäuser Verlag
Basel · Boston · Berlin

Adresse des Autors:
Prof. Dr. Hans-Günther Bigalke
Leuschnerstraße 24
D-3100 Celle

CIP-Kurztitelaufnahme der Deutschen Bibliothek

Bigalke, Hans-Günther:
Heinrich Heesch : Kristallgeometrie, Parkettierungen,
Vierfarbenforschung / von Hans-Günther Bigalke.
Basel ; Boston, Berlin : Birkhäuser, 1988.
(Vita Mathematica ; Bd. 3)
ISBN-13:978-3-0348-7247-8 e-ISBN-13: 978-3-0348-7246-1
DOI: 10.1007/978-3-0348-7246-1
NE: GT

Softcover reprint of the hardcover 1st edition 1988
Typografie und Umschlag: Albert Gomm
Maquette: Karin Gruber

ISBN-13:978-3-0348-7247-8

Inhaltsverzeichnis

Inhaltsverzeichnis

Vorwort

«Heinrich Heesch» – Die Geschichte eines äußerst sensiblen, musikalisch hochbegabten und umfassend gebildeten, schöpferisch ungemein produktiven Mathematikers, die in ihrer Gesamtheit zwar nicht typisch ist, in Einzelheiten aber Merkmale aufweist, wie sie im Leben eines Wissenschaftlers oft charakteristisch sind: Bedeutende Erfolge wechseln mit Enttäuschungen, wissenschaftliche Anerkennungen bleiben lange Zeit aus, Neid und Intrigen behindern zeitweise den wissenschaftlichen Fortschritt, das angestrebte Endziel jahrzehntelangen Forschens wird kurz vor seinem Erreichen durch die «Konkurrenz» zunichte gemacht. So zeichnen sich im wesentlichen drei Aspekte seines wissenschaftlichen Lebens ab:

Heinrich Heesch hatte das Glück, in seinem Leben bedeutende mathematische Ergebnisse zu erzielen. In der Kristallgeometrie gelangen ihm zahlreiche noch heute aktuelle Einsichten. Seine gruppentheoretischen Methoden zur Aufzählung von Kristallgruppen aus den Jahren 1929/30 waren richtungsweisend. Er führte als erster die Schwarz-Weiß-Gruppen-Sicht ein, deren Bedeutung für die Kristallographie und die Festkörperphysik sich erst vierzig Jahre später herausstellte. In der ersten Hälfte der dreißiger Jahre gelang ihm die von Hilbert angeregte Lösung des regulären Parkettierungsproblems und vieler damit zusammenhängender Probleme der Flächenteilung. Danach beschäftigte er sich bis hinein in die achtziger Jahre fast nur noch mit dem Vierfarbenproblem. In nahezu fünfzig Jahren gelangen ihm hier zahlreiche wesentliche Erkenntnisse und Fortschritte. Und wenn heute von einer «Lösung des Vierfarbenproblems» im Zusammenhang mit den Namen Appel und Haken die Rede ist – was noch mit mancherlei Fragezeichen versehen werden kann –, so waren es allein Heeschs Grundlegungen und Vorarbeiten, von ihm entwickelte Reduktionsmethoden und Computeransätze, die diese Ergebnisse ermöglichten.

Ein zweiter Aspekt hängt mit dem zusammen, was man gern mit «Karriere» bezeichnet. Heinrich Heesch ist nie Ordinarius geworden. Er hat sich darum auch in gar keiner Weise bemüht. Die ersten Ansätze, auf dem «normalen» Weg eine Hochschullaufbahn einzuschlagen, wurden nach einer glänzenden Promotion schon mit

23 Jahren – zuvor hatte er das Konzertmeisterexamen im Fach Violine abgelegt – und einer vielversprechenden Assistentur bei HERMANN WEYL in Göttingen von den Nationalsozialisten vereitelt. So war HEINRICH HEESCH gezwungen, fast zwanzig Jahre seines Lebens als Privatgelehrter zu verbringen, bis er sich schließlich lange Jahre nach dem Kriege in Hannover habilitieren konnte und dort nach weiteren Jahren eine außerplanmäßige Professur bekam. Es lag ihm nicht, sich um irgendwelche Stellungen zu bewerben. In bürokratischen Dingen war er zunehmend hilflos. So mußte er lange Zeit ein finanziell kärgliches Leben fristen – immer angewiesen auf das Wohlwollen anderer, überschattet von Gleichgültigkeit, Neid, Mißgunst und Intrigen, vielleicht auch von Unverständnis. Wissenschaftlich hatte HEINRICH HEESCH nämlich immer Außergewöhnliches zu bieten. Bezüglich der Vierfarbenforschung wurde dies jedoch erst – wenn auch zaghaft – anerkannt, als die Amerikaner sich um ihn bemühten und ihn für fast zwei Jahre in die USA holten. Aber auch danach ermöglichten ihm die Gutachter in Deutschland nicht den entscheidenden Durchbruch.

Der dritte Aspekt ist ein tragischer. Fast fünfzig Jahre hat Heinrich Heesch intensiv an der Lösung des Vierfarbenproblems, einem der großen Jahrhundertprobleme der Mathematik, gearbeitet, zeitweise am Rande des physischen Zusammenbruchs. Er setzte – zum ersten Mal bei der Bearbeitung dieses Problems überhaupt – Computer ein, zum Teil in einem unvorstellbaren Umfang. In dem gedanklichen Verständnis des Vierfarbenproblems kam HEESCH zu wichtigen Erkenntnissen und zahlreichen Teillösungen. Durch seine bemerkenswerte Phantasie und Intuition gelangen ihm immer wieder neue Einstiege und verheißungsvolle Ansätze, die er alle bereitwillig – man muß schon sagen in naivem Optimismus – an andere weitergab. Die Deutsche Forschungsgemeinschaft (DFG) unterstützte ihn zwar jahrelang mit bescheidenen Beträgen – für die er immer sehr dankbar war –, sie versagte ihm aber aufgrund von Gutachten mehrfach die entscheidende Hilfe. Einmal mehr wurde hier die Problematik der deutschen Forschungsförderung deutlich: Das Genehmigungsverfahren ist sehr oft von Inkompetenz oder von Konkurrenzverhalten der Gutachter bestimmt. Sehr viel offener wurde HEESCH dagegen in den USA gefördert, gleichzeitig sein Lebenswerk aber auch gefährdet. Als er sich dicht vor der Erreichung der Gesamtlösung befand – sie konnte nicht schneller erreicht werden, da im entscheidenden Augenblick wieder einmal die finanziellen Mittel fehlten –, veröffentlichten APPEL und HAKEN (USA) ihre «Lösung» mit einem Paukenschlag: 'Four Colors Suffice'. Die Lösungsmethoden stammten im wesentlichen von HEINRICH HEESCH. Dieser fühlte nun sein Lebenswerk zunichte gemacht. Aber Ironie des Schicksals: Was HEINRICH HEESCH zeit seines Lebens vermißt hatte – die Anerkennung seiner Arbeit am Vierfarbenproblem auch in Deutschland – wurde ihm nun zuteil, wenn auch mit einem bedauernden Unterton und einem vielleicht verdrängten schlechten Gewissen. Heute steht fest: Der Name HEINRICH HEESCH hat in der Geschichte der Vierfarbenforschung der letzten 30 Jahre für immer einen herausragenden Platz.

So ist HEINRICH HEESCHS mathematisches Wirken nicht nur aus wissenschaftstheoretischer und mathematikhistorischer Sicht, sondern auch in menschlicher Hinsicht exemplarisch für ein außergewöhnliches Leben eines erfolgreichen Wissenschaftlers mit allen seinen Höhen und Tiefen. Es ist zu hoffen, daß die folgenden Ausführungen dies deutlich machen.

Grundlagen für die Darstellungen sind über fünfzig oft mehr als vierstündige Gespräche des Autors mit HEINRICH HEESCH. Die gesamten wissenschaftlichen Unterlagen und die sehr umfangreiche wissenschaftliche und private Korrespondenz standen zur Verfügung und wurden ausgewertet. Insofern sind die Ausführungen über weite Passagen stark autobiographisch geprägt. Darüber hinaus trugen aber auch zahlreiche Kontakte mit am Leben HEESCHS beteiligten Personen und Einsichtnahmen in entsprechende Akten zur Abrundung des Gesamtbildes bei. Allen Beteiligten sei dafür herzlich gedankt. Ein besonderer Dank gilt Frau Prof. Dr. RUTH PROKSCH, die an allen Gesprächen mit HEINRICH HEESCH teilgenommen und durch ihre Kompetenz und ihr ausgezeichnetes Gedächtnis wesentlich bereichert hat. Herrn Dr. KARL DÜRRE, Herrn Ltd. Staatsarchivdirektor Dr. MANFRED HAMANN und Herrn Prof. Dr. HANS WONDRATSCHECK sei besonders für Hilfen bei der Erstellung des Manuskriptes gedankt. Für Rat und Tat ein Dankeschön an Herrn Prof. Dr. J. J. BURCKHARDT. Dem Herausgeber der Reihe *Vita Mathematica*, Herrn Dr. E. A. FELLMANN, gilt der Dank für die Aufnahme dieses Titels in diese Reihe und die vorzügliche Betreuung aller Vorarbeiten. Dem Birkhäuser Verlag sei für die Verlegung und die ausgezeichnete Ausstattung des Bandes gedankt.

Celle, im Oktober 1987 HANS-GÜNTHER BIGALKE

Abb. 1
Familie Heesch (1909).

1 Die Zeit bis zum Abitur (bis 1925)

Am 25. Juni 1906 wurde HEINRICH HEESCH als drittes Kind nach zwei Schwestern in Kiel geboren. Sein Vater war zu dieser Zeit Landeskanzleivorsteher bei der Landwirtschaftlichen Berufsgenossenschaft.

Unterhält man sich mit HEINRICH HEESCH über seine Kindheit und Jugendzeit, so wird eines deutlich: Über allen anderen Interessen stand die Musik. Maßgeblich hierfür waren wohl die Atmosphäre in seinem Elternhaus und das Erbe seiner Eltern. Die Vorgeschichte zeigt das:

Sein Vater, PETER HEINRICH HEESCH, war als Sohn eines Korrigenden-Aufsehers in dem Dorf Bokelholm bei Rendsburg in Schleswig-Holstein aufgewachsen. Als dessen Vater beobachtete, wie sein Sohn stundenlang einem Orgelkastendreher folgte und dabei Zeit und Ort vergaß, stand sein Entschluß fest: «Der Junge muß Musikante werden». Aber ganz sicher war er seiner Sache wohl nicht. Denn er holte sich anläßlich der Anmeldung seines Sohnes zum Konfirmandenunterricht im Nachbarort Westensee sicherheitshalber beim Pastor noch dessen Rat ein. Dieser riet nicht ab, und so wurde der Entschluß gefaßt, den Jungen an der Musikschule in Heiligenhafen anzumelden.

Vater und Sohn reisten also nach Heiligenhafen und mieteten sich zunächst in einer Gaststätte ein. Von hier aus zog der Vater Erkundigungen über den Ruf der Schule und deren Lehrer ein. Diese fielen nicht besonders günstig aus: Der Leiter der Schule, Musikmeister HEYDEN, war ein aufbrausender Mann. Er schlug die ihm anvertrauten Schüler und leitete die Schule in unangenehm autoritärer Art und Weise. Aber Großvater HEESCH war ein Mann, der mit solchen Leuten fertig wurde. Bei der Anmeldung handelte er klipp und klar die Bedingungen aus. Sein Sohn sollte Musik lernen – und wehe, irgendein Lehrer würde sich an seinem Sohne vergreifen! Man einigte sich. Und so kam HEESCH in jungen Jahren in den Genuß einer soliden dreijährigen Musiker-Ausbildung, die noch dadurch intensiviert wurde, daß er die ganze Zeit im Internat der Musikschule lebte. Die Ausbildung begann an der Geige, wechselte dann aber zur Klarinette.

Nach Absolvierung der Musikschule ging HEINRICH HEESCHS Vater zum Militär und verbrachte dort zwölf Jahre als Militärmusiker. Er avancierte schnell zum Korps-Führer und mußte den Obermusikmeister FIEDLER – vor allem bei den häufigen Paraden auf der Hauptstraße der Garnisonsstadt Schleswig, dem «Lollfuß», – oft vertreten. Das Programm des Militärorchesters war sehr vielseitig. Neben der Militärmusik wurde alles gespielt, was so gängig war, bis hin zur Oper, beispielsweise bei den regelmäßigen Aufführungen von Gasttheatern, vor allem aus Hamburg. Das musikalische Leben in Schleswig wurde von dem ansässigen Militärorchester bestimmt.

Ein besonderes Privileg der Militärmusiker war es, nicht in der Garnison wohnen zu müssen. Man quartierte sich bei Privatleuten ein. PETER HEINRICH HEESCH fand bei der Familie HERZER – die Mutter war die Witwe des Besitzers des Gasthauses Klein-Ziegelhof – Aufnahme und verliebte sich dort in die Tochter BERTHA. Sie heirateten 1900. Noch in Schleswig wurden 1902 und 1904 die beiden Töchter KÄTHE und ELLI geboren.

Auch BERTHA HEESCH, geborene HERZER, war besonders mit der Musik verbunden. Sie hatte eine professionelle Gesangsausbildung genossen. Zu einer entsprechenden beruflichen Ausübung ist es jedoch nicht mehr gekommen.

Nach Beendigung der zwölfjährigen Dienstzeit als Militärmusiker erhielt Vater HEESCH eine Stellung bei der Landwirtschaftlichen Berufsgenossenschaft in Kiel. Die Familie siedelte von Schleswig nach Kiel um und bezog zuerst eine Wohnung im Hasseldieksdammer Weg. Hier wurde HEINRICH HEESCH am 25. Juni 1906 geboren. Als er ein Jahr alt war, fand man im dritten Stock eines bürgerlichen Mietshauses am Wilhelmplatz 4 eine größere, schöne Wohnung, in der er dann seine Kindheit und Jugendzeit bis zum Abitur verbrachte.

Der Wilhelmplatz war zu dieser Zeit ein großer ungepflasterter Platz, der den Kindern auch als Spielplatz diente. Der Straßenverkehr erlaubte dies vor dem ersten Weltkrieg noch. Eine Anweisung der Erwachsenen mußte jedoch streng befolgt werden: «Wenn Prinz HEINRICH kommt, bringt euch in Sicherheit.» Prinz HEINRICH, Bruder des Kaisers WILHELM II., hatte in Kiel ein Schloß, das er oft bewohnte. 1909 wurde er zum Großadmiral und Generalinspekteur der Marine ernannt. Und somit war natürlich Kiel als Hauptliegeplatz der Deutschen Hochseeflotte sein bevorzugter Standort. Der «Schrecken der Kinder» war er jedoch aufgrund seiner Leidenschaft für Autos. Es besaß eines der ersten Autos der Stadt, mit dem er nicht gerade sehr vorsichtig durch die Straßen brauste.

Überhaupt die Autos! HEESCH erinnert sich: Sie waren damals ein Abenteuer. Das Starten eines Autos war für die Kinder immer wieder ein Gaudi. Zuerst mußte der Motor mit Hilfe einer Kurbel, die man frontal von außen in den Wagen stecken, kräftig drehen und im richtigen Zeitpunkt auch wieder herausziehen mußte, angeworfen werden. Danach hing es dann von der Geschicklichkeit des Fahrers ab, vom Standort des Anwerfens schnell genug auf den Sitz hinter dem Steuer zu kommen, um Gas geben zu können, bevor der Motorlauf wieder abstarb. Die Kinder «lachten sich jedesmal kaputt». Ein solches Gerät konnte keine Zukunft haben!

Die Zeitungen waren damals voll von schaurigen Geschichten über die Autofahrer. Im Jahre 1907 faßte das *Bayerische Bauernblatt* das Geschehen auf den Straßen wie folgt zusammen:

> «Modernen Strauchrittern gleich sausen die Kraftwagen- oder Automobilbesitzer durch die Lande, machen die Straßen unsicher und lassen wie die alten Strauchritter Tod und Jammer hinter sich zurück. ... Es ist ein gut Stück moderner Wahnsinn in diesem überspannten Treiben. Wenn man überall ein Marterl setzen würde, wo ein Automobilunfall stattgefunden hat, dann wäre bald kein Platz mehr auf den Straßen frei.»

Aber die Leute wehrten sich auch, sie warfen «mit Steinen, Koth und anderen schändlichen Materialien» nach den Automobilen und verprügelten ihre Lenker [1].

HEINRICH HEESCH wuchs als echter «Kieler Junge» auf, der mit der Stadt und dem von der Marine bestimmten Leben in dieser Stadt eng vertraut wurde. Den Ausbruch des ersten Weltkrieges erlebte er auf besonders eindrucksvolle Art: Die Familie war am 1. August 1914 zum Baden nach Laboe auf der anderen Seite der Kieler Förde gefahren. Dort wurde nachmittags plötzlich durch einen Lautsprecherwagen die allgemeine Mobilmachung bekanntgegeben. Gleichzeitig wurde den Badegästen mitgeteilt, daß das letzte Schiff nach Kiel an diesem Tage in einer Dreiviertelstunde fahren würde. Halb angezogen raffte die Familie ihre Sachen zusammen und eilte zum Schiff. Auf der Überfahrt mußte dann plötzlich gestoppt werden. Den Fahrgästen bot sich ein großartiger unvergeßlicher Anblick dar: Die Deutsche Kriegsflotte lief, über die Toppen geflaggt, aus und mußte erst vorbeigelassen werden, was etwa zwei Stunden dauerte. Die riesigen Schiffe hatten ihre ständigen Ankerplätze in der Kieler Förde gehabt und waren den Kindern bestens bekannt. Es war «ein grandioses Schauspiel», das aber gleichzeitig auch auf einen bevorstehenden Krieg hindeutete.

Abb. 2
Kiel, Wilhelmplatz 4. Im dritten Stock wohnte die Familie HEESCH.

Dabei hatte es vor ein paar Tagen noch so verheißungsvoll ausgesehen: Als am 28.6.1914 mit dem Attentat von Sarajewo, bei dem der österreichische Thronfolger Erzherzog FRANZ FERDINAND und seine Gemahlin von einem großserbischen Nationalisten ermordet worden waren, die Kriegsgefahr heraufzog, hatte in Kiel gerade die alljährliche Kieler Woche stattgefunden. Wie immer, hatte auch der Kaiser an diesem Ereignis teilgenommen. Britische Kriegsschiffe waren zu Gast gewesen und hatten, wie die deutschen Schiffe auch, aus Anlaß der Trauer über die Ermordung ihre Flaggen halbstocks gesetzt. Zwei Tage später hatten sie sich von ihren Gastgebern mit dem Funkspruch "Friends today, friends in future, friends for ever" verabschiedet. Schon einen Monat später war die Freundschaft vorbei[2].

Für Kiel hatte das Auslaufen der Deutschen Hochseeflotte eine besondere Auswirkung: Die Marine war plötzlich weg. Das kulturelle und wirtschaftliche Leben der Stadt ging zurück. Nach dem Kriege hatte Kiel «absolut an Bedeutung verloren».

Die am weitesten zurückliegende Erinnerung HEINRICH HEESCHS ist typisch: Zu den eindrucksvollsten Erlebnissen seiner Kindheit in der Familie gehörten die alljährlichen Einübungen der Weihnachtslieder in der Adventszeit. Nicht nur das gemeinsame Singen im Kreise der Familie machte großen Eindruck auf den Jungen, sondern vor allem die Geige, mit der sein Vater die Lieder begleitete und die als besonderer Schatz gehütet wurde und für den Jungen als tabu galt. Trotzdem konnte er nicht widerstehen: Bei sich bietenden Gelegenheiten probierte er heimlich das Instrument aus. Als eines Tages seine Mutter vorzeitig vom Einkaufen zurückkam – der Junge war allein zu Hause –, wollte sie ihren Ohren nicht trauen. Fehlerfrei tönte ihr «O du fröhliche» auf der Geige gespielt entgegen. Der Schreck angesichts des zu erwartenden väterlichen Zornes war groß. Die Sache zu verheimlichen, kam nicht in Frage. So mußte der kleine Junge abends dem Vater das Lied vorspielen. Mit schlotternden Knien, versteht sich. Aber der Vater zeigte Verständnis. Vielleicht erinnerte er sich an seine eigene Kindheit, als er dem Drehorgelmann nachgelaufen war.

Von nun an erhielt HEINRICH bei seinem Vater Unterricht in den ersten Anfängen des Geigespielens. Als dieser sah, daß offenbar durch eine besondere Begabung des Jungen schnelle Fortschritte erzielt wurden, meldete er ihn als Schüler auf dem Konservatorium in Kiel an. Dort erhielt er bis etwa 1923 unter anderem Geigenunterricht bei ERNST TRÄGER, dem ersten Konzertmeister des Städtischen

Theaterorchesters. Dann mußte dieser gestehen: «Ich kann dem Jungen nichts mehr beibringen.» HEINRICH HEESCH erarbeitete sich nun viele Musikstücke der Weltliteratur im Selbststudium. Dies ging so weit, daß er zu seiner Abiturfeier 1925 den Solopart des Violinkonzertes von FELIX MENDELSOHN-BARTHOLDY spielte, wobei er vom Musiklehrer auf dem Klavier begleitet wurde.

Als Solist war HEINRICH HEESCH schon in früher Kinderzeit öffentlich aufgetreten. Er spielte bei Kirchenkonzerten, Vereinsfeiern usw. schon mit acht Jahren. In den Kriegsjahren trat er vor den Verwundeten des Reservelazarettes in Bad Segeberg auf, wo sein Vater als Verwaltungsleiter dienstverpflichtet war. Wenn er allein auf der Bühne stand und seine Mutter unter den Zuhörern ausgemacht hatte, verlor er alle Scheu und spielte unbefangen wie zu Hause. Natürlich komponierte er auch. Als seine Mutter ihn einmal im Hause suchte, fand sie ihn unter dem Sofa liegend und Noten malend.

Eine große Bedeutung im musikalischen Leben HEINRICH HEESCHS hatte von Anfang an auch die Hausmusik. Der Hausarzt, Dr. MOSE, hatte ein privates «Orchester» gegründet, in dem zeitweise über ein Dutzend Streicher mitwirkten. HEINRICH HEESCH war früh dabei. Man spielte Werke aus der Kammermusikliteratur, aber auch Sinfonien von HAYDN, MOZART und BEETHOVEN, wobei die Parts der fehlenden Blasinstrumente vom Klavier übernommen werden mußten. Auf diese Weise lernte HEINRICH HEESCH früh viele Werke der großen Meister kennen, die man sonst nur in öffentlichen Konzerten hören konnte, da es ja zu dieser Zeit noch kein Radio gab. Dr. MOSE mochte den Jungen sehr gern. Er kümmerte sich viel um ihn und förderte ihn in mancher Hinsicht.

Im Jahre 1913 wurde HEINRICH HEESCH eingeschult. Auch dort fiel er sofort durch seine Musikalität auf. Nach der Aufforderung, ein Lied zu singen, schmetterte er nicht nur das Deutschlandlied unbekümmert in den Klassenraum, sondern füllte die darin auftretenden Pausen mit präzisen Taktangaben aus.

Nach den ersten drei Jahren in der Vorschule besuchte er zunächst ein Reform-Realgymnasium. Aus dieser Zeit erinnerte sich HEINRICH HEESCH besonders an die folgende Begebenheit: In der Sexta bekam er zusammen mit drei anderen Jungen am Geburtstag des Kaisers aufgrund besonderer Leistungen den sogenannten «Kaiserpreis». Feierlich wurde jedem von ihnen ein Buch mit dem Titel «Der Kaiser im Felde» überreicht. Am nächsten Tag wurde darüber in der Zeitung berichtet. Die vier Jungen wurden mit Namen

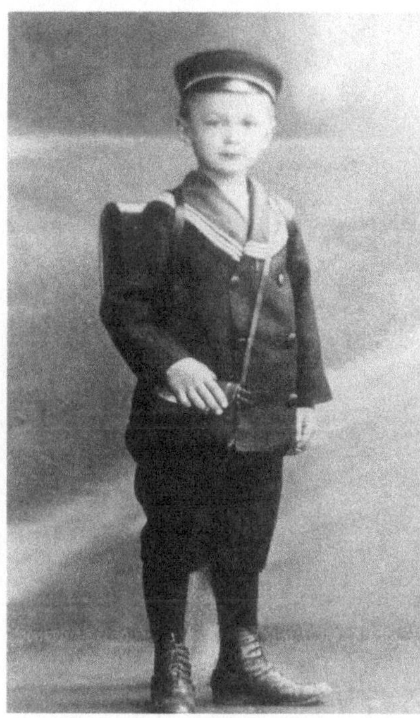

Abb. 3
Heinrich Heesch (1913) am Tag der Einschulung.

genannt, und es hieß, daß sie für ihre Leistungen «das gediegene Buch» überreicht bekommen hätten. Prompt wurde Heinrich beim Spielen von seinen Freunden geneckt: «Zeig' uns doch mal das gediegene Buch!», «Was ist das für ein gediegenes Buch?» Heinrich Heesch hat später oft mit größter Heiterkeit darüber berichtet.

Ansonsten war von dem Reform-Realgymnasium nur zu berichten, daß der Mathematikunterricht schlecht war. Nachdem seine Schwester Elli mit Ausnahmegenehmigung des Preußischen Kultusministeriums und nach bestandener Aufnahmeprüfung von der Obertertia des Lyzeums in die Obersekunda der Oberrealschule II am Königsweg umgeschult worden war und dort einen ausgezeichneten Unterricht genoß, sorgten die Eltern dafür, daß auch ihr Bruder auf diese Schule kam.

In den Fächern Mathematik und Physik hatte Heinrich Heesch auf dieser Schule das Glück, von einem ausgezeichneten Lehrer unterrichtet zu werden: Siegfried Heller. Heller gehörte noch zu den humanistisch gebildeten Gymnasiallehrern, die auch auf wissenschaftlichem Gebiet Anerkennung gefunden haben. Seine Arbeit *Die Entdeckung der stetigen Teilung durch die Pythagoreer*, die 1958 in den Abhandlungen der Deutschen Akademie der Wissen-

Abb. 4
HEINRICH HEESCH im Alter von etwa zwölf Jahren.

schaften zu Berlin (Klasse für Mathematik, Physik und Technik) erschienen ist, hat viel Beachtung gefunden. HELLER war als Lehrer beliebt. Er galt als gerecht, nüchtern, jedoch manchmal etwas zu militärisch. Nun, er war Reserveoffizier im ersten Weltkrieg gewesen. CH. J. SCRIBA schreibt in einem Nachruf über HELLER[3]: «Verbargen sich doch in dem kleinen, fast schmächtig wirkenden Körper nicht nur kritischer Geist, eiserner Fleiß, soldatische Disziplin und breite humanistische Bildung, sondern auch sicheres Selbstbewußtsein und berechtigter Stolz auf das Geleistete. Seine lautere Vornehmheit war gepaart mit Gerechtigkeitsempfinden und der Bereitschaft, gegen Unrecht und für das als richtig Erkannte furchtlos einzutreten.» 1968 wurde SIEGFRIED HELLER zum Ehrenmitglied der *Académie Internationale d'Histoire des Sciences* gewählt. Bei diesem HELLER also erwarb HEINRICH HEESCH nicht nur das übliche mathematische und physikalische Wissen, sondern er wurde von ihm auch in die Denkweisen der Wissenschaften eingeführt und zu eigener Kreativität angeregt. SIEGFRIED HELLER hat zweifelsohne einen beträchtlichen Anteil an der geistigen Entwicklung HEINRICH HEESCHS gehabt.

In den letzten beiden Jahren vor dem Abitur ergaben sich auch weitere Möglichkeiten zur Pflege der Hausmusik. Die Kontakte kamen durch HEINRICH HEESCHS Schwester ELLI zustande, die 1922 an der Universität in Kiel mit dem Studium begonnen hatte: Mathematik bei ERNST STEINITZ und OTTO TOEPLITZ, Philosophie bei HEINRICH SCHOLZ. Dabei hatte sie HEINRICH SCHOLZ näher kennengelernt, als dieser ebenfalls die Anfängervorlesungen von STEINITZ und TOEPLITZ besuchte, um sich die für seine philosophische Arbeit erforderlichen Mathematikkenntnisse anzueignen. ELLI HEESCH half ihm bei der Überwindung der ersten auftretenden Verständnisschwierigkeiten beim Studium dieser für ihn noch fremden Materie. Und bei diesen Gelegenheiten hatte sie von ihrem Geige spielenden jüngeren Bruder erzählt. HEINRICH SCHOLZ, der gut Klavier spielte, war sofort an einem gemeinsamen Spielen interessiert und empfahl dann HEINRICH HEESCH auch an seine Kollegen STEINITZ und TOEPLITZ weiter, die ebenfalls gute Klavierspieler waren. ERNST STEINITZ überragte jedoch die beiden anderen um mindestens eine Klasse. Als einmal bei einem der winterlichen Symphoniekonzerte in dem Kieler Konzertsaal der Solist ganz kurzfristig absagte, sprang STEINITZ spontan ein und spielte das Klavierkonzert von ROBERT SCHUMANN. Auswendig! – was in den interessierten Kreisen der Kieler Gesellschaft beträchtliches Aufsehen erregte.

Abb. 5
HEINRICH HEESCH mit seinem Vater. Spaziergang an der Kieler Förde.

HEINRICH HEESCH ging von nun an besonders in den Häusern von STEINITZ und TOEPLITZ ein und aus, um mit ihnen zusammen anspruchsvoll zu musizieren. Man spielte vor allem Werke von J. S. BACH, MOZART, BEETHOVEN und BRAHMS. Dabei war es besonders die stets «große Atmosphäre» beim Musizieren mit STEINITZ, die bei HEESCH einen nachhaltigen Eindruck hinterlassen hat. Es ist ganz klar, daß durch diese Kontakte das Leben von HEINRICH HEESCH entscheidend mit geprägt worden ist.

ERNST STEINITZ war, als er mit HEESCH musizierte, schon über 50 Jahre alt. Seit 1920 war er Ordinarius an der Universität Kiel, nachdem er vorher als a. o. Professor an der TH Berlin-Charlottenburg und an der TH Breslau gewirkt hatte. Studiert hatte er in Breslau, Berlin und dann wieder in Breslau, wo er 1894 auch promovierte. Seine hauptsächlichen Arbeitsgebiete waren geometrische Topologie und Algebra. Der «Austauschsatz» in der Linearen Algebra wird üblicherweise mit seinem Namen verbunden. Als wichtigste Arbeit gilt heute seine *Algebraische Theorie der Körper* von 1910. In ihr hatte er die Grundlagen einer modernen Theorie der kommutativen Körper gelegt, auf die später vor allem EMMY NOETHER aufbaute. In seiner Kieler Zeit hat STEINITZ wohl vor allem an einer Theorie der Polyeder gearbeitet[4].

OTTO TOEPLITZ, zehn Jahre jünger als STEINITZ, war seit 1913 Ordinarius an der Universität in Kiel. Er hatte in Breslau promoviert und danach in Göttingen, vor allem bei FELIX KLEIN und DAVID HILBERT, weiter studiert. Neben seinen mathematischen Forschungen interessierte er sich besonders für die Belange der Schulmathematik. Für Mathematiklehrer veranstaltete er schon damals mathematikdidaktische Kolloquien. TOEPLITZ besaß ein ungewöhnliches pädagogisches Geschick – sicher von FELIX KLEIN beeinflußt –, das er besonders in seinen Vorlesungen einsetzte. Noch heute gilt sein Bestreben, das Lernen von Mathematik durch einen «genetisch-historischen» Aufbau zu erleichtern und den Stoff dadurch interessanter zu machen, als Vorbild. Auch Nichtmathematiker wollte er für mathematische Probleme interessieren. Sein 1930 erschienenes, zusammen mit HANS RADEMACHER geschriebenes Buch *Von Zahlen und Figuren, Proben mathematischen Denkens* zeigt dies beispielhaft[5].

Einen nicht geringen Einfluß auf die Entwicklung des wissenschaftlichen Denkens bei HEINRICH HEESCH hat sicher auch HEINRICH SCHOLZ ausgeübt. Dies wird besonders deutlich, wenn man sich den Wissenschaftler HEINRICH SCHOLZ vor Augen führt[6]:

Abb. 6
Heinrich Scholz.

1884 in Berlin als Sohn eines Pfarrers geboren, hatte er sich 1909 in Berlin für Religionsphilosophie und systematische Theologie habilitiert und war 1917 Ordinarius für Religionsphilosophie in Breslau geworden. 1921 war er auf den Lehrstuhl für Philosophie in Kiel berufen worden. Dort kam er von der Philosophie zur Logik, als er feststellen mußte, daß die Philosophie als Wissenschaft nicht mehr seinen Ansprüchen an Präzision und Strenge genügte. Insbesondere lag dies an der in ihr vorausgesetzen Logik, die zu sehr auf den natürlichen Sprachen begründet war. In dieser Situation wurde Heinrich Scholz mit den *Principia Mathematica* von North Whitehead und Bertrand Russel konfrontiert. Dies monumentale Werk, «das auf nahezu 2000 Seiten überwiegend Formeln enthält, faßte die gesamte zu Ende des letzten Jahrhunderts entstandene Wissenschaft der mathematischen Logik zusammen und schuf auf dieser Grundlage ein formales System, in welchem große Teile der damals bekannten Mathematik aufgebaut wurden.» Da Heinrich Scholz zu diesem Zeitpunkt kaum etwas von Mathematik verstand, begann er, Mathematik zu studieren, indem er zusammen mit den jungen Studenten die einschlägigen Vorlesungen besuchte. Scholz hat es sich dann «zu seiner Lebensaufgabe gemacht, die neue Wissenschaft der mathematischen Logik und Grundlagenforschung zu entwickeln, ihre Beziehungen zur Philosophie und zur Mathematik klarzulegen, und durchzusetzen, daß sie, wie in anderen Ländern, auch in Deutschland anerkannt wurde.» 1928 ging SCHOLZ nach Münster, zuerst als Ordinarius für Philisophie, später für mathematische Logik und Grundlagenforschung, und begründete dort die angesehene «Schule von Münster». 1933 promovierte dort bei ihm ELLI HEESCH mit einer Dissertation *Grundzüge der Bolzano'schen Wissenschaftslehre*. Es sei erwähnt, daß HEINRICH SCHOLZ das Verdienst gebührt, BERNHARD BOLZANOS Werk wieder in den Blickpunkt des philosophischen Interesses gebracht zu haben.

HANS HERMES beschreibt HEINRICH SCHOLZ so[6]:

> «Eine profilierte Gestalt, die niemand vergißt, der ihr einmal begegnet ist. Ein markanter Kopf mit klarem Blick, bar jeder weichen Züge, energiegeladen, kein stiller Grübler, ein unbequemer Nachbar, ein unnachgiebiger Erzieher, ein Mann, der seine Freunde sucht und seine Gegner stellt. Das Mittelmäßige und das Unentschiedene ist ihm zuwider.»

Hinsichtlich der Bedeutung, die SCHOLZ für HEINRICH HEESCH gespielt hat, sind dann die folgenden Zeilen bei HERMES besonders aufschlußreich:

> «Er suchte das Gespräch, und er suchte seine Partner... Wer es nicht schon wußte, merkte bald, was er tat, wenn er sich mit SCHOLZ in ein Gespräch einließ: Das war keine harmlose Unterhaltung oder eine mehr oder minder geistreiche Plänkelei, kein Spaziergang in Assoziationen; unerbittlich sorgte SCHOLZ dafür, daß niemand auswich oder den Kern des Diskussionsgegenstandes unberührt ließ.»

Die hinter dieser Gesprächsauffassung stehende Art des Denkens war oft auch bei HEINRICH HEESCH festzustellen. SCHOLZ kam durch die Bekanntschaft mit ELLI HEESCH öfter in das Haus HEESCH, so daß hierdurch auch «außermusikalische» private Kontakte entstanden. Wie HEINRICH HEESCH später immer wieder betonte, sah er in SCHOLZ nicht nur den guten Klavierspieler, sondern vielmehr noch den besonders geschätzten Gesprächspartner, der ihm in vieler Hinsicht den geistigen Horizont erweiterte. Unter anderem hat er durch HEINRICH SCHOLZ «eine Ahnung von Kultur im gesellschaftlichen Umgang» bekommen. Er hat von ihm «das Feiern gelernt», zum Beispiel die Vorbereitung eines Abends mit Gästen. SCHOLZ vertrat den Standpunkt, daß nie mehr als sechs Leute eingeladen werden dürften, daß es ein gepflegtes Menü geben müsse und daß ein Gesprächsthema geplant sein müsse, auf das sich auch die Gäste möglichst vorbereiten sollten. Vor allem aber habe der Einladende die Verantwortung dafür, daß die Gäste zueinander paßten.

In der Zeit des schriftlichen Abiturs von HEINRICH HEESCH wurde die Familie von einem schweren Schicksalsschlag getroffen: Die ältere Tochter KÄTHE, die schon einige Jahre Germanistik studiert hatte, starb nach längerer Krankheit an Gelenkrheumatismus. Dies war besonders für die Eltern ein schwerer Schlag. In kurzer Zeit bekamen sie schlohweißes Haar. Bei der Totenfeier spielten HEINRICH SCHOLZ (Orgel) und HEINRICH HEESCH (Geige) ein Werk von BACH.

HEINRICH HEESCH erhielt am 6. März 1925 das «Zeugnis der Reife» mit einem «sehr gut» in den Fächern Französisch, Mathematik, Physik, Chemie und einem «gut» in allen anderen Fächern mit Ausnahme im Turnen, wo er nur ein «genügend» erreichte. Dies lag in erster Linie daran, daß er seine Hand- und Fingergelenke im Hinblick auf das Geigespielen schonen mußte. So hatte er sich beispielsweise geweigert, den Handstand zu üben. Von der mündlichen Prüfung wurde er «auf Grund seiner Klassenleistungen und des Ausfalls der schriftlichen Arbeiten» befreit. Die Schule entließ ihn «mit den besten Wünschen und Hoffnungen».

Nach dem Abitur mußte die Entscheidung über den weiteren beruflichen Lebensweg getroffen werden. Die Interessen lagen bei der Musik und der Physik. HEINRICH HEESCH fühlte sich als Schüler

Abb. 7
Nach dem Abitur 1925 (HEESCH vorne links).

Abb. 8
Oberstudiendirektor
Dr. W. PAECKELMANN.

mehr zur Physik als zur Mathematik hingezogen. Aber auch bei den Sprachen Latein, Französisch und Englisch lagen Schwerpunkte. Der Plan, in erster Linie Musik und nebenher Physik und Mathematik zu studieren, wurde auf Anraten seines ehemaligen Geigenlehrers ERNST TRÄGER nicht weiter verfolgt. Dessen Erfahrung war nämlich, daß ein volles Engagement im Musikstudium keine Zeit mehr für das Studium eines anderen Faches läßt. Auch FRITZ STEIN, der als Musikwissenschaftler und Orchesterdirigent in Kiel eine große Rolle spielte, wurde in mehreren Gesprächen befragt. Sein Rat war: «Musik nur dann, wenn gar nichts anderes in Frage kommt.»

So fiel die Entscheidung für die umgekehrte Reihenfolge: Studium der Fächer Physik und Mathematik und dabei – soweit wie möglich – ein Studium im Fach Geige. Als Studienort empfahl WALTER KOSSEL, der Ordinarius für Theoretische Physik in Kiel, mit dem HEESCH auch mehrfach musiziert hatte – KOSSEL spielte Klavier –, München. Einmal, weil dort der berühmte theoretische Physiker ARNOLD SOMMERFELD lehrte, und dann wegen des guten Rufs der dortigen staatlichen Akademie der Tonkunst. KOSSEL, Sohn des Chemikers ALBRECHT KOSSEL, der 1910 für seine Forschungen auf dem Gebiet der Chemie des Zellkerns den Nobelpreis für Chemie bekommen hatte, war selber Schüler SOMMERFELDS gewesen und kannte daher die Münchener Verhältnisse sehr gut. Natürlich spielte auch die Verehrung des großen Meisters bei der Empfehlung eine große Rolle.

Ein Hindernis galt es jedoch noch zu überwinden. Bei der damaligen Währungssituation in Deutschland war es für die Familie HEESCH unmöglich – die Tochter ELLI studierte inzwischen in Innsbruck –, auch noch das Studium des Sohnes zu finanzieren. Da kam der Zufall zu Hilfe: Gerade in diesem Jahr, in der allgemein schwierigen finanziellen Situation für Studenten in Deutschland, ergriff der Oberstudiendirektor Dr. W. PAECKELMANN in Kassel die Initiative. Er gründete die «Studienstiftung des Deutschen Volkes e. V.», für deren Finanzierung er den Industriellen, Geheimrat CARL DUISBERG, gewinnen konnte. DUISBERG war damals führend an der Bildung der I.G. Farbenindustrie beteiligt und deren Vorsitzender im Aufsichts- und Verwaltungsrat. Alle Schulen Deutschlands wurden angeschrieben und gebeten, ihre besten Abiturienten zu nennen. Mit Hilfe genauer Fragebögen wurden dann deren persönliche Verhältnisse und Begabungen erfaßt und schließlich 110 Studienanfänger für ein Stipendium ausgewählt. HEINRICH HEESCH war unter ihnen. Somit war die finanzielle Seite des Studiums zuerst einmal gesichert.

Staatliche Akademie der Tonkunst in München.

Studienjahr 1927/28.

Ausweis-Karte

für den

Studierenden Herrn Heinrich Heesch

Die Direktion:

B. AKADEMIE DER TONKUNST IN MÜNCHEN

Abb. 9
Studentenausweis.

2 Studium in München (1925–1928)

HEINRICH HEESCH packte also seine Geige ein und fuhr Mitte April 1925 nach München. Von seiner Mutter und seiner Schwester wurde er von Kiel bis Lehrte begleitet. Der Abschied von der Familie und seiner Heimatstadt war ihm nicht leicht gefallen. Es war das erste Mal, daß er seine gewohnte Umgebung für länger verlassen und auf sich allein gestellt sein sollte. Vor seiner Abreise hatte er viele Besuche bei Freunden und Bekannten gemacht und sich verabschiedet. Bei seinem verehrten Lehrer SIEGFRIED HELLER war er «schmählich überrumpelt» worden, wie es HELLERS Frau GRETEL in einem späteren Brief an HEESCH ausdrückte: Man hatte ihm das «Du» angeboten und GRETEL HELLER hatte ihn durch eine «vielleicht zu temperamentvolle und impulsive Verbrüderungsszene... in eine etwas schwierige Situation gebracht».

Die Verlegenheit HEESCHS ist verständlich. Immerhin war der wesentlich ältere SIEGFRIED HELLER jahrelang die Respektperson gewesen. Die anfänglichen Hemmungen verschwanden aber bald, und es entstand zwischen dem Ehepaar HELLER und HEINRICH HEESCH eine lange anhaltende herzliche Freundschaft. In den Semesterferien, die HEESCH immer in Kiel verbrachte, besuchte er HELLERS regelmäßig. Auch als diese aus beruflichen Gründen – SIEGFRIED HELLER wurde 1926 an das Provinzialschulkollegium in Schleswig versetzt, wo er 1935 Oberschulrat wurde – in eine andere Stadt ziehen mußten. HELLERS waren immer sehr begierig darauf, genau über die beruflichen Fortschritte des ehemaligen Musterschülers HEESCH informiert zu werden. Darüber hinaus musizierte GRETEL HELLER, die am Kieler Konservatorium das Klavierspielen gelernt hatte und es bei dem ersten Klavierlehrer RICHARD GLAS bis zur Meisterklasse gebracht hatte, gern mit HEINRICH HEESCH.

Durch Vermittlung HELLERS musizierte HEESCH auch wiederholt mit der Tochter FELIX KLEINS, ELISABETH STAIGER («PUTTI-KLEIN»), die gut Klavier spielte. Frau STAIGER war zu der Zeit Studienrätin (Mathematik, Physik, Englisch) am Oberlyzeum in Kiel. 1932 wurde sie Oberstudiendirektorin am Goethe-Gymnasium in Hildesheim, jedoch schon am 1.12.1933 von den Nazis wieder zur

Studienrätin zurückgestuft und an die Mädchen-Oberschule in Hamburg-Harburg versetzt. Dort ließ sie sich in den dreißiger Jahren für zwei Jahre beurlauben, um Musik zu studieren. Nach dem Kriege leitete sie die Kaiserin-Auguste-Viktoria-Schule, damals ein Mädchen-Gymnasium, in Celle [7].

In München angekommen, war HEESCHs erster Gang zur Telefonzelle, um sich selbstbewußt beim ersten Geigen-Professor der Meisterklasse an der Staatlichen Akademie der Tonkunst, FELIX BERBER, anzumelden. Das Gespräch verlief etwa wie folgt:

«Hier ist HEINRICH HEESCH aus Kiel.»

«Kenn' ich nicht!»

«Ich wollte fragen, ob ich Ihnen vorspielen darf. Ich möchte gern bei Ihnen Geige studieren.»

«Kommen'Se übermorgen um elf.»

«Da kann ich leider nicht, weil ich bei Herrn Professor SOMMERFELD Vorlesung habe.»

«Dann rufen'Se in sechs Wochen wieder an!»

Ende des Gesprächs. Die erste Enttäuschung war groß. Sechs Wochen sind eine lange Zeit. Aber in dieser Zeit konnte man noch viel üben.

HEESCH suchte zuerst einmal sein Zimmer in der Theresienstraße 43 auf, das er durch Vermittlung seiner Schwester über eine ihrer Kommilitoninnen bekommen hatte. Seine Wirtsleute waren nette alte Münchner. Als er jedoch seine Geige ausgepackt und die ersten Töne gespielt hatte, kam der zweite Schock: Die Wirtin stürzte ins Zimmer und rang die Hände: «Solche schrecklichen Töne können Sie hier unmöglich machen. Wir möchten unsere Ruhe haben.» Aber man fand einen Ausweg. Oben unter dem Dach befand sich der Trockenboden, auf dem alle Bewohner ihre Wäsche trockneten. Dieser Trockenboden war ein riesiger Raum, der sich über viele Häuser eines ganzen Karrees erstreckte. Entsprechend viel war dort auch los. Irgendwelche Leute waren dort immer beschäftigt, so daß der junge zukünftige Geigenvirtuose ständig Zuhörer hatte. Die bewundernd lauschende Zuhörerschaft nahm mit der Zeit sogar zu. Dachluken und Innenfenster wurden geöffnet, wenn die Geige erklang. Und selbst als der Blitz einmal in unmittelbarer Nähe einschlug, konnte er weder den Künstler noch die Zuschauer verjagen.

Im Mai erhielt HEINRICH HEESCH 25.– RM von «seinem alten Freund» SIEGFRIED HELLER überwiesen mit der Auflage, «sich schleunigst einen Plan zurecht zu legen, was er mit diesen 25.– RM anfangen könne, um möglichst viel und intensiv von Gottes schöner

Natur in sich aufzunehmen. Der Fiedelbogen soll einmal auch seine Ruhe haben. Dafür soll der Wanderstab in die Hand genommen werden. Wohlauf, die Luft geht frisch und rein! Hinaus in die Ferne usw. in inf. *cum gratia*!» HELLER hatte vor 25 Jahren in München in «ähnlicher Eigenschaft» wie HEESCH von seinem Onkel aus Kiel 25.– RM «für eine Pfingstreise» bekommen. Jene 25.– RM wollte er nun auf diese Weise weitergeben.

Nach genau sechs Wochen rief HEINRICH HEESCH bei BERBER wieder an. Dieser erinnerte sich sofort.

«Wann können'Se denn?»

Es wurde ein Termin für den nächsten Tag ausgemacht, zu dem HEESCH dann mit klopfendem Herzen bei BERBER erschien.

«Was woll'n Se spielen?»

«MENDELSSOHN, Violin-Konzert.»

BERBER zog die Augenbrauen hoch. HEESCH begann mit dem ersten Satz. Nach ein paar Takten wurde er unterbrochen:

«Bitte den dritten Satz!»

Aber nach einigen Takten wurde er wieder unterbrochen:

«Das müssen'Se da so spielen!»

So begann schon nach einigen Minuten der Audienz das Lehrgespräch zwischen dem berühmten Geigenlehrer und dem jungen Studenten aus dem hohen Norden. HEESCH spielte vor, BERBER hörte zu, verbesserte, spielte selber vor, sang vor und HEINRICH HEESCH folgte. Er war als Schüler aufgenommen. Sofort in die Meisterklasse. Die Nebenfächer wurden ihm nach einer theoretischen Prüfung durch die zuständigen Kollegen BERBERS erlassen.

Auch das wissenschaftliche Studium begann HEINRICH HEESCH sofort mit vollem Engagement, wobei er sich vor allem auf die Lehrangebote des Theoretischen Physikers ARNOLD SOMMERFELD konzentrierte. Dieser war zu jener Zeit der wohl berühmteste Lehrer der Theoretischen Physik in der ganzen Welt. Er hatte als Mathematiker begonnen, 1891 in Königsberg bei F. LINDEMANN promoviert, war von 1894 bis 1897 in Göttingen Assistent von FELIX KLEIN gewesen und hatte sich dort 1896 auch als Privatdozent für Mathematik habilitiert. SOMMERFELD bezeichnete in einer «Autobiographischen Skizze»[8] FELIX KLEIN als seinen «eigentlichen Lehrer..., nicht nur in mathematischen, sondern auch in mathematisch-physikalischen Dingen». Und er betonte: «Von entscheidendem Einfluß für meine spätere Lehrtätigkeit war das Beispiel seiner hochgesteigerten Vortragskunst.» 1897 war SOMMERFELD an die Bergakademie in Clausthal, 1900 an die Technische Hochschule in Aachen und

1906 an die Universität in München berufen worden. Dort hatte er das weltberühmte Institut für Theoretische Physik gegründet und München zu einer Hochburg der neueren physikalischen Forschungen gemacht. FRIEDRICH HUND, selber ein bedeutender Vertreter der Theoretischen Physik jener Zeit, beschreibt dies in seiner «Geschichte der Quantentheorie» so:

> «Die Bedeutung Münchens für die Entwicklung der Quantentheorie beruht auf der Leistung des Forschers und auf der einzigartigen Anziehungskraft des akademischen Lehrers A. SOMMERFELD. Nach einem erfolgreichen Wirken in verschiedenen Gebieten der theoretischen Physik... war er in den entscheidenden Jahren vor und nach 1920 in Deutschland die treibende Kraft der theoretischen Erforschung des Atombaues. Er konnte wie vielleicht kein anderer in seinen Vorlesungen die Hörer packen, ihnen seine Begeisterung mitteilen und seinen engeren Schülern Aufgaben stellen, an denen sie wachsen konnten. Unter den deutschen Hochschullehrern der theoretischen Physik hatte er wohl die meisten bedeutenden Schüler.»

So zum Beispiel die Nobelpreisträger PETER DEBYE, WOLFGANG PAULI, WERNER HEISENBERG und HANS BETHE. MAX VON LAUE hatte als Privatdozent am «Sommerfeld-Institut» 1912 die Beugung von Röntgenstrahlen beim Durchgang durch Kristalle entdeckt, damit die Wellennatur der Röntgenstrahlen bewiesen und gleichzeitig ein Verfahren zur Ermittlung von Kristallstrukturen geliefert. Schon 1914 hatte er dafür den Nobelpreis bekommen. Die Anregung zu dieser Entdeckung war aus einer Fragestellung bei einem von SOMMERFELD an PAUL EWALD vergebenen Thema für eine Doktorarbeit entstanden.

SOMMERFELD arbeitete in München unter anderem auf dem Gebiet der Röntgenstrahlen (WILHELM CONRAD RÖNTGEN – Nobel-Preis 1901 – war bis 1919 in München sein Kollege in der Experimentalphysik gewesen und hatte sich wesentlich für die Berufung SOMMERFELDS nach München eingesetzt), der Relativitätstheorie, der Quantentheorie und der Elektronentheorie der Metalle. Mit ALBERT EINSTEIN stand SOMMERFELD in einem steten Briefwechsel[9]. SOMMERFELDS größte Forschungsleistung war wohl 1915 die Erweiterung des BOHRschen Atommodells durch Einführung von Ellipsenbahnen für die Elektronen und die «inneren Quantenzahlen».

> «Eine bei den Berechnungen mit Ellipsen und relativistischen Korrekturen anfallende Größe, die die fundamentalen Naturkonstanten e (Elementarladung), c (Lichtgeschwindigkeit) und h (PLANCKsches Wirkungsquantum) miteinander verknüpfte, wurde hierbei zum ersten Mal als neue Fundamentalkonstante des Mikrokosmos erkennbar – die (heute sogenannte) SOMMERFELDsche Feinstrukturkonstante. Das BOHR-

> SOMMERFELDsche Atommodell, wie es später bezeichnet wurde, stieß bei der Fachwelt auf begeisterte Zustimmung.»[10]

1919 hatte SOMMERFELD sein Buch «Atombau und Spektrallinien» veröffentlicht, «das in aller Welt zur Bibel der Atomphysiker wurde.»[10]

Bei diesem ARNOLD SOMMERFELD nahm HEINRICH HEESCH auf Anraten von KOSSEL sofort im ersten Semester an der Vorlesung «Dynamische Probleme der Atomphysik» teil, obwohl er vieles nicht verstehen konnte, weil ihm die mathematischen Grundlagen dazu fehlten. Aber er schrieb immer sehr eifrig und ausführlich mit. Dies fiel SOMMERFELD im Wintersemester 1926/27 in der Mechanik-Vorlesung auf, und er bat ihn um eine Ausarbeitung seiner Mitschrift. Zusammen mit seiner Schwester ELLI, die inzwischen auch in München studierte, kam er dieser Bitte nach. Die Ausarbeitung muß von solcher Qualität gewesen sein, daß SOMMERFELD sie im Vorwort seiner im Jahre 1943 in Leipzig erschienenen *Mechanik* als eine Grundlage des Buches erwähnte (wobei ELLI fälschlicherweise als «EMMY» benannt wird). Ingesamt hat HEESCH fünf Vorlesungen aus dem sechssemestrigen Zyklus über «Theoretische Physik» des Herrn Geheimrat SOMMERFELD ausgearbeitet. Darüber hinaus gab er in Zusammenarbeit mit SOMMERFELD Anregungen für Apparate im Deutschen Museum in München. Experimentalphysik hörte HEESCH bei WILHELM WIEN, der 1920 Nachfolger von W. C. RÖNTGEN geworden war. WIEN arbeitete auf dem Gebiet der Korpuskularstrahlen, der Wärmestrahlung und der Hydrodynamik. Er hatte 1911 den Nobelpreis für Physik erhalten.

Sein Mathematikstudium in München begann HEINRICH HEESCH mit den üblichen Anfängervorlesungen. Er hörte bei OSKAR PERRON, HEINRICH TIETZE, bei CONSTANTIN CARATHÉODORY und FRIEDRICH HARTOGS.

Der genialste unter diesen Hochschullehrern war wohl CONSTANTIN CARATHÉODORY;

> «... ein Mann von ungewöhnlich umfassender Bildung, der als Angehöriger der griechischen Nation mit dem Höhenflug seines Geistes und seinem rastlosen Streben nach Erkenntnis die Tradition des klassischen Hellenismus in wirklich idealer Weise fortgeführt hat.»[11]

Er hatte in Göttingen promoviert und sich schon ein Jahr später auf Betreiben von FELIX KLEIN und DAVID HILBERT, «die seine außerordentlichen Gaben erkannten», dort auch habilitiert. 1913 war er Nachfolger von FELIX KLEIN in Göttingen geworden. 1924 hatte er dann einen Ruf an die Universität München als Nachfolger von FERDINAND LINDEMANN angenommen. CARATHÉODORY

> «war Mitglied zahlreicher wissenschaftlicher Gesellschaften und Akademien des In- und Auslands, darunter auch der päpstlichen Akademie, eine Ehre, die er in Deutschland nur mit ganz wenigen Auserwählten teilte und die er deshalb auch selbst besonders hoch schätzte.»[11]

Seine Hauptarbeitsgebiete waren Variationsrechnung, analytische Funktionen, reelle Funktionen und Maßtheorie. HEESCH bezeichnete ihn als «wunderbaren Menschen» mit einem «überragenden Können. Wenn er anfing zu sprechen, war man fasziniert. Er leuchtete durch eine Schönheit des Geistes.»

OSKAR PERRON glänzte durch besonders klare Vorlesungen, die «in Sprache und Zeichnungen druckreif vorgetragen» wurden, wie HEESCH berichtete. PERRON hatte bei LINDEMANN und ALFRED PRINGSHEIM in München und bei HILBERT in Göttingen studiert. 1922 war er Nachfolger von PRINGSHEIM in München geworden. Seine Arbeitsgebiete waren ungewöhnlich weit gestreut: Analysis, Zahlentheorie, Algebra und Geometrie.

HEINRICH TIETZE kam aus Österreich. Er hatte in Wien promoviert und sich dort 1908 auch habilitiert. 1913 war er Ordinarius in Brünn geworden, hatte 1919 einen Ruf nach Erlangen angenommen und war 1925 nach München gekommen. TIETZE beschäftigte sich schon sehr früh mit Topologie, arbeitete später aber auch auf anderen Gebieten[12]. GEORG AUMANN schrieb über sein Wirken als Lehrer:

> «TIETZES Vorlesungen waren wegen ihrer Klarheit und Eindringlichkeit bei den Studenten hoch geschätzt; seine Seminare waren als große Übungen in geistiger Disziplin bekannt.»[13]

Über die Grenzen der Fachmathematiker hinaus bekannt geworden ist er durch seine allgemeinverständlichen Vorlesungen für ein breites Publikum und sein zweibändiges Werk *Gelöste und ungelöste mathematische Probleme aus alter und neuer Zeit.*

> «Hier ist es ihm gelungen, auch für schwierige mathematische Fragen Interesse und Verständnis bei seinen Hörern und Lesern zu wecken und ihnen ohne einen gelehrten Formelapparat doch einen tiefen Einblick in das Wesen der Dinge zu vermitteln, ja sie bis an die Grenzen unseres Wissens heranzuführen.»[14]

FRIEDRICH HARTOGS, 1874 in Brüssel geboren, hatte in Hannover, Berlin und München studiert, 1903 bei A. PRINGSHEIM in München promoviert und sich kurz darauf dort auch habilitiert. 1910 war er an der Universität zum außerordentlichen Professor und 1927 zum Ordinarius ernannt worden. Seine Forschungen waren

> «bahnbrechend für den Anfang einer Entwicklung der Theorie der analytischen Funktionen mehrerer komplexer Veränderlicher.»[15]

Wie man sieht, hatte HEINRICH HEESCH schon in München das Glück, bei namhaften Koryphäen der Wissenschaft lernen zu dürfen. Sie alle bescheinigten ihm – wie den üblichen Semesterzeugnissen und den Zeugnissen für die Stipendiengewährung zu entnehmen ist – großen Fleiß und Erfolg und einen außerordentlich guten Fortgang des Studiums.

In gleicher Weise, wie in der wissenschaftlichen Ausbildung ARNOLD SOMMERFELD und vielleicht noch CONSTANTIN CARATHÉODORY die herausragenden Bezugspersonen HEINRICH HEESCHS waren, so war es in der künstlerischen Ausbildung FELIX BERBER.

FELIX BERBER (geboren 1871 in Jena) galt schon in frühen Jahren als Wunderkind. Seine Ausbildung hatte er in Dresden, Leipzig und London genossen, bevor er als junger Konzertmeister in Magdeburg, Chemnitz und vier Jahre im Gewandhausorchester in Leipzig unter NIKISCH tätig war. Ab 1907 war er dann Lehrer an Konservatorien in München, Frankfurt und Genf gewesen. 1912 hatte er sich in München als Privatlehrer niedergelassen und 1920 den Ruf als Professor an die Akademie erhalten. Neben seiner Lehrtätigkeit wirkte er als Solist und entfaltete als Primarius seines Streichquartettes eine rege kammermusikalische Tätigkeit. «Musikgeschichtlich ist sein Name mit dem Eintreten und Kämpfen für die Kunst REGERS rühmlichst verknüpft in einer Zeit, als dieser noch durchaus problematisch von der Mehrzahl der Musikinteressierten teils abgelehnt, teils mißverstanden wurde»[16]. BERBER hatte noch mit BRAHMS persönlich musiziert. Später war er besonders mit HANS PFITZNER und dessen Werk auf das engste verbunden. Über sein Spielen berichteten die Zeitungen in den überschwänglichsten Tönen[16]:

> «Da gab es im Saal wohl wenige, die dem Zauber nicht erlagen, den der große Geiger zu entfesseln wußte. Denn seine Wirkung auf die Hörer konnte dort zuweilen etwas wahrhaft Faszinierendes erhalten, wie nur bei wenigen jenes seltenen und überlegenen Typus, welche durch ihr Sein noch stärker als durch ihr Tun wirken, welche das Geistige ihres Wesens mit der Kraft der Unmittelbarkeit auszustrahlen vermögen und welche recht behalten, auch wenn sie irren.»

Felix BERBER war ein Original. Er war – nach HEESCHS Aussagen – einerseits von poltriger Natur, andererseits liebte er das Sinnliche in

Abb. 10
FELIX BERBER.

der Musik und übertrug dies entsprechend auf sein Geigenspiel. HEESCHS Spiel dagegen war ihm oft nicht sinnlich genug. Er gab ihm daher den Rat, sich zu verlieben. So begann dann auch oft die Unterrichtsstunde mit der Frage:

«Na, ham'Se sich schon verliebt?»

Eines Tages empfing er HEESCH mit der Frage:

«Ham'Se heute schon Zeitung gelesen?»

«Nein, Sie wissen doch, daß ich es mir gar nicht leisten kann, eine Zeitung zu halten.»

«Ein Student hat eine Studentin ermordet. Da hab' ich gleich zu meiner Frau gesagt: Der HEESCH ist das nicht gewesen!»

Bei aller gegensätzlicher Auffassung vom sinnlichen oder geistigen Hintergrund beim Musizieren achtete BERBER die ihm zumindest etwas fremde Einstellung seines Schülers. Dies wird deutlich durch folgende Äußerung BERBERS 1929 in einem Gutachten zugunsten HEESCHS für die «Notgemeinschaft der Deutschen Wissenschaft»:

> «[HEESCH] zeichnete sich durch einen sehr großen Fleiß aus und, dank seines Talentes sowohl, als auch der Gediegenheit seines ernsten Strebens, ist er ein ganz ausgezeichneter Musiker geworden, dessen Interesse

sich nur auf absolut wertvolle Musik bezieht. Er ist in jeder Hinsicht ein ausgezeichnet durchgebildeter Musiker, dessen menschliche Qualitäten weit über die gehen, die man – leider muß man dies sagen – sonst bei diesem Stand findet.»

Über ihr Studium, ihre Fortschritte und ihre sonstigen Aktivitäten mußten die Stipendiaten auch selber der Studienstiftung laufend berichten. HEESCH erledigte dies stets pflichtgemäß mit großer Sorgfalt und Dankbarkeit. An den Seminaren, Freizeiten und Vortragsveranstaltungen, zu denen die «Studienstiftler» eines Studienortes regelmäßig zusammengerufen wurden, nahm er immer sehr gern teil. Hier wurden Gelegenheiten gegeben, persönliche Kontakte über die Grenzen der einzelnen Fächer hinaus zu knüpfen und Freundschaften zu schließen. In München lernte HEESCH so unter anderen den späteren Publizisten und Historiker KLAUS MEHNERT, KARL HOLZAMER, der als Philosoph und Pädagoge in Mainz (1846–1962) und als Intendant des Zweiten Deutschen Fernsehens bekannt werden sollte, und MAX MÜLLER, der nach dem Kriege Nachfolger MARTIN HEIDEGGERS auf dessen Lehrstuhl in Freiburg wurde, näher kennen und freundete sich mit ihnen an.

Besondere Freundschaft schloß er mit ERNST PESCHL, der ebenfalls Mathematik studierte. PESCHL war als Sohn eines Brauereibesitzers in Passau aufgewachsen. Sie besuchten gemeinsam die Mathematikvorlesungen und waren auch außerhalb des Studiums viel zusammen. Über das Verhältnis zwischen beiden wird im folgenden noch viel zu berichten sein. Aus der Münchener Zeit sei nur noch folgende Kuriosität erwähnt: ERNST PESCHL, ein Bayer, brachte HEINRICH HEESCH, einem «Kieler-Förde-Sprößling», in einer Münchner Schwimmhalle, dem Müllerschen Volksbad an der Isar, das Schwimmen bei! HEINRICH HEESCH bedankte sich noch 1983 bei PESCHL dafür und rühmte dessen Geduld.

Zu damaligen Zeiten war es üblich, auch private gesellschaftliche Kontakte zwischen Dozenten und Studenten zu pflegen. Man machte gemeinsam Ausflüge in die Umgebung Münchens, man musizierte miteinander, und die Dozenten luden zum Tee oder zum Essen ein. ELLI und HEINRICH HEESCH waren beispielsweise öfter zu Gast bei CARATHÉODORY, den sie bei diesen Gelegenheiten auch als Entwickler der Fahrpläne für die Eisenbahnen Griechenlands kennenlernten und bewunderten.

Ständiger Gast war HEINRICH HEESCH bei der Familie SOMMERFELD. Hier wurde viel musiziert – zusammen mit ARNOLD SOMMERFELD, der selber gut Klavier spielte, aber auch mit anderen Musikstudenten, die eingeladen waren. HEESCH mußte oft vorspielen und vormachen, was er bei FELIX BERBER gerade gelernt hatte. Frau und Herr Geheimrat SOMMERFELD waren dabei andächtige Zuhörer. Oft wurden die Einladungen zu Abenden bei SOMMERFELDS ganz offiziell schriftlich ausgesprochen. So wurden zum Beispiel in einer dieser Einladungen von GRETCHEN SOMMERFELD, der Tochter des Hauses, HEINRICH HEESCH (1. Geige), ALBRECHT UNSÖLD (2. Geige), PAULSEN (?) (Cello) und SYBILLE LEPSIUS (?) (Klavier) als ausführende Musiker, KARL BECHERT als «gefürchteter Kritiker» und GRETCHEN SOMMERFELD als «kaltgestellte Primadonna» angekündigt, UNSÖLD arbeitete bei SOMMERFELD. Er wurde später zu einem der führenden Forscher auf dem Gebiet der Astrophysik. BECHERT, zu der Zeit einziger Assistent SOMMERFELDS, wurde später Ordinarius in Gießen. GRETCHEN SOMMERFELD studierte damals das Fach Gesang an der Akademie für Tonkunst in München.

Natürlich spielte in einer Stadt wie München das Bergwandern eine besondere Rolle. SOMMERFELD hatte im Wendelstein-Gebirge eine Hütte, wo HEINRICH HEESCH oft zu Gast war – im Sommer zum Wandern, im Winter zum Skilaufen. Auch die Mathematiker

Abb. 11
Beim Gipfelkreuz (Sommer 1927): CONSTANTIN CARATHÉODORY (mit Stock), ELLI HEESCH, HEINRICH TIETZE, HEINRICH HEESCH, FRITZ LETTENMEYER (mit Mütze), die anderen: Studenten.

veranstalteten regelmäßig Ausflüge in die Berge. Berühmt waren die von HEINRICH TIETZE

> «organisierten ein- oder auch zweitägigen Seminarausflüge, wo alles aufs gewissenhafteste vorbereitet war. Gewöhnlich machte er mit einem Assistenten oder Studenten einige Zeit vorher eine Probetour, wobei die Unterkunft ausgekundschaftet und alles mit den in Frage kommenden Wirten verhandelt wurde. Dann gab es in der nächsten Seminarstunde eine gründliche Belehrung der Teilnehmer, daß man solides Schuhwerk braucht und auch gegen allenfalsige Unbilden der Witterung sich vorsehen soll. Am Tage vor der Tour mußten einige Studenten mit großen Rucksäcken zu ihm kommen, worin die von Frau TIETZE gebackenen Kuchen verstaut wurden. Und dann ging es los.»

So erzählte es OSKAR PERRON [12]. Dieser selber war wohl der «größte Bergsteiger» unter den Münchener Mathematikern. Wie H. SCHMIDT berichtet [17], hat er

> «neben anderen wohl fast alle wesentlichen Gipfel der nördlichen Kalkalpen erstiegen bzw. erklettert, das Totenkirchl im Kaiser 20mal, zuletzt im Alter von 74 Jahren, dazu ein Dutzend Viertausender wie Montblanc, Matterhorn, Jungfrau.»

Auf vielen dieser Touren wurde PERRON von dem einzigen Assistenten der vier Ordinarien, FRITZ LETTENMEYER, begleitet.

Für HEINRICH HEESCH als «Jungen von der Waterkant» waren diese Erlebnisse in den Bergen völlig neu. Sie hinterließen tiefe Eindrücke, die mit den Erinnerungen an sein Studium in München und an die Menschen, die er dort kennenlernte, fest verbunden waren.

Aufgrund der großen Anziehungskraft ARNOLD SOMMERFELDS auf Wissenschaftler in der ganzen Welt und aufgrund der engen Kontakte zu SOMMERFELD hatte HEINRICH HEESCH das Glück, viele später bedeutende Wissenschaftler in München kennenzulernen. So zum Beispiel LINUS PAULING, der 1954 für seine Aufstellung von Strukturmodellen der Proteine den Nobelpreis für Chemie und 1962 für seinen Einsatz zur Einstellung aller Kernwaffenexperimente den Friedensnobelpreis erhielt. PAULING arbeitete als Gast bei SOMMERFELD. HEESCH und PAULING freundeten sich an und unternahmen zusammen ausgedehnte Spaziergänge. Als das Ehepaar PAULING im April 1927 auf der Durchreise nach Kopenhagen zu NIELS BOHR auch HEESCHS Eltern in Kiel besuchte, entwickelte sich spontan eine besondere Zuneigung zwischen PAULINGS Frau, AVA HELEN, und HEESCHS Mutter.

Über LINUS PAULING ist viel geschrieben worden (siehe z. B. JAMES D. WATSON, *Die Doppel-Helix*). Der wissenschaftliche Wettlauf zwischen H. C. CRICK, JAMES D. WATSON und MAURICE H. F. WILKINS auf der einen Seite und LINUS PAULING auf der anderen im Zusammenhang mit der Entdeckung der «Doppel-Helix» verlief für PAULING nicht ohne eine gewisse Tragik. Die negative Charakterisierung PAULINGS in der «Doppel-Helix» ist HEESCH jedoch «absolut unverständlich geblieben».

Auch der gebürtige Ungar EDWARD TELLER, der später in den USA die Wasserstoffbombe entwickelte, studierte zu dieser Zeit bei SOMMERFELD und gehörte zu HEESCHS Bekanntenkreis. HEESCH erinnert sich, daß sie zusammen mit seiner Schwester ELLI manchmal Veranstaltungen des Philosophen DIETRICH VON HILDEBRAND, dessen Einladungen zu privaten Abenden in erlesenem Kreise damals in München berühmt und begehrt waren, besuchten. Auf diesen Abenden wurde viel diskutiert: Philosophisches mit stark religiösem Einschlag. TELLER beteiligte sich daran immer sehr eifrig, meistens jedoch ohne zu überzeugen.

Weiter gehörten zu HEESCHS Bekanntenkreis RUDOLF PEIERLS, der im Krieg dann in England das Abwehrsystem gegen die deutschen V-Waffen entwickelte, und HANS BETHE, der 1943 bis 1946

Abb. 12
SOMMERFELD beim Aufstieg zur Skihütte.

die theoretisch-physikalischen Arbeiten am Atomforschungszentrum in Los Alamos leitete und 1967 für seine Arbeiten auf dem Gebiet der Quantentheorie und der Kernphysik den Nobelpreis für Physik erhielt.

Oft kam HEINRICH HEESCH mit dem theoretischen Physiker W. W. SLEATOR, der eine Gastprofessur bei SOMMERFELD hatte, zusammen. SLEATOR kam von der Universität in Ann Arbor, Michigan, USA, und hatte seine Frau und fünf Kinder mitgebracht. Sie trafen sich beispielsweise öfter bei dem Lebensmittelhändler ALFRED HUBER, der einen kleinen «Tante-Emma-Laden» gleich um die Ecke hatte. SLEATOR und HUBER spielten dann Schach – aber SLEATOR

Abb. 13
LINUS und AVA HELEN PAULING (1927).

verlor immer leicht. Später, als SLEATOR bereits wieder in den USA war, schickte HUBER vorfrankierte Briefe an SLEATOR, die dieser so zurückdirigierte, daß sie mit einem Zeppelin transportiert wurden. Auf diese Weise verschaffte er sich philatelistische Kostbarkeiten. In den schlechten Jahren nach dem zweiten Weltkrieg tauschte er die Briefmarken bei SLEATOR gegen die Sendung von C.A.R.E.-Paketen wieder ein. Auch HEESCH wurde in den Nachkriegsjahren von SLEATOR mit einigen C.A.R.E.-Paketen bedacht. Sie hatten nach dem Krieg einen lebhaften Briefwechsel, in dem SLEATOR viel aus seinem Leben berichtete und in Erinnernungen an München schwelgte. So auch an die gemeinsamen Aufenthalte in SOMMERFELDS Hütte, zusammen mit anderen Studenten, mit Kollegen SOMMERFELDS und Gästen aus dem Ausland. Zum Beispiel mit dem US-Physiker HOUSTON oder dem Münchner TH-Ordinarius für Experimentalphysik, JONATHAN ZENNEK. Hier lief HEESCH zum ersten Mal in seinem Leben Ski. SLEATOR war anscheinend kein guter Skiläufer. Er berichtete von einer Foto-Aufnahme:

> "They had me hold the skis to indicate what a bad skier I was, I think the worst ever seen in the Bavarian Alps."

Abb. 14
"They had me hold the skis". W. W. SLEATOR mit Frau, SOMMERFELD, HOUSTON und HEESCH.

SLEATOR hatte Indianerblut in seinen Adern. Er schnitzte in München einen Flitzbogen aus Hickory-Holz und schenkte ihn HEESCH. Dieser probierte ihn dann zusammen mit seinem Vater aus, indem sie bei Kiel Pfeile über den Kaiser-Wilhelm-Kanal schossen.

HEESCHS Interessen erstreckten sich aber auch über den Bereich der Physik, Mathematik und Musik hinaus in andere Wissensgebiete. So war er zum Beispiel ein begeisterter Verehrer von GEORG KERSCHENSTEINER, der nach EDUARD SPRANGERS Worten «der unbestrittene Führer der deutschen Pädagogik geworden» war [18].

KERSCHENSTEINER war 1928 schon 74 Jahre alt. Er war zuerst Volksschullehrer, nach einem Zweitstudium in Mathematik und Physik, u. a. auch bei FELIX KLEIN, Gymnasiallehrer und von 1895 bis 1919 Stadtschulrat in München gewesen. Promoviert hatte er in Mathematik mit einer Dissertation über *Die Singularität der rationalen Kurven vierter Ordnung*. Seit 1916 war er Honorarprofessor für Pädagogik an der Universität München. KERSCHENSTEINER fühlte sich stets als ein Mann der Praxis, der aber auch bemüht war, «sein Werk mit einer vollen Philosophie der Erziehung zu krönen» [18]. Unauflösbar ist sein Name mit der Entwicklung des beruflichen Schulwesens, mit der Reform der Volksschule, mit der Arbeitsschul-

Abb. 15
KARL SELMAYR (SOMMERFELDS Mechaniker), SOMMERFELD, HEESCH (1926).

konzeption und dem Nachdenken über Bildungswerte und staatsbürgerliche Erziehung verbunden. Sein Hauptwerk, *Die Theorie der Bildung*, hatte er 1926 vollendet.

HEESCH nahm jede sich bietende Gelegenheit wahr, um KERSCHENSTEINER, der stets von einer begeisterten Studentenschar umringt war, in Vorlesungen und Vorträgen zu hören. KARL ALEXANDER VON MÜLLER charakterisierte anläßlich der Trauerfeier bei KERSCHENSTEINERS Tod dessen Wirkung so[19]:

> «... mit der ganzen Natürlichkeit und Unmittelbarkeit des Wortes, mit der er immer ans Herz griff, wenn er sprach, mit der überlegenen humorvollen Weisheit des Alters und zugleich doch immer noch mit all der aufglühenden Leidenschaft des Herzens, die von diesem jugendlich greisen Haupt mit dem schönen schlohweißen Haar ausstrahlte, aussprühte, lebenserweckend, wärmend, mit sich reißend bis zuletzt.»

Abb. 16
HEINRICH HEESCH beim Probeschuß mit dem SLEATOR-Bogen.

Abb. 17
GEORG KERSCHENSTEINER
(etwa 1927).

KERSCHENSTEINER hatte den Beinamen «der feuerspeiende Berg»[20] und den Ehrentitel «Pestalozzi des 20. Jahrhunderts»[21]. HEESCH war von der «Dichte seiner pädagogischen Triebhaftigkeit und Weisheit» und der «Intensität, mit der er sich gab und die Sache vortrug», tief beeindruckt. KERSCHENSTEINERS Motto (Unterschrift unter einem Portrait von 1924),

> «Frei sein heißt: von der Welt für sich nichts zu verlangen, von sich selbst aber alles»,

entsprach dem Wesen HEESCHS.

Durch die Musik lernte HEESCH das Ehepaar KERSCHENSTEINER auch privat kennen. KERSCHENSTEINER spielte selber Klavier und hatte ein besonders inniges Verhältnis zur Musik. HEESCH fand zu ihm und seiner Frau schnell herzlichen Kontakt und in ihnen lebendige Zuhörer.

Als GEORG KERSCHENSTEINER am 29. 7. 1929 75 Jahre alt wurde, reiste HEINRICH HEESCH, der zu der Zeit in Zürich an seiner Dissertation arbeitete, extra nach München, um «den alten Herrn Geheimrat zu feiern». Die Studentenschaft ehrte ihren Lehrer mit einem Fackelzug und einer musikalischen Darbietung im Garten der herrschaftlichen Villa in München-Bogenhausen. HEESCH hielt die

Gratulationsrede. In einem Brief vom 29. 8. 1929 an EDUARD SPRANGER berichtete KERSCHENSTEINER darüber[20]:

> «Am Samstag, den 27., abends haben mir meine Schüler noch einen Fackelzug mit einem Ständchen im Garten bereitet, worauf ich alle 50 Stück in mein Haus einlud zu einer Bowle. Bis Nachts 12 gab es eine herzliche fröhliche Tafelrunde, die mich durch die Feinheit des Tones der jungen Herren und Damen erquickt hat.»

Mit KERSCHENSTEINERS Privatsekretär, CARL-JOSEF WEIGANG, der als Student nebenbei auch die Funktion eines inoffiziellen Assistenten ausübte, hatte sich HEESCH eng befreundet. WEIGANG hatte eine pädagogisch und psychologisch sehr einfühlsame Begabung, die ihn befähigte, seine Mitmenschen zwar treffend zu charakterisieren, sich selbst aber oft in schwierige Situationen brachte. HEESCH bezeichnete ihn als «kompromißlosen, idealistischen lauteren Menschen», als einen «Prachtkerl» und seinen Charakter als «unentkindbar». WEIGANG und HEESCH führten stundenlange tiefschürfende Gespräche miteinander über Philosophie, Politik, Religion, wobei WEIGANG oft die merkwürdigsten Theorien vertrat, die er auch in die Öffentlichkeit zu bringen versuchte. Als er wieder einmal seine naiven, äußerst idealistisch vorgetragenen Ideen von einer Art pädagogischen Edelkommunismus in einem Artikel zusammengefaßt hatte und diesen vergeblich bei einigen Zeitungen unterzubringen versuchte, warnte ihn HEESCH: Er mache «Reklame gegen sich selbst», worauf WEIGANG mit «ungeheurer Betrübnis erfüllt» wurde.

Insgesamt war für HEINRICH HEESCH die Münchener Zeit von großen Anstrengungen aber auch von großer Erfülltheit gekennzeichnet, wie HEESCH selber immer wieder betonte. Er arbeitete äußerst konzentriert, nahm das ihm Gebotene mit offenem Herzen dankbar auf und verausgabte sich fast vollständig. Wenn er in den Semesterferien nach Kiel zu seinen Eltern kam, konnte er vor Erschöpfung drei Tage lang ununterbrochen schlafen. Seine Mutter, die nicht gerade zu einer verweichlichenden Erziehung ihrer Kinder neigte, ließ ihn gewähren und betreute ihn verständnisvoll – wie überhaupt die Eltern großen Anteil am Studium und an der Entwicklung ihres Sohnes nahmen.

Ein Grund für den übermäßigen Einsatz im Studium mag auch der gewesen sein, daß HEINRICH HEESCH sich auch 1927 immer noch nicht endgültig entschieden hatte, welchen Beruf er anstreben wollte. Neben anderen fragte er auch seinen Gönner, den Oberstudiendirektor PAECKELMANN um Rat, ob er zur Physik oder zur Musik gehen solle. PAECKELMANN, der ihn in seiner Eigenschaft als

Betreuer der «Studienstiftler» mehrfach besucht hatte und gut kannte, mochte ihm aber keinen «wesentlichen Rat» geben. Er meinte jedoch – und er schrieb ihm dies auch –, daß sein «Weg in der Physik der richtigere sein würde»: «Begründen will ich diesen Rat nicht. Es ist einfach nichts weiter als ein Tastgefühl. Die Entscheidung aber müssen Sie unbedingt selbst fällen.» HEESCH entschied sich schließlich für die Physik.

Im Juli 1928 erhielt HEINRICH HEESCH als Schüler von Prof. FELIX BERBER das «Meisterklassenzeugnis für Violine der Staatlichen Akademie der Tonkunst zu München». BERBER schenkte ihm zum Abschluß ein sehr gutes Instrument und verabschiedete sich mit dem Angebot:

> «In Königsberg ist die erste Konzertmeisterstelle beim Rundfunkorchester frei. Wenn Sie sich bewerben, kriegen Sie diese Stelle auch.»

Aber HEINRICH HEESCH bewarb sich nicht.

Nachdem HEINRICH HEESCH sich für die Physik entschieden hatte, wandte er sich im Sommersemester 1928 wegen eines Themas für eine Dissertation an Geheimrat SOMMERFELD. Es wurde aber nichts aus diesem Vorhaben. SOMMERFELD bereitete sich nämlich gerade auf seine große Weltreise vor, die als Vortragsreise geplant war, von August 1928 bis Mai 1929 dauern und durch Indien, China, Japan und die USA führen sollte, mit einem etwas längeren Aufenthalt in Pasadena. Er wollte anfänglich HEINRICH HEESCH mitnehmen, was aber trotz intensiver Bemühungen SOMMERFELDS schließlich aus Kostengründen scheiterte. Auch LINUS PAULING, der inzwischen an das California Institute of Technology in Pasadena zurückgekehrt war, bemühte sich vergeblich um eine Möglichkeit, HEESCH einen kleinen Verdienst an dem Institut während des Aufenthaltes SOMMERFELDS zu verschaffen. Seine Frau AVA HELEN hatte die Idee, HEESCH könnte während der Zeit etwas Geld mit der Geige verdienen. Aber auch dies zerschlug sich. Die Leitung des Musik-Konservatoriums in Pasadena wollte sich nicht festlegen. HEESCH sollte 4.000,– RM an Reisekosten beisteuern, er konnte aber nur 3.000,– RM aufbringen. So mußte er zu Hause bleiben.

SOMMERFELD vermittelte ihn als Doktoranden an seinen ehemaligen Assistenten GREGOR WENTZEL, der seit 1926 eine Professur in Leipzig innehatte. WENTZEL hatte zu dieser Zeit schon bedeutende Beiträge zur Wellenmechanik geliefert, zum Beispiel 1926 die «WKB-Methode» (WENTZEL-KRAMERS-BRILLOUIN-Methode), ein Verfahren zur näherungsweisen Berechnung von quantenmechanischen Wellenfunktionen. Später hat er sich vor allem mit der Systematik der Feldquantifizierung und der Mesonen- bzw. Paartheorie der Kernkräfte befaßt. 1975 wurde er mit der MAX-PLANCK-Medaille ausgezeichnet[22].

WENTZEL hatte im Sommer einen Ruf nach Paris und einen nach Zürich erhalten. Den an die Universität Zürich nahm er an, so daß auch HEESCH zu Beginn des Wintersemesters 1928/29 nach Zürich übersiedelte.

3 Promotion in Zürich (1928–1930)

Zürich hatte damals, besonders in Mathematik und Physik, einen ausgezeichneten Ruf: An der kantonalen Universität lehrten als Mathematiker ANDREAS SPEISER und KARL RUDOLF FUETER, an der Eidgenössischen Technischen Hochschule (ETH) GEORG PÓLYA und HERMANN WEYL. GREGOR WENTZEL war 1928 als Nachfolger ERWIN SCHRÖDINGERS auf den Lehrstuhl für Theoretische Physik an der Universität berufen worden. Vorgänger von SCHRÖDINGER (1921–27) waren ALBERT EINSTEIN (1909–11), PETER DEBYE (1911–12) und MAX VON LAUE (1912–14) gewesen. An die ETH war in demselben Jahr (1928) WOLFGANG PAULI als Nachfolger von PETER DEBYE, der 1936 den Nobelpreis für Chemie erhielt, gekommen. Einer der Vorgänger von DEBYE (1920–27) auf diesem Lehrstuhl war ebenfalls ALBERT EINSTEIN (1912–13) gewesen. WENTZEL und PAULI waren beide Schüler von ARNOLD SOMMERFELD und arbeiteten beide auf dem Gebiet der Atomphysik. Mehrfach veranstalteten sie in Zürich gemeinsame Seminare über Atomphysik.

Es war die große Zeit zwischen 1925 und 1930, in der die Quantentheorie wesentlich weiterentwickelt wurde und damit die Feinarbeiten auf dem Gebiet des Aufbaus der Atomhülle vorangetrieben wurden. Durch die HEISENBERGsche Forderung (1925), daß nur «prinzipiell beobachtbare» Größen zur Beschreibung der atomaren Strukturen und Vorgänge herangezogen werden dürften, war der Anstoß gegeben worden, die ‹ältere Quantentheorie›, die in den Jahren von 1901 bis 1925 entwickelt worden war und durch die BOHR-SOMMERFELDsche Quantenbedingungen beschrieben werden kann, abzulösen [23].

PAULI hatte 1925 das nach ihm benannte ‹Ausschlußprinzip› (‹PAULI-Verbot›) formuliert, wonach keine zwei Elektronen einer Atomhülle in allen Quantenzahlen übereinstimmen und sich damit in gleichem Zustand befinden können. Er erhielt dafür 1945 den Nobelpreis für Physik. S. GOUDSMIT und G. E. UHLENBECK hatten im Herbst 1925 den Elektronenspin als Hypothese eingeführt, womit auch den «inneren Quantenzahlen» SOMMERFELDS eine physikalische Begründung gegeben werden konnte. Mit diesen beiden Ansätzen –

dem Ausschlußprinzip und dem Elektronenspin – konnte nun auch auf der Grundlage der 1916 von WALTER KOSSEL gegebenen Deutungen der Absorption und Emission von Strahlungen das periodische System der Elemente weitgehend erklärt werden.

In demselben Jahr (1925) hatten MAX BORN (Nobelpreis 1954) und WERNER HEISENBERG (Nobelpreis 1932) und PASCUAL JORDAN die Quantenmechanik begründet und in zahlreichen Arbeiten zusammen mit P. A. M. DIRAC (Nobelpreis 1933) bis 1927 die «statistische Auffassung der Ladungswolke» ausgebaut. HEISENBERG hatte 1927 die berühmte Unschärferelation aufgestellt. Die 1924 von DE BROGLIE begründete Theorie der Materiewellen, für die er 1929 den Nobelpreis bekam, hatte ERWIN SCHRÖDINGER (Nobelpreis 1933, zusammen mit DIRAC) aufgegriffen und 1926 in Zürich zur Wellenmechanik so weit entwickelt, daß das BOHRsche Atommodell bezüglich seiner Quantelung nun auch anschaulich verstanden werden konnte. Und er hatte bald danach erkannt, daß seine Wellenmechanik und die Matrizenmechanik HEISENBERGS bei aller Verschiedenheit doch gleichwertige Theorien sind. Durch Arbeiten von P. JORDAN und E. WIGNER war diese Äquivalenz im Sommer 1928 dann endgültig nachgewiesen worden und damit die nichtrelativistische Quantentheorie abgeschlossen worden[24].

P. A. M. DIRAC hatte dann Anfang 1928 eine relativistische Quantentheorie veröffentlicht, die auch eine Theorie des Elektronenspins lieferte. Mit seiner ‹Löchertheorie› (1930) hatte er zur Vorstellung neuer, damals noch unbekannter Teilchen, den ‹Antielektronen› (Positronen), die dann 1932 von C. D. ANDERSON auch experimentell entdeckt wurden, geführt.

Ein allgemeines Schema einer Quantenfeldtheorie, also einer Quantentheorie der Wellenfelder, die später zur Quantenelektrodynamik führte, wurde 1929 von HEISENBERG und PAULI aufgestellt. Schließlich sei noch erwähnt, daß PAULI 1930 zur Behebung gewisser Schwierigkeiten beim Verständnis der Physik des Atomkerns ein hypothetisches Teilchen einführte, das später als «Neutrino» bezeichnet wurde und erst 1953 experimentell nachgewiesen werden konnte.

In den Jahren 1926/27 hatten die berühmten Kopenhagener Diskussionen – insbesondere zwischen NIELS BOHR und WERNER HEISENBERG – stattgefunden, die nach heftigem Ringen eine widerspruchsfreie Deutung der Quantentheorie ermöglicht und zu BOHRS ‹Komplementarität der Raum-Zeit-Beschreibung› und zu HEISENBERGS ‹Unschärferelation› geführt hatten[25]. Die scheinbaren Widersprüche zwischen der Teilchen- und der Wellenauffassung in der Atomphysik konnten ausgeräumt werden. Im Oktober 1927 hatte dann der berühmte zweite Solvay-Kongreß in Brüssel stattgefunden, auf dem die verschiedenen Auffassungen des Verständnisses der Quantenerscheinungen diskutiert worden waren. DE BROGLIE und SCHRÖDINGER hatten die Situation für provisorisch, BORN und HEISENBERG hatten sie für endgültig gehalten[24].

Die Ergebnisse dieser Zeit waren so entscheidend für die neuere Physik, daß ARNOLD SOMMERFELD sich gezwungen sah, sein für die damalige Zeit maßgebliches Buch *Atombau und Spektrallinien*, das gerade in der vierten Auflage auf dem Markt war, mit einem ‹Wellenmechanischen Ergänzungsband› auf den neuesten Stand zu bringen. Der Band erschien schon 1929.

In dieser Situation erhielt also HEINRICH HEESCH von GREGOR WENTZEL ein Thema für seine Doktorarbeit. Aus einem Brief WENTZELS vom 8.4.1928 geht hervor, wie die Aufgabenstellung lauten sollte:

> «... nach der Schrödinger Theorie die Energie der einfach ionisierten Schalen (Abschirmungsdubletts der Röntgenspektren) und die der zweifach ionisierten Schalen (Terme der Funkenlinien) zu berechnen, eventuell auch die Linienintensitäten.»

Er sollte sich dazu anhand der neuesten Arbeiten von SCHRÖDINGER, HEISENBERG und HUND einarbeiten.

Für HEESCH war die Materie nicht neu, denn er hatte sich bereits anläßlich zweier Referate im Seminar SOMMERFELDS mit HEISENBERGS Heliumtheorie auseinandergesetzt. Aber WENTZEL warnte: «Was das Problem etwas kompliziert macht, ist die Heisenberg'sche Resonanzerscheinung beim Mehrkörperproblem», also bei Atomen mit mehr als zwei Elektronen. Zur Behebung dieser Schwierigkeiten war in diesen Jahren die Gruppentheorie zu einem entscheidend wichtigen mathematischen Werkzeug geworden. Als erster hatte E. WIGNER «die Anwendung der Theorie der Darstellungen der Gruppen auf die Quantentheorie» begründet[26]. HERMANN WEYL lieferte dann schon 1928 mit seinem Buch *Gruppentheorie und Quantenmechanik* die erste zusammenfassende Darstellung dieses Gegenstandes.

Als HEINRICH HEESCH sich an die Arbeit machte, mußte er schnell feststellen, daß seine Kenntnisse in der Gruppentheorie für eine erfolgreiche Bearbeitung seines Dissertationsthemas nicht ausreichten. Er mußte sich also als erstes mit dieser Theorie befassen. Damit schlug er einen Weg ein, der zu einem völlig anderen als dem geplanten Thema führen sollte.

HEESCH griff zu dem damals wohl berühmtesten einschlägigen Buch: ANDREAS SPEISER, *Die Theorie der Gruppen endlicher Ordnung*, 2. Auflage, 1927. Dort hatte SPEISER unter anderem auch die *Symmetrie der Ornamente* behandelt und gezeigt, daß es sieben verschiedene Typen von einseitigen (wohl zuerst von P. NIGGLI angegebenen) und 24 verschiedene Typen von zweiseitigen *Streifenornamenten* gibt. Die diesen Typen von Ornamenten eindeutig zugeordneten Gruppen werden heute (vor allem in der Kristallographie) als *Bandgruppen* bzw. als *Reliefbandgruppen* bezeichnet. Danach hatte SPEISER die 17 auf FEDOROW (1890) zurückgehenden verschiedenen Typen von einseitigen *Flächenornamenten* (deren zugeordnete Gruppen heute als *Ebenengruppen* bezeichnet werden) behandelt und festgestellt, daß die zweiseitigen Flächenornamente noch nicht entsprechend untersucht worden waren.

Diese Feststellung verblüffte HEESCH: Wie konnte es sein, daß ein solch naheliegendes Problem noch nicht gelöst worden war? Er machte sich an die Arbeit und hatte innerhalb weniger Tage, in den Osterferien in Kiel, die Antwort gefunden: Es gibt 80 verschiedene Typen zweiseitiger Flächenornamente, also auch 80 Gruppen für ebene Ornamente. Man kann sie auch als die dreidimensionalen diskontinuierlichen Gruppen auffassen, deren Elemente eine Ebene auf sich abbilden. Heute werden diese Gruppen als *Schichtgruppen* bezeichnet.

Die Arbeit schickte HEINRICH HEESCH sofort an ANDREAS SPEISER. Dessen Antwort war einerseits enttäuschend, andererseits aber auch ehrenvoll:

> «Daß Sie die 80 Gewebegruppen in so kurzer Zeit aufgefunden haben, ist eine sehr schöne Leistung und die dazugehörige Tafel scheint mir recht brauchbar. In der NIGGLIschen Zeitschrift werden zwei Arbeiten erscheinen, welche dieselben 80 Gruppen beschreiben, aber wahrscheinlich wird dort keine solche Tafel enthalten sein. Jedenfalls wäre eine Publikation auch in einer mathematischen Zeitschrift erwünscht. Doch darüber sprechen wir dann in 14 Tagen, wenn Sie wieder in Zürich sind.»

Das von HEESCH behandelte Problem war gerade in verschiedenen Arbeiten von C. HERMANN, von L. WEBER und von E. ALEXANDER und K. HERRMANN gelöst worden. Die Ergebnisse sollten in den nächsten Nummern der *Zeitschrift für Kristallographie* veröffentlicht werden[27]. HEESCHS Lösungsweg unterschied sich jedoch wesentlich von dem der anderen. Hatten jene die 80 Gruppen durch Reduktion aus den bekannten 230 Raumgruppen hergeleitet, so entwickelte HEESCH sie nur aufgrund der Kenntnis der 17 Ebenengruppen. Aus diesem Grunde befürwortete SPEISER die Veröffentlichung einer Umarbeitung, in der der Schwerpunkt auf der Darstellung des neuen Lösungsweges liegen sollte, und verwies HEESCH unmittelbar an PAUL NIGGLI, der damals Herausgeber der *Zeitschrift für Kristallographie* war. Auf diese Weise erschien HEESCHs erste Veröffentlichung unter dem Titel *Zur Struktur der ebenen Symmetriegruppen* [28]. Damit war eine Richtung wissenschaftlichen Forschens eingeschlagen worden, die das weitere mathematische Leben HEINRICH HEESCHs wesentlich bestimmen sollte.

HEESCH diskutierte nun wiederholt seine Ergebnisse mit PAUL NIGGLI. NIGGLI, 1888 geboren, gehörte zu den führenden Kristallographen seiner Zeit. Er war seit 1920 Ordinarius in Zürich, nachdem er vorher in Leipzig (1915–1918) und in Tübingen (1918–1920) gewirkt hatte. In seinen Forschungen hat er sich neben anderen Themen besonders mit Untersuchungen zur Kristallstruktur befaßt. Sein berühmtes Buch *Geometrische Kristallogaphie des Diskontinuums* (Leipzig 1919) war die erste systematische Darstellung der entsprechenden Erkenntnisse zu der Zeit.

PAUL NIGGLI selbst ermunterte HEINRICH HEESCH, seine an den ebenen Symmetriegruppen erprobte Methode (Gesichtspunkt der primitiven Gruppen und Einführung des Begriffs der ‹Blickrichtung›) auch auf die Diskussion der Raumgruppen anzuwenden. Unter der ‹Blickrichtung› verstand HEESCH die einer Gruppe zugeordneten Richtungen, die im Falle von Drehungsgruppen mit den Achsenrichtungen und im Falle von Gruppen mit Spiegelungen mit den Normalen der Spiegelebenen zusammenfallen. Mit diesem Begriff, durch den Achsen- und Spiegelsymmetrien einheitlich behandelt werden können, hatte HEESCH ein Werkzeug geschaffen, das die Betrachtungen wesentlich anschaulicher und übersichtlicher machte. Faßt man äquivalente Blickrichtungen einer Gruppe, also solche, die durch Abbildungen der Gruppe aufeinander abgebildet werden, in Klassen zusammen, so bilden diese Klassen ein ‹Blickrichtungssystem›.

Es gibt 230 Raumgruppen, deren vollständige Berechnung E. S. FEDOROW und A. SCHOENFLIES unabhängig voneinander, aber in Kontakt miteinander, 1890 bzw. 1891 geliefert hatten [29]. Die erste für Kristallographen brauchbare Darstellung hatte dann PAUL NIGGLI in seinem Buch *Geometrische Kristallographie des Diskontinuums* gegeben. HEESCH lieferte nach einigen Diskussionen mit NIGGLI schon im Juni 1929 eine neue Herleitung dieser Raumgruppen mit seinen Methoden. Sie wurde noch im selben Jahr unter dem Titel *Zur systematischen Strukturtheorie II* gedruckt[30]. Damit war der erste Schritt zu dem von NIGGLI angeregten Ziel getan.

Genauso, wie er die 80 Schichtgruppen aufgrund der Kenntnis der 17 Ebenengruppen mit seinen Methoden gewonnen hatte, versuchte HEESCH nun, aus der Kenntnis der 230 Raumgruppen die Gesamtheit der vierdimensionalen Gruppen, deren Elemente einen dreidimensionalen Raum in sich überführen, abzuleiten. Innerhalb weniger Wochen war die Arbeit so weit gediehen, daß die Prinzipien

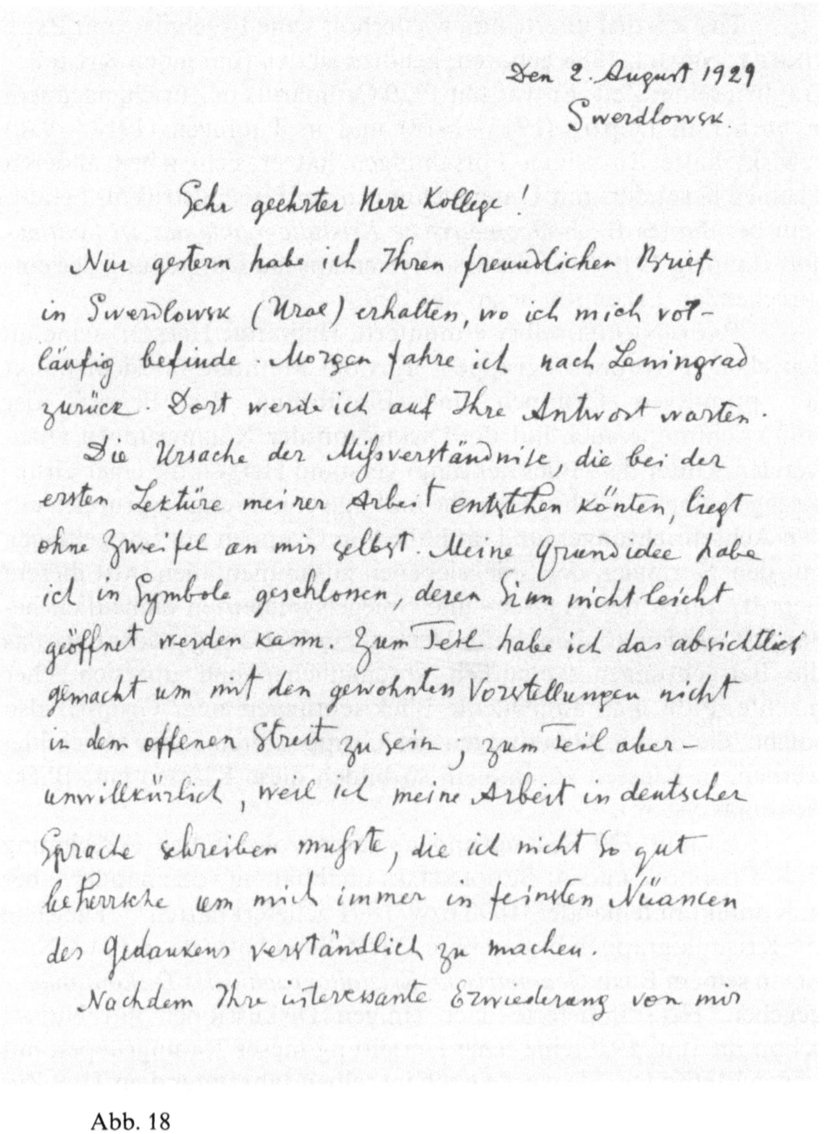

Den 2. August 1929
Swerdlowsk.

Sehr geehrter Herr Kollege!

Nur gestern habe ich Ihren freundlichen Brief in Swerdlowsk (Ural) erhalten, wo ich mich vorläufig befinde. Morgen fahre ich nach Leningrad zurück. Dort werde ich auf Ihre Antwort warten.

Die Ursache der Mißverständnisse, die bei der ersten Lektüre meiner Arbeit entstehen könten, liegt ohne Zweifel an mir selbst. Meine Grundidee habe ich in Symbole geschlossen, deren Sinn nicht leicht geöffnet werden kann. Zum Teil habe ich das absichtlich gemacht um mit den gewohnten Vorstellungen nicht in dem offenen Streit zu sein; zum Teil aber – unwillkürlich, weil ich meine Arbeit in deutscher Sprache schreiben mußte, die ich nicht so gut beherrsche um mich immer in feinsten Nüancen des Gedankens verständlich zu machen.

Nachdem Ihre interessante Erwiederung von mir

Abb. 18
Der Anfang eines Briefes von A. SCHUBNIKOW an H. HEESCH.

der Abzählung mit rein dreidimensionalen Begriffsbildungen vollständig vorlagen, die Anzahl der Klassen (122), der «vierdimensionalen Punktgruppen des dreidimensionalen Raumes», feststand und die entsprechenden Gruppen der triklinen und der monoklinen Raumgruppen abgezählt waren. Im Dezember 1929 wurde die Arbeit unter dem Titel *Über vierdimensionale Gruppen des dreidimensionalen Raumes* zur Veröffentlichung angenommen.

Gleichzeitig lieferte HEESCH eine weitere Arbeit mit dem Titel *Über die Symmetrien zweiter Art in Kontinuen und Semidiskontinuen* ab. Dieser Arbeit war eine Diskussion mit A. SCHUBNIKOW, dem großen russischen Kristallographen in Leningrad, vorausgegangen. SCHUBNIKOW hatte im Juni 1929 eine Abhandlung *Über die Symmetrie des Kontinuums* zur Veröffentlichung in der *Zeitschrift für Kristallgraphie* eingereicht, die NIGGLI HEESCH zur Begutachtung gegeben hatte. In dieser Arbeit stellte HEESCH einige Widersprüche zu seinen eigenen Ergebnissen fest, deren Grund erst in einem Briefwechsel mit SCHUBNIKOW geklärt werden konnte. Dieser schrieb:

> «Meine Grundidee besteht darin, daß ich den geometrischen Punkt als eine unendlich kleine Figur betrachte, die ihre bestimmte Symmetrie hat. Die gewöhnliche Vorstellung – der Punkt sei eine unendlich kleine Kugel – scheint mir zu eng zu sein. Aus dieser Definition folgt, daß man über die Gleichwertigkeit der Punkte, die parallelen und nicht parallelen Stellungen der Punkte reden kann usw..»

SCHUBNIKOW ließ also beispielsweise zu, daß alle geometrischen Punkte eines Kontinuums völlig assymetrisch sind. Dieser Auffassung stand die HEESCHsche entgegen, bei der ein geometrischer Punkt immer auch die Symmetrien einer Kugel hat. Es ist klar, daß die beiden Forscher so zu unterschiedlichen Ergebnissen kommen mußten. Nach Klärung dieses Sachverhaltes stand der Drucklegung der SCHUBNIKOWschen Arbeit jedoch nichts mehr im Wege[31].

HEESCH legte nun seiner Arbeit die von ihm vertretene Auffassung von den Symmetrien eines geometrischen Punktes zugrunde (ohne daß dieses in der Arbeit deutlich gesagt wird). Dabei spielte in der Diskussion der Bewegungsgruppen im Kontinuum eine entscheidende Rolle, daß bei der gewöhnlichen Realisierung von kontinuierlichen Gruppen durch eine skalare Ortsfunktion jede kontinuierliche Translation eine Spiegelsymmetrie senkrecht zur Translationsrichtung nach sich zieht. HEESCH kam so zu wesentlichen Ergänzungen der SCHUBNIKOWschen Arbeit.

Mit den beiden letztgenannten Arbeiten, die dann 1930 in der *Zeitschrift für Kristallographie erschienen*[32], promovierte HEINRICH

HEESCH am 19.12.1929 an der Philosophischen Fakultät II der Universität Zürich zum Dr. phil. Sein Doktorvater, Prof. Dr. GREGOR WENTZEL, hatte auf die Berechnung des Funkenspektrums des Heliums verzichtet. Korreferenten waren ANDREAS SPEISER und PAUL NIGGLI.

Der erste, und für Jahrzehnte auch der einzige, der auf HEESCHS Ergebnisse einging, war JOHANN JAKOB BURCKHARDT. In seiner Arbeit *Zur Theorie der Bewegungsgruppen* [33] führte er 1933 die von HEESCH begonnene Abzählung der vierdimensionalen Gruppen, die einen dreidimensionalen Raum in sich überführen, fort. Während HEESCH den triklinen und den monoklinen Fall behandelt hatte, löste er «das HEESCHsche Problem im hexagonalen und im rhomboedrischen Falle». Auch BURCKHARDT betonte schon damals, daß die dabei verwandten Methoden ausreichen, «um die Aufstellung sämtlicher Gruppen zu ermöglichen, was aber bei ihrer großen Anzahl sehr zeitraubend sein dürfte». Erst in den vierziger und fünfziger Jahren wurde die Abzählung von mehreren russischen Kristallographen, vor allem von A. SCHUBNIKOW (1945, 1951), wieder aufgegriffen und wohl erst 1953 von ZAMORZAEV vollständig durchgeführt [34]. Ergebnis: Es gibt 1651 vierdimensionale Gruppen, deren Elemente einen dreidimensionalen Raum in sich überführen, und heute als ‹SCHUBNIKOW-Gruppen› [35], als ‹HEESCH-Gruppen› [33], als ‹HEESCH-SCHUBNIKOW-Gruppen› [36], oder als ‹Schwarz-Weiß-Raumgruppen› bzw. ‹Magnetische Raumgruppen› bezeichnet werden.

Mit JOHANN JAKOB BURCKHARDT verband HEINRICH HEESCH eine lebenslange Freundschaft. BURCKHARDT hatte 1928 an der Universität Zürich promoviert und war dann dort ab 1932 als Assistent, Privatdozent und Professor tätig. Er ist durch viele mathematische Veröffentlichungen und Herausgebertätigkeiten, so zum Beispiel als jahrzehntelanger Redaktor der *Commentarii Mathematici Helvetici* bekannt geworden. Sein richtungsweisendes Buch *Die Bewegungsgruppen der Kristallographie* (1. Auflage 1947, 2. Auflage 1966) ist inzwischen zu einem Standardwerk auf diesem Gebiet geworden. Auch als Übersetzer, zum Beispiel von COXETERS *Introduction to Geometry*, New York 1961 (deutsch: *Unvergängliche Geometrie*, Birkhäuser, Basel 1963), und als Vizepräsident der Euler-Kommission der Schweizerischen Naturforschenden Gesellschaft hat er sich einen Namen gemacht. HEESCH und BURCKHARDT fühlten sich vor allem durch ihre Arbeiten verbunden. Sie waren in vielem durch den Einfluß von ANDREAS SPEISER geprägt und stimmten da-

Abb. 19
JOHANN JAKOB BURCKHARDT.

her auch in vielen Auffassungen überein. Ihnen ging es besonders darum, die tieferliegenden gruppentheoretischen Strukturen in der Kristallographie aufzudecken und überhaupt mehr gruppentheoretische Betrachtungsweisen in die Kristallographie einzubringen.

An dieser Stelle muß die große Bedeutung der genannten Arbeiten HEESCHS zur Kristallgeometrie für die Kristallographie und die Physik illustriert werden. Durch die gedankliche Vereinfachung der Herleitung der 230 Raumgruppen hatte HEESCH die Grundlagen für eine Herleitung der Schwarz-Weiß-Gruppen gelegt. PAUL NIGGLI schrieb schon 1930 in einem Gutachten über HEINRICH HEESCH für die Notgemeinschaft der Deutschen Wissenschaft:

> «[HEESCH] ist von der mathematisch-physikalischen Seite her zu Fragen der Strukturtheorie und Struktursystematik gelangt, wobei es ihm möglich war, in origineller Weise neue Lösungen zu finden. Auf dem von ihm eingeschlagenen Weg lassen sich unzweifelhaft noch mannigfache für die Kristallstrukturlehre wichtige Gesetzmäßigkeiten finden.»

Damit meinte NIGGLI sicher neben der Einführung des Begriffs der ‹Blickrichtung› bzw. des ‹Blickrichtungssystems› vor allem die Deutung der Zweiseitigkeit bei Band- und Flächenornamenten als ‹Zweifarbigkeit›: Von der dritten Koordinate interessierte nur das

Vorzeichen, so daß die Koordinate auch gedeutet werden kann «als Vertreter einer jeden Eigenschaft des homogenen ebenen Diskontinuums, die sich auf die Formel ‹plus-minus› bringen läßt, d. h. für jede polare Eigenschaft, z. B. Besetzung mit zwei verschiedenen Ionen, Elektronenspin, elektrische Doppelschicht, magnetisches Band, Durchsetzung mit einer Dipolverteilung, usw.» (HEESCH, 1929, Seite 326). Damit war die Schwarz-Weiß-Gruppen-Sicht, auch als ‹Idee der Antisymmetrie› bezeichnet, geboren. Sie spielt heute in der Kristallographie und der Festkörperphysik (z. B. unter dem Gesichtspunkt magnetischer Raumgruppen) eine große Rolle. ZAMORZAEV und PALISTRANT schrieben hierzu 1980[37]:

> "HEESCH and SHUBNIKOV were deeply impressed by the idea stated by SPEISER and practically realized by WEBER to present the figur (band, layer) being plane from two sides on the one-side plane of the drawing using black and white colors. The Swiss mathematician and the Soviet crystallographer in different ways and at different times but independently of each other arrived at the distinct determination of the antisymmetry concept (HEESCH, 1930; SHUBNIKOV, 1945, 1951)."

ZAMORZAEV and PALISTRANT sprechen dann auch von der ‹HEESCH-SCHUBNIKOV-Antisymmetry›. Die ‹Unabhängigkeit› muß jedoch angezweifelt werden: HEESCH und SCHUBNIKOW standen seit August 1929 in Briefwechsel miteinander. In einem Brief vom 23. 9. 1935 bat SCHUBNIKOW im Auftrage der ‹Kristallographischen Abteilung des Lomonosov-Instituts der Akademie der Wissenschaften in Moskau› um eine Photographie HEESCHs für die ‹Porträtsammlung von Gelehrten›, mit denen das Institut in wissenschaftlichem Verkehr steht. Er schrieb dann:

> «Besonders Ihre Werke im Gebiet der mathematischen Kristallographie besitzen große Bedeutung für unsere eigenen Arbeiten.»

In einem Brief vom 19.10.1935 bedankte er sich für die Zusendung des Bildes und fuhr fort:

> «Ich benutze zugleich die Gelegenheit, für die summarische Zusendung Ihrer Arbeiten, die wir stets mit großem Interesse gelesen haben, meine Anerkennung auszusprechen.»

SCHUBNIKOW kannte also die HEESCH-Arbeiten aufs beste. Daß er sie dann zuerst nicht zitiert hat, mag an der Kriegssituation gelegen haben. In seinem ausgezeichneten Buch *Symmetry in Science and Art* (Original in Russisch 1972, englische Übersetzung 1974) weist er auf HEESCH hin, betont aber die Unabhängigkeit.

W. OPECHOWSKI und R. GUICCIONE sehen in ihrem Beitrag *Magnetic Symmetry* die Priorität genauer[38]:

> "Heesch was not only the first to consider magnetic space groups in the sense just indicated, and to give a list of the magnetic space groups of the triclinic and monoclinic system, but also seems to have been the first to realize the importance of his groups from the physical point of view",

und sie kommen zu dem Urteil bezüglich der Bezeichnung der Magnetischen Raumgruppen als ‹SCHUBNIKOW-Gruppen›:

> "... a name now widely used but hardly justified from the historical point of view."

Konsequent bezeichnen sie daher die Magnetischen Punktgruppen als 'HEESCH groups', die ja in der Tat von HEESCH erstmals vollständig hergeleitet worden sind [39].

Daß HEESCHs Kristallklassen (Magnetische Punktgruppen) aus seiner Dissertation fast drei Jahrzehnte «nicht gebührend beachtet wurden», lag nach W. NOWACKI [40] daran, daß «HEESCH sie nicht durch Figuren veranschaulicht» habe. Dies mag eine Rolle gespielt haben. Entscheidender wird aber wohl die Tatsache gewesen sein, daß Anwendungen dieser Theorie erst sehr viel später aktuell wurden. OPECHOWSKI und GUICCIONE weisen beispielsweise darauf hin, daß "of course, no reference to the problem of magnetic ordering was possible at this early stage of the history of the problem". Obwohl HEESCH die Möglichkeit bereits angedeutet hatte. Dies wird auch von SCHUBNIKOW und BELOW gesehen [41]:

> "But during the past ten years there has been growing interest in broader definitions of symmetry, in which strict equivalence of points is replaced by a change of sign, of color, or even more general changes. Although this idea had been explicitly stated and substantially developed by HEESCH in 1930, the current interest in the subject can certainly be traced to the appearance in 1951 of A. V. SHUBNIKOV's book on *Symmetry and Antisymmetry of Finite Figures*."

HEESCH war 1930 seiner Zeit auf diesem Gebiet mindestens zwanzig Jahre voraus gewesen.

Schon 1930 wurde HEINRICH HEESCH aufgrund seiner vier Arbeiten zur Strukturtheorie ein Lehrstuhl für Kristallographie in Greifswald angeboten. Er lehnte ab. Wohl in erster Linie, weil er seine Arbeit nicht ausschließlich auf die Kristallographie konzentrieren wollte, und dann wohl auch, weil er sich in der experimentellen Kristallographie nicht genügend kompetent fühlte. Auch spielte eine nicht geringe Rolle die Tatsache, daß Kiel von Greifswald aus nicht gerade bequem zu erreichen war. HEINRICH HEESCH hatte nach wie vor eine sehr starke Bindung zu seinen Eltern.

Seinem Elternhaus näher zu sein, bot sich dagegen eine weit günstigere Gelegenheit: HERMANN WEYL hatte einen Ruf nach Göttingen als Nachfolger von DAVID HILBERT erhalten und angenommen. 17 Jahre lang hatte WEYL, der wie HEESCH Schleswig-Holsteiner war – 1885 in Elmshorn geboren –, den Lehrstuhl an der ETH in Zürich besessen. Er hatte in Göttingen studiert, bei HILBERT 1908 promoviert und sich dort 1910 auch habilitiert. 1913 war er dem Ruf nach Zürich gefolgt. Mit vielen herausragenden Arbeiten und mit seinen berühmten Büchern *Die Idee der Riemannschen Fläche* (1913), *Raum-Zeit-Materie* (1918), *Das Kontinuum* (1918, 5. Auflage 1923!), *Philosophie der Mathematik und Naturwissenschaft* (1928) und *Gruppentheorie und Quantenmechanik* (1928) hatte er sich in der Zwischenzeit den Ruf eines genialen Mathematikers mit einer fundierten Öffnung zur Physik und zur Philosophie erworben. Rufe nach Göttingen, Berlin, Amsterdam, New York, Leipzig und Princeton hatte er abgelehnt, und man hatte in Zürich gehofft, ihn weiter dort halten zu können. Aber es war «die Pflicht gegen das eigene Land und die große mathematische Tradition», wie die Neue Zürcher Zeitung am 8. Juli 1930 schrieb, die nun die Entscheidung für Göttingen gebracht hatte. Diese Bemerkung in der Zeitung, die u.a. WEYLS «philosophische Tiefe, begriffliche Strenge und mathematische Intuition» würdigte, seine Stellung unter den Mathematikern durch das Wort ‹Universalität› charakterisierte und ihn gleichzeitig als Geometer, Analytiker, Philosophen und Physiker feierte, bekommt angesichts des weiteren Schicksals eine besondere Bedeutung. Es wird an späterer Stelle darüber zu berichten sein.

J. J. BURCKHARDT, der als Student in Zürich viel bei WEYL gehört hatte, schrieb später an HEESCH:

> «WEYL war für uns das Idol des großen Mathematikers, dessen Ausführungen wir zu verstehen versuchten. War auch der Erfolg klein, so war die Arbeit doch schön und hat bleibende Spuren in uns hinterlassen. Und das ist das Wertvolle: nicht der Erfolg, sondern die Arbeit.»

HEESCH ging also zu WEYL und fragte ihn, ob er ihn nicht als Assistenten mit nach Göttingen nehmen wolle. WEYL kannte HEESCH kaum und fragte ihn daher, bei wem außer den Züricher Kollegen er sich über ihn erkundigen könne. HEESCH nannte SOMMERFELD. Nach einiger Zeit ließ WEYL den Bewerber wieder zu sich kommen und eröffnete ihm, daß er ihn gerne als Assistenten mitnehmen wolle:

> «Ich kann Ihnen aber unmöglich zeigen, was SOMMERFELD über Sie geschrieben hat – Sie würden sonst größenwahnsinnig werden!»

So sollte also HEESCH im Oktober 1930 mit WEYL nach Göttingen gehen. Finanziell konnte er die Zeit bis dahin mit einem Forschungsstipendium der Notgemeinschaft der Deutschen Wissenschaft für seine ‹kristallmathematischen und quantenmechanischen Forschungen› leidlich überbrücken. Dieses Stipendium war ihm vom 1. 1. 1930 bis zum 31. 12. 1930 bewilligt worden.

Seine ersten Lehrerfahrungen machte HEINRICH HEESCH vom Januar bis Mai 1930. GREGOR WENTZEL war in dieser Zeit beurlaubt worden und HEESCH durfte statt seiner das Proseminar für Theoretische Physik (Mechanik der festen und deformierbaren Körper) abhalten,

> «... und zwar mit offensichtlichem Erfolg; er wurde nämlich von den Studierenden gebeten, über das Proseminar hinausgehend ein Repetitorium der Hamilton'schen Mechanik zu veranstalten, welchem Wunsch er gerne nachkam.»[42]

Welche Bedeutung damals einem solchen Lehrauftrag zukam, wird aus einem Brief SOMMERFELDS an HEESCH vom 8. 1. 30 deutlich, in dem er HEESCH zur Promotion gratulierte:

> «Ich gratuliere zu ‹summa cum› und fast mehr noch zu dem Vertrauensposten bei den Übungen.»

HEINRICH HEESCH war also nur zwei Jahre in Zürich. Die wissenschaftlich so außerordentlich fruchtbare Zeit wurde begleitet von einer auch künstlerisch erfüllten Tätigkeit. Neben dem privaten Musizieren mit ANDREAS SPEISER, der virtuos Klavier spielte – nach J. J. BURKHARDT[43]

> «verdankte er dem Spiel auf zwei Klavieren mit seiner Mutter die Grundlagen für seine profunden Musikkenntnisse und für sein späteres Spiel, er zählte zu den besten Amateuren»

–, trat HEINRICH HEESCH auch in der Öffentlichkeit auf. Er ergriff die «wertvolle und zielbewußte Initiative»[44] und gründete die Institution der ‹Zürcher Serenade›. Als Mitwirkende gewann er drei Musiker des Winterthurer Orchesters: den ersten Konzertmeister, JOACHIM RÖNTGEN (Violine), OSKAR KROMER (Viola) und ANTONIO TUSA (Violoncello). Als offizieller Veranstalter trat die Studentenschaft der Universität auf, wobei ANDREAS SPEISER mit Rat und Tat zur Seite stand. Die Konzerte fanden abends bei gutem Wetter im festlich mit Fackeln und Lampions beleuchteten wunderschönen Kreuzgang des von KARL DEM GROSSEN gegründeten Großmünsters und bei schlechtem Wetter in der Großmünsterkirche statt. Die Programme wiesen Werke von BRAHMS, HAYDN, MOZART, HÄNDEL,

Studentenschaft der Universität

Montag, den 21. Juli 1930, abends 9 Uhr
im Kreuzgang des Grossmünsters

Serenade

PROGRAMM:

I. **L. v. Beethoven** (1770—1827) op. 8
Serenade für Geige, Bratsche und Cello. Marcia Allegro - Adagio - Menuett - Adagio Scherzo - Allegretto alla Polacca - Andante quasi Allegretto mit Variationen - Marcia Allegro

II. **W. A. Mozart** (1756—1791)
a) Sieben Menuette für 2 Geigen u. Cello (K.-V. Nr. 65a)
b) Sechs ländliche Tänze für 2 Geigen und Cello (K.-V. Nr. 606)

III. **Johannes Brahms** (1833—1897) op. 115
Quintett h-moll für Klarinette, zwei Geigen, Bratsche und Cello. Allegro - Adagio - Andantino - Con moto

MITWIRKENDE:

Joachim Röntgen und Dr. **Heinrich Heesch** (Geige), **Oskar Kromer** (Viola), **Antonio Tusa** (Violoncell), **E. Schenk** (Klarinette)

Beleuchtung: Fa. Baumann, Koelliker & Cie. A.-G.

Eintritt Fr. 4.— (numerierter Sitzplatz)

Bei schlechter Witterung Konzert in der Grossmünsterkirche:

1. **Johannes Brahms:** Klarinettenquintett h-moll
2. **L. v. Beethoven:** op. 132, Streichquartett a-moll

Abb. 20
Eintrittskarte und Programm einer von HEINRICH HEESCH organisierten Serenade in Zürich am 21. 7. 1930.

DVORAK, WOLF und BEETHOVEN aus. Wie man den Kritiken entnehmen kann, waren die Aufführungen von außerordentlichem Erfolg gekrönt. So berichtete zum Beispiel die *Neue Zürcher Zeitung* am 15. 6. 1930 von einem ‹seltenen, hohen Genuß›: «Es lebte eine einheitlich gestimmte, wertvolle Atmosphäre in diesem Zusammenklang von kostbarer Musik und erhabener Raumstimmung, die von der dankbaren Zuhörerschaft sichtlich Besitz ergriff.» Und am 8. 7. 1930 konnte berichtet werden, daß der Kreuzgang des Großmünsters seit KARL DES GROSSEN Zeiten wohl kaum je so viele Menschen aufgenommen hat wie bei dem Konzert am 5. 7., als u. a. *Eine kleine Nachtmusik* von MOZART zur Aufführung gelangte.

Nach HEINRICH HEESCHS Übersiedlung nach Göttingen am 1. Oktober 1930 war er auch weiter als Organisator der Zürcher Serenaden tätig. Der Grund hierfür lag wohl in der Annahme, daß er wieder nach Zürich zurückkommen würde. Dies geht aus dem Entwurf eines Vertrages hervor, der zwischen der ‹Vortragskommission der Studentenschaft der Universität Zürich›, dem Ersten Konzertmeister JOACHIM RÖNTGEN und HEINRICH HEESCH, ‹Assistent des Herrn Prof. Dr. WEYL am Math. Inst. der Universität Göttingen›, geschlossen werden sollte. In den ‹Richtlinien für die Durchführung der Zürcher Serenade› wurden Ort, Propaganda, Eintritts- und Ehrenkarten, Finanzen und ‹Sinn dieser Richtlinien› festgelegt. Unter dem Punkt ‹Ehrenkarten› wurde bestimmt, daß

Abb. 21
Im Großmünster in Zürich.

Herrn Professor SPEISER aufgrund seines Einsatzes für das Zustandekommen der Serenaden durch eine Ehrenkarte besonders gedankt werden soll. Es heißt:

> «Besondere Freude könnten wir ihm wohl dadurch machen, daß ein Student der Künste diese Karte gestaltet. Man möchte für ihn die beiden Plätze in der ersten Reihe der Arkaden genau vor KARL DEM GROSSEN (und damit auch vor den Spielern) wählen.»

ANDREAS SPEISER war eine herausragende Persönlichkeit mit großer Ausstrahlung. 1885 in Basel geboren, hatte er in Göttingen und Berlin studiert. Seine Dissertation hatte er bei HERMANN MINKOWSKI begonnen und – als dieser kurz vor der mündlichen Prüfung starb – 1909 mit der Promotion bei DAVID HILBERT beendet. 1911 hatte er sich in Straßburg habilitiert, war dann 1917 an der Universität Zürich zum außerordentlichen Professor und 1919 dort auch zum Ordinarius ernannt worden. Seine Arbeitsgebiete waren Algebra, Zahlentheorie und Gruppentheorie, auf denen er bedeutende Beiträge lieferte. BURCKHARDT bezeichnet ihn als einen ‹Pionier der heutigen modernen Algebra›[45]. SPEISERS Lehrbuch *Die Theorie der Gruppen von endlicher Ordnung*, in der er besonders auch die Bedeutung der Gruppentheorie für die Kunst und die Kristallographie betonte, war über viele Jahre auf dem Gebiet der Gruppentheorie führend und gilt auch heute noch für viele Mathematiker als ‹die schönste Einführung in die Gruppentheorie›, wie sich B. L. VAN DER WAERDEN einmal äußerte[46]. Besondere Verdienste erwarb sich SPEISER als Generalredaktor der Euler-Edition. Unter seiner Aegide erschienen 37 Bände der *Opera omnia* von LEONHARD EULER, von denen zehn von SPEISER selbst bearbeitet worden sind.

Die Atmosphäre, die im Umkreis von ANDREAS SPEISER herrschte, wird von J. J. BURCKHARDT eindrucksvoll beschrieben[47]:

> «SPEISER war von ungewöhnlicher Belesenheit. Sein Bestreben war, Gedanken durch den Verlauf der Geschichte zu verfolgen und ihre Auswirkung darzustellen. Zudem versuchte er, hiermit weiteren Kreisen die von ihm erarbeitete und ihm eigene Gesamtschau der Welt unter mathematischem Aspekt darzulegen. SPEISER las wiederholt die Vorlesung für Hörer aller Fakultäten. Der hochgelegene Hörsaal im Turm hinderte die vielen Studierenden nicht daran, diesen einzigartigen Stunden beizuwohnen. SPEISER, ein hervorragender Pianist, setzte sich etwa ans Klavier und erklärte die Kompositionen der Klassiker MOZART, BEETHOVEN oder VERDI, aber im selben Zug auch diejenigen von Kinderliedern. Oder er ließ, unterstützt vom Lichtbildern, die Symmetrien der Ornamente aufleuchten. Aus diesen Vorlesungen ist das Buch *Die mathematische Denkweise*, Zürich 1932, entstanden.»

Abb. 22
Andreas Speiser.

Wie weit Speisers humanistische Bildung in seine Arbeit einfloß, zeigt auch sein 1937 erschienener Kommentar zu Platons so schwer zu verstehendem Parmenides-Dialog[48]. Dieser *Parmenides-Kommentar* hat unter Philologen und Philosophen große Anerkennung gefunden. In einer Besprechung in der *Neuen Zürcher Zeitung* hieß es hierzu[49]:

> «Jedenfalls sind die Philologen dem Mathematiker dankbar, daß er ihnen in einer so hoffnungslosen Aporie beispringt. Denn hier kann nur einer weiterkommen, der in beiden Sätteln gerecht ist.»

Heinrich Heeschs Verehrung zu Andreas Speiser geht aus einem Brief vom 21.12.1980 an J. J. Burckhardt hervor:

> «Unter all meinen Zürcher akademischen Lehrern war meine persönliche Entfaltung bei weitem am reichsten gegenüber Andreas Speiser. Seine *Klassischen Stücke der Mathematik*, die wir alle ‹verschlangen›, stellten bereits eine Einladung dazu dar. In vielen Gesprächen über Zahlen- und Gruppentheorie sowie über die Kräfte, die die Menschen, Zeiten und Völker bewegten und prägten, durfte ich Zuhörer sein und zunehmend Frager werden. Wie sehr hat mir Herr Speiser anhand der Bachschen *Kunst der Fuge* (damalige Neufassung durch Wolfgang Gräser) wie auch anhand von Ägyptens und auch der Alhambra Ornamenten die Belebungsmöglichkeiten von Symmetrien in vielen Gesprä-

chen ausgebreitet! Dazu spielte er auf dem Klavier den Orchesterpart des Violinkonzerts op. 77 von BRAHMS, dessen Solopart ich frisch von München mitbrachte!»

HEESCH gegenüber erzählte SPEISER öfter von dem genialen WOLFGANG GRAESER, mit dem er noch im Frühjahr 1928 zusammen gearbeitet hatte und dessen Einfluß im mathematisch-philosophischen Seminar immer noch zu spüren war. GRAESER hatte sich am 13. 6. 1928 das Leben genommen, wodurch SPEISER sehr betroffen war und worunter er sichtlich litt.

WOLFGANG GRAESER, wie HEESCH 1906 geboren, hatte mit dem Studium der Mathematik, Physik und Orientalistik begonnen. Schon in jugendlichen Jahren hatte er sich als Musikforscher betätigt und mit seiner 1924 erschienenen Arbeit *Bachs Kunst der Fuge* in der Fachwelt sensationelles Aufsehen erregt[50]. Mehr noch: GRAESER hatte die musikalische Welt um die *Kunst der Fuge* in Aufruhr versetzt[51]. In RIEMANNS *Musiklexikon*[52] ist zu lesen:

> «... die darin unternommene Darstellung der Großform des bis dahin stets als theoretische Beispielsammlung gedeuteten Werkes führte GRAESER zu einer teilweisen Umstellung der Sätze. In dieser Anordnung und in GRAESERS Orchestrierung erfuhr die *Kunst der Fuge* unter STRAUBE 1927 ihre erste, weithin beachtete Aufführung... Die neuere Literatur zu J. S. BACHS *Kunst der Fuge* beschäftigt sich durchweg mit GRAESER.»

In den dreißiger Jahren wurde dann GRAESERS Orchestrierung in mehr als 50 europäischen Orten aufgeführt. SPEISER hatte zusammen mit GRAESER erstmals im mathematisch-philosophischen Seminar PLATONS *Parmenides-Dialog* gelesen[53]. Seinen *Parmenides-Kommentar* widmete er daher später dem Andenken an GRAESER. 1928 hatte SPEISER den jungen GRAESER mit auf die große Ägypten-Reise genommen, wo GRAESER die fotographischen Aufnahmen der Ornamente machte, die SPEISER 1945 der 2. Auflage seines Buches *Die mathematische Denkweise* hinzufügte. W. PAECKELMANN, mit dem HEESCH in ständigem Kontakt stand, schrieb im Februar 1930 an HEESCH über GRAESER, der kurz vor seinem Tode für die Studienstiftung vorgesehen war:

> «Einer der merkwürdigsten Menschen, wie ein leuchtender Stern, der mit unerhörter Helligkeit alle anderen überstrahlt und dann plötzlich erlischt. Vielleicht daß Sie Ihre weiteren Arbeiten in diesem Kreise halten und von Ihnen aus einmal dem Problem dieses jungen Menschen nahegekommen wird, der so musikalisch wie wissenschaftlich genial war. Ihnen, der Sie die Geige und die Physik gleichermaßen lieben, wird vielleicht der Zugang zu ihm möglich sein.»

HEESCH spürte, wie auch SPEISER ihn in einem gewissen Zusammenhang mit GRAESER sah und in ihn entsprechende Erwartungen setzte. Aber er konnte diese Erwartungen nicht erfüllen. Er meinte, er sollte über GRAESER keine weiteren Nachforschungen anstellen.

Ein musikalisches Ereignis aus der Züricher Zeit verdient noch, festgehalten zu werden: HEESCH ging zum Rundfunk und fragte, ob er nicht in einer Sendung musizieren könnte. Man ließ ihn vorspielen und gab sofort die Einwilligung. Am 29.6.1929 in der Sendung um 21.20 Uhr hatte er seinen Auftritt. In der entsprechenden Ankündigung in der Zeitung hieß es: «Heinrich Heesch, Lieder, vorgetragen auf der Violine». Damals wurde noch lifegespielt gesendet! HEESCH teilte seinen Eltern in Kiel die Sendezeit mit. Diese gingen zu einem Radiohändler und fragten ihn, ob es möglich sei, den Zürcher Rundfunk auf 489,4m/613 kHz zu der gegebenen Zeit in Kiel zu empfangen. Es ging! Also wurde alles arrangiert, und die Eltern konnten in Kiel mit Freude und Stolz ihren Sohn in Zürich spielen hören.

HEINRICH HEESCH stand auch weiterhin mit dem Zürcher Rundfunk in Verbindung. So musizierte er zum Beispiel zusammen mit der Harfenistin COSIMA BLASER. Als er jedoch vorschlug, eine Sendung über Vierteltonmusik zu machen, lehnte die ‹Radio-Genossenschaft in Zürich› ab:

> «Sie werden aber begreifen, daß die an Vierteltonmusik interessierten Rundfunkkreise zu klein sind, um es rechtfertigen zu können, für diese Wenigen einen Vortrag halten zu lassen. Wir haben heute einfach noch zu wenig Emissionsstunden, um solche Spezialfragen behandeln zu können.»

Natürlich war es ganz selbstverständlich, bei einem Studium in der Schweiz die Freizeit auch mit Bergwanderungen und Skifahrten auszufüllen. Solche Unternehmungen dauerten manchmal mehrere Tage. Insbesondere mit RUDOLF PEIERLS, der inzwischen auch von München nach Zürich gekommen war und bei PAULI arbeitete, oder mit CARL JUNG, der jetzt in Zürich Experimentalphysik studierte und mit dem HEESCH sich bereits in München angefreundet hatte, unternahm er ausgedehnte Berg- und Gletschertouren. CARL JUNG war ein «leidenschaftlicher Experimentator und ein ausgezeichneter Sportler», wie HEESCH sich erinnerte. Besonders beim Schwimmen war er stets der erste, der im Wasser war. Allerdings nicht auf dem normalen Wege, sondern immer auf dem Umweg über den 10m-Sprungturm.

Bevor HEINRICH HEESCH Zürich endgültig verließ, ging er noch zu WOLFGANG PAULI und fragte ihn, ob er ihm nicht ein paar Tips für Göttingen geben könne. PAULI hatte einige Zeit am Institut von MAX BORN gearbeitet und kannte sich daher bestens in Göttingen aus. In einem Brief vom 30.9.1930 an HEESCH antwortete er:

«Über Ihren Wunsch, sich bei mir einen Rat zu holen, um nicht allzusehr zu ‹vergöttingern›, bin ich so erfreut, daß ich dies gerne noch auf schriftlichem Weg nachhole. Ich beeile mich, es zu tun, solange Sie noch unverdorben sind.
Merken Sie sich die folgenden zehn Gebote:

1) Glauben Sie nicht, daß Ordinarien schonend behandelt werden müssen.
2) Glauben Sie nicht einem Ordinarius, wenn er Ihnen sagt, er könne nichts mehr leisten, weil er krank sei; glauben Sie vielmehr, daß er sich für krank halten muß, weil er nicht das leisten kann, was er gerne wollte.
3) Sagen Sie nie ‹wir alle›, wenn Sie die Gesamtheit der Göttinger Professoren und Assistenten meinen.
4) Ich muß Ihre besondere Aufmerksamkeit auf Herrn FRANCK richten, die hervorragendste und sympathischste Persönlichkeit der Göttinger Physik. Wenn er Ihnen Moral predigt und insbesondere von der Notwendigkeit, die Zartfühlenden in Schutz zu nehmen, dann verehren Sie ihn und lieben Sie ihn, nehmen Sie aber nicht ernst, was er sagt. Wenn er aber von Physik spricht, dann nehmen Sie immer ernst, was er sagt, selbst wenn es Ihnen im ersten Augenblick noch so dumm vorkommt. Denn er versteht wie kein anderer, worauf es in der Physik ankommt.
5) Glauben Sie nicht, daß schwere Verständlichkeit einer Arbeit und unübersichtliche Bezeichnungen notwendige Voraussetzungen für eine gute Qualität der Arbeit seien.
6) Wenn Herr HEITLER sich verbonzt benimmt oder zu viel Reklame für seine Sachen macht, dann schimpfen Sie ihn schonungslos zusammen.
7) Wenn Sie in die mathematische Gesellschaft gehen, dann glauben Sie nicht, daß ein Betrieb an sich, unabhängig von dem, was betrieben wird, und die bloße Beschaffung von Gegenständen, die verwaltet werden können, bereits ein wissenschaftliches Verdienst seien.
8) Beurteilen Sie den Wert eines wissenschaftlichen Institutes nur nach den Arbeiten, die in diesem Institut fertig gebracht werden; aber weder nach dem, was früher in der betreffenden Stadt geleistet wurde, noch nach der Anzahl der Leute, die in dem Institut beschäftigt sind, noch nach der Höhe des Instituts-Etats, noch nach den Festreden, die bei seiner Eröffnung gehalten werden.
9) Wenn Sie HILBERTS Münsterer Vortrag von 1925 *Über das Unendliche* noch nicht gelesen haben, dann tun Sie es sofort. Er gehört sowohl inhaltlich als auch stilistisch zu dem Schönsten, was an wissenschaftlichen Veröffentlichungen in deutscher Sprache existiert, und dadurch allein – von seinen sonstigen Leistungen ganz zu schweigen – zählt HILBERT zu den größten Geistern aller Zeiten. Seien Sie aber sehr kritisch, wenn er sich über Physik äußert.

10) Bekämpfen Sie niemals öffentlich oder privat eine Sache, um mit boshaften Witzen zu brillieren oder aus persönlichem Ehrgeiz oder weil Ihnen der Verfasser unsympathisch ist. Seien Sie niemals beleidigt, wenn jemand Sie nicht zitiert und betrachten Sie Prioritätsfragen als langweilig. Bekämpfen Sie eine Sache dann und nur dann, wenn Sie sie als einen Schaden für die wissenschaftliche Allgemeinheit ansehen. Halten Sie sich immer vor Augen, daß nur der, welcher gelernt hat, zu bewundern, das Recht hat, abzulehnen und zu kritisieren, und daß nur die Bewunderung dessen von Wert ist, der es auch versteht, abzulehnen und zu kritisieren.

Zeigen Sie bitte diesen Brief bestimmt auch Herrn WEYL (wenn Sie wollen, könne Sie ihn auch ganz Göttingen zeigen). ‹Wir alle› (d.h. die ganze jüngere Mathematiker- und Physikergeneration, die noch unverdorben ist) haben WEYLs Mut sehr bewundert, als er die Professur in Göttingen angenommen hat, denn es ist ein Posten von schwerer Verantwortung.»

Abb. 23
DAVID HILBERT im Februar 1931.

4 Die ersten Jahre als Assistent in Göttingen (1930–1933)

Am 1.10.1930 schrieb der nun 24-jährige HEINRICH HEESCH an seinen väterlichen Freund SIEGFRIED HELLER:

> «Heute ist ein großer Tag für mich... Heute also bin ich den ersten Tag Assistent am Mathematischen Institut der Universität Göttingen. Herr Prof. WEYL, der in diesen Ferien von Zürich nach Göttingen wechselt, um HILBERTS Nachfolger zu werden, nimmt mich als seinen Assistenten mit. Er sagte mir, daß er seinerzeit den entsprechenden Posten bei HILBERT gehabt hätte.»

HEESCH empfand es als ein «unglaubhaft glückliches Geschehen». Und er fügte nicht ohne Stolz hinzu: «Erstmalig in meinem Leben bin ich jetzt wirtschaftlich selbständig.»

Zu seiner neuen Stellung wurde HEESCH von allen Seiten beglückwünscht. MAX MÜLLER, mit dem er in diesen Jahren engen Kontakt hatte, schrieb:

> «Deine Nachrichten aus Zürich haben mich sehr erfreut. Bei Herrn WEYL, der auch bei uns sehr bekannt ist, wirst Du ja nun Dein Glück machen. Dein Weg wird Dir nun wohl auch klar vorgezeichnet sein. Und daß Dein Können ausreicht, ihn mit Erfolg bis zum Ende zu gehen, davon bin ich restlos überzeugt. Also Glück auf!»

Beruflich hatte HEINRICH HEESCH mit seiner Entfernung von der Theoretischen Physik und der Kristallographie als Lebensaufgabe nun eine Entscheidung zu Gunsten der Mathematik getroffen. Die Umstellung zur reinen Mathematik empfand er «doch recht schwierig», wie er SIEGFRIED HELLER schrieb. Dies ist nicht verwunderlich, denn seine Assistentur bei HERMANN WEYL, der von vielen als der größte deutsche Mathematiker nach HILBERT angesehen wurde, führte ihn gleich in das berühmte internationale Zentrum des mathematischen und physikalischen Lebens, in das von der überragenden Persönlichkeit FELIX KLEINS aufgebaute Mathematisch-Physikalische Seminar und in das Mathematische Institut in Göttingen in der Bunsenstraße 3/5. Das Gebäude des Mathematischen Instituts war kurz vorher durch die Initiative von RICHARD COURANT mit Hilfe der International Education Board und finanzieller Unterstützung der ROCKEFELLER-Stiftung errichtet und ausgerüstet worden. CONSTANCE REID beschreibt es in ihrer COURANT-Biographie so[54]:

"The new building – a three level T-shaped structure – provided everything the mathematicians had ever needed or wanted in their physical surroundings. COURANT always gave NEUGEBAUER the credit for its planning. The basement contained such requirements as a bicycle room, a book bindery, and a room for refreshments. The double stairs of the main entrance led to a spacious lobby, which today contains a bust of HILBERT and is known to students and faculty as 'the HILBERT space'. On the main floor there were two large auditoriums. 'Maximum' and 'Minimum', and four other rooms of various sizes – all equipped for lectures in applications as well as in theory – a mechanical drawing room, a room for the meetings of the 'Praktikum' and of the ‹mathematische Gesellschaft', smaller meeting rooms, offices, individual workrooms, consulting rooms. On the top floor were the spacious and well-planned quarters of the ‹Lesezimmer', still the heart of the mathematical life of Göttingen."

Daß die Mathematiker an einer Universität ein eigenes, so hervorragend ausgestattetes Gebäude besaßen, war zu der Zeit einzigartig in der Welt. Hinzu kam, daß Göttingen damals auch in personeller Hinsicht glänzend dastand, so daß das Mathematische Institut ganz ohne Zweifel als der mathematische Nabel der Welt galt. Dies wurde besonders deutlich durch die große Anzahl ausländischer Schüler, Mitarbeiter oder Gastdozenten, die sich ständig nach Göttingen drängten. Göttingen war, insbesondere durch DAVID HILBERT, «sozusagen der Sitz eines internationalen Mathematiker-Kongresses (geworden), der in Permanenz tagte»[55].

Die vier mathematischen Lehrstühle waren 1930/31 von RICHARD COURANT, GUSTAV HERGLOTZ, EDMUND LANDAU und HERMANN WEYL besetzt. Geschäftsführender Direktor des Mathematisch-Physikalischen Seminars war HERGLOTZ. Zu den Direktoren zählten DAVID HILBERT, der Aerodynamiker LUDWIG PRANDTL, die Mathematiker LANDAU, COURANT und WEYL, der Experimentalphysiker ROBERT POHL, der Physiker MAX REICH, der theoretische Physiker MAX BORN, der Experimentalphysiker JAMES FRANCK und der Geophysiker GUSTAV ANGENHEISTER. Außerplanmäßige Assistenten waren die nichtbeamteten außerordentlichen Professoren PAUL BERNAYS (Mathematik) und PAUL HERTZ (Physik), der Privatdozent WILHELM CAUER (Angewandte Mathematik), WERNER FENCHEL und cand. ARNOLD SCHMIDT (beide Mathematik).

COURANT war Geschäftsführender Direktor des Mathematischen Instituts, zu dessen Direktoren die anderen Ordinarien und HILBERT gehörten. Oberassistent am Institut war der Privatdozent OTTO NEUGEBAUER (Geschichte der Mathematik, BALZAU-Preis 1986) und einziger Assistent der Privatdozent HANS LEWY. Neben

HEESCH waren UDO WEGNER, FRANZ RELLICH und WERNER WEBER außerplanmäßige Assistenten, WEGNER und WEBER als Privatdozenten. Außerdem waren zu der Zeit in Göttingen als Mathematiker noch tätig, ohne einer dieser Institutionen anzugehören: FELIX BERNSTEIN als ordentlicher Professor in Versicherungsmathematik und Mathematische Statistik und EMMY NOETHER als nichtplanplanmäßige außerordentliche Professorin. WALTER LIETZMANN und FRIEDRICH SEYFARTH, beide Schulleute, hielten Veranstaltungen zur Didaktik der Mathematik ab[56].

Der emeritierte DAVID HILBERT – obwohl nicht mehr bester Gesundheit – hielt noch eine 1-stündige Vorlesung für Hörer aller Fakultäten, wobei der Hörsaal immer voll besetzt war. Im Wintersemester 1930/31 hieß sein Thema beispielsweise ‹Natur und Denken›. HILBERT war immer noch der *Princeps Mathematicorum*, die beherrschende und hochgeschätzte Persönlichkeit unter den Göttinger Mathematikern.

Er war in Königsberg aufgewachsen, hatte dort studiert, bei FERDINAND LINDEMANN 1885 promoviert und sich dort auch habilitiert. HERMANN MINKOWSKI und ARNOLD SOMMERFELD hatten etwa zur gleichen Zeit in Königsberg die Schule besucht, HILBERT jedoch erst im Studium kennengelernt. 1895 hatte HILBERT den Ruf nach Göttingen bekommen.

> «KLEIN hatte energisch für HILBERT in der Fakultät zu kämpfen gehabt. KLEIN wollte neben sich die erste Kraft sehen, auf die Gefahr hin, daß der junge Baum den alten überschatten würde. Aber KLEIN kannte nur sachliche Gesichtspunkte. Beide waren so verschieden wie möglich: KLEIN der Romantiker, HILBERT der Klassiker, KLEIN der Geometer, HILBERT mehr der Arithmetiker, KLEINS Beweise wirkten durch Anschaulichkeit und Natürlichkeit, HILBERTS Beweise waren möglichst paradox zugespitzt, am liebsten als *deductio ad absurdum* geführt. HILBERT liebte die Schlußweise, wie er gelegentlich sagte, in hörbaren logischen Rucken. Aber nie ist zwischen beiden Männern ein merklicher Gegensatz gewesen. KLEIN trat gefaßt von der ersten Stelle zurück, und HILBERT erkannte freudig die unvergänglichen Verdienste KLEINS an»[57].

HILBERT hatte die Entwicklung der Mathematik in den ersten Jahrzehnten dieses Jahrhunderts wie kein anderer entscheidend beeinflußt. Er war ‹HILBERT›, nicht ‹Herr HILBERT› oder ‹Professor HILBERT›, eben einfach nur ‹HILBERT›. So hieß es denn auch in einer Einladung 1932 an HEESCH zur Feier des 70. Geburtstages: «HILBERT und Frau HILBERT würden sich freuen, Sie am Sonnabend, den 23ten Januar abends um 8.30 h im Mathematischen Institut bei sich zu sehen. U.A.w.g.»

Dieser 70. Geburtstag wurde dann auch zu einem großen Ereignis in Göttingen. Zahlreiche Gäste waren von überall angereist. HEESCH berichtete seinen Eltern:

> «Am Vormittag von HILBERTS Geburtstag strömten alle Deputationen zu ihm hin zur offiziellen Cour. WEYL erzählte mir davon. Er mußte auch selbst hin als Vorsitzender der Deutschen Mathematiker-Vereinigung. BORN war da im Namen der Fakultät; er sollte natürlich nach dem Rektor sprechen. Dieser war dann auch mit seinen wohlgesetzten Worten fertig, als BORN mit etwas herzlicherem Ton begann. Aber er kam nicht weit. Dem jetzt schon selbst in den Vierzigern stehenden und zu hohem Ruhm gelangten HILBERTschüler griff die Rührung ans Herz in diesem Augenblick der seltenen Feierstunde, und ihm kamen die Tränen. – Der herrliche BORN! Ich habe hier in Göttingen außer zu WEYLS nur noch zu ihm lebendige Verehrung. Nun WEYL mir dies erzählt hat, liebe ich beide noch mehr.»

Am Abend wurde im Mathematischen Institut gefeiert. Es wurden auch hier noch Reden gehalten, es wurde gespeist und getanzt. Die Studentenschaft ehrte den großen Meister mit einem riesigen Fackelzug durch den tiefen Schnee. HEESCH erinnerte sich, daß HILBERT die Ehrung entgegennahm, «ganz Vater, der die Verantwortung gegenüber den Studenten spürte». Seine Dankesworte an die Studenten verband er mit der eindringlichen Aufforderung, «die Dinge zu prüfen, für die sie marschierten». Eine Anspielung auf das erschreckende, brutale Auftreten der nationalsozialistischen Braunhemden, die zu dieser Zeit die offiziellen Studentenvertretungen schon weitgehend beherrschten. Zum Abschluß wurde ein dreifaches Hoch auf die Mathematik ausgebracht. In Göttingen erhielt eine Straße den Namen DAVID-HILBERT-Straße.

Auch über diesen Abend berichtete Heesch seinen Eltern:

> «HILBERTS Geburtstag war wohl der schönste aller meiner bisherigen Göttinger Tage. Es war wundervoll. Beim Fackelzug stand ich dicht bei ihm. Nachher spielten wir sehr zu meiner Zufriedenheit das MOZARTsche Klarinettenquintett, worüber sich HILBERT auch sehr freute. Dann war unter Leitung von HELLA eine entzückende Folge von Szenen, die entweder aus seinem Leben genommen waren oder ihn auf andere Art erfreuen sollten. HELLA machte das entzückend. Mit Lichtbildern und einem Ballett von drei Studentinnen. ... Nachher war Tanz. Ich ging um 2 Uhr, es hat aber bis $\frac{1}{2}3$ gedauert.»

Doch zurück zur Beschreibung der ‹Göttinger Mathematik› 1930, als HEESCH nach dort kam: Als FELIX KLEIN alt geworden war – er starb 1925 – hatte es gegolten, die Kontinuität der von ihm und HILBERT geprägten ‹Mathematik in Göttingen› zu gewährleisten. RICHARD COURANT war ihnen als der dafür geeignete Mann erschienen. HEINRICH BEHNKE berichtet darüber so[58]:

«1914 hatte sich Courant in Göttingen habilitiert. Im ersten Weltkrieg war er Soldat und kehrte erst nach Kriegsende zurück. Ein Semester war er Ordinarius in Münster. Dort noch nicht seßhaft geworden, stellte sich schon heraus, daß er in Göttingen unentbehrlich war – das galt ebenso für den betagten und kränkelnden Felix Klein, wie erst recht für David Hilbert. Beide Altmeister hatten einen beherrschenden Einfluß bei der Besetzung von Professuren, wie überhaupt auf die Gestaltung des mathematischen Lebens an den deutschen Hochschulen und ebenso auf die deutschsprachlichen Veröffentlichungen. Klein war inzwischen zu krank geworden, um dafür noch die tägliche Arbeit zu leisten. Hilbert lag so etwas nicht. So übertrugen beide diese starken (aber juristisch nicht greifbaren) Kompetenzen auf Courant. Der wußte sie zu nutzen.»

Abb. 24
Richard Courant (1931).

COURANT wurde HILBERTS engster Mitarbeiter. Als HEINRICH HEESCH nach Göttingen kam, war COURANT der große Organisator, der alle Fäden in der Hand hielt. Er verstand es außerordentlich gut, seine Mitarbeiter zu gemeinsamen Arbeiten anzuregen und empfand sich selbst wohl als bedeutender Koordinator und Förderer. Seine bekannten Bücher sind fast alle in Zusammenarbeit mit anderen entstanden: *Funktionentheorie* von HURWITZ/COURANT (1922), *Methoden der Mathematischen Physik* von COURANT/HILBERT (1922 und 1937), *What is Mathematics?* von COURANT/ROBBINS (1941). Lediglich das zweibändige Werk *Vorlesungen über Differential- und Integralrechnung* (1927) weist als Autor allein seinen Namen aus. Aber COURANTS Biographin CONSTANCE REID bemerkt hierzu [59]: "It might well have been called the COURANT-KLEIN", und sie verweist auf das Vorwort, in dem COURANT schrieb:

> «Ich kann diesen Anlaß nicht vorübergehen lassen, ohne in Dankbarkeit den Namen meines großen Vorgängers im Lehramte FELIX KLEIN zu nennen; was ich hier versuche, liegt ganz in der Richtung seiner Bestrebungen.»

Das Göttinger mathematische Leben befand sich seit Jahrzehnten auf einem außerordentlich hohen Niveau, das durch so hervorragende Wissenschaftler wie LANDAU, HERGLOTZ, EMMY NOETHER und nun auch HERMANN WEYL – neben den schon genannten – und den vielen jüngeren Leuten gewährleistet wurde.

LANDAUS Vorlesungen im Stile: Satz – Beweis – Satz – Beweis –, ohne jegliche Kommentare, Begründungen oder gar Motivationen, galten als «unheimlich ordentlich und klar». EDMUND LANDAU entstammte einer wohlhabenden Berliner Familie. Entsprechend umgab er sich auch in Göttingen mit dem gewohnten Luxus. Sein Haus hielt er für das schönste in ganz Göttingen. Er hatte 1899 in München promoviert und war 1909 als Nachfolger von HERMANN MINKOWSKI nach Göttingen berufen worden. Seine Hauptarbeitsgebiete waren die analytische Zahlentheorie und die Funktionentheorie. Seine reiche wissenschaftliche Produktion von etwa 250 Abhandlungen erstreckte sich aber auch auf andere Gebiete. Nach K. KNOPP [60] war LANDAU

> «... ein Mathematiker ..., der mit einer Leidenschaft seiner Wissenschaft hingegeben war wie kaum ein zweiter, vom Anfang seines Studiums bis zum letzten Tag seines Lebens. Wie kaum ein zweiter hat er durch sein hinreißendes Temperament einen jeden fortgerissen, der mit ihm in Berührung kam, Schüler und Kollegen, und er hat ihre Arbeit angeregt und gefördert. Und der Ertrag seiner unermüdlichen Forschertätigkeit ist von einem staunenswerten Umfang und großer Tiefe.»

Seine Leidenschaft wurde jedoch in den späteren Jahren

> «durch den immer stärker sich entwickelnden Trieb zur unerbittlichen Strenge und Sachlichkeit gezügelt.»

GUSTAV HERGLOTZ glänzte durch seine «vollendet schönen, in einem musischen Stil» – wie HEESCH sie beschrieb – gehaltenen weltberühmten Vorlesungen. SAUNDERS MACLANE, der zu dieser Zeit in Göttingen studierte, schrieb[61]:

> "HERGLOTZ often lectured from 7 to 9 in the evening, holding forth in morning coat and striped trousers and sporting a white pique vest. The main theorems of each lecture were carefully written on the center blackboard, while the incedental calculations and proofs were relegated to the side boards. Each important point was emphasized with a decisive and elegant gesture."

Und die Augen einer Frau sahen HERGLOTZ so[62]:

> "There was something of the nineteenth century about him, which he cultivated, I think. He had the elegance of that century. In fact, his dress was actually like that of GOETHE. And he had really luminous eyes."

Abb. 25
GUSTAV HERGLOTZ (1931).

HERGLOTZ war 1925 als Nachfolger von CARL RUNGE, der bis dahin die Angewandte Mathematik in Göttingen vertreten hatte, nach Göttingen berufen worden. Er arbeitete auf verschiedenen Gebieten, so zum Beispiel in der Zahlentheorie und in der Gruppentheorie.

Die Vorlesungen der temperamentvollen EMMY NOETHER zeichneten sich dadurch aus, daß sie ‹unheimlich schnell› – so HEINRICH HEESCH – an die Tafel ihre noch schnelleren Gedanken schrieb und fast ebenso schnell das Geschriebene auch wieder auslöschte. Obwohl ihre Ausführungen schwer verständlich waren, hatte sie die meisten Doktoranden. Einer ihrer Schüler, B. L. VAN DER WAERDEN, berichtet von EMMY NOETHER[63]:

> «Sie konnte keinen Satz, keinen Beweis in ihren Geist aufnehmen und verarbeiten, ehe er nicht abstrakt gefaßt und dadurch für ihr Geistesauge durchsichtig gemacht war. Sie konnte nur in Begriffen, nicht in Formeln denken, und darin lag gerade ihre Stärke ... Diese völlig unanschauliche und unrechnerische Einstellung war wohl auch eine der Hauptursachen der Schwierigkeit ihrer Vorlesungen. Sie hatte keine didaktische Begabung, und die rührende Mühe, die sie sich gab, ihre Aussprüche, noch bevor sie ganz zu Ende gesprochen waren, durch schnell gesprochene Zusätze zu verdeutlichen, hatte eher den umgekehrten Effekt. Und doch: Wie unerhört groß war trotz allem die Wirkung ihres Vortrags!»

Unter den Studenten war sie beliebt, da sie sich deren Sorgen und Kümmernissen gegenüber aufgeschlossen zeigte und vielen Studenten sowohl in materieller als auch in ideeller Hinsicht half. Ihre Arbeitsgebiete waren Arithmetik und Algebra, auf denen sie mit ihren ungewöhnlichen Denkansätzen und Arbeitsmethoden zu wichtigen grundlegenden Einsichten gekommen ist. Ihr Einfluß auf diesen Gebieten war weltweit.

EMMY NOETHER war die Tochter des bekannten Mathematikers MAX NOETHER. Sie hatte 1907 in Erlangen promoviert und war dann mit ihren Arbeiten zur Invariantentheorie DAVID HILBERT aufgefallen, so daß dieser sie im Kriege nach Göttingen holte. HILBERT hatte dann gegen mancherlei Widerstände in der Fakultät auch erreicht, daß sie sich, obwohl sie eine Frau war, 1919 habilitieren konnte. Bei dieser Gelegenheit soll er auf einer Fakultätssitzung seinen vielzitierten Ausspruch getan haben:

> «Aber meine Herren, die Universität ist doch keine Badeanstalt».

Einige Herren hatten argumentiert, daß es den männlichen Studenten, insbesondere den Kriegsteilnehmern, nicht zuzumuten sei, von einer Frau in Mathematik belehrt zu werden. HILBERTS Hinweis auf Badeanstalten bezog sich auf die damals bestehende Verordnung, daß in Badeanstalten Männer und Frauen nur getrennt baden durften.

Die umfangreiche Bibliothek, die Sammlung des Mathematischen Instituts und das berühmte ‹Lesezimmer› wurden von OTTO NEUGEBAUER verwaltet, der der geborene Organisator war. Da er auch in Raumfragen alle Fäden in der Halt hielt, konnte er sich einige Extravaganzen erlauben. So hatte er sich auf dem Dach des Institutsgebäudes einen geheimen Platz zum Sonnenbaden eingerichtet.

Noch eine auf Veranlassung von COURANT eingerichtete Neuerung am Mathematischen Institut verdient erwähnt zu werden: das Mathematische Anfänger-Praktikum. In ihm wurden alle Anfängerübungen der verschiedenen Dozenten zusammengefaßt. Statt also, wie sonst üblich, an Übungen zur Differential- und Integralrechnung und an Übungen zur Analytischen Geometrie usw., mußten die Anfänger an diesem Praktikum teilnehmen, das mittwochs von 9 bis 13 Uhr stattfand. Verantwortlich für diese Einrichtung war FRANZ RELLICH, der ob dieses Auftrages von seinen Assistenten-Kollegen nicht beneidet wurde.

Über HERMANN WEYL schreibt SAUNDERS MACLANE[61]:

> "HERMANN WEYL was the premier professor of mathematics at Göttingen."

Auch CONSTANCE REID bestätigt diesen Ruf[54]:

> "WEYL was the mathematical hero of many members of the younger generation."

Aber sie fügt auch hinzu:

> "Others, like LEWY, were repelled by his literary and personal approach to mathematics and by his philosophical aspirations."

Über Weyls Vorlesungen schreibt sie:

> "There was something tremendously impressive but remote about him. Even his most elementary courses were for only the most gifted."

Hinsichtlich dieser Urteile ist der Vortrag bemerkenswert, mit dem sich HERMANN WEYL nach seiner Ankunft in Göttingen in der ‹Mathematischen Verbindung›, mit der er schon seit seiner Göttinger Studentenzeit liiert war, wieder einführte. Er charakterisierte sich selbst. Seine Liebe zur Schweiz, in der er «die tiefsten Freundschaften» seines Lebens geschlossen hatte, kam darin besonders zum Ausdruck. Den Wechsel von Zürich nach Göttingen hatte er daher als besonders einschneidend empfunden:

Abb. 26
HERMANN WEYL.

«Nur mit einiger Beklemmung finde ich mich aus ihrer (der Schweizer) freieren und heiteren Atmosphäre zurück in das gärende, umdüsterte und verkrampfte Deutschland der Gegenwart.»

Aber er wollte als Lehrer «den Samen in den Wind streuen». Seine eigenen mathematischen Arbeiten waren, so sah er es, «immer ganz unsystematisch, ohne Methode und Konsequenz», und er klagte sich selbst an:

«... nicht ganz ein Wissenschaftler, sondern etwas von einem Philosophen und etwas von einem Dichter; keine Komponente stark genug, um sich ganz selbst behaupten zu können; alles in allem ein trübes, echt nordisches Gemisch, das nicht durch strenge Form, sondern durch Sehnsucht, Einheitssehnsucht zusammengehalten wird».

WEYL betonte die ‹Entsagung›, die seine Rückkehr nach Göttingen einschloß, und er endete mit einem Vers aus HÖLDERLINS Gedicht *Lebenslauf*:

«Größeres wolltest auch Du, aber die Liebe zwingt
All uns nieder, das Leid beuget gewaltiger,

Doch es kehret umsonst nicht
Unser Bogen, woher er kommt.»

Gleich zu Beginn des Wintersemesters 1930/31 nahm HERMANN WEYL HEINRICH HEESCH mit auf die ‹Gästetagung der Mathematischen Gesellschaft Jena im Abbeanum zu Jena›, die vom 26. bis 28.10. stattfand. Dies war für HEESCH ein schöner Auftakt seiner Göttinger Zeit. Er lernte dort nicht nur führende Mathematiker kennen, sondern traf auch alte Bekannte wieder, so SOMMERFELD und PERRON aus München.

In Göttingen lebte sich HEINRICH HEESCH relativ schnell ein. Von den anderen jungen Leuten wurde er von Anfang an respektiert. Der Assistent HERMANN WEYLS zu sein, war Empfehlung genug. Sein Dienstzimmer mußte er sich anfangs mit dem Privatdozenten UDO WEGNER teilen, einem schon älteren Herrn, der z. B. ‹Darstellende Geometrie› las und auch die theoretische Astronomie vertrat.

Mit einer Runde jüngerer Mathematiker traf sich HEESCH täglich zum gemeinsamen Mittagstisch: mit FRANZ RELLICH, der Assistent bei COURANT war, ERNST WITT, der bei EMMY NOETHER promovierte und den HEESCH als den begabtesten aller damaligen Göttinger Mathematik-Studenten bezeichnete, mit HANS LEWY, der schon Privatdozent war und viel mit COURANT zusammen arbeitete, STEFAN COHN-VOSSEN, der sich gerade habilitiert hatte, und mit FRITZ JOHN. Aber auch der schon ältere PAUL BERNAYS, der zu dieser Zeit als a. o. Professor außerplanmäßiger Assistent bei HILBERT war, gehörte zu dieser Mittagsrunde. BERNAYS hatte 1912 bei LANDAU in Göttingen promoviert, hatte sich dann in Zürich habilitiert und war 1918 wieder nach Göttingen zurückgekehrt, um mit HILBERT zusammen dessen Theorien über die Grundlagen der Mathematik auszuarbeiten. Es entstand so das berühmte zweibändige Standardwerk von HILBERT/BERNAYS, *Grundlagen der Mathematik*. BERNAYS gilt heute als einer der Begründer der mathematischen Grundlagenforschung. Gelegentlich nahm an dem Mittagstisch auch die mit HEESCH gleichaltrige OLGA TAUSSKY teil. Sie hatte 1930 in Wien promoviert und war dann von COURANT nach Göttingen geholt worden, um als Expertin der Körpertheorie an der Herausgabe der Gesammelten Werke HILBERTS mitzuarbeiten.

Am Mittagstisch muß es recht ungezwungen zugegangen sein, was HEINRICH HEESCH nicht sonderlich gefiel. Bei seinen Eltern beklagte er sich zuweilen über diesen «Tisch in Göttingen, wo überhaupt ein vernünftiges Wort nicht fällt wegen allgemeiner Albernheit».

Abb. 27
Gruppenfoto von der ‹Gästetagung der Mathematischen Gesellschaft Jena im Abbeanum zu Jena›, 26.–28.10.1930.

Gästetagung der
Mathematischen Gesellschaft Jena
im Abbeanum zu Jena
26. bis 28. Oktober 1930.

1. Bauersfeld, Jena
2. Frau König, Jena
3. v. Mises, Berlin
4. Krafft, Marburg (Lahn)
5. Baldus, Karlsruhe
6. Koebe, Leipzig
7. Hecker, Jena
8. Weyl, Göttingen
9. Blaschke, Hamburg
10. Doetsch, Stuttgart
11. Sommerfeld, München
12. R Straubel, Jena
13. Hasse, Marburg (Lahn)
14. Frau Blaschke, Hamburg
15. Goldschmidt, Göttingen
16. Lorey, Leipzig
17. Prüfer, Münster i. W.
18. Prange, Hannover
19. Smekal, Halle a. S.
20. Brandt, Halle a. S.
21. Löbell, Stuttgart
22. Lohmann, Hannover
23. Perron, München
24. Courant, Göttingen
25. Lange, Jena
26. Weinstein, Hamburg
27. Lauth, Marburg (Lahn)
28. Ludwig, Hannover
29. Haupt, Erlangen
30. Feigl, Berlin
31. Bieberbach, Berlin
32. Zorn, Halle a. S
33. Herzberger, Jena
34. Völker, Jena
35. Frl. Brandt, Halle a. S.
36. H. Straubel, Jena
37. Frau Zorn, Halle a. S.
38. G Koebler, Darmstadt
39. Hilke, Jena
40. Dietsch, Jena
41. Hoheisel, Breslau
42. Cremer, Leipzig
43. Grell, Jena
44. Krull, Erlangen
45. F. K. Schmidt, Erlangen
46. Heesch, Göttingen
47. Ullrich, Marburg (Lahn)
48. Levi, Leipzig
49. Baer, Halle a. S.
50. Pöschl, Karlsruhe
51. Hund, Leipzig
52. Werner, Jena
53. Völker, Hamburg
54. Gresky, Jena
55. v. Koppenfels, Hannover
56. Seel, Jena
57. R. König, Jena
58. H. Schmidt, Jena
59.
60. Behmann, Halle a. S.
61. Brehme, Jena
62. Kiefer, Jena
63. Hinze, Jena
64. Starke, Jena
65. Winkelmann, Jena
66. Koch, Jena
67. Braunschmidt, Jena
68. Weise, Jena
69. Hölder, Leipzig

Auch mit den Kristallographen nahm HEESCH sofort Kontakt auf. In Göttingen lehrte damals der in der ganzen Welt führende Kristallograph VICTOR MORITZ GOLDSCHMIDT. Sein Assistent war seit 1930 FRITZ LAVES, der später zu den bekannten deutschsprachigen Kristallographen zählen sollte. LAVES stammte aus Hannover, wo einer seiner Vorfahren, der berühmte Hofarchitekt der Könige von Hannover und England, GEORG LUDWIG FRIEDRICH LAVES, gewirkt hatte. HEESCH und LAVES hatten sich schon in Zürich kennen und schätzen gelernt, wo LAVES bei PAUL NIGGLI im selben Jahr wie HEESCH (1929) promoviert hatte. Später arbeiteten sie gelegentlich zusammen, wovon noch die Rede sein wird. GOLDSCHMIDT freute sich, nun neben LAVES einen weiteren Gesprächspartner in Göttingen zu haben, mit dem er über kristallgeometrische Probleme diskutieren konnte.

WEYL ließ HEESCH forschen. Er beanspruchte ihn als Assistenten in der ersten Zeit kaum, worum HEESCH von seinen Kollegen nicht wenig beneidet wurde. Gelegentlich mußte er als Mentor die Ausarbeitungen von Vorlesungen WEYLS betreuen, wie zum Beispiel die der *Axiomatik* 1930/31 von FRITZ JOHN. Oder er arbeitete auch selber eine Vorlesung aus, beispielsweise zusammen mit ERNST WITT die Gastvorlesung von EMIL ARTIN über ‹Kontinuierliche Gruppen›. Oder er mußte sich um ERNST MOHR, WEYLS einzigen Doktoranden in Göttingen, kümmern. MOHR promovierte 1933 mit einer Arbeit über *Die Darstellungen der Komplexgruppe und die Charakteristiken der irreduziblen unter ihnen*. Danach ging er mit dem Aerodynamiker JOHANN NIKURADSE vom PRANDTL-Institut in Göttingen nach Breslau, wo er sich 1938 habilitierte. Im Krieg erhielt er eine außerordentliche Professur in Prag. Kurz vor Kriegsende wäre er beinahe noch den Nazis zum Opfer gefallen: Auf Grund einer Denunziation wurde er verhaftet, weil er ausländische Sender abgehört hatte. In Berlin wurde er zum Tode verurteilt. NIKURADSE konnte ihn knapp retten, indem er geltend machte, daß MOHR für kriegswichtige Rechnungen unbedingt benötigt würde. Er versorgte ihn mit Aufgaben und Material aus seinem Breslauer Institut, die MOHR dann in der Gefängniszelle bearbeitete. Dadurch konnte die Hinrichtung immer wieder verschoben werden, bis MOHR durch das Ende des Krieges endgültig gerettet wurde. Ab 1946 war MOHR dann Ordinarius an der TH Berlin.

Die geringe Beanspruchung HEESCHS durch WEYL lag nach HEESCHS Meinung in erster Linie wohl daran, daß sich ihre Forschungsgebiete wesentlich voneinander unterschieden: Während

Abb. 28
Göttinger Mittagstisch der Assistenten: MAGNUS, HEESCH, PIETRKOWSKY, RELLICH, BERNAYS, SEGRE, LEWY.

WEYL sich damals fast ausschließlich mit der kontinuierlichen Mathematik befaßte, lagen HEESCHS Interessen vorrangig im Diskontinuierlichen. Hierzu fand WEYL zu der Zeit keinen besonderen Zugang. Es scheint so zu sein – diese Auffassung vertrat HEESCH bei der Diskussion der damaligen Situation –, daß nicht die üblicherweise immer zitierte Alternative zwischen Algebra und Geometrie, zwischen Zahl und Raum, eine besonders tief liegende Zäsur darstellt, sondern vielmehr die Alternative zwischen kontinuierlicher und diskontinuierlicher Mathematik die Geister scheidet.

WEYL hatte damals keinen Sinn für HEESCHS Geometrie. Gelegentlich machte er sich sogar darüber lustig. So zum Beispiel bei einem gemeinsamen Spaziergang auf dem Hainberg, an dem auch WEYLS Frau HELLA teilnahm. Angesichts der Spuren, die sie auf dem etwas feuchten Weg hinterließen, resümmierte WEYL: Welche Assoziationen würden sich bei den dreien wohl beim Anblick von einem Paar Schuhe einstellen? Er selber würde zuerst an den Preis denken. Seine Frau würde ausschließlich den modischen Aspekt sehen. HEESCH jedoch würden nur die Symmetrien interessieren.

Diese Äußerung WEYLS zu dieser Zeit ist angesichts der Tatsache, daß später (1955) von ihm selber ein Buch mit dem Titel *Symmetrie* erscheinen sollte, bemerkenswert. Aber HEESCH fand zu diesem Buch nie eine vergleichbare Einstellung wie beispielsweise zu den entsprechenden Werken SPEISERS. HEESCH empfand WEYLS *Symmetrie* «ohne Leben, nicht als Lebenselement».

Mit ANDREAS SPEISER stand HEESCH auch weiterhin in brieflichem Kontakt. SPEISER schrieb im Juli 1931:

> «Daß Sie Neigung und Pflichtgefühl zu den Symmetrien hegen, ist mir ein großer Trost, denn ich bin überzeugt, daß hier noch eine Menge Schätze zu heben sind. Ein großer Teil der Mathematik gehört dahin.»

Irgendwie stand HEESCH nun zwischen SPEISER und WEYL. Die Frage, wie weit die Auffassungen dieser beiden großen, im gleichen Jahr geborenen Mathematiker über ‹mathematisches Denken› auseinander oder beieinander lagen, wäre sicher eine Untersuchung wert.

In diesem Zusammenhang ist eine Bemerkung WEYLS interessant, die dieser in einem Bericht von dem Mathematiker-Kongreß 1932 in Zürich zu HEESCH machte:

> «Von SPEISER ist sein ‹Bekenntnis›, *Die mathematische Denkweise*, heraus; das ist ein Bissen für Sie! Ich finde es ein notwendiges und wunderbares Buch, auch sprachlich; aber überzeugt bin ich nicht.»

Ein typisches Beispiel für HEESCHS Denkweise zeigt die erste, 1931 in

Göttingen entstandene Arbeit mit dem Titel *Reine Diskontinuums-kristallographie*, die 1932 veröffentlicht wurde[64]. In dieser Arbeit geht es um die ‹Reinheit der Methode› bei der anschaulichen Beschreibung der 230 Raumgruppen. HEESCH wendet sich gegen die übliche Methode, bei der man Punkte des Euklidischen Raumes benutzt, die beliebige Koordinaten in bezug auf die Gitterpunkte haben. Diese ‹Anleihe bei Kontinuumsmethoden› sei der Geometrie der Kristalle, die eine typische Diskontinuumstheorie ist, wesensfremd. Sie kann aber «vermieden werden, wenn wir die Existenz anderer als der Gitterpunkte für die Beschreibung der Kristalle vermeiden. Wir arbeiten vielmehr in einem Raume, der die fundamentale Eigenschaft der Stetigkeit des gewöhnlichen Raumes nicht besitzt, sondern nur aus den einzelnen Punkten des (frei wählbaren, dann aber für die Dauer der Betrachtung) festen Gitters besteht.»

Die nächsten Arbeiten HEESCHS wurden wesentlich durch eine Veröffentlichung von FRITZ LAVES unter dem Titel *Ebenenteilung und Koordinationszahl*[65] beeinflußt. LAVES hatte in dieser Arbeit unter Hinweis auf Ergebnisse von SCHUBNIKOW aus dem Jahre 1916 die elf homogenen Netze, die zu den homogenen Zerlegungen der Euklidischen Ebene gehören, hergeleitet. Eine Zerlegung heißt *homogen*, wenn es zu ihr wenigstens eine bereichstransitive Decktransformationsgruppe gibt, wenn es also zu jedem Paar von Bereichen eine Transformation gibt, durch die der eine Bereich des Paares auf den anderen abgebildet wird und dabei auch die gesamte Zerlegung auf sich abgebildet wird. Das heißt, bei einer homogenen Zerlegung wird jeder Bereich von der Gesamtheit der anderen Bereiche in gleicher Weise umgeben. Dabei kommen als Decktransformationsgruppen nur die schon mehrfach erwähnten 17 Ebenengruppen in Frage. Die wohlbestimmte Verknüpfung einer bereichstransitiven Decktransformationsgruppe mit einer homogenen Zerlegung liefert dann eine *reguläre Zerlegung*. Diese regulären Zerlegungen zu untersuchen und vollständig aufzulisten, war Thema der weiteren Forschungen HEESCHS. Sie sollten zur Lösung des sogenannten ‹regulären Parkettierungsproblems› führen.

Die erste in dieser Richtung veröffentlichte Arbeit war jedoch noch von etwas allgemeinerem Inhalt: *Über topologisch reguläre Teilungen geschlossener Flächen*, die 1932 von WEYL der Gesellschaft der Wissenschaften zu Göttingen vorgelegt wurde[66]. Eine Teilung heißt *topologisch regulär*, wenn es bei jeder Wahl eines beliebigen Paares von Teilflächen eine topologische Abbildung der Mannigfaltigkeit auf sich gibt, durch die die eine Teilfläche des Paares auf die andere Teilfläche abgebildet wird. In dieser Arbeit stellte HEESCH «die rein topologische Auffassung des Problems der Flächenteilung für geschlossene Flächen» dar. Dabei machte er Aussagen über die Endlichkeit beziehungsweise Unendlichkeit der Anzahl solcher Teilungen bei geschlossenen Flächen in Abhängigkeit von deren Zusammenhang. Nur für die Kugel und für die projektive Ebene ist diese Anzahl unendlich.

In der nächsten Arbeit vom Sommer 1932 mit dem Titel *Zur Topologie parallelepipedischer Gitter*[67] beantwortete HEESCH die Frage, auf wie viele Weisen man ein Würfelgitter so mit schwarzen und weißen Würfeln ausfüllen kann, daß jeder Würfel gleicher Farbe in gleicher Weise von den anderen Würfeln umgeben ist. Das Ergebnis: Es gibt 24 Raumteilungen in zwei Klassen gleichumgebener Würfel. Für die Ebene lautet das entsprechende Ergebnis: Es gibt 9 Ebenenteilungen in zwei Klassen gleichumgebener Quadrate. Solche Untersuchungen sind für die Kristallchemie, die Komplexchemie oder die Festkörperphysik von großem Interesse, weil die Nachbarschaftsverhältnisse im Molekülgitter Auskunft geben über die Größenverhältnisse und die Bindungskräfte.

Es folgte dann eine Arbeit *Über topologisch gleichwertige Kristallbindungen*[68], die im Herbst 1932 fertig war. In ihr behandelte HEESCH «für zwei Dimensionen die Frage nach allen Kristallen mit lauter gleichwertigen Bindungen». Es werden alle gitterhaften Ebenenteilungen angegeben, bei denen es zu jedem beliebig gewählten Kantenpaar eine Decktransformation der Ebenenteilung gibt, so daß die eine Kante des Paares auf die andere abgebildet wird. Dabei handelt es sich wie bei SCHUBNIKOW und bei LAVES um eine Diskussion der EULERschen Polyeder-Formel für den Fall der Gitterebene, also des Torus:

$$e - k + f = 0\,.$$

LAVES hatte die Diskussion für Flächenäquivalenz, SCHUBNIKOW die entsprechende Diskussion für Eckenäquivalenz geführt. Da e und f in der Gleichung symmetrisch auftreten, waren beide zu entsprechenden Ergebnissen gekommen: den 11 flächen- bzw. eckenhomogenen Netzen. (Übrigens wurde die Lösung für den Fall der Eckenäquivalenz schon 1619 von JOHANNES KEPLER in seiner *Harmonica Mundi* im 2. Buch gebracht.) HEESCH legte nun die Fragerichtung auf die Kantenäquivalenz, was auf die Diskussion der Diophantischen Gleichung «Summe von vier Stammbrüchen gleich 1» hinauslief. Ergebnis: Es gibt genau 28 verschiedene Lösungen. Heute

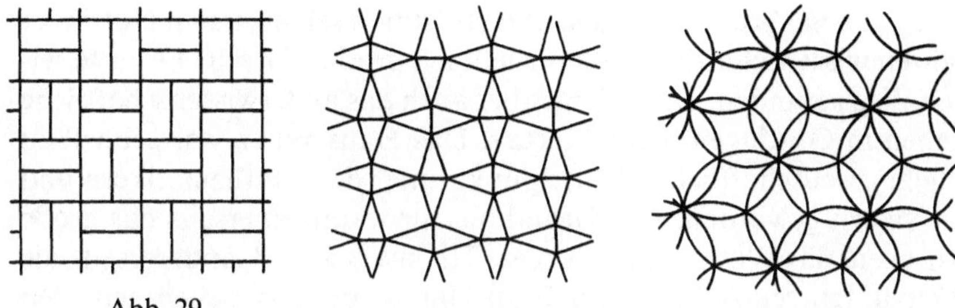

Abb. 29
Beispiele für eine a) flächenäquivalente, b) eckenäquivalente und c) kantenäquivalente Ebenenteilung.

werden in der Graphentheorie entsprechende auf dem Torus einbettbare ecken-, flächen- bzw. kantentransitive Graphen als KEPLER-, LAVES- bzw. HEESCH-Graphen bezeichnet[69].

Als nächstes veröffentlichten HEINRICH HEESCH und FRITZ LAVES eine gemeinsame Arbeit *Über dünne Kugelpackungen*[70], deren Ergebnisse heute noch die Spitze in der diesbezüglichen Forschung darstellen. Unter einer *Kugelpackung* wird hier eine Lagerung kongruenter Kugeln verstanden, deren wichtigste Eigenschaft kurz so beschrieben werden kann, daß mindestens ein Paar sich berührender Kugeln vorkommt und jede Kugel mit jeder anderen in dem Sinne gleichberechtigt ist, «daß es für jedes willkürlich vorgegebene Kugelpaar eine euklidische Bewegung (evtl. mit Spiegelung) gibt, die die eine Kugel des Paares in die andere überführt und die ganze Packung dabei mit sich zur Deckung bringt», und außerdem jede Kugel mit jeder anderen durch eine Kette von Kugeln verbunden ist. MINKOWSKI hatte 1904 gezeigt, daß für solche Kugelpackungen die maximale Koordinationszahl, also die maximale Anzahl von kongruenten Kugeln, die eine Kugel berühren können, 12 ist. Damit ergab sich die Dichte der dichtesten dieser Kugelpackungen zu 0,740. Es lag nun nahe, auch die Frage nach der dünnsten Kugelpackung zu stellen. LAVES konnte 1932 zeigen, daß deren Koordinationszahl 3 ist. In der Arbeit mit HEESCH gelang es dann, hierfür ein Modell zu entwickeln, das höchstwahrscheinlich die dünnste aller Kugelpakkungen überhaupt darstellt. Ihre Dichte ist 0,056. Der Nachweis, daß dies wirklich die dünnste aller Kugelpackungen ist, konnte jedoch bis heute noch nicht erbracht werden[71]. Das Ergebnis von HEESCH und LAVES kam gerade rechtzeitig, um von STEFAN COHN-VOSSEN noch in das von ihm nach Vorlesungen von DAVID HILBERT verfaßte Buch *Anschauliche Geometrie* mit aufgenommen zu werden[72].

Diese Arbeiten zeigen, daß HEESCH in seinen ersten Göttinger Jahren wissenschaftlich außerordentlich produktiv war. Er hatte seinen Weg gefunden. Dabei kam aber auch das außerwissenschaftliche Leben in Göttingen nicht zu kurz. Das Haus WEYL war schnell zu einem gesellschaftlichen Mittelpunkt unter den Mathematikern und Physikern geworden. Der Grund hierfür waren einerseits das große Ansehen, das WEYL als Nachfolger HILBERTS genoß, andererseits die Aktivitäten seiner hübschen Frau HELLA, die das Leben genießen wollte.

Abb. 30
Modell der dünnsten (?) Kugelpackung, gebaut von FRANK-R. WALTER für die Ausstellung anläßlich des 80. Geburtstages von HEINRICH HEESCH

HELLA WEYL war Jüdin der sephardischen Richtung, die sich als Übersetzerin von Werken ORTEGA Y GASSETS vom Spanischen ins Deutsche einen Namen gemacht hat. Zu HEINRICH HEESCH hatte sie eine besondere Zuneigung. Sie ging gern mit ihm spazieren und schätzte die anregende Unterhaltung mit dem jungen Mann. Einmal im Monat, an einem Samstag, fand in den großen vorzüglich dafür geeigneten Räumen der WEYLschen Wohnung ein Tanznachmittag statt. Die Musik lieferte ein Phonola, ein selbständig spielendes Klavier mit Druckluftantrieb. Ein besonderer Genuß war es dann jedesmal, die lebenslustige hübsche HELLA WEYL mit dem «in seinen Bewegungen aristokratisch wirkenden» MAX BORN tanzen zu sehen. JAMES FRANCK erschien mit seinen beiden Töchtern ‹Tatjana› und ‹Tatjana Strich›, die von den jungen Männern betanzt wurden. Hier machte HEESCH auch die Bekanntschaft mit dem später in den USA führenden Mathematiker SAUNDERS MACLANE, der in den Jahren 1931 bis 1933 in Göttingen studierte. Dieser erinnerte sich später [73]:

> "WEYL's presence and style were quite austere; he lived in an impressive apartment in a hilly part of town. There he and his charming wife gave elegant parties."

Auch V. M. GOLDSCHMIDT nahm an den Tanznachmittagen teil. Er war unverheiratet und brachte bei diesen Gelegenheiten gern seinen greisen Vater mit. Manchmal wurden die WEYLschen Parties auch mit ‹Theateraufführungen› bereichert, bei denen HELLA WEYL besonders gern mit ihren beiden Söhnen auftrat, in die aber auch die anwesenden Gäste mit einbezogen wurden.

Zur Familie WEYL hatte HEINRICH HEESCH einen fast familiären Kontakt. Er wurde oft zum Essen eingeladen und verbrachte viele gesellige Stunden bei ihnen. Man ging gemeinsam zu Veranstaltungen – zum Beispiel ‹HELLA mit ihren drei Söhnen› zur Rosenkavalier-Aufführung – und machte ausgedehnte Ausflüge in die Umgebung Göttingens, an denen gelegentlich auch Wissenschaftler teilnahmen, die in Göttingen zu Gast waren: Im Juli 1932 beispielsweise MAX VON LAUE und OSWALD VEBLEN, einer der führenden amerikanischen Mathematiker, der für ein Vierteljahr in Göttingen Gastprofessor war. HELLA WEYL besuchte HEESCH auch in dessen Wohnung bei Frau URBAN in der Gaußstrasse und ließ sich in der Musiktheorie unterrichten. Als sie im Mai 1932 für vier Wochen zu ORTEGA Y GASSET nach Spanien gefahren war, besuchte ihn auch HERMANN WEYL mit der Freundin der Familie, die sich in der Abwesenheit HELLAS um den Haushalt kümmerte. HEESCH spielte ihnen Solosonaten von BACH und REGER vor.

Abb. 31
HELLA WEYL.

Natürlich wurde in Göttingen auch ausgiebig musiziert. So zum Beipiel im Hause COURANT zusammen mit COURANTS zweiter Frau NERINA (NINA), die konzertreif mehrere Streichinstrumente spielte. NINA war die Tochter von CARL RUNGE. HEESCH beschrieb sie als «unkomplizierte, offensichtlich gütige, hochtalentierte Frau». COURANT selber spielte nur ‹amateurhaft› Klavier und eignete sich nicht zum gemeinsamen Musizieren. Es waren aber immer Leute eingeladen, mit denen man zusammen spielen konnte; so COURANTS Assistent HANS LEWY oder ein Student mit Namen ROLAND MÜLLER-GOLDENSTEDT, die beide gut Geige spielten; oder auswärtige Wissenschaftler, die ihren Besuch in Göttingen gern mit einem Hausmusikabend verbanden, wie zum Beispiel EMIL ARTIN, der Flöte spielte.

Am 23.7.1932 fand im Saale des Studentenheimes ein Konzert statt, bei dem HEINRICH HEESCH mit anderen das Klavierquartett g-moll, op. 25, von JOHANNES BRAHMS spielte. Den Klavierpart übernahm der Kunsthistoriker Prof. Dr. WOLFGANG STECHOW. In demselben Konzert trat auch NINA COURANT zusammen mit STECHOW auf. Sie spielten mit der Cellistin URSEL DU BOIS REYMOND das Dumsky-Trio von DVORAK.

Mit niemandem aber hat HEESCH in Göttingen lieber musiziert als mit MAX BORN, der hervorragend Klavier spielte. Etwa zweimal im Monat trafen sie sich bei BORN zum Musizieren, worauf dieser sich stets besonders sorgfältig vorbereitete, denn mit HEESCH hatte er immerhin einen professionellen Musiker zum Partner. Man spielte zusammen mit anderen auch Quartette und Quintette, so zum Beispiel BRAHMS' Klavierquartett op. 60, c-moll, und das Forellenquintett von SCHUBERT. BORN und HEESCH verstanden sich offen-

Abb. 32
HELLA WEYL mit einem ihrer Söhne beim Theaterspiel.

Abb. 33
HEINRICH HEESCH (1932).

sichtlich nicht nur in musikalischer, sondern auch in menschlicher Hinsicht ausgezeichet.

Im Januar 1932 erhielt HEINRICH HEESCH die Nachricht vom Tode GEORG KERSCHENSTEINERS, die ihn sehr erschütterte. Man hatte zwar seit längerer Zeit damit rechnen müssen – KERSCHENSTEINER hatte seit seinem 75. Geburtstag 1929 zunehmend gekränkelt –, das unwiderrufliche Ereignis war nun aber doch plötzlich gekommen. Der letzte Brief KERSCHENSTEINERS vom 20.8.1931 an HEESCH hatte noch gar nicht so hoffnungslos geklungen, obwohl darin zum Ausdruck gekommen war, daß er sehr darunter litt, nicht mehr wie früher auf seinem Flügel spielen zu können. Unter anderem hatte er geschrieben:

> «Aus Ihren Briefen entnehme ich, daß es Ihnen nicht bloß mathematisch sondern auch allgemein seelisch gut geht. Das hängt ganz gewiß damit zusammen, daß Sie das Glück haben, auch ein Musicus zu sein, und zwar nicht bloß ein passiver sondern ein in hohem Maße aktiver. Leider habe ich in den letzten $1\frac{1}{2}$ Jahren meinen Flügel unten im Wohnzimmer nicht mehr öffnen dürfen und meine Zwiegespräche mit der Hlg. Cäcilia nur in Worten führen können... . Richtig musizieren ist eben doch keine

Spielerei sondern absorbiert eine Menge seelischer und auch physischer Kräfte. Das aber kann ich mir vorläufig noch nicht erlauben.»

An seinen Freund Carl-Josef Weigang schrieb Heesch, daß ihm Georg Kerschensteiner mehr bedeute als seine hoch verehrten Lehrer Felix Berber und Arnold Sommerfeld. Weigang war von der Nachricht über Kerschensteiners Tod ‹wie betäubt›:

«Daheim kann man natürlich nicht ermessen, was ich verlor. Man mißt den Wert einer Persönlichkeit nur zu oft an äußeren Belangen.»

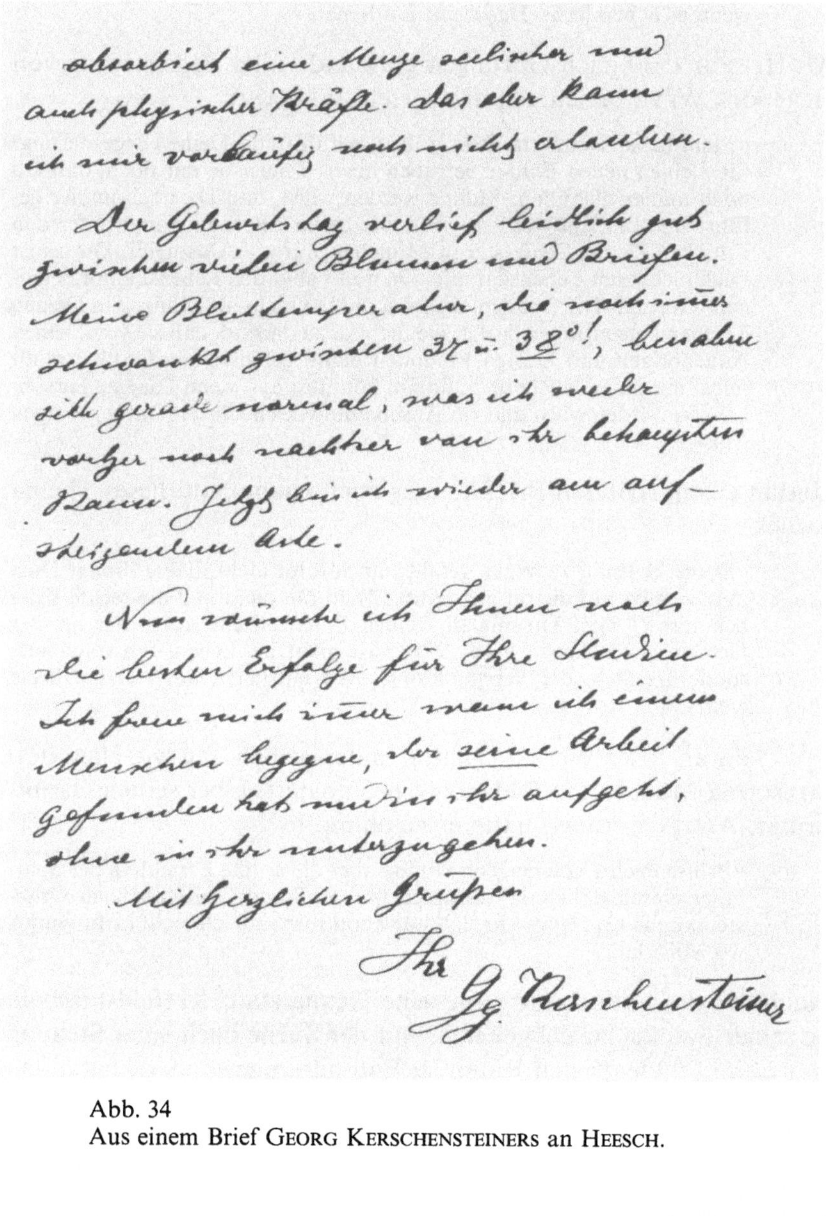

absorbiert eine Menge seelischer und
auch physischer Kräfte. Das aber kann
ich mir vorläufig noch nicht erlauben.

Der Geburtstag verlief leidlich gut
zwischen vielen Blumen und Briefen.
Meine Bluttemperatur, die noch immer
schwankte zwischen 37 u. 38°!, benahm
sich gerade normal, was ich weder
vorher noch nachher von ihr behaupten
kann. Jetzt bin ich wieder am auf-
steigenden Aste.

Nun wünsche ich Ihnen noch
die besten Erfolge für Ihre Studien.
Ich freue mich immer wenn ich einem
Menschen begegne, der seine Arbeit
gefunden hat und in ihr aufgeht,
ohne in ihr unterzugehen.

Mit herzlichen Grüßen

Ihr

Gg. Kerschensteiner

Abb. 34
Aus einem Brief Georg Kerschensteiners an Heesch.

Mit WEIGANG hatte HEINRICH HEESCH seit seinem Weggang aus München in stetem Briefwechsel gestanden. Ab und zu hatten sie sich auch gesehen. Nach den Inhalten der Briefe zu urteilen, hatten sie ein enges freundschaftliches Verhältnis zueinander. Sie schütteten sich gegenseitig ihr Herz aus, erzählten sich ihren Ärger und ihre Freuden und berieten sich in wichtigen Angelegenheiten. So machte sich HEESCH zeitweise Sorgen um seine weitere berufliche Laufbahn. WEIGANG tröstete ihn:

> «Ein Mensch mit Deinen Fähigkeiten muß im Leben weiterkommen, wenn er lieben lernt. Das mußt Du lernen.»

Als HEESCH 1930 nach Göttingen ging und voller Begeisterung von HERMANN WEYL berichtete, antwortete WEIGANG:

> «Mein lieber Heinrich, Dein ‹Glücksgefühl› und Deine ‹Begeisterung› für Deinen neuen Führer betrüben mich. Zeigen sie mir doch, daß Du noch immer nicht zum Manne werden willst, daß Du noch immer geführt und umhegt werden willst, wie es im Elternhaus und unter den Fittichen Deiner Schwester in München war.... Das heißt, Du traust Dich nicht zum Lebenskampfe. Du mußt aber den Lebenskampf beginnen. Gott hat Dir Gnaden gegeben, die Du nicht als Münzen in Deinen Taschen herumtragen darfst, die nicht dazu da sind, daß sie von Deinen Angehörigen und Deinen Freunden blank gehalten werden. Du mußt selbst mit ihnen wuchern – und Du könntest es – wenn Du eine Persönlichkeit werden willst und zur Anschauung des höchsten Gutes gelangen willst.»

Und in einem späteren Brief kam er noch einmal auf dieses Thema zurück:

> «Deine Haltung zu WEYL gefällt mir absolut nicht. Diese drängt Dich immer mehr auf die falsche Bahn. Wenn Du nicht mal die rechte Frau bekommst, wirst Du mit all Deinen Potenzen ein Kauz, der nie der Gemeinschaft dienen wird. Wo Geist nicht im Leben sich offenbart, sondern sich in der Verstandeswerkstatt einsperrt, nützt er der Seele nichts.»

CARL-JOSEF WEIGANG hatte an demselben Tag wie HEINRICH HEESCH in München in Pädagogik promoviert. Über seinen Hauptprüfer, ALOYS FISCHER, hatte er geschimpft:

> «Prüfte mich 1 geschlagene Stunde über die antike Erziehung der Spartaner einschließlich Jahreszahlen und Erdkunde, einschließlich Grabsteinkunde bis 500 v. Chr. Ich war kaputt, so daß ich nicht mehr wußte, wo Milet lag.»

Nach der Promotion war er in seine Heimatstadt Krefeld-Fischeln zu seiner Familie zurückgekehrt. Auf der Suche nach einer Stellung war er im Süddeutschen Raum zu Fuß herumgewandert, hatte den

Bodensee umrundet und bei vielen Institutionen vorgesprochen und Vorträge gehalten. Es glückte nichts.

> «Daß ich überall Mühselige und Beladene antraf, brauche ich Dir wohl nicht zu versichern. Mancher begegnete sich mit meiner Seele.»

Überhaupt schien er Unglücksfälle anzuziehen. Er mußte, wie er HEESCH schrieb, «oft mit den Tücken des Objektes rechnen». So rutschte er beim Umsteigen auf dem Frankfurter Bahnhof zwischen Bahnsteig und Trittbrett, beim Öffnen eines Fensters fiel ihm die Scheibe entgegen, beim Füllen einer Vase glitt er aus und schlug sich die Scherben ins Fleisch, er zog sich Blutergüsse und Sehnenzerrungen zu – es nahm kein Ende. Schließlich eröffnete er in Krefeld «ein Laden für Gemütsleiden und schwierige Kinder» und gründete eine «Arbeitsgemeinschaft für Jugendführung». Wohl aufgrund seiner ‹kommunistischen Weltanschauung› – wie er seine Philosophie selber bezeichnete – eckte er jedoch überall an. Seine Unternehmungen florierten nicht.

WEIGANGS Neigung zu einem ideelen Kommunismus abseits der offiziellen Kommunistischen Partei führte ihn auf einen unheilvollen Weg. Im Sommer 1930 hatte er auf seinen Wanderungen einen Pfarrer KAISER – ‹einen Heiligen› – besucht, der in der Nähe von Singen ein ‹weltliches Kloster zum barmherzigen Samariter gegründet› hatte. WEIGANG berichtete:

> «Dort nahm ich den tiefsten Eindruck von meiner ganzen Reise mit. Am Tage vor meiner Abreise besuchten den Pfarrer Kommunisten und Bolschewisten, die ganz begeistert waren: zum ersten Mal in ihrem Leben sähen sie, daß Religion nicht unbedingt mit Kapitalismus verquickt zu sein brauche. Gegen solche Priester würde sich nie ihr Kampf richten. Daß Pfarrer KAISER von vielen Geistlichen bekämpft wird, brauche ich wohl nicht zu versichern.»

Im April 1931:

> «Wir werden einmal daran die echten Christen erkennen, wie sie sich gegenüber dieser großen Geißel Gottes (dem Bolschewismus) verhalten werden. Aber leider sind die meisten Führer der Kirchen dem Kapitalismus verfallen.»

Und im September kommentierte WEIGANG die politische Entwicklung:

> «Der Wirtschaftskampf ist keine Verschleierung, sondern eine notwendige Folge des Kalvinismus, der den Wirtschaftsliberalismus und damit den Kapitalismus gebar. MARX hat das sehr klar gesehen. Er machte nur den Fehler, zu glauben, daß mit der Änderung der materiellen Verhältnisse eine Wendung im Geistigen notwendig beginne. Nein, wir müssen die Wende oder richtiger die Wiedergeburt der Seele schon jetzt vorberei-

> ten. Aber diese Wende hat bereits eingesetzt und die historisch bedeutsame Wende geht im Volldampf. Um Ostern gab ich ihr einen Spielraum von 2–10 Jahren, heute glaube ich, daß sie (die Umwälzung) früher kommen wird. Ein Jesuit, der als Schreinergeselle verkappt in Rußland spionierte, glaubt, daß der Ausbruch der Zeitwende schon im Spätherbst komme. Ich halte es allerdings für möglich, daß es noch bis zum nächsten Jahr so weiter geht. Die Sowjets zügeln den deutschen Kommunismus solange, bis sie ihrer Sache sicher sind. Ob die Nazis noch eine Intermezzorolle spielen werden, lasse ich dahingestellt.»

HEESCHS Antwort hierauf – sie ist leider nicht mehr vorhanden – muß nicht zur Zufriedenheit WEIGANGS ausgefallen sein, denn er antwortete am 28.12.1931 nur kurz auf einer Ansichtskarte:

> «Ich bin kein Schwarzseher, doch die Zukunft wird für die Weltkinder sehr finster. Lasse Du nur Deine Geige den Tanz fortsetzen. Das hilft über manches hinweg. Ich kämpfe hier einen Existenzkampf, in dem ich moralisch siegen werde.»

In einem letzten Brief vom November 1932 sprach WEIGANG von einem ‹Gegner›, der gegen ihn mit entlassenen Strafgefangenen («die ich einige Zeit betreute und dann fallen ließ, weil sie hoffnungslos») als Kronzeugen auftrat. Daraufhin «ließ ich Krefeld fallen und konzentrierte meine Kraft auf Köln ... Meine Aussichten in Köln sind sehr gut bei Schule, Stadt und Presse, auch bei der kath. Jugend (trotz meiner kommunistischen Weltanschauung).»

Damit verliert sich die Spur CARL-JOSEF WEIGANGS. Im März 1934 erhielt HEESCH als Antwort auf einen Brief von ihm noch eine Karte aus München, wo WEIGANG anscheinend wohnte.

5 Als Assistent unter der Nazi-Herrschaft (1933–1935)

In politischer Hinsicht war die Zeit um 1932/33 besonders durch die drohende Machtergreifung HITLERS geprägt. Die Gerüchte, Vermutungen und Hoffnungen wogten hin und her. HITLER hatte im März 1932 zum ersten Mal offiziell für das Amt des Reichpräsidenten kandidiert. Im ersten Wahlgang am 13. 3. hatte sein Gegenkandidat PAUL VON HINDENBURG mit 49,5% nur ganz knapp die absolute Mehrheit verfehlt (HITLER: 30,2%), so daß ein zweiter Wahlgang am 10. 4. erforderlich geworden war. Hier hatten VON HINDENBURG 52,9% und HITLER 36,7% der abgegebenen gültigen Stimmen erhalten. In Deutschland aber hatte das Chaos geherrscht:

> «Tumulte und Gewalttätigkeiten im Reichstag und in den Landtagen, Zusammenstöße, Schlägereien und bürgerkriegsähnliche Straßenschlachten bei Versammlungen und Demonstrationen [74]».

Die von der bürgerlichen Mitte getragene Reichsregierung unter Reichskanzler HEINRICH BRÜNING hatte daher drei Tage nach dem zweiten Wahlgang, am 13. 4., ein Verbot der nationalsozialistischen Kampfverbände, der SA (Sturmabteilung) und der SS (Schutzstaffel), erlassen. Dieses Verbot hatte aber anscheinend zu weiteren Solidarisierungen der Bevölkerung mit HITLERS Partei geführt. WILHELM, ‹Kronprinz des Deutschen Reiches›, hatte sofort am 14. 4. beim Reichswehr- und Reichsinnenminister GROENER protestiert [75]:

> «Es ist mir unverständlich, wie gerade Sie als Reichswehrminister das wunderbare Menschenmaterial, das in der SA und SS vereinigt ist und das dort eine wertvolle Erziehung genießt, zerschlagen helfen.»

Bei den Landtagswahlen am 24. 4. hatte HITLER auch prompt gegenüber den Reichtagswahlen noch hinzugewonnen und in Oldenburg am 29. 5. sogar zum erstem Mal die absolute Mandatsmehrheit in einem Landesparlament erreicht.

Am 30. Mai war BRÜNING als Reichskanzler zurückgetreten, und VON HINDENBURG hatte dessen Parteikollegen vom Zentrum, FRANZ VON PAPEN, zum Nachfolger ernannt. Als es diesem jedoch nicht gelungen war, im Reichstag eine Mehrheit für sich zu gewinnen, hatte VON HINDENBURG am 4. 6. den Reichstag aufgelöst. Eine

Tolerierung der Regierung durch HITLER bis zu den Neuwahlen am 31. 7. hatte sich VON PAPEN dann am 14. 6. durch die Aufhebung des Verbots der SA und SS erkauft.

Die Reichstagswahlen am 31. 7., denen ein brutaler Wahlkampf vorausgegangen war, hatte den Nationalsozialisten zwar die Mehrheit mit 37,3% (Sozialdemokraten 22,2%, Kommunisten 14,3%, Zentrum 12,8%) gebracht, ihnen die absolute Mehrheit aber verwehrt. Der *Daily Telegraph* hatte daraufhin triumphiert[76]:

> «Hitlers Traum, Deutschland mit einer rein nationalsozialistischen Parlamentsmehrheit zu regieren, ist für immer dahin. Das Wahlergebnis zeigt, daß der hypnotische Zauber der nationalsozialistischen Propaganda endlich gebrochen ist.»

Immerhin war aber der nationalsozialistische HERMANN GÖRING als Mitglied der stärksten im Reichstag vertretenen Partei zum Reichstagspräsidenten gewählt worden.

Dem neugewählten Reichstag war jedoch kein langer Bestand beschieden gewesen: Auf seiner zweiten Sitzung am 12. 9. hatten die Kommunisten einen Mißtrauensantrag gegen die noch im Amt befindliche Regierung VON PAPEN eingebracht, und GÖRING hatte es abgelehnt, dem Reichskanzler vor der Abstimmung das Wort zu erteilen. Daraufhin hatte dieser die Auflösung des Reichstages verfügt[77].

Bei der neuen Reichstagswahl am 6. 11. war dann der Anteil der Nationalsozialisten von 37,3% auf 33,9% zurückgegangen, während die Deutschnationalen und die Kommunisten Gewinne verbucht hatten. Da VON PAPEN aber auch in diesem Reichstag keine Mehrheit für seine Regierung hatte erreichen können, war er am 17. 11. zurückgetreten. In den folgenden Verhandlungen betreffs einer Regierungsbildung war es zu keiner Einigung gekommen, und so hatte VON HINDENBURG am 3. 12. schließlich General KURT VON SCHLEICHER zum Reichskanzler ernannt. Mit VON SCHLEICHER hatte am 4. 12. der Nationalsozialist GREGOR STRASSER über seinen Eintritt in die Regierung als Vizekanzler verhandelt, ohne daß HITLER davon gewußt hatte. HITLER selber hatte eine Regierungsbeteiligung als Vizekanzler stets abgelehnt. Er wollte alles oder nichts. So war es durch STRASSERS Alleingang zu einer schweren Krise innerhalb der Nationalsozialistischen Partei gekommen. Es drohte eine Spaltung der Partei. Bei den Gemeindewahlen in Thüringen hatten die Nationalsozialisten bis zu 40% der Stimmen verloren, die sie am 6. 11. noch erhalten hatten.

Dies war die politische Situation, als am 8. Dezember 1932 im Hause WEYL ein Tee-Nachmittag stattfand. Neben HERMANN und HELLA WEYL waren WEYLS Schwester HERMINE HUPE, WALTER DÄLLENBACH als Freund des Hauses – WEYL hatte ihm 1928 sein Buch *Gruppentheorie und Quantenmechanik* gewidmet – und HEINRICH HEESCH anwesend. Man diskutierte angeregt die politische Situation. DÄLLENBACH, der als deutscher Reichsvertreter der Schweizer Firma Brown-Boveri über die besten industriellen und damit auch politischen Kontakte verfügte, war der felsenfesten Überzeugung, daß HITLER nicht kommen würde. Man hoffte, VON SCHLEICHER, der als intrigant galt, könnte eine Spaltung der Nationalsozialisten herbeiführen.

Vielleicht war diese optimistisch stimmende Aussicht mit ein Grund dafür, daß WEYL einen glänzenden Ruf nach Princeton an das gerade im Aufbau befindliche *Institute for Advanced Study* ablehnte. Die Entscheidung hatte er sich nicht leicht gemacht. ABRAHAM FLEXNER, der das Institut aufbaute, hatte ihn mehrfach mit einem phantastischen Angebot nach Princeton gelockt. Und WEYL hatte geschwankt, er hat sich – nach Aussagen HEESCHS – ‹krankgekämpft›.

Schon im Juni 1932, zufällig gerade an HEESCHS Geburtstag, hatte WEYL ihn vertraulich von dem Ruf unterrichtet. HEESCH hatte an seine Eltern geschrieben:

> «Er eröffnete mir also, daß er vielleicht in $1\frac{1}{2}$ Jahren für immer aus Göttingen fortgeht nach Amerika, wo ein riesiges Forschungsinstitut für Mathematik die Allerersten aller Nationen aufnehmen soll unter so königlichen Bedingungen, daß der Kultusminister ihn wohl nicht wird halten können ... Es weiß noch kein Mensch, auch der Minister nicht. Er sagt es mir bloß, damit ich mich allmählich darauf einstelle.»

HEESCH war von der Aussicht, seinen Chef verlieren zu müssen, betroffen. Aber dann hatte sich die Situation fast wöchentlich geändert. Mal hatte es den Anschein gehabt, WEYL würde bleiben, mal hatte es sicher geschienen, daß er gehen würde. Heesch am 19. 7. an seine Eltern: «Ich bin sehr traurig, daß er dem Vaterland verlustig geht.» In Göttingen hatte man bereits von der ‹WEYL-Affäre› gessprochen. Die Fakultät hatte auf eine Entscheidung gedrängt. COURANT, BORN und noch einige andere, auch WEYLS Frau, waren nach Berlin gefahren, um beim Kultusminister zu verhandeln. Das Ergebnis war jedoch negativ gewesen. Der Minister hatte WEYLS Forderungen nicht erfüllt.

Weyls Geburtstag am 9. 11. war dann groß gefeiert worden. «Man merkte schon den Abschied für Amerika, daß alle WEYLS nochmal zusammenkamen.» HEESCH hatte die Chaconne aus Bachs Partita d-moll gespielt. Seine Studenten, die durch den drohenden Weggang WEYLS betroffen waren, hatten einen Geburtstagsgruß mit einer Resolution verbunden:

> «Mit großer Überraschung erfahren wir als Ihre Studenten, daß Sie einen Ruf an das neue Forschungsinstitut in Princeton erhalten haben. Wir haben einen schwachen Begriff von der Qual, die die bevorstehende Entscheidung für Sie bergen muß. Und es kann nicht unsere Absicht sein, diese noch durch das laute Hinzufügen unserer Not zu vergrößern. Auch maßen wir uns nicht an, in irgendeinem Sinne eine Beeinflußung auf Sie ausüben zu wollen. Andererseits können wir aber etwas für uns und für die Mathematikstudenten der kommenden Semester so Schicksalhaftes nicht ohne Herzensregung geschehen lassen. Wir greifen daher zu dem Ausweg, den zufälligen Anlaß Ihres Geburtstages dazu zu benutzen, um Ihnen einen schwachen Ausdruck unserer Empfindungen gegen Sie fühlbar zu machen: ... Keiner von uns kann sich dem starken Zauber Ihrer Persönlichkeit entziehen. Wo es uns, die wir ohne bestimmte Hoffnungen studieren, oft schwer wird, in unserer Beschäftigung mit der Mathematik einen Sinn zu finden, da sind Sie uns eine starke Hilfe. Denn die mathematischen Güter sind nicht die einzigen, die Sie uns vermitteln. Vielmehr erfahren wir, während wir diese in Ihren Vorlesungen aufzunehmen versuchen, mehr oder weniger bewußt auch eine Stärkung unserer eigenen Liebe zur mathesis.»

Am 4.12. hatte HEESCH dann berichtet:

> «WEYL hat Freitag zugesagt, mit ganz geringem Vorbehalt, so daß es definitiv Anfang Januar ernst wird.»

Nach den Weihnachtsferien hatte sich die Situation aber schon wieder geändert: WEYL hatte sein Zusage zwar telegrafiert, aber es reute ihn schon. Er war sichtlich mit seinen Nerven am Ende. Er nahm Urlaub und fuhr zur Erholung in den Harz. Offiziell hatte COURANT die Vertretung; aber HEESCH mußte nun alle Veranstaltungen weiterführen: Vier Wochenstunden Differentialrechnung und zwei Wochenstunden Topologie. Hinzu kamen mehrere Vorträge über Parketts und eine HEISENBERG-Arbeit im BORN-Seminar. Seinen Eltern schrieb er: «Das ganze ist wohl eine enorme Anstrengung, aber eine schöne Aufgabe.»

Dann – plötzlich am 25. 1. 1933 – wurde die Göttinger Öffentlichkeit von einer Zeitungsnotiz überrascht: «Prof. WEYL hat abgelehnt». Alle waren überrascht. Auch die in Göttingen verbliebenen Familienmitglieder WEYLS. Die Zeitung hatte WEYL im Harz angerufen und diese Nachricht erhalten. HEESCH war über diese Wendung glücklich: nun konnte die Habilitation keine Schwierigkeiten mehr machen. Vorerst aber kam WEYL noch nicht nach Göttingen zurück.

Er ging vielmehr für zwei Monate zur Kur nach Berlin. HEESCH mußte die Vorlesungen weiter halten; aber nun war eine große Last von ihm genommen: «Ich führe das Leben eines Märchenprinzen, seit WEYL ablehnte.»

Dieses Hochgefühl wurde jedoch von den politischen Ereignissen, die zur gleichen Zeit abliefen, stark überschattet. Noch um die Jahreswende 1932/33 glaubten viele, daß der Aufstieg HITLERS gebremst sei. Aber dann kam der Januar 1933: VON SCHLEICHERS Versuche, mit Hilfe der Reichswehr, der Gewerkschaften und der Anhänger STRASSERS die Regierung in den Griff zu bekommen, hatten keinen Erfolg. VON PAPEN und VON SCHLEICHER zerstritten sich, es kam zu vertraulichen Verhandlungen zwischen VON PAPEN und HITLER. Eine verwirrende Anzahl von Gesprächen zwischen HITLER, GÖRING, VON PAPEN, HUGENBERG (dem Vorsitzenden der Deutschnationalen Volkspartei), Staatssekretär MEISSNER und HINDENBURG fand statt. Das Ergebnis war: Am 28.1.1933 trat VON SCHLEICHER zurück, und VON HINDENBURG ernannte ADOLF HITLER am 30.1. zum Reichskanzler. VON PAPEN wurde Vizekanzler. Am 1.2. wurde der Reichstag aufgelöst.

So haben sich die Hoffnungen vieler nicht erfüllt. Die Lage war von den meisten Intellektuellen falsch eingeschätzt worden. Noch am 12.1.1933 hatte THOMAS MANN an den preußischen Kultusminister ADOLF GRIMME geschrieben [78]:

> «Das soziale und demokratische Deutschland, ich bin tief überzeugt davon, darf vertrauen, daß die gegenwärtige Konstellation vorübergehend ist und daß die Zukunft, trotz allem, ihm gehört. Das Rasen der nationalistischen Leidenschaften ist nichts weiter als ein spätes und letztes Aufflackern eines schon niedergeschlagenen Feuers, ...»

Am 3.2.1933 schrieb HEESCH seinen Eltern ganz unter dem unmittelbaren Eindruck der Geschehnisse über HITLER:

> «Er ist ja im Siegestaumel. Und vielleicht täuscht er sich nicht in der Begeisterungsfähigkeit des Deutschen Volkes: denn er meint wohl, am 5. März noch mal im neuen Reichstag eine parlamentarische Mehrheit zu kriegen. Es ist wirklich möglich, daß sich die großen Bürger- und Bauernmassen alle hinreißen lassen, ihn oder wenigstens deutschnational zu wählen. Besonders, wo er jetzt alle öffentlichen Propagandamittel in der Hand hat. Ich bin mir auch nicht ganz klar, was zu wählen ist; denn sowohl Nazi wie DNV bedeutet: Heil HITLER! Und seinem 3. Reich sehe ich nicht ohne Sorgen entgegen. Mit der Freiheit des Geistes wird er ja mittels seiner SA aufräumen. Andererseits fühle ich mich selbst etwas hingezogen von dem großen Schwunge, der dahinter stehen könnte. Aber was nützt Schwung bei schlechter Führung, ohne klaren Kopf!»

Und eine Woche später:

> «Das Institut denkt, die Pest ist da.»

Nun: Bei den Reichstagswahlen am 5. März erreichten die Nationalsozialisten zusammen mit der ‹Kampffront Schwarz-Weiß-Rot› die absolute Mehrheit, und am 24. März beschloß die neue Reichsregierung das Ermächtigungsgesetz, nach dem die Reichsregierung nun Gesetze unter Umgehung des Parlamentes und der Verfassung allein erlassen konnte. Damit begann die Schreckensherrschaft der Nationalsozialisten in ihrem ‹Tausendjährigen Reich›.

Schon am 7. April 1933 wurde das ‹Gesetz zur Wiederherstellung des Berufsbeamtentums› verfügt [79]. Danach sollten alle Beamten ‹nicht arischer Abstammung›, sofern sie nicht Frontkämpfer des ersten Weltkrieges waren, sofort pensioniert werden (§ 3). (Als ‹nicht arisch› galt jemand, wenn mindestens ein Großelternteil Nicht-Arier war.) Und im § 4 hieß es:

> «Beamte, die nach ihrer bisherigen politischen Betätigung nicht die Gewähr dafür bieten, daß sie jederzeit rückhaltslos für den nationalen Staat eintreten, können aus dem Dienst entlassen werden.»

GERD RÜHLE, Führer des Nationalsozialistischen Studentenbundes, kommentierte [80]:

> «Das Gesetz richtet sich in erster Linie gegen die ‹Parteibuchbeamten› und die in immer größerer Anzahl eingedrungenen Beamten jüdischer Abstammung. Denn Nationalsozialismus ist nicht zuletzt eine Haltung. Haltung ist eine Frage der Rasse.»

BRACHER/SAUER/SCHULZ schreiben hierzu:

> «Politische Säuberung, Antisemitismus, Drohung und Rache waren hier verbunden zum Prinzip erhoben und verbürgten die äußerste Manipulierbarkeit der ganzen Bürokratie im Sinne der neuen Machthaber [81].»

Wie reagierten die deutschen Hochschulen auf diese Entwicklung? Der Vorstand des Verbandes der Deutschen Hochschulen erklärte am 23. April [82]:

> «Die Wiedergeburt des Deutschen Volkes und der Aufstieg des neuen Deutschen Reiches bedeutet für die Hochschulen unseres Vaterlandes Erfüllung ihrer Sehnsucht und Bestätigung ihrer stets glühend empfundenen Hoffnungen ...»

Damit wurde die ‹Selbst-Gleichschaltung der Universitäten›, ihre Eingliederung in die nationalsozialistische Macht- und Staatsmaschinerie eingeleitet.

In der Physik, die von der ‹Säuberung› am stärksten mit betroffen wurde, taten sich besonders die Nobelpreisträger JOHAN-

NES STARK (1919, für die Entdeckung des Dopplereffektes bei Kanalstrahlen und die Aufspaltung von Spektrallinien in einem elektrischen Feld) und PHILIPP LENARD (1905, für Forschungen auf dem Gebiet der Kathodenstrahlen und der Wechselwirkungen zwischen Elektronen und Licht) mit ihren Hetzkampagnen gegen jüdische Physiker und ‹jüdische Physik›, der sie eine ‹Deutsche Physik› entgegensetzten, hervor. Besonders ALBERT EINSTEIN und dessen Relativitätstheorie sowie die Quantentheorie von BOHR, SOMMERFELD, PAULI, HEISENBERG und SCHRÖDINGER wurden von ihnen in polemischer Weise bekämpft. Auch Nicht-Juden wurden in den Strudel des Antisemitismus der Herren STARK und LENARD mit hineingerissen: SOMMERFELD und HEISENBERG wurden als «weiße Juden der Wissenschaft» beschimpft. Die «Statthalter des Judentums im Deutschen Geistesleben» müßten «ebenso verschwinden wie die Juden selbst». HEISENBERG sei ein «OSSIETZKY der Physik»[83]. EINSTEIN selber befand sich zum Zeitpunkt der Machtergreifung HITLERS am California Institute of Technology in Pasadena, USA. Er kam nicht wieder nach Deutschland zurück. Die Leitung des Kaiser-Wilhelm-Instituts für Physik in Berlin, die er seit 1914 innegehabt hatte, legte er im März 1933 nieder. Seine neue Wirkungsstätte wurde das *Institute for Advanced Study* in Princeton, USA.

In Göttingen erhob als erster JAMES FRANCK Protest gegen die offizielle Behandlung der Juden. In einem Brief an den Preußischen Minister für Wissenschaft erklärte er am 17. April seinen Rücktritt:

> «Der Entschluß ist mir innere Notwendigkeit wegen der Einstellung der Regierung dem Deutschen Judentum gegenüber.»

Einen Ausschnitt einer entsprechenden Erklärung an den Rektor der Universität ließ FRANCK am nächsten Tag in der *Göttinger Zeitung* veröffentlichen. FRANCK wollte mit seinem Protest eine Signalwirkung auslösen. Es kam aber anders: Am 24.4. veröffentlichten 42 Universitätsdozenten im *Göttinger Tageblatt* eine Verurteilung FRANCKS:

> «Wir sind uns einig darin, daß die Form der obigen Rücktrittserklärung einem Sabotageakt gleichkommt, und hoffen, daß die Regierung die notwendigen Reinigungsmaßnahmen daher beschleunigt durchführen wird.»

Im April wurden die ersten jüdischen Professoren aufgrund des neuen Gesetzes beurlaubt. Unter ihnen waren: FELIX BERNSTEIN,

MAX BORN, RICHARD COURANT und EMMY NOETHER. Im *Göttinger Tageblatt* vom 26. 4. hieß es hierzu:

«Weitere werden folgen.»[84]

JAMES FRANCK emigrierte noch 1933 in die USA. Dort war er zuerst an der Johns Hopkins University in Baltimore, ab 1938 an der Universität in Chicago tätig.

BERNSTEIN, der sich zu dieser Zeit gerade in den USA aufhielt, kehrte nicht nach Deutschland zurück. Sein Name ist vor allem bekannt geworden durch den nach ihm benannten Äquivalenzsatz aus der Mengenlehre, dessen Beweis er kurz nach seinem Abitur fand. Er hatte vorher schon als Gymnasiast in Halle an Seminaren von GEORG CANTOR, dem Begründer der Mengenlehre, teilgenommen. Später arbeitete er auf dem Gebiet der Bevölkerungsstatistik und der Versicherungsmathematik. In der Vererbungsforschung hat er durch seine Entdeckung des AB0-Blutgruppen-Erbgangs internationale Anerkennung gefunden[85].

MAX BORN brachte nicht die Kraft auf, wie sein Kollege JAMES FRANCK zu protestieren. Er kehrte Deutschland sofort nach seiner Beurlaubung den Rücken. Eine neue Wirkungsstätte fand er aufgrund seiner Prominenz schnell in Cambridge, wo ihn ELLI und HEINRICH HEESCH ein paar Jahre später anläßlich einer geschäftlichen Englandreise besuchten.

Gegen COURANTS Beurlaubung protestierten bei der Regierung zahlreiche seiner Kollegen und Schüler. Und in der Tat wurde sie im Oktober wieder aufgehoben. Da plante COURANT aber gerade, für ein Jahr nach Cambridge zu gehen. So kam er in die merkwürdige Lage, nun freiwillig eine Beurlaubung beantragen zu müssen. Sie wurde ihm gewährt. Im August 1934 emigrierte er endgültig in die USA, wo ihm eine Stelle an der New York University angeboten worden war. Dort baute er am Mathematik-Department ein Institut auf, das später als ‹COURANT-Institute› Weltruf erringen sollte.

EMMY NOETHER wurde im Herbst 1933 für zwei Jahre als Gastprofessorin an das Bryn Mawr College, ein women's college in der Nähe von Princeton, New Jersey, USA, eingeladen. Im Sommer 1934 kam sie noch einmal nach Deutschland, um ihren Bruder und andere Freunde zu besuchen und ihren Haushalt aufzulösen. Dabei konnte ihr HEINRICH HEESCH noch in mancher Hinsicht, bei Behördengängen und ähnlichem, behilflich sein. Dies war nicht ohne Risiko, da die allgegenwärtigen Nazi-Trupps jegliche Kontakte zwischen Juden und Nicht-Juden zu unterbinden versuchten. EMMY NOETHER starb völlig überraschend für alle ihre Bekannten schon im April 1935 während ihres Gastaufenthaltes in den USA.

Die von den neuen Gesetzen betroffenen Universitätslehrer wurden jedoch nicht nur von ihren Dienstgeschäften beurlaubt, sondern auch aus anderen Vereinigungen ausgeschlossen. So erhielt beispielsweise RICHARD COURANT im Juni 1933 folgendes Schreiben:

«Mathematische Verbindung
an der Universität Göttingen — Göttingen den 25.6.33

Herrn Professor Dr. COURANT!

Unterfertigte gestattet sich, Ihnen mitzuteilen, dass Ihre Ehrenmitgliedschaft bei Unterfertigter nach den neuen Satzungen des D.W-V. erloschen ist.

Mit studentischem Gruss — Mathematische Verbindung
I.A. gez. H. J. ECKHARDT»

In einer ähnlich höflichen Form wurde auch LANDAU aus der Mathematischen Verbindung hinausgeworfen.

EDMUND LANDAU wurde, obwohl er Jude war, nicht beurlaubt. Dafür traten nun aber die organisierten Studenten gegen ihn auf. Seine Vorlesungen wurden boykottiert, da er – so die Erinnerungen HEINRICH HEESCHS – angeblich eine Mathematik vertrat, «die mit dem neuen Menschenbild nicht vereinbar war». Studenten, die LANDAU hören wollten, wurden von uniformierten Wächtern am Betreten des Hörsaales gehindert, wobei sich zur allgemeinen Überraschung LANDAUS Assistent, der Privatdozent WERNER WEBER, als Anführer der Nazi-Studenten besonders hervortat. Als die Demonstrationen kein Ende nehmen wollten, erklärte LANDAU seinen Rücktritt und zog sich ins ‹Privatleben› in seine Heimatstadt Berlin zurück. Hier starb er 1938.

In der Folgezeit emigrierten immer mehr Wissenschaftler aus Deutschland, insbesondere auch Mathematiker aus Göttingen[86]: OTTO NEUGEBAUER, der zwar kein Jude war, dem aber nachgesagt wurde, er sei Kommunist, ging 1933 zuerst nach Kopenhagen an das Mathematische Institut der Universität und von dort in die USA, wo er 1939 Professor an der Brown University in Providence, Rhode Island, wurde. An dieselbe Universität in den USA emigrierte schon 1933 HANS LEWY. Er war dort Lecturer. 1935 wurde er Professor an der University of California in Berkeley, Californien. PAUL BERNAYS fand 1934 eine Aufnahme an der ETH in Zürich, wo er später auch Professor wurde. PAUL HERTZ wurde die Lehrbefugnis im September 1933 entzogen. Er emigrierte an die Universität in Genf und ging

1938 in die USA. WERNER FENCHEL ging wie NEUGEBAUER nach Kopenhagen, wo er 1951 auch Professor an der TH und 1957 an der Universität wurde. Während der Besatzungszeit durch die Deutschen fand er Zuflucht in Schweden. OLGA TAUSSKY war schon im Herbst 1932 aus den Ferien nicht mehr nach Göttingen zurückgekehrt, weil die politischen Verhältnisse dies angeraten sein ließen. STEFAN COHN-VOSSEN, der inzwischen in Köln war, wurde ebenfalls im Herbst 1933 die Lehrbefugnis entzogen. Er emigrierte in die Sowjetunion und wurde in Moskau Professor.

Nach der Beurlaubung COURANTS und einer kurzen Stellvertretung durch OTTO NEUGEBAUER wurde HERMANN WEYL Ende April 1933 zum geschäftsführenden Direktor des Mathematischen Institus ernannt. HEESCH empfand, was dies für WEYL bedeutete:

> «Was für Qualen muß WEYL durchgemacht haben! Diese ihm so widerwärtigen Geschäfte übernehmen... WEYL ist überlaufen; nicht nur die neuen Geschäfte, alle Studenten müssen jetzt ja bei ihm Prüfungen machen! So kann er sich des Ansturms kaum erwehren und hat auch für meine Arbeit wohl noch erst keine Zeit.»

Der Vorlesungsbetrieb drohte zu Beginn des Sommersemesters 1933 zusammenzubrechen. Anfang Mai verkündete ein Anschlag im Mathematischen Institut, daß die Vorlesungen von elf Dozenten der Mathematik und Physik ausfallen bzw. später beginnen müßten. Endgültig fanden dann – wie HEESCH seinen Eltern berichtete – sämtliche angekündigten Veranstaltungen von BERNAYS, BERNSTEIN, BORN, COURANT, FRANCK, WALTER HEITLER (BORNS Oberassistent), PAUL HERTZ, LEWY, NEUGEBAUER, NOETHER, WILLY PRAGER (von PRANDTLS Institut für Aerodynamik), LOTHAR NORDHEIM (Assistent bei BORN) nicht mehr statt. Ein Ersatz-Studienplan hielt nur notdürftig den Studienbetrieb aufrecht. HEESCH wurde von WEYL gebeten, eine ‹Einführung in die Theoretische Physik› zu lesen.

Mitte Mai ließ der Kurator sämtliche Assistenten und Angestellten durch die Institutsdirektoren nach ihrer bisherigen politischen Tätigkeit befragen. In den Lehrveranstaltungen tauchten immer mehr die Uniformen der Nazis auf. Mißliebige Dozenten, die noch im Amt waren, wurden boykottiert. Der organisierte Terror gegen jüdische Geschäfte begann. An den berüchtigten Bücherverbrennungen am 10. Mai, die als ‹Gesamtaktion wider den undeutschen Geist› stattfanden, beteiligten sich die nationalsozialistischen Studentengruppen an führender Stelle. Mit ‹Feuerreden› gegen ‹undeutsche›, ‹zersetzende› und ‹dekadente› Literatur, mit vorgeschriebenen Parolen und frenetischem Jubel wurden die Bücherver-

Abb. 35
Hermann Weyl, seine beiden Söhne und Heinrich Heesch.

nichtungen begleitet[87]. Jüdische Studenten wurden per Gesetz nur noch in einem sehr eingeschränkten Umfang zugelassen. An den Höheren Schulen wurden den Schülern der oberen Klassen ‹Arier-Formulare› vorgelegt, in denen sie ihre Abstammung genau darlegen mußten. Dahinter stand die Idee, jüdische Schüler aus den öffentlichen Schulen auszuschließen und in neu zu gründende Judenschulen zu überweisen[88].

Als Weyls jüngerer Sohn, der die Oberstufe eines Gymnasiums besuchte – der ältere hatte im Februar sein Abitur gemacht –, diese Arier-Formulare zum Ausfüllen bekam, stand es für Weyl fest, daß auch er Deutschland verlassen mußte. Er war zwar selbst kein Jude, aber er hatte eine Jüdin zur Frau. Weyl wandte sich sofort an Abraham Flexner und an Oswald Veblen, der jetzt am *Institute for Advanced Study* in Princeton tätig war, und fragte nach, ob er seine Ablehnung des Rufs nach Princeton noch rückgängig machen könnte.

Im Oktober erhielt Heesch einen Brief von Weyl, den dieser am 9. Oktober in Zürich geschrieben hatte:

«Lieber Herr HEESCH,

Die Nachricht, die ich Ihnen heute in aller Kürze mitteilen muss, wird Sie nach allem Vorangegangenen, wie ich glaube, nicht mehr besonders überraschen: Meine amerikanischen Freunde, insbesondere VEBLEN, haben durchgesetzt, daß unter den veränderten Verhältnissen mir von Neuem eine Professur am *Institute for Advanced Study in Princeton* auf Anfang nächsten Jahres angetragen wurde. Diesmal habe ich nicht gezögert, sie anzunehmen, und ich kehre daher wahrscheinlich nicht mehr nach Göttingen zurück. Meine Frau ist mit den Kindern hierher gekommen, und wir fahren am 14. Oktober von Liverpool mit dem Dampfer Laconia ab. Ich hoffe, daß ich auf dem Schiffe Musse finde, Ihnen ausführlicher zu schreiben.

Mit allen guten Wünschen, Ihr H. WEYL.»

Auf dem Schiff schrieb HERMANN WEYL dann am 14. Oktober an HEESCH nach Kiel:

«Lieber Herr HEESCH,

Als ich Göttingen im August verließ, war es keineswegs sicher, ob der Ruf ans *Institute* erneuert würde; auf keinen Fall habe ich ihn so früh erwartet. Aber jetzt war es das Richtige, ihm sofort zu folgen und unsere Zelte in Göttingen abzubrechen. Für Ihr Schicksal, glaube ich, ist es gleichfalls der richtige Moment, sich von mir zu lösen; ich zweifle nicht, daß Sie unter den gegenwärtigen Bedingungen in Deutschland Ihren Weg machen werden, sei es Ihren mathematischen, sei es Ihren musikalischen Talenten folgend – oder beides kombinierend. Wenn ich Ihnen durch Rat oder Empfehlungen nützlich sein kann, stehe ich Ihnen natürlich nach wie vor gerne zur Verfügung.

Am 16. ziehen meine Schwester und mein Schwager, Major G. HUPE, für einige Wochen in unsere Wohnung Merkelstr. 4 – bis die Wohnung verpackt werden kann. Es wäre lieb von Ihnen, wenn Sie sie nach Ihrer Ankunft in G. gleich aufsuchen würden...»

Es folgen weitere Anweisungen über nachzusendende Akten, Manuskripte, Korrespondenzen usw. WEYL fährt dann fort:

«Können Sie das in einem oder mehreren Paketen fest verpacken und sofort eingeschrieben schicken? – nicht an mich, sondern ans *Institute for Advanced Study*, Princeton, N.J., USA. Auf einem beigelegten Zettel müssen Sie vermerken, daß der Inhalt der Sendung für mich bestimmt ist und von mir abgeholt wird. Auf die Kosten kommt es nicht an, die erstattet Ihnen mein Schwager.

Sie hören bald mehr von mir! Herzlich Ihr H. WEYL.»

Mit Hilfe der Schwester WEYLS löste HEESCH dessen Wohnung in Göttingen weisungsgemäß auf. Sie befand sich in einem Zustand, wie man eine Wohnung für eine Woche verläßt. WEYL hatte seine Familie nach Zürich kommen lassen, ohne daß diese wußte, daß sie nicht zurückkehren würde. Unter Aufsicht eines gut gesonnenen,

Pfeife rauchenden Zöllners wurden nun der Hausrat und vor allem die Bücher eingepackt und – 1933 war dies noch möglich – nach Amerika geschickt. HEESCH wurde vom Kurator der Universität beauftragt, die Lehraufgaben WEYLS bis auf weiteres zu übernehmen.

So begann die Ausblutung der deutschen Wissenschaften unter der Diktatur der Nationalsozialisten. Sie verlief nicht langsam, sondern setzte schlagartig im Frühjahr 1933 ein. Göttingen war bis dahin das ‹mathematische Zentrum der Welt› gewesen. Dies war nun vorbei. HEESCH erinnert sich mit Wehmut: «Das Leben war nicht mehr so wie vorher.»

Das ‹Gesetz zur Wiederherstellung des Berufsbeamtentums› führte in Deutschland zur Verdrängung von mehr als 1600 Wissenschaftlern. Insgesamt schieden aus politischen Gründen bis 1938 etwa ein Drittel aller deutschen Hochschullehrer aus. Mehr als 2000, darunter etwa 750 Ordinarien, emigrierten[89].

Am Mathematischen Institut in Göttingen herrschte zeitweise das Chaos, wie aus Briefen HEESCHS an seine Eltern hervorgeht: Nachfolger WEYLS als geschäftsführender Direktor wurde zuerst für 14 Tage GUSTAV HERGLOTZ. Danach übernahm FRANZ RELLICH, der inzwischen Privatdozent geworden war, die Geschäfte, ab etwa 21.12. wieder HERGLOTZ. Am 2.1.1934 zitierte der Kurator der Universität diesen zu sich und stellte ihn vor die Alternative:

> «Bitte treten Sie zugunsten WEBERS zurück! Es sei denn, daß Sie für Ihr Bleiben sämtliche Folgen übernehmen.»

HERGLOTZ resignierte sofort. So wurde – wohl auf Betreiben der Fachschaft – ab 2.1.1934 WEBER geschäftsführender Direktor des Instituts. Dieser wußte gar nichts von seinem Glück, als er am 5.1. aus den Weihnachtsferien nach Göttingen zurückkehrte. Zwischendurch war auch noch F. K. SCHMIDT «zweimal beinahe einen Tag lang Institutsdirektor» (am 1.11.33 und am 2.1.34), was dieser später immer mit Heiterkeit feststellte. FRIEDRICH KARL SCHMIDT war Privatdozent an der Universität Erlangen und in dieser Zeit in Göttingen «mit dem Halten von Vorlesungen beauftragt».

Im Frühjahr 1934 erhielt HELMUT HASSE einen Ruf auf den von HERMANN WEYL verlassenen Lehrstuhl in Göttingen. HASSE hatte bei EMMY NOETHER promoviert und gearbeitet, hatte sich in Kiel habilitiert und war jetzt Professor in Marburg. Er war ein Mathematiker, der aufgrund seiner bisherigen Leistungen durchaus in das traditionsbeladene Mathematische Institut in Göttingen paßte. Ganz im Gegensatz zu dem Privatdozenten Dr. WILMAR TORNIER, der als Nachfolger von LANDAU im Gespräch war. TORNIER war ein typischer, überzeugter Nationalsozialist, der bisher noch durch keine besonderen mathematischen Leistungen aufgefallen war, jetzt aber von einflußreichen Seiten protegiert wurde. Im Vorlesungsverzeichnis des Sommersemesters 1934 wurden beide, Professor Dr. HASSE und Privatdozent Dr. TORNIER, als Geschäftsführende Direktoren des Mathematischen Instituts angegeben.

Als HASSE in Göttingen eintraf und das Mathematische Institut besichtigen wollte, wurde er von den nationalsozialistischen Studenten auf das Unfreundlichste empfangen. Allen voran deren Anführer OSWALD TEICHMÜLLER, von dem CONSTANCE REID schreibt[90]:

> "... a very young, scientifically gifted man, but completely muddled and notoriously crazy".

Sie verweigerten HASSE die Übergabe der Institutsschlüssel, weil er ein Judenfreund sei. Erst durch das Eingreifen des Universitätskurators konnten halbwegs normale Zustände wieder hergestellt werden.

---

2. Mathematisch-physikalisches Seminar (Bunsenstr. 3/5).
Geschäftsführender Direktor: Professor Dr. Herglotz.
Direktoren: Professoren Dr. Hilbert, Dr. Prandtl, Dr. Landau, Dr. Courant, Dr. Weyl, Dr. Pohl, Dr. Reich, Dr. Born, Dr. Franck, Dr. Angenheister.
Außerplanmäßige Assistenten:
Professor Dr. Bernays.
Professor Dr. Hertz.
Privatdozent Dr. Cauer.
Dr. Fenchel, Dahlmannstr. 12.

3. Mathematisches Institut (Bunsenstr. 3/5). ☎ 4463.
Geschäftsführender Direktor: Professor Dr. Courant.
Direktoren: Professoren Dr. Hilbert, Dr. Landau, Dr. Herglotz und Dr. Weyl.
Oberassistent: Professor Dr. Neugebauer.
Planmäßiger Assistent: Privatdozent Dr. Lewy.
Außerplanmäßige Assistenten:
Dr. Rellich, Oesterleystr. 3 II.
Privatdozent Dr. Werner Weber.
Dr. Heinrich Heesch, Gaußstr. 18.
Dr. Rudolf Lüneburg, Friedländerweg 59.

4. Institut für angewandte Mechanik (Am Leinekanal 3). ☎ 3138.
Direktor: Professor Dr. Prandtl.
Planmäßiger Assistent: Privatdozent Dr. Prager.

5. Institut für mathematische Statistik (Kurze Geismarstr. 40).
Professor Dr. Bernstein.

Abb. 36
Auszüge aus den ‹Amtlichen Namensverzeichnissen› der Sommersemester 1932 und 1934, wie sie in den entsprechenden Vorlesungsverzeichnissen enthalten sind.

Abb. 36 zeigt die Personalsituation im Sommersemester 1934 im Vergleich zum Sommersemester 1932.

Im Oktober 1934 wurde durch einen Erlaß des Preußischen Kultusministers Rust das ‹Führerprinzip› an den Hochschulen eingeführt[91]: Der Minister ernennt den Rektor zum ‹Führer› einer Universität, der Rektor ernennt den Dekan zum ‹Führer› einer Fakultät. Senat und Fakultäten (als Kollegien) wurden ihrer bisherigen Rechte enthoben. Sie sollten nur noch beraten, nicht mehr beschließen dürfen. Über allem jedoch stand die Kontrolle durch die Partei. An den Universitäten vor allem in Gestalt des NS-Dozentenbundes. Das ‹Führerprinzip› wurde allerdings niemals in jeder Hinsicht voll durchgeführt. «Namentlich in den Fakultäten war es unmöglich, auf die Dauer nach dem Führerprinzip zu regieren[92].»

Schon mit etwas mehr ‹Erfolg› funktionierte das Führerprinzip in der organisierten Dozentenschaft. Im Oktober 1933 wurde durch Erlaß des Preußischen Ministers für Wissenschaft, Kunst und Volksbildung die ‹Preußische Dozentenschaft› gebildet. Der ‹Führer der Preußischen Dozentenschaft› ernannte einen ‹Führer der Dozentenschaft der Universität Göttingen› und dieser wiederum ernannte

---

2. **Mathematisch-physikalisches Seminar** (Bunsenstr. 3/5). ☎ 4463.
Geschäftsführender Direktor: Professor Dr. Herglotz.
Direktoren: Professoren Dr. Hilbert, Dr. Prandtl, Dr. Courant (beurlaubt), Dr. Pohl, Dr. Reich, Dr. Born (beurlaubt), Dr. Angenheister.
Außerplanmäßige Assistenten:
Privatdozent Dr. Cauer.
Dr. Arnold Schmidt, Prinz Albrechtstr. 22.
Dr. Helmut Ulm, Schillerstr. 74.

3. **Mathematisches Institut** (Bunsenstr. 3/5). ☎ 4463.
Geschäftsführende Direktoren: Professor Dr. Hasse und Privatdozent Dr. Tornier.
Direktoren: Professoren Dr. Hilbert, Dr. Herglotz und Dr. Courant (beurlaubt).
Oberassistent: Professor Dr. Neugebauer (beurlaubt). Vertreter: Privatdozent F. K. Schmidt.
Planmäßiger Assistent: fehlt.
Außerplanmäßige Assistenten:
Privatdozent Dr. Rellich.
Privatdozent Dr. Werner Weber.
Dr. Heinrich Heesch, Gaußstr. 18.

4. **Institut für angewandte Mechanik** (Am Leinekanal 3). ☎ 3138.
Leiter: Professor Dr. Schuler.
Planmäßiger Assistent: Privatdozent Dr. Flügge.

5. **Institut für mathematische Statistik** (Kurze Geismarstr. 40).
Leiter: Privatdozent Dr. Tornier.

für jede Fakultät einen ‹Unterführer›. Im Rundschreiben Nr. 1 hieß es unter anderem:

> «In der Dozentenschaft sind die außerplanmäßigen und planmäßigen Assistenten sowie die Privatdozenten und nichtbeamteten außerordentlichen Professoren zusammengeschlossen. Für Assistenten und nichtbeamtete Dozenten ist die Mitgliedschaft Pflicht... Die Dozentenschaft ist beauftragt mit der Vorbereitung und Durchführung von Maßnahmen, die der körperlichen und geistigen Ertüchtigung des akademischen Nachwuchses dienen.»

Hierzu gehörte vor allem die Organisation von «Geländesport- bzw. Arbeitsdienstlagern und der Dozentenakademie». An diesen Lagern und der Akademie mußten nach den neuen Habilitationsbestimmungen vom 18.10.33 alle teilnehmen, die sich habilitieren wollten. HEESCH erhielt mit einem Schreiben vom 1.12.33 die Mitteilung, daß er «... verpflichtet (sei), der Dozentenschaft als Mitglied anzugehören».

Aber auch in anderen Bereichen wurde versucht, das Führerprinzip einzuführen. Zum Beispiel: Auf der Jahresversammlung des Mathematischen Reichsverbandes in Würzburg am 20. September 1933 berichtete der Vorsitzende über eine Eingabe des Reichsverbandes an alle Deutschen Ministerien, in der es unter anderem hieß[93]:

> «Wir wollen also im Sinne des totalen Staates aufrichtig und getreu mitarbeiten. Wir stellen uns, was für jeden Deutschen selbstverständlich ist, unbedingt und freudig in den Dienst der nationalsozialistischen Bewegung, hinter ihren Führer, unseren Reichskanzler ADOLF HITLER.»

Der Vorsitzende schlug dann den Anwesenden drei Punkte zur Annahme vor:

> «1. Das Führerprinzip: Sie sollen einen Führer wählen, der allein die Verantwortung trägt.
> 2. Der Führer hat dann seine Mitarbeiter zu bestimmen, insbesondere den Führerrat (A.A.). Dabei soll er an das Arierprinzip in seiner strengeren Fassung gebunden sein, wie es für Beamte in leitenden Stellungen ausgesprochen ist.
> 3. Der Beirat soll aufgelöst werden. Es bleibt dem Führer überlassen, die Einrichtung des Beirates neu zu organisieren.»

Die Versammlung stimmte «den obigen Prinzipien ohne Widerspruch» zu. Zum Führer wurde der bisherige Vorsitzende GEORG HAMEL von der TH Berlin gewählt.

Mit einem völlig anderen Ergebnis jedoch verlief die Jahrestagung der Deutschen Mathematiker-Vereinigung (DMV) in Bad Pyrmont vom 11. bis 13. September 1934: Auf der Mitgliederversammlung stellte der renommierte Mathematiker LUDWIG BIEBERBACH den Antrag auf Übergang zum Führerprinzip in der DMV:

«1. Die Mitgliederversammlung beschließt mit 3/4 Mehrheit der Anwesenden: Herr TORNIER wird zum Leiter (Führer) der DMV bestellt.
2. Die Mitgliederversammlung beschließt mit 3/4 Mehrheit der Anwesenden: Herr TORNIER wird beauftragt, im Einvernehmen mit dem Reichskultusministerium die Satzung der DMV gemäß dem Führerprinzip und nach den Grundsätzen des nationalsozialistischen Staates, jedoch unter Wahrung der bisherigen Zweckbestimmung der DMV zu ändern.
3. Die Mitgliederversammlung beschließt mit 3/4 Mehrheit der Anwesenden: Bis zur Verkündung der neuen Satzung gehen die Rechte und die Pflichten des Ausschusses und der Mitgliederversammlung auf Herrn TORNIER über.»

Der Antrag wurde mit überwältigender Mehrheit abgelehnt. WILHELM BLASCHKE wurde durch Akklamation, wie es immer bisher üblich gewesen war, zum neuen Vorsitzenden der DMV gewählt[94].

Diese beiden Beispiele zeigen zwei typische Einzelfälle. Die allgemeine Lage aber wird von SEIER so geschildert[95]:

«Überall wich die Selbstverwaltung dem Führerprinzip, wurden Hochschulangehörige zwangsorganisiert, sorgte eine rigorose Personalpolitik für die Ausschaltung politischer Gegner und die sogenannte ‹Arisierung›. Von alledem wurde die Universität im Kern berührt. Dennoch fügte sie sich, ja hatte sie Anteil daran, zu kollektiver Gegenwehr kam es nicht. Das andere Ergebnis steht im Kontrast dazu und schränkt das Gleichschaltungsfazit nicht unerheblich ein. Denn es scheint ebenso festzustehen, daß andererseits kein systematischer Neubau unternommen wurde: nicht planvoll begonnen, nicht zielstrebig vollendet. Weder gab es eine für Partei und Staat verbindliche Wissenschaftstheorie, noch glückte der Versuch, die Interessen der Partei in den Hochschulen optimal durchzusetzen und Lehrende wie Lernende eindeutig oder mehrheitlich zu aktivieren.»

In Göttingen kam es immer mehr zu einer unhaltbaren Konfrontation zwischen HASSE und TORNIER, die die Atmosphäre am Mathematischen Institut zu vergiften drohte. Dieser Zustand scheint auch dem Ministerium schließlich unhaltbar gewesen zu sein: 1935 (?) wurde TORNIER nach Berlin zu LUDWIG BIEBERBACH versetzt, worauf sich die Situation in Göttingen entspannte. BIEBERBACH spielte in dieser Zeit durch seine entschiedene Parteinahme für die nationalsozialistischen Ideen, insbesondere für die Rassentheorie, unter den Mathematikern eine unheilvolle Rolle. Aufgrund seiner herausragenden mathematischen Leistungen genoß er einerseits hohes Ansehen. Dieses verspielte er sich andererseits aber wieder dadurch, daß er aufgrund seiner politischen Ansichten unangenehme Auseinandersetzungen in die deutsche Mathematikerschaft hineintrug[96].

Mit der Beanspruchung durch Lehraufgaben an der Universität waren die Bedingungen zur Fortführung der begonnenen mathematischen Forschungen für HEINRICH HEESCH erheblich erschwert worden. Hinzu kam der Zeitverlust, der dadurch entstand, daß die neuen Machthaber die Teilnahme an Schulungsabenden, Kursen, Sportveranstaltungen usw. erzwangen. Dennoch wurde der eingeschlagene Weg weiter verfolgt.

Noch im Juni 1933 reichte HEESCH eine Arbeit mit dem Titel *Über Kugelteilungen* ein, die sogleich auch veröffentlicht wurde[97]. In ihr schloß er sowohl an die LAVESsche Arbeit über Ebenenteilungen als auch an seine eigene Arbeit *Über topologisch reguläre Teilungen geschlossener Flächen* an, indem er nun die konkrete Diskussion für die Kugel im Zusammenhang mit der projektiven Ebene durchführte und sämtliche Teilungen für die beiden Flächen angab.

In der nächsten Arbeit *Über Raumteilungen*, die V. M. GOLDSCHMIDT im März 1934 der Gesellschaft der Wissenschaften zu Göttingen vorlegte, weitete HEESCH die Frage nach topologisch regulären Teilungen geschlossener Mannigfaltigkeiten auf den Fall der Dimension 3 aus und behandelte einige spezielle Fragen[98].

Schließlich legte HELMUT HASSE im April 1935 der Gesellschaft der Wissenschaften zu Göttingen HEESCHS Arbeit *Aufbau der Ebene aus kongruenten Bereichen* vor. In ihr gab HEESCH ein Zehneck an, mit dem die euklidische Ebene einfach und lückenlos überdeckt werden kann, ohne daß es Fundamentalbereich einer Gruppe von Decktransformationen ist. Damit wurde ein Teil der in HILBERTS 18. Problemkreis gestellten Frage bejahend beantwortet[99]. (Ausführlichere Bemerkungen hierzu im nächsten Kapitel.) Wie ERNST MOHR später berichtete, hätte CARATHÉODORY gern gesehen, wenn HEESCH mit dieser Arbeit habilitiert worden wäre.

Für mehr als zwanzig Jahre sollte dies die letzte mathematische Veröffentlichung HEESCHS sein. Seine Assistentenstelle lief am 31.3.1935 aus. Eine Verlängerung war nicht möglich. Und ein Ausbau seiner Laufbahn durch Habilitation war für HEESCH nicht mehr realistisch, da er sich nicht bereit finden konnte, in den damals dafür obligatorischen, gerade neu gegründeten Nationalsozialistischen Deutschen Dozentenbund einzutreten. In diesen ‹NS.-Dozentenbund› wurden nur Parteigenossen aufgenommen. Ein Eintritt in die Partei aber war für HEESCH ausgeschlossen.

HEINRICH HEESCH hatte natürlich ursprünglich vorgehabt, sich zu habilitieren. Er hatte daher in den ‹sauren Apfel› gebissen und vom 25.2. bis 5.5.34 an einem der obligatorischen zehnwöchigen (!) Geländesportlager in Borna bei Leipzig teilgenommen.

In der Einberufung hatte es geheißen: «Im Lager werden gestellt: 1 Rock, 1 Stiefelhose, 1 Paar Schnürstiefel, 1 Paar Wickelgamaschen oder Ledergamaschen, 1 Mütze, 1 Sommeranzug, 1 Koppel. Mitzubringen sind: 1–2 Handtücher, Stiefel- und Kleiderputzzeug, Nähzeug, Waschzeug, Hosenträger, Eßbesteck (Messer, Gabel, Löffel), Vorhängeschloß.» Am Schluß des Lagers mußten Leistungsprüfungen abgelegt werden, bei denen es um verschiedene leichtathletische Disziplinen, um Keulenweitwurf, Keulenzielwurf (liegend, kniend, stehend) Geländesehen, Orientierung, Geländebeurteilung, Melden, Tarnen, Entfernungsschätzen, Geländeausnutzung und um anderes ging. Natürlich hatte es auch an einer ‹Abschlußfeier› nicht gefehlt. Das ordinäre und geschmacklose Programm (der ‹Dienstplan›) hierfür hatte ein Niveau, das kaum noch zu unterbieten war. Dies war nicht HEESCHS Welt. Aber der Kultusminister BERNHARD RUST hatte im Juni 1933 verkündet [100]:

> «Wer im Arbeitslager versagt, der hat das Recht verwirkt, Deutschland als Akademiker zu führen.»

Im Januar und im Juli 1934 hatte HEESCH mehrere Vorträge an der Universität in Greifswald gehalten. Der Kontakt nach Greifswald war zustande gekommen, weil dort KARL REINHARDT wie HEESCH auf dem Gebiet der Ebenenteilungen arbeitete. REINHARDT war früher einmal Assistent bei HILBERT gewesen. Er hatte dann in Frankfurt bei BIEBERBACH promoviert, sich dort auch habilitiert, und war nun seit 1928 Ordinarius in Greifswald. Beim ersten Besuch hatte HEESCH über seine Ergebnisse auf diesem Gebiet berichtet, während er im Juli auch andere Themen behandelt hatte. Mehrere Seminarvorträge hatten unter dem Titel ‹Zum Schema der Quantenmechanik› gestanden. Es ist anzunehmen – HEESCH erinnerte sich leider nicht mehr daran –, daß die Veranstaltungen bei seinem zweiten Besuch zur Erfüllung der Habilitationsbedingungen dienten. HEESCH hatte in Greifswald eine außerordentlich freundliche Atmosphäre vorgefunden, «ganz anders als die in Göttingen». Er hatte bei REINHARDTS gewohnt und mit der Familie Spaziergänge in der herrlichen Umgebung gemacht. An der Universität hatte er auch mit anderen Mathematikern, insbesondere mit HELLMUTH KNESER, der seit 1925 Ordinarius in Greifswald war, und mit ADOLF HAMMERSTEIN, der zu dieser Zeit gerade in Greifswald zu Gast war, und mit dem dortigen Mineralogen RUDOLF GROSS anregende Gespräche geführt.

Vom 17.9. bis 6.10.1934 hatte HEESCH auch an einem Lehrgang der Dozenten-Akademie in Berlin-Charlottenburg teilgenommen. Damit hatte er zwar alle formalen Bedingungen für eine Habilitation nach den älteren Bestimmungen erfüllt, die neueste Entwicklung hatte ihn aber vor neue Probleme gestellt. Er fühlte sich nicht mehr dafür geeignet, den Ansprüchen zu genügen, die an den neuen Typ eines Dozenten gestellt wurden. SEIER beschreibt die damalige Situation für den wissenschaftlichen Nachwuchs an den Universitäten[101]:

> «Eine neue Entwicklung leitete die Reichshabilitationsordnung vom Dezember 1934 ein. Sie unterschied zwischen der Habilitation und dem Erwerb der Lehrbefugnis und knüpfte die Ernennung zum Dozenten an Bedingungen, unter denen die Teilnahme an einem Dozentenlager, eine politische Beurteilung und eine auswärtige Probevorlesung die wichtigsten waren. Das damit verfolgte Ziel war der Professor neuen Typs, ein Hochschullehrer, der Fachkompetenz mit Führerformat verbinden sollte, durchsetzungsfähig, energisch, offiziershaft, dabei lenkbar, durch Lagerleben abgehärtet und von der Partei akzeptiert, ...»

Und KUNKEL betont[102]:

> «Wer unter HITLER nicht bereits einen Lehrstuhl innehatte, sondern erst Dozent und Professor werden wollte, konnte sich dem SA-Dienst, der sog. weltanschaulichen Schulung in Dozentenlagern und im allgemeinen auch dem Eintritt in die Partei nicht entziehen.»

OTTO HECKMANN, damals Assistent und Privatdozent am Astronomischen Institut und später Professor für Astronomie an der Universität Hamburg, hatte in einer offenen Postkarte an HEESCH die Frage gestellt:

> «*Quando introibis in SAm*?»

HEESCH und HECKMANN trafen sich öfter, «gerade um die politische Situation zu beraten». Sie waren zu der Zeit die einzigen Assistenten unter den Mathematikern und Naturwissenschaftlern in Göttingen, die noch nicht Mitglieder in der SA waren.

HANS AUGUST POSER, der in diesen Jahren Oberassistent am Geographischen Institut in Göttingen war – von 1955 bis 1962 war er dann Ordinarius an der TH Hannover und danach bis zu seiner Emeritierung 1971 Ordinarius in Göttingen – beschrieb HEESCHS Situation in einem Gutachten über HEESCH später so:

> «Herr Dr. HEESCH galt damals unter uns, d. h. den Assistenten der Mathematisch-naturwissenschaftlichen Fakultät als einer der Begabtesten, für den wir ein glattes und schnelles Reussieren in der Hochschullaufbahn glaubten voraussehen zu können. Die Entwicklung nach 1933 ging dann aber leider ganz anders. 1934 war er als Habilitand – wenn er überhaupt zur Habilitation kommen wollte – der Teilnahme an einem Wehrsportlager unterworfen, ebenso ich selbst. Über mehrere Wochen nahmen wir an einem solchen Lager in Borna teil, und es ist mir heute

noch lebhaftest erinnerlich, wie schwer diese Teilnahme Herrn Dr. HEESCH wurde, zumal er wirklich nicht gerade ein soldatischer Typ ist und deshalb dem Druck der sogenannten Vorgesetzten besonders stark ausgesetzt war. Fast täglich fand er den Weg zu mir, sein Leid über all diese Umstände und ihre sonstigen Begleiterscheinungen zu klagen. In der Folgezeit hatte Herr Dr. HEESCH aus gleichem Anlaß, nämlich als Habilitand, an einem sogenannten Dozentenlager teilzunehmen. Er absolvierte diese Einrichtung in Berlin-Charlottenburg in den ersten Monaten des Jahres 1935. Wenig später wurde Herr Dr. HEESCH vom damaligen Kurator der Universität mündlich aufgefordert, sich eine Existenzgrundlage außerhalb der Hochschule zu verschaffen, da sein Verbleiben an der Hochschule nicht möglich sei. Ich bin heute wie damals überzeugt, daß die Ursache dieses Verweises aus der Hochschullaufbahn ein ‹Versagen› von Dr. HEESCH in den genannten Lagern für Habilitanden war.»

Aber auch dies gab es: Auf einer Veranstaltung 1935 in Berlin trat der nationalsozialistische Betriebszellenfunktionär und Reichstagsabgeordnete WILHELM BÖRGER[103] aus dem sogenannten ‹Freundeskreis HIMMLERS›, seit 1933 Preußischer Staatsrat, auf HEESCH zu und machte ihm ein Angebot: «Sie brauchen nur Ja zu sagen, dann werden Sie sofort Ordinarius.» HEESCH bekam Beklemmungen. Seine Antwort: «Nicht auf diese Weise!» Sie war für BÖRGER völlig unverständlich.

Durch den Exodus der jüdischen Intelligenz aus Göttingen hatte HEINRICH HEESCH auch fast alle Partner zum Musizieren verlo-

Abb. 37
Die Göttinger Rathaushalle.

ren. Es ist wohl der diesbezüglich entstandenen Leere zuzuschreiben, daß er nun versuchte, auch in Göttingen Serenaden nach dem Zürcher Vorbild durchzuführen. Am 15. 7. 1933 fand eine Serenade in der Rathaushalle statt. Veranstalter war auch hier wie in Zürich die Studentenschaft der Universität. H. HEESCH (Geige); W. SCHULZ-BÖSINGHAUSEN (Bratsche) und M. BÖHM (Cello) spielten MOZARTS *Sechs ländlerische Tänze* und das *Divertimento in Es*.

Die Göttinger Nachrichten am 18. 7. waren des Lobes voll:

> «Mit tiefem Verständnis für den kammermusikalischen Geist dieser Kunst wurde ein Klangbild von Fülle und Reichtum entfaltet... man verließ die Rathaushalle mit dem Bewußtsein, Teilhaber an der schönsten musikalischen Veranstaltung der letzten Zeit in Göttingen gewesen zu sein».

Weitere ähnliche öffentliche Veranstaltungen scheinen aber – bis auf eine Wiederholung in Northeim – nicht stattgefunden zu haben. Gelegentlich wurden von demselben Musikerkreis jedoch noch private oder halböffentliche Serenaden veranstaltet. So zum Beispiel Anfang August 1933 auf dem Hof der Göttinger Sternwarte vor Astronomen aus aller Welt, die zum Internationalen Astronomenkongreß in Göttingen zusammengekommen waren.

6 Die Lösung des regulären Parkettierungsproblems (1932–1935)

Schon im Sommer 1932 hatte Heinrich Heesch eine seiner größten mathematischen Leistungen vollbracht: *Die Lösung des regulären Parkettierungsproblems.* Er hatte diese Lösung jedoch nicht veröffentlicht, weil er hoffte, mit den damit zusammenhängenden Erfindungen Geld verdienen zu können. Vor allem von V. M. Goldschmidt wurde er in dieser Meinung bestätigt. Die Geschichte des Problems und seiner Lösung ist folgende:

David Hilbert hatte 1900 in Paris auf dem 2. Internationalen Mathematikerkongreß seinen berühmten Vortrag *Mathematische Probleme* gehalten und damit für Jahrzehnte Richtungen für mathematische Forschungen aufgezeigt[104]. Im 18. Problemkreis mit dem Titel *Aufbau des Raumes aus kongruenten Polyedern* hatte er zuerst die Frage gestellt, ob «es auch im n-dimensionalen euklidischen Raume nur eine endliche Anzahl wesentlich verschiedener Arten von Bewegungsgruppen mit Fundamentalbereich gibt». Dann hatte er als zweite Frage angeschlossen, ob auch «solche Polyeder existieren, die nicht als Fundamentalbereiche von Bewegungsgruppen auftreten und mittels derer dennoch durch geeignete Aneinanderlagerung kongruenter Exemplare eine lückenlose Erfüllung des ganzen Raumes möglich ist».

Beschränkt man sich auf den 2-dimensionalen euklidischen Raum (die Ebene), so bedeutet die zweite Hilbertsche Frage folgendes: Gibt es eine Parkettierung (synonym: Zerlegung) mit Parkettsteinen (Zerlegungsbereichen), die nicht Fundamentalbereiche einer Deckabbildungsgruppe sind? Dabei versteht man unter einer ‹Parkettierung› eine Überdeckung der euklidischen Ebene mittels untereinander kongruenter, einfach zusammenhängender, abgeschlossener Bereiche mit paarweise disjunkten Inneren. Als Einzelobjekt wird ein solcher Bereich als ‹Parkettstein› bezeichnet. Ein ‹Fundamentalbereich› einer Gruppe von Kongruenzabbildungen der Ebene auf sich ist ein abgeschlossener, zusammenhängender Bereich der Ebene, der im Inneren keine zueinander äquivalenten Punkte, zu jedem Punkt der Ebene aber einen dazu äquivalenten Punkt enthält. Zwei Punkte heißen zueinander ‹äquivalent›, wenn sie durch eine Abbildung der Gruppe aufeinander abgebildet werden können.

Die erste Frage HILBERTS ist von LUDWIG BIEBERBACH in drei Arbeiten in den Jahren 1910, 1911 und 1912 gelöst worden[105]. Als Löser der zweiten Frage wird in der Literatur oft KARL REINHARDT angegeben. Dies ist jedoch nur mit Einschränkungen richtig. REINHARDT hatte das entsprechende Problem 1928 für den 3-dimensionalen Raum gelöst, indem er ein Zerlegungspolyeder angab, das nicht Fundamentalpolyeder ist[106]. In derselben Arbeit hatte er aber auch behauptet, daß für die euklidische Ebene nur Fundamentalbereiche auch Zerlegungsbereiche sein können, also Parkettierungen liefern können. Dies ist falsch, wie HEESCH zeigen konnte.

Abb. 38
Beispiel einer schon relativ komplizierten regulären Parkettierung von HEINRICH HEESCH.

Nachdem Heesch zuerst versucht hatte nachzuweisen, «daß die Menge der Fundamentalbereiche keine echte Teilmenge der Menge der Zerlegungsbereiche» ist, bemerkte er, daß es bisher noch keine konstruktive Beschreibung der Menge der Fundamentalbereiche gab[107]. «Im Rahmen der genannten Bemühungen hielt er (jedoch) die konstruktive Kenntnis aller Fundamentalbereiche für nützlich, weil damit bekannt wäre, von welcher konkret aufgewiesenen Menge von Bereichsformen die Nichtvermehrbarkeit durch den Wegfall der Fundamentalbereichs- oder der Regularitätsbereichsforderung bewiesen werden sollte.»

Heesch verstand unter einer ‹regulären› Parkettierung eine solche, bei der die dazugehörende Deckabbildungsgruppe bereichstransitiv ist, bei der es also zu jedem beliebigen Paar von Bereichen des Parketts mindestens eine Deckabbildung des gesamten Parketts gibt, durch die der eine Bereich des Paares auf den anderen abgebildet wird. Ein Bereich eines regulären Parketts wird dann ‹Regularitätsbereich› genannt.

Die selbstgestellte Aufgabe, nämlich die Menge aller beschränkten Regularitätsbereiche konstruktiv anzugeben, wurde von Heesch im Sommer 1932 gelöst. Die Ergebnisse veröffentlichte er jedoch erst 1968 in seinem Buch *Reguläres Parkettierungsproblem*: Es gibt genau 93 verschiedene Typen regulärer Parkettierungen, von denen genau 28 als Grundtypen betrachtet werden können. Das Geniale bei der langwierigen Herleitung aller dieser Typen, die auf der Kombination der elf homogenen Zerlegungen der Ebene (Laves-Netze, siehe Seite 86) mit den 17 diskontinuierlichen Gruppen ebener kongruenter Abbildungen mit mehr als einer Translationsrichtung beruht, war die Idee der ‹willkürlichen Linie›. Sie liegt als Strukturelement jeder Form eines Fundamentalbereichs zugrunde. In Verbindung mit den 28 Grundtypen, die als Konstruktionsregeln gedeutet werden können, legte Heesch damit ein Ergebnis vor, das zwei wichtige Anwendungsfelder erschloß: die «künstlerische Flächengestaltung» und «ein Rationalisierungsprinzip in der Serienfertigung aus flächenhaften Halbzeugen». Darüber wird noch genauer zu berichten sein.

Vorerst hatte Heinrich Heesch sich 1932 mit der Lösung des regulären Parkettierungsproblems eine Ausgangssituation geschaffen, die die Lösung der zweiten Hilbertschen Frage für den 2-dimensionalen euklidischen Raum erheblich verbesserte. Noch in demselben Jahr gelang ihm «die Auffindung eines ersten Zerlegungsbereiches, der weder Fundamentalbereich noch Regularitätsbereich ist»:

Wahrscheinlich durch die intensive Beschäftigung mit Regularitätsbereichen sensibilisiert, stand HEESCH beim Begehen eines Bürgersteigparketts in Kiel plötzlich der entscheidende Gedanke vor Augen (siehe Abb. 39):

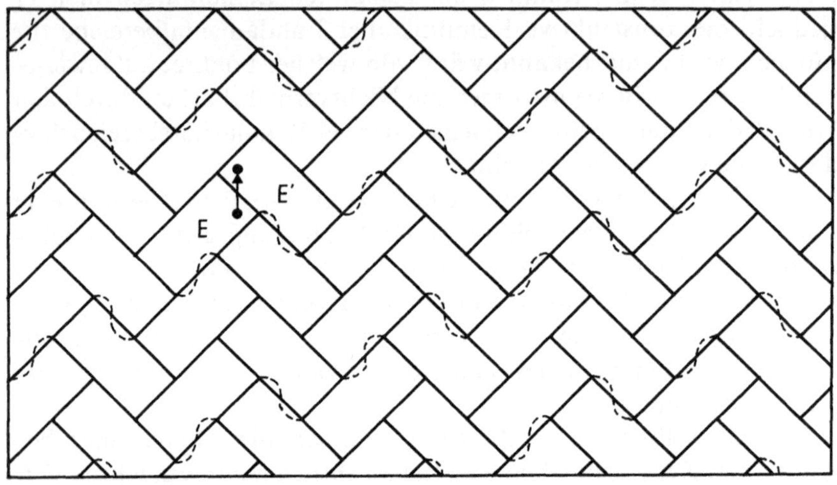

Abb. 39
Der Parkettstein E kann auf den Parkettstein E′ nur durch eine Gleitspiegelung abgebildet werden. Dabei wird dann aber das Gesamtparkett nicht auf sich abgebildet.

Wenn man das Parkett aus den Rechtecken abändert, wie es durch die gestrichelten Linien angegeben wird, so erhält man ein Parkett, das nicht regulär ist. Zum Beispiel kann der Parkettstein E auf den Parkettstein E′ nur durch eine Gleitspiegelung abgebildet werden, deren Gleitbetrag durch den Pfeil angegeben ist. Bei derselben Abbildung wird dann aber E′ nicht mehr auf einen Parkettstein des Parketts abgebildet. Es gibt also keine Abbildung, die das gesamte Parkett auf sich und gleichzeitig E auf E′ abbildet.

Allerdings war dies noch nicht die Lösung. Denn mit den gerade neu gebildeten Parkettsteinen läßt sich durchaus noch ein reguläres Parkett bilden, wenn man sie nur anders aneinanderlegt. In Abb. 40 werden zwei Beispiele gezeigt.

Mit dem in Gedanken abgeänderten Pflaster auf dem Kieler Jungfernstieg aber war die Idee geboren: Man konstruiere einen Parkettstein, der durch eine Gleitspiegelung auf einen seiner Nachbarn abgebildet werden kann. Der Nachbar selbst aber darf bei derselben Gleitspiegelung nicht auf einen Parkettstein abgebildet werden. Außerdem darf der zu konstruierende Parkettstein auf keine

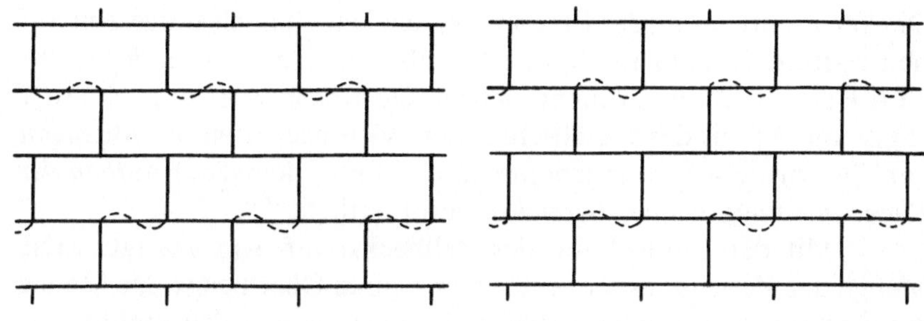

Abb. 40
Zwei verschiedene reguläre Parkette mit dem Parkettstein aus Abb. 39.

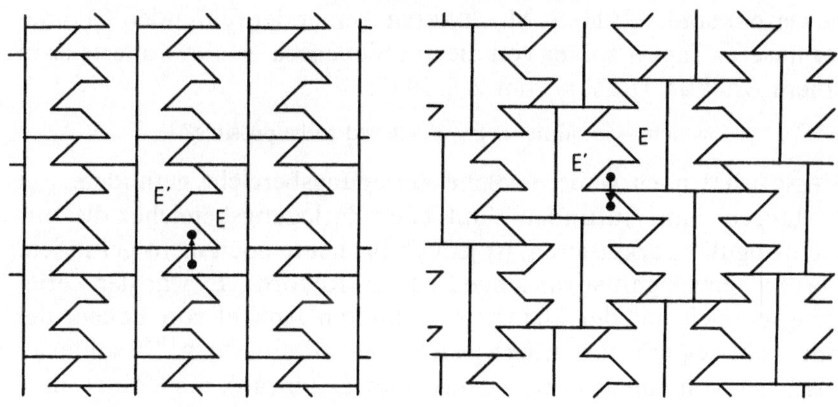

Abb. 41
Zwei verschiedene nicht reguläre Parkette mit dem von HEESCH gefundenen Parkettstein, der nur nichtregulär parkettiert.

Weise regulär parkettieren. Das Ergebnis dieser Überlegungen ist in Abb. 41 dargestellt. Sie zeigt zwei Parkettierungen mit dem von HEESCH gefundenen Zehneck. Es kann bewiesen werden, daß dies Zehneck nicht regulär parkettiert.

HEESCH stellte seine Entdeckung im September 1933 in einem Vortrag auf der Jahrestagung der Deutschen Mathematiker-Vereinigung in Bad Pyrmont vor und erregte damit einiges Aufsehen. KARL REINHARDT, dem er das Ergebnis schon vorher mitgeteilt hatte, schrieb in einem Brief vom 22. August 1933:

> «Ihr geistreiches Beispiel hat mich natürlich sehr interessiert. Ich habe also mit meiner Vermutung Unrecht gehabt! Es gibt tatsächlich, wie in höheren Dimensionen, so auch im Zweidimensionalen Zerlegungsbereiche, die sich nur nicht-regelmäßig zusammenfügen lassen.»

Die Veröffentlichung des Ergebnisses ließ jedoch noch einige Zeit auf sich warten. Erst am 12. April 1935, also zu einer Zeit, in der HEINRICH HEESCH schon gar nicht mehr in Göttingen war, legte HELMUT HASSE die Arbeit der Gesellschaft der Wissenschaften in Göttingen vor. Sie wurde sofort angenommen und unter dem Titel *Aufbau der Ebene aus kongruenten Bereichen* veröffentlicht[108].

Mit der Entdeckung des Zehnecks war also gezeigt: «Die Menge der Zerlegungsbereiche ist eine echte Obermenge der Menge der Regularitätsbereiche.» HEESCH hatte zu diesem Zeitpunkt sogar schon ein Siebeneck, das dieselben Dienste leistete wie das Zehneck (Abb. 42). Er wählte jedoch das Zehneck zur Veröffentlichung, weil die entscheidenden Eigenschaften an diesem leichter darstellbar und beweisbar sind. Als H. S. M. COXETER – einer der führenden Geometer unserer Tage – später von diesem Siebeneck erfuhr, äußerte er in einem Brief an HEESCH vom 2.6.1965:

> "... which I would never have believed to be possible".

HEESCH hat noch weitere solche Zerlegungsbereiche gefunden. Ein Verfahren zum Auffinden sämtlicher Zerlegungsbereiche, die nur nicht-regulär parkettieren, ist jedoch bis heute noch nicht gefunden. Das Siebeneck galt sogar lange Zeit als ‹Rekord›: Es war der Zerlegungsbereich mit der kleinsten bekannten Anzahl von Ecken, der nur nicht-regulär parkettiert. Nach KARL REINHARDT[108a] sollte sogar jeder von einem Polygon mit einer Eckenzahl, die kleiner als 7 ist, berandete Zerlegungsbereich auch Fundamentalbereich sein. Damit wäre dann HEESCHS Siebeneck das ‹kleinstmögliche› gewesen.

Abb. 42
Die obenstehende Parkettierung ist nicht regulär:
E kann auf E′ nur durch eine Gleitspiegelung abgebildet werden. Bei dieser Abbildung wird das Gesamtparkett aber nicht auf sich abgebildet. Man kann beweisen, daß es keine reguläre Parkettierung mit diesem Parkettstein gibt. Der Stein parkettiert also nur nicht-regulär.

Seit 1968 sind jedoch sogar konvexe Fünfecke bekannt, die ebenfalls nur nicht-regulär parkettieren[109].

Ein weiteres Ergebnis HEESCHs aus dieser Zeit ist der folgende Satz:

In der euklidischen Ebene ist die Menge der beschränkten Regularitätsbereiche gleich der Menge der beschränkten Fundamentalbereiche, während die Menge der unbeschränkten Regularitätsbereiche eine echte Obermenge der Menge der unbeschränkten Fundamentalbereiche ist.

Die Voraussetzung einer euklidischen Ebene ist wichtig, denn schon für zum Beispiel die Kugeloberfläche gilt der erste Teil des Satzes nicht mehr. Weiter zeigte HEESCH, daß mindestens vier kongruente Zerlegungsbereiche nötig sind, um eine Zerlegung der Ebene zu liefern, die nicht regulär ist. Alle diese Ergebnisse veröffentlichte er jedoch erst circa 30 Jahre später[110].

Aber zurück zur Lösung des regulären Parkettierungsproblems. V. M. GOLDSCHMIDT, dem HEESCH seine Lösung vortrug, bestärkte ihn darin, die mathematische Lösung als Erfindung patentieren zu lassen und damit Geld zu machen. Er prophezeite ihm, daß er bald eine Jacht auf dem Mittelmeer haben würde. So kam es dazu, daß HEESCH in den nächsten Jahrzehnten alles Erdenkliche unternahm, um seine ‹Erfindung› unter dem Aspekt des Flächenschlusses «an den Mann zu bringen». Fast zehn Jahre lang, von 1934 an, bemühte er sich mit Hilfe von mindestens vier verschiedenen Patentanwaltspraxen beim Reichspatentamt um den Erwerb eines Patents. Aber es war vergebens. Im März 1943 wurden die Anträge endgültig abgelehnt.

HEESCH veröffentlichte seine Lösung zu diesem Zeitpunkt auch nicht. Er hatte zwar eine entsprechende Abhandlung bei der *Mathematischen Zeitschrift* eingereicht, die 1934 auch zum Druck angenommen worden war. Im Hinblick auf das angestrebte Patent zog er die Arbeit aber wieder zurück. Dies war vielleicht einer der größten Fehler, die er im Interesse seiner Karriere machte.

HEESCH hielt aber Vorträge über seine Lösung. Schon im Dezember 1932 trug er darüber in Jena vor, im Januar 1933 in Göttingen. Am 30./31.1.1934 hielt er auf Einladung von LUDWIG BIEBERBACH am Mathematischen Institut der Universität Berlin zwei Vorträge: einen wissenschaftlichen vor Mathematikern über die Lösung des Parkettierungsproblems und einen vor geladenem Kreise über «Flächenteilung als ästhetisches Gestaltungsprinzip». Neben Wissenschaftlern waren auch Leute aus der Industrie eingeladen, unter denen sich der Leiter der Dresdner Niederlassung der Firma VILLEROY & BOCH, Dr. BÖTTCHER, befand. Er erkannte sofort die Möglichkeiten für seine Firma im Bereich der Fliesengestaltung und bekundete spontan sein Interesse:

«Wir machen das! Sie werden von mir hören.»

HEESCH wurde dann kurz darauf nach Mettlach in die Hauptverwaltung der Firma eingeladen. Dort schloß man einen Vertrag über die Versuchsausführung einer Fliesenwand von ca. 50 m^2 Fläche ab. HEESCH bekam den Auftrag, eine geeignete Fliesenform zu entwerfen. Wie es der Zufall wollte, wurde der Bau dieser Fliesenwand dann 1934 in Göttingen beim Erweiterungsbau des Stadthauses

Abb. 43
Ausschnitt aus einer Wand des Göttinger Stadthauses, die mit der von HEINRICH HEESCH entwickelten Kachel gefliest ist.

durchgeführt. Das Göttinger Tageblatt berichtete am 15./16. Dezember 1934 wie folgt darüber:

> «Nur in dem Fliesenbelag des Haupteinganges wird der Grundsatz der schlichten Zweckbetontheit auf eine originelle Art unterbrochen. Der Göttinger Mathematiker Dr. HEESCH hat auf Grund einer Anregung von DAVID HILBERT geometrische ornamentale Flächenbildungen gefunden, deren mannigfaltige künstlerische Wirkungen aus wenigen vollkommen gleichgeschnittenen Stücken erzielt werden, die immer genau zueinander passen und in ihrer Zusammenlegung und Wiederkehr das Flächenornament ergeben. Die bekannte Fliesenfabrik von VILLEROY & BOCH hat die Verwertung dieser Idee von Dr. HEESCH erworben und sie zum ersten Male im Treppenhaus des Erweiterungsbaues des Stadthauses praktisch durchgeführt. Und zwar kostenlos. Die Wirkung der nach diesem System gelegten Fliesen, die in der Grundfarbe Braun gebrannt sind, ist sehr schön und künstlerisch. Wir werden auf die aufsehenerregenden Arbeiten des Herrn Dr. HEESCH noch zu sprechen kommen.»

Auch andere Zeitungen berichteten. So schrieben zum Beispiel die *Göttinger Nachrichten* am 15. Dezember 1934 unter anderem:

> «Das neue Verfahren ist für die verschiedensten Werkstoffe und technischen Zwecke anwendbar. Für Wand- und Filzbodenplatten können die einzelnen Elemente mit dem Stanzmesser geschnitten werden. Ausführungen in Kork, Linoleum, Gummi und Furnierholz sind möglich. Für das metallische Kunstgewerbe, für Textilien und Drucke, für Lederputzarbeiten u. ä. ergeben sich damit künstlerische Gestaltungsmöglichkeiten von bisher nicht geahntem Ausmaß, die durch die Verwendung von Farbe noch vergrößert werden können. Dabei ist das wirtschaftliche Moment von besonderer Bedeutung: denn bei dieser lückenlosen Aufteilung ergibt sich gegenüber der bisherigen Formbildung der große Vorteil, daß überhaupt kein Material verloren geht.»

Ein Bericht über die ‹Wertvolle Erfindung eines Göttinger Mathematikers› aus der *Kölnischen Zeitung* vom Dezember 1934 ist auf Seite 128 wiedergegeben.

HEESCH ging es nun in erster Linie darum, seine Ergebnisse sowohl in künstlerischen als auch in industriellen Kreisen bekannt zu machen. Zu diesem Zweck suchte er zum Beispiel die führenden Architekten seiner Zeit auf. Der Architekt und Baumeister FRITZ HÖGER beispielsweise, «ein Fürst der Backstein-Architektur», damals Professor an der Bremer Nordischen Kunsthochschule, der unter anderem das Chile-Haus in Hamburg und das Anzeiger-Hochhaus in Hannover gebaut hatte, war begeistert. In einem Gutachten vom Juli 1934 über HEESCHS «metrische ornamentale Flächenbildungen» sprach er von dem Schwingen,

> «nicht weiter Auffälliges sein wollen, nur selbstverständliche Wiederkehr, tausendfältige Wiederkehr ein- und derselben feinen Einheit, –

Wertvolle Erfindung eines Göttinger Mathematikers

Einem jungen Göttinger Mathematiker, Dr. Heinrich Heesch, ist eine interessante und auf dem Gebiet der architektonisch ornamentalen Flächengestaltung vielleicht bahnbrechende Entdeckung gelungen, die kürzlich zum Patent angemeldet wurde. Er hat die Aufgabe einer neuen Flächenaufteilung zunächst rein wissenschaftlich, von der Mathematik her, angefaßt und damit ein Problem der Lösung zugeführt, das als „Parkettierungsproblem" einst von dem bekannten Mathematiker David Hilbert in Göttingen als eine der großen Aufgaben der Mathematik bezeichnet wurde. Zu allen Zeiten hat die Aufteilung von Flächen zu dekorativen Zwecken eine große Rolle gespielt; dabei ist die Teilung in unregelmäßige Stücke naturgemäß überaus vielfältig. Eine regelmäßige Aufteilung der Fläche, bei der die Grundformen dieselben sind und sich stets wiederholen, war dagegen für die Bildner des Ornaments weitaus schwieriger. Bisher waren zu einer lückenlosen Unterteilung einer Fläche nur das Quadrat, das Sechseck, der Skarabäus und einige andre Formen bekannt. Dr. Heesch hat nun eine Formel gefunden, deren Kenntnis es den Künstlern gestattet, bei dem Entwurf von Fliesen, Holzornamentik und überhaupt jeder Flächenornamentik unzählige Formen zu entwerfen, die eckige wie runde Linien aufweisen und doch ineinandergreifen, auch wenn man sich nur einer einzigen Form bedient. Von solchen Grundformen hat Dr. Heesch schon etwa 100 Stück gebildet, deren architektonische Wirkung verblüffend ist, zumal eine einzige Form auch verschieden zusammengesetzt werden kann. Dieses neue Verfahren ist für verschiedene Werkstoffe und technische Zwecke verwendbar; es ergeben sich somit künstlerische Gestaltungsmöglichkeiten von bisher nicht geahntem Ausmaß, die durch Verwendung von Farbe noch vergrößert werden können, wodurch sich auch die Fläche selbst noch weiterhin beleben läßt. Von besondrer Bedeutung ist dabei auch das wirtschaftliche Moment; denn bei dieser lückenlosen Aufteilung ergibt sich gegenüber der bisherigen Formbildung der große Vorteil, daß überhaupt kein Material verlorengeht. Ein weiterer großer Vorteil ist auch, daß die Entdeckung technisch leicht auswertbar ist, da die Formen gestanzt werden können. Bekannte und führende Architekten, so der Erbauer des Chilehauses in Hamburg, der Professor der Bremer Nordischen Kunsthochschule, Fritz Höger, haben sich gutachtlich bereits dahingehend geäußert, daß durch die Entdeckung Heeschs der Architektonik viele neue Anregungen gegeben würden, die Gestaltungs- und Auswertungsmöglichkeiten unglaublich vielseitig seien und doch alles Ordnung und Disziplin bliebe.

Das neue Prinzip wurde jetzt in der Eingangshalle zum Ergänzungsbau des Göttinger Stadthauses mit dem Ergebnis in Anwendung gebracht, daß hier eine überaus lebendige Wandgestaltung — die Ausführung geschah in Fliesen — ohne jede Farbvariierung erreicht wurde. Msk.

Abb. 44
Bericht in der *Kölnischen Zeitung* vom 29. 12. 1934.

Überzeugungskraft! ... Und das Spiel der Farbe: Die Möglichkeiten sind ja schier unerschöpflich, und doch bleibt alles Ordnung und Disziplin, und nichts wird Willkür und nichts Eintägigkeit und Kurzlebigkeit ... es handelt sich um eine feine Erfindung, die nicht nur künstlerisch, sondern auch praktisch hohen Wert hat.»

Ähnlich begeistert äußerten sich OTTO BARTNING, damals in Berlin, der vor allem durch seine protestantischen Kirchenbauten, Industriebauten und Siedlungen bekannt geworden ist, RUDOLF SCHWARZ, bekannt durch seine katholischen Kirchenbauten und durch das WALLRAF-RICHARTZ-Museum in Köln, und JOHANNES ITTEN, damals Leiter der Textil-Hochschule in Krefeld. Der bekannte Architekt PETER BEHRENS, Erbauer der Turbinenfabrik der AEG in Berlin, der Deutschen Botschaft in Petersburg (Leningrad) und des Verwaltungsgebäudes der HOECHST Farbwerke, der für eine neue sachliche Gesinnung in der Baukunst und im Kunsthandwerk eintrat, sagte zu HEESCH:

«Wissen Sie, was Sie mir da eben gesagt und gezeigt haben ..., danach habe ich zehn Jahre meines Lebens vergeblich gesucht.»

ANDREAS SPEISER schrieb am 14.4.35:

«Zu Ihrem Erfolg in der Parkettierung gratuliere ich Ihnen sehr. Damit eröffnen Sie der Mathematik ein neues Feld, und Sie wissen, man darf auch materielle Möglichkeiten für die Wissenschaft nicht verschmähen, denn wer weiß, ob wir nicht wieder mehr darauf angewiesen werden. Ich selber trage mich schon längere Zeit mit einem Plan, die Mathematik irgendwie mit der Geldwirtschaft zu verkoppeln, denn so wie es jetzt ist, wo unsere Leistungen einfach als Luft gewertet werden, geht es nicht weiter.»

Aus allen diesen Äußerungen ist zu sehen, daß die Hoffnungen, auch finanziell einigen Nutzen aus den mathematischen Entdeckungen ziehen zu können, berechtigt waren. Aber um es vorwegzunehmen: HEESCH hat nie auch nur nennenswerte Beträge mit seinen ‹Erfindungen› verdienen können. Dies wurde besonders tragisch im Hinblick auf HEESCHS berufliche Situation in den nächsten 20 Jahren und der damit zusammenhängenden geradezu kärglichen finanziellen Lage.

Andererseits sind jedoch auch die Bedenken beachtenswert, die zum Beispiel JOHANNES ITTEN in einem Brief vom 17.11.34 an HEESCH äußerte:

«Es ist für mich ganz selbstverständlich, daß ich Ihre Patentansprüche voll wahre. Es ist allerdings ein sehr eigentümliches Gefühl, als Künstler zu arbeiten mit dem Bewußtsein, daß es plötzlich verbotene und patentierte Formen geben soll. Ich bin nach wie vor der Meinung ..., daß ein technisches Verfahren patentiert werden kann und nicht ein Gesetz zur Bildung von Formcharakteren. Ich muß immer an PYTHAGORAS denken, was er wohl mit seinem Lehrsatz angefangen hätte, wenn es zur damaligen Zeit Patentämter gegeben hätte.»

Offensichtlich lagen dieser Äußerung Mißverständnisse zugrunde. Sie zeigt aber auch, daß die Patentanwälte HEESCHS in der Beratung ihres Klienten und in ihren Formulierungen des Anliegens keine glückliche Hand gehabt zu haben scheinen.

Zum Schluß dieses Kapitels möge HEINRICH HEESCH noch einmal selber zu Worte kommen. In einem Vortrag *Über Raumgestaltung: Von der Kunst, Flächen durch Teilung (Parkettierung) zu gestalten* beschrieb er seine Auffassung von dem künstlerischen Aspekt des Parkettierens wie folgt:

«Die Kunst des Parkettierens beruht vor allem auf zwei Spannungen: die erste ist die zwischen Linie und Fläche, einer der klassischen von WÖLLFLIN in die Kunstgeschichte eingeführten Gegensätze. Die Fläche des einzelnen Parkettsteines hebt sich z. B. durch einheitliche Maserung von den umgebenden Flächen ab. Unabhängig davon aber bilden die Züge der berandenden Kanten ein Liniensystem von eigener ästhetischer Prägung. Man kann Vergleiche zur Musik ziehen: Der einzelne Stein entspricht dem Motiv, das ganze Parkett dem Satz. Ebensowenig wie man die Wirkungen des Satzes aus dem Anhören des Motives vermutet, ebensowenig wird man die Wirkung des Parketts aus dem Anblick des Einzelsteins erschließen. Im Idealfall soll Gesamtwirkung wie einzelner Stein schön sein.

Die andere Spannung besteht zwischen dem Willen, möglichst hohe Symmetrien und zugleich möglichst bunte Formeneinfälle zu bringen. Roh gesprochen gilt da nämlich die Regel: Je höher die Symmetrie, desto weniger frei die Form. Vor allem anspruchsvoll ist die Spiegelsymmetrie, die im Parkett meist Geradlinigkeit eines Teiles der Steinkontur erfordert. Doch ist man keinesfalls auf die Spiegelungen angewiesen: Freiere Formen sind in verschwenderischer Fülle bei bevorzugter Anwendung von Drehsymmetrie, Gleitspiegelungen und Schiebungen möglich. Hier liegt ein Wechselspiel der Formen vor von höchstem ästhetischen Reiz. Die reinen Formen in ihrer klaren Gestalt und ihrer symbolischen Kraft werden hier auf eine neue Weise zu neuem Zweck in selbstverständlicher Zwangsläufigkeit wieder verwirklicht. Die Ägypter, Araber und Mauren, die die Kunst aller Art von Ornamentik so hoch entwickelt haben, sind in der Frage des Parkettierens nicht bis zur Ausnutzung auch nur eines dritten Teiles der vorhandenen Formenmöglichkeiten gelangt.»

7 Als Privatgelehrter in Kiel Vor-, Kriegs- und Nachkriegszeit (1935–1948)

Nach dem Auslaufen seiner Assistentenstelle in Göttingen am 31. 3. 1935 war HEINRICH HEESCH stellungslos. Er wohnte wieder bei seinen Eltern in Kiel, die für die politisch bedingte Situation ihres Sohnes viel Verständnis hatten. Unter manchen eigenen Opfern ermöglichten sie ihm das Leben eines Privatgelehrten. Einige Male ging HEINRICH HEESCH aushilfsweise einer beruflichen Tätigkeit nach, die ihn jedoch nicht wirklich befriedigte und nicht seinen eigenen Vorstellungen entsprach.

Vom 28. 10. 1935 bis zum 25. 3. 1937 übertrug ihm beispielsweise der Oberpräsident der Provinz Schleswig-Holstein einen Lehrauftrag für Musik am Staatlichen Gymnasium in Meldorf/Holstein, der seit 400 Jahren bestehenden Gelehrtenschule des ehemaligen Bischofsitzes. Über diese Tätigkeit liegt ein Bericht des zuständigen Fachberaters vor, in dem es unter anderem heißt:

> «Dr. HEESCH kommt von der Violine und von der Musikwissenschaft. Während die Violine für die Schule ein Geschenk ist, dessen Wert sich in den Leistungen der Schüler bereits deutlich zeigt, birgt die Musikwissenschaft gewisse Gefahren in sich, die z. T. erkennbar werden. Dr. HEESCH redet vielfach über die Köpfe der Schüler hinweg. In einer UIII (Untertertia, heute Klasse 8, Alter der Schüler ca. 13 Jahre) läßt sich über die ‹Spannung von Geist und Natur in allen Bezirken des Lebens› nicht reden. Dr. HEESCH muß versuchen, den didaktischen Ansatz auf der geistigen Ebene des Kindes und aus dem praktischen Musizieren heraus zu finden. Die Begabung und der Eifer, beide HEESCH in höchstem Maße eigen, lassen eine günstige Entwicklung voraussehen. HEESCH ist willig und sachlichem Rat durchaus zugänglich. Er müßte einen praktischen musikpädagogischen Kurs mitmachen und würde dabei viel gewinnen.»

An einem Schulungslager ‹Musik und Spiel› vom 28. 9. bis 5. 10. 1936 im Boberhaus in Löwenberg (Schlesien) nahm HEESCH auch teil.

Während seiner Tätigkeit in Meldorf wohnte HEESCH auch dort, zusammen mit seiner Schwester. ELLI HEESCH hatte gerade ihre Prüfung zur Studienassessorin gemacht und war nun ohne Beschäftigung. Von der Schulbehörde hatte sie die amtliche Auskunft erhalten, daß sie trotz ausgezeichneter Examina noch mindestens vier Jahre auf eine Anstellung warten müsse. Nach ihrem ersten Staatsexamen war sie während dreier Jahre Assistentin im Fach Philosophie in Tübingen, Innsbruck und Prag gewesen und hatte außerdem ein Vierteljahr bei dem bekannten Logiker JAN LUKASIEWICZ in Warschau gearbeitet. Die damals begonnenen Forschungen auf den Gebieten der Gruppentheorie und der Logik führte sie nun in Meldorf weiter. Ihre Finanzen verbesserten die Geschwister durch einige Privatstunden, sie in Mathematik, er in Geige. Warum der Lehrauftrag HEESCHS am Gymnasium dann im März 1937 beendet wurde, ist nicht mehr festzustellen.

Die nächsten Jahre waren für HEINRICH HEESCH in erster Linie damit erfüllt, seine Lösung des regulären Parkettierungsproblems durch geeignete Fassungen in Kreisen künstlerischer Berufsgruppen und in der Industrie bekannt zu machen. Seine Eltern und besonders seine Schwester ELLI unterstützen ihn dabei mit bewundernswertem Einsatz. Während ELLI HEESCH, die inzwischen als

Abb. 45
Ein von HEINRICH HEESCHS Eltern coloriertes Parkett.

Lehrerin an Gymnasien tätig war, durch ihr besonderes didaktisches Geschick auch die mathematischen Hintergründe weniger vorgebildeten Interessenten erläutern konnte, zeichneten und colorierten HEESCHS Eltern Muster von Parkettierungen und entwickelten dabei einen erstaunlichen Einfallsreichtum.

HEESCHS Vater entwickelte ein außerordentliches Geschick bei der Bearbeitung von Holzfurnieren: Er schnitt aus demselben Furnierstück die einzelnen Elemente eines Parketts heraus und setzte sie so zusammen, daß durch die verschiedenen Holzmaserungen effektvolle optische Eindrücke entstanden. Je nachdem, aus welcher Richtung man auf die Muster blickt, schimmern die einzelnen Elemente in verschiedener Helligkeit, die sich beim Drehen des Gegenstandes entsprechend verändert. Die von ihm so hergestellten Schranktüren und kleinen Tische sind bis heute die Glanzstücke HEESCHscher Parkettierungskunst.

Im Juli 1936 stellten die Geschwister HEESCH eine Auswahl dieser Erzeugnisse in einem Schaufenster der Handwerkskammer aus: «ein Tischchen, eine Schranktür, eine Preßkorkplatte, verschiedene Kachelproben, ein Kissen in bunter Wollstickerei, einige Bogen Buntpapier und zu den meisten Stücken Photographien oder Skizzen».

HEESCH nahm mit zahlreichen Industriefirmen Kontakt auf, wobei anfangs vor allem die künstlerischen Aspekte der Flächentei-

Abb. 46
Holz-Furnierarbeiten mit HEESCH-Parkettierungen.

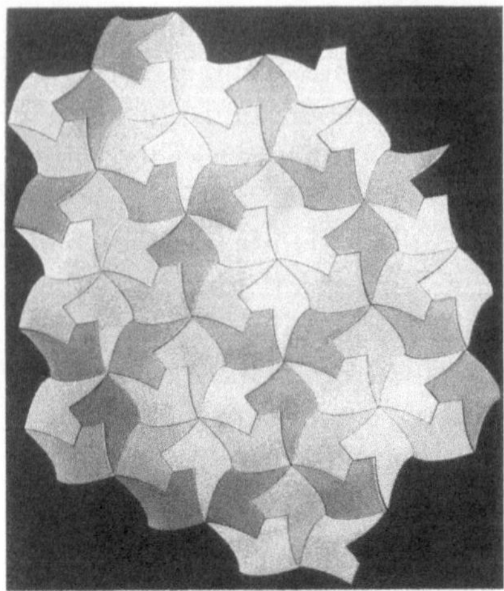

Abb. 47
Zwei verschiedene HEESCH-Parkettierungen in Kachelausführung.

lung im Vordergrund der Interessen standen. Die Buntpapierfabrik AG Aschaffenburg stellte beispielsweise mit HEESCH-Mustern versehene ‹Cellamirapapiere› her, die in den Jahren 1938 bis 1941 vor allem im Ausland (Südamerika) verkauft wurden. HEESCHS Einkünfte hieraus waren jedoch sehr gering. Sie erreichten nie einen dreistelligen Betrag pro Jahr. Laut Vertrag erhielt er «als Gegenwert für die Überlassung der Entwürfe den einheitlichen Betrag von RM 10.– für je verkaufte 1000 qm Papier ohne Rücksicht auf den erzielten Preis». Dieser Betrag wurde ein Jahr später sogar noch auf RM 2.– herabgesetzt. 1941 mußte die Produktion kriegsbedingt eingestellt werden.

Ein Großteil der Arbeitskraft HEESCHS wurde in diesen Jahren von dem Papierkrieg absorbiert, den er zusammen mit seiner Schwester wegen der Beantragung eines Patents auf die Regeln zur Konstruktion von Parketts führte. Zahllose, äußerst umfangreiche Anträge, Gutachten, Einlassungen und Ausführungen mußten erbracht werden. HEESCH mußte sich in juristischen Belangen kundig machen und über industrielle Fertigungsverfahren informieren. Dabei klagte er immer wieder, daß ihm diese Dinge überhaupt nicht lägen und ihn eigentlich auch gar nicht wirklich interessierten. Aber die Patentanwälte überredeten ihn zehn Jahre lang, das Verfahren durchzuhalten. In der Juristensprache lautete der zum Patent angemeldete Gegenstand in einem Fall so:

«Verfahren zur Herstellung eines Flächenstückes, das so gestaltet ist, daß die Aneinanderreihung solcher Flächenstücke für sich oder abwechselnd mit anderen gleichfalls unter sich formgleichen Flächenstücken eine lückenlose Bedeckung einer Fläche ergibt, dadurch gekennzeichnet, daß drei bis sechs beliebig ausgewählte Punkte zunächst festgelegt und dann durch Verbindungslinien von solcher Art verbunden werden, daß mindestens je zwei dieser Verbindungslinien durch Schiebung, Drehung, Spiegelung oder Gleitspiegelung ineinander übergehen können.»

Die Anträge wurden nicht nur in Deutschland gestellt, sondern auch in Italien, Frankreich, England und den USA eingereicht. Ein Patent wurde HEESCH jedoch schließlich nur in Frankreich erteilt. Und dort erlosch es schnell wieder, weil kurz nach Ausbruch des zweiten Weltkrieges die erneut fälligen Gebühren nicht gezahlt werden konnten.

Auf Grund der Patentanmeldungen im Ausland und der dort angestrebten Vermarktung der Parkettierungs-Ideen unternahmen ELLI und HEINRICH HEESCH auch einige Auslandsreisen. Einen Aufenthalt 1937 in England verbanden sie mit einem Besuch des 1933 aus Göttingen emigrierten MAX BORN und dessen Frau in Cambridge. Die Freude dort war groß. BORN erinnerte sich gern an die gemeinsamen Musizierstunden mit HEESCH in Göttingen.

Auf der Rückreise eines Besuchs in Paris im Herbst 1937 besuchten ELLI und HEINRICH HEESCH in Krefeld JOHANNES ITTEN. Der Bericht an ihren Patentanwalt über diesen Besuch zeigt die Schwierigkeiten und auch die Unsicherheit, mit denen sie bei der Vertretung ihrer Patent-Sache zu kämpfen hatten:

«Sie erinnern sich, daß wir im November 1934 mit dem Leiter der Höheren Fachschule für Textile Flächenkunst, Prof. ITTEN in Krefeld, in unserer Sache verhandelt haben. Er hatte damals reges Interesse, und wir haben in ideellem Eifer ihm als einzigem die Anfangsgründe des Entwerfens unserer Muster verraten. Er hatte damals die Absicht, uns für ein Vierteljahr an seine Schule zu holen, um unser Spezialgebiet zu unterrichten. Wir haben außer zwei Briefen ganz im Anfang, in denen er diese Absicht hervorhebt, nichts mehr von ihm gehört. Auf der Rückreise von Paris haben wir ihn jetzt besucht und dabei festgestellt, daß er aufgrund unserer Anregungen Stoffe mit unseren Mustern hat anfertigen lassen. Er erzählte mit erstaunlichem Freimut, daß er auf der Berliner Textilmesse auch mit unserer Sache hervorgetreten sei und große Anerkennung gefunden hätte. Er schenkte uns einen Seidenstoff als Beispiel. Ihm kommt nicht der Gedanke, daß er sich damit unser geistiges Eigentum zunutze gemacht hat, denn er steht auf dem Standpunkt, daß er alles, was er von uns gelernt hat, aus eigener Kraft nachempfunden hat. Er wollte gern in den Besitz des ganzen Systems kommen, gab in der Diskussion unseren Anspruch auf finanziellen Gegenwert vollständig und bereitwillig zu, zog aber keine Schlüsse daraus. Wir haben uns nach einem freundlichen philosophischen Gespräch verabschiedet, wobei er versprach, von sich hören zu lassen. – Wir sind auch dieser Situation nicht gewachsen.»

ITTEN emigrierte kurz darauf, HEESCH hat von ihm nie wieder etwas gehört.

Als HEESCH Anfang 1943 den Ablehnungsbescheid des Reichspatentamtes erhalten hatte, war er unschlüssig, ob er weiter kämpfen sollte. An JAKOB LOEF, den er um Rat bat, schrieb er unter anderem:

> «Vor einigen Tagen las ich eine in Berlin gekaufte RÖNTGENbiographie seines Landsmannes F. DEBEY. Es wird darin erwähnt, daß die AEG alles versuchte, um RÖNTGEN zur Alleinausnutzung seiner Entdeckungen zu bewegen. Aber RÖNTGEN sei außerstande gewesen, je seine Entdeckungen als Kaufware zu begreifen; da geistigen Ursprungs und Charakters, stellen sie vielmehr seiner Haltung nach eine Bereicherung der Menschheit dar. – Man kann sagen: Wenn jemand das Einkommen eines Universitätsprofessors hat, kann er schon so eingestellt sein. Und tatsächlich hoffe ich auch bei der materiellen Not, in der wir damals standen, auf Nachsicht bei der Beurteilung, daß ich überhaupt je dieses System zur Anmeldung bringen konnte. (Einige Männer haben diese Nachsicht übrigens strikt verweigert von Anfang an! Und ich finde heute: ganz mit Recht.) Aber wo wir nun das Nötige zum Leben haben, fällt auch dieser dürftige Anlaß weg.»

Aber er fährt dann fort:

> «Nun ist bei allem noch die Eitelkeit ein mehr oder weniger geheimer Partner im Spiel. Es kann also ... sein, daß ich diese ganze Problematik mehr wegen der menschlichen Anerkennung vorbringe, die ich mir vielleicht für meine Person davon erhoffe. ... Wäre mir die Welt der Wirt-

Abb. 48
JAKOB LOEF.

schaft, der Technik oder der Jurisprudenz vertraut, so würde ich nicht unentschlossen sein, sondern hätte ... alle Daten in der Hand, um mich so oder so zu entscheiden.»

HEESCH entschied sich für das Weiterkämpfen. Aber dies verlief mit der immer kritischer werdenden Kriegssituation in Deutschland im Sande.

Im Frühjahr 1938 stellte HEINRICH HEESCH seine Muster auf der Leipziger Messe aus. Dort lernte er JAKOB LOEF, den Direktor der Maschinenfabrik STEINBOCK AG in Moosburg, Oberbayern, kennen. Das Zusammentreffen kam durch Vermittlung der Schwestern HEESCHS und LOEFS, die seit ihrer Studienzeit durch eine Lebensfreundschaft verbunden waren, zustande. LOEF erkannte sofort den großen Wert der HEESCHschen Arbeit für die Material- und Zeiteinsparung bei der Herstellung von Blechteilen und bekundete sein großes Interesse an einer industriellen Auswertung der Möglichkeiten in seinem Betrieb. Damit begann eine Zeit freundschaftlicher Zusammenarbeit, die über fast zwei Jahrzehnte dauerte und vor allem in den Kriegsjahren für HEESCH von allergrößter Bedeutung werden sollte.

Schon vorher hatte LOEF an HEESCH geschrieben:

> «Bei uns handelt es sich zwar nicht darum, Flächen aus zweckmäßig geformten Eisenteilen zusammenzusetzen, sondern das Problem wäre umgekehrt gelagert, insofern als vorhandenes Material (beispielsweise Blech) möglichst restlos d. h. ohne Abfall aufzuteilen ist. Insofern ist diese Angelegenheit sogar von akutem Interesse bei dem in Deutschland z. Zt. vorhandenen Eisenmangel.»

Und nach Schilderung einiger spezieller Fälle hatte er angekündigt:

> «Ich werde diesbezügliche Versuche machen lassen und Sie über deren Ergebnisse auf dem laufenden halten.»

Die Versuche fielen sehr erfreulich aus: Nach einigen Korrespondenzen und Beratungen überwies die Firma STEINBOCK AG an HEESCH bald einen ersten Betrag in Höhe von RM 100.–, «die volle Ersparnis, die wir bei der Herstellung von 400 Rädern erzielt haben, deren Scheiben aus Blechen nach Ihrem Verfahren ausgeschnitten worden sind.» (In Abb. 49 wird ein Protokoll der Umstellung von der alten auf die neue Produktion dieser Räder gezeigt.)

Sollte dies nun HEESCHS Welt werden? Seine Freunde machten sich Sorgen um ihn. ERNST PESCHL hatte in seinem Weihnachtsbrief schon 1936 gefragt:

> «Was hast Du eigentlich für Pläne für Deine Zukunft? Nach meiner Meinung, ich weiß aber nicht, ob es Dir recht ist, wenn ich sie nun

äußere, ist es für Dich eine Lebensnotwendigkeit, Dich zu entscheiden, welches Lebensziel Du Dir endgültig steckst, ob Du in erster Linie der Mathematik oder der Musik Dich zuwendest. Vielleicht hast Du Dich schon entschieden, das weiß ich nicht. Aber falls Du es noch nicht hast, so mußt Du diese Entscheidung dennoch bald treffen .... Diese erste

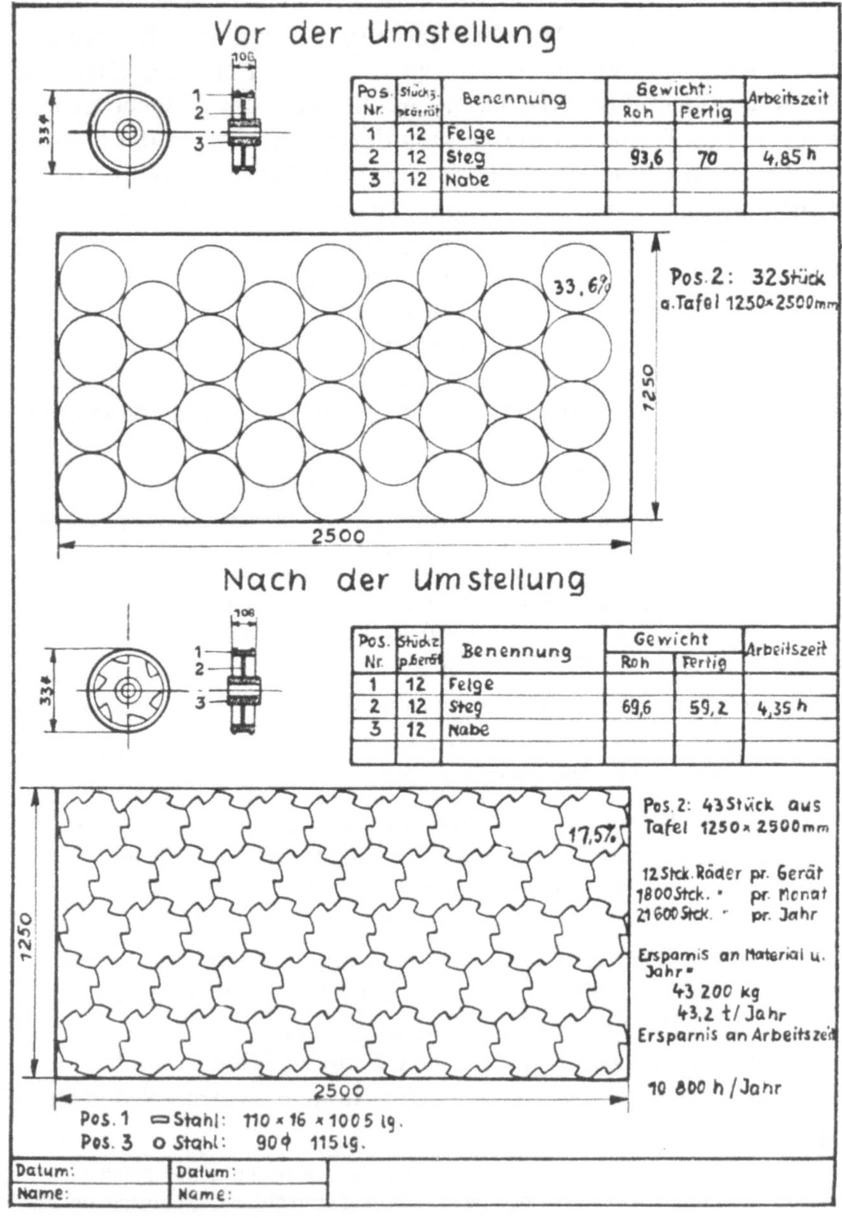

Abb. 49
Protokoll über die Herstellung eines Scheibenrades vor und nach der Umstellung auf das HEESCH-Verfahren.

Entscheidung kann Dir niemand abnehmen. Das ist das erste. Das zweite ist, daß Du Dich dann, nachdem Du Dich mit Sicherheit entschieden hast, auch mit absoluter Folgerichtigkeit und Zähigkeit diesem Ziel widmest. Hier möchte ich Dir gern helfen. Solltest Du z. B. die Mathematik gewählt haben, so glaube ich ohne weiteres, daß man etwas für Dich finden könnte.»

Nun – die Entscheidung zu Gunsten der Mathematik war zu diesem Zeitpunkt längst gefallen. Aber ob der jetzige Wirkungsbereich HEESCHS ein ihm angemessener war, muß doch stark bezweifelt werden. HEINRICH HEESCH war nie ein Kaufmann. Man kann sogar sagen, er hatte für die kaufmännische, handwerkliche und technische Seite überhaupt keinen Sinn. Und doch sollte sie in den nächsten Jahren sein Hauptbetätigungsfeld werden. Eine Äußerung HEESCHS hierzu möge an dieser Stelle vorweggenommen werden: In einem Brief an WALTER DÄLLENBACH schrieb er am 5.4.1944:

«Ihre köstliche Bemerkung im letzten Brief, daß Sie es als ernstes Symptom der Zeit betrachten, daß ich der Existenz einer eigenen Firma nicht habe entgehen können, hat mir und vielen Freunden viel Vergnügen bereitet; aber sie ist wahr, und ihre Wirklichkeit hat für mich neben vielem Glückhaften auch Hartes. Die Sache ist so stark im Anwachsen, daß ich zu mathematischer Arbeit noch nicht wieder gekommen bin.»

HEESCH kam aber zur Mathematik zurück. Dabei sollte das Angebot PESCHLS, ihm helfen zu wollen, noch eine bedeutsame Rolle spielen.

Natürlich pflegte HEINRICH HEESCH auch den Kontakt zum Mathematischen Institut in Kiel. Für seine mathematischen Studien war er auf die Möglichkeit der Bibliotheksbenutzungen angewiesen. Hier traf er FRITZ LETTENMEYER wieder, den er aus der Münchener Zeit kannte. LETTENMEYER, der im ersten Weltkrieg eine schwere Beinverletzung erlitten hatte, war als Privatdozent damals der einzige Assistent von PERRON, TIETZE, CARATHÉODORY und HARTOGS gewesen, der allein sämtliche Übungen bei den Ordinarien zu korrigieren hatte. Erst 1937, als 46-jähriger, hatte er ein Ordinariat in Kiel erhalten. Für HEESCHS Lage brachte er so aus eigenen Erfahrungen großes Verständnis auf. LETTENMEYER setzte sich für HEESCH ein und erreichte es, daß dieser von 1938 an «zur Förderung seiner wissenschaftlichen Bestrebungen» eine Beihilfe bekam, die vom Reichsminister für Wissenschaft, Erziehung und Volksbildung zur «Förderung des Hochschulnachwuchses» bereitgestellt worden war. Diese Beihilfe in Höhe von monatlich anfangs 200.– RM, später 150.– RM, wurde über die Kasse der Universität Kiel gezahlt und bis März 1941 gewährt. Für HEESCH war LETTENMEYER «eine Leuchte der Menschlichkeit in Kiel», der sich besonders durch seine Hilfsbereitschaft auszeichnete.

Pfingsten 1939 trat HEINRICH HEESCH zur katholischen Kirche über. Seine Schwester ELLI war schon Jahre vorher konvertiert, was für die Eltern im protestantischen Schleswig-Holstein ein großer Schock gewesen war. Damals hatte HEESCH seine Schwester gegenüber den Eltern sehr in Schutz genommen und ihr z. B. Kirchgänge ermöglicht. Die Eltern hörten mehr auf den Sohn, denn er war – nach Aussagen ELLIS – «der Star und die Laterne der Familie». Dem Übertritt HEESCHS waren nahezu endlose Gespräche mit seiner Schwester über religiöse Fragen vorangegangen. HEESCH investierte auch hier – wie immer, wenn er etwas engagiert anging – große Mühen und viel Kraft. So mußte auch der geistige und seelische Konflikt, den diese Gespräche ausgelöst hatten, so oder so durchlebt werden. Er war von jeher ein gläubiger Mensch gewesen; aber er spürte nun, daß «die katholische Kirche für ihn das größere Licht bedeutete».

HEESCH wurde zu einem überzeugten und engagierten Mitglied der katholischen Kirche. Dies äußerte sich unter anderem in den theologischen Vorträgen, die er später hielt, und in einigen veröffentlichten Aufsätzen, in denen er zu religiösen Fragen Stellung nahm. So zum Beispiel 1951 in einem Vortrag vor der Katholischen Kulturgemeinde in Krefeld über das Thema ‹Moderner Geist und christlicher Glaube›. In der Besprechung dieses Vortrages in der *Rheinischen Post* am 27. 6. 1951 hieß es unter anderem:

> «Er schloß seine durchdachten, lebhaft vorgetragenen und humorgewürzten Ausführungen, denen allerdings dank ihrer geistreichen Sprunghaftigkeit nicht immer leicht zu folgen war, unter starkem Beifall mit dem Lob der Liebe, die die beste Kraft, der Weg und das Ziel, das Glück und die unverlierbare Heiterkeit des Christen sei.»

In einer Abhandlung *Die Kirche und die Kommenden* in der schweizerischen Seelsorgezeitschrift *anima* vertrat HEESCH 1957 das «bisher ungewöhnliche Anliegen, nicht nur für die verstorbenen, sondern auch für kommenden Menschen zu beten» (so FRANZISKUS STRATMANN OP im *Oberrheinischen Pastoralblatt* vom August 1959). HEESCH hat dieses Anliegen der ‹Kommendenfürbitte› in einem umfangreichen Schriftwechsel und in Diskussionen mit zahlreichen Theologen und kirchlichen Würdenträgen vertreten, ohne jedoch bisher die gewünschte Resonanz mit den angestrebten Konsequenzen zu erreichen. ELLI HEESCH trat nach dem Krieg in einen katholischen Orden ein. Auch HEESCHS Mutter konvertierte zum katholischen Glauben – dies jedoch erst im Jahre 1952. Sicher waren es der große Einfluß ihrer Kinder und deren Überzeugungskraft, die sie noch im hohen Alter zu diesem Schritt bewogen hatten.

Nach dem Weggang aus Göttingen im Jahre 1935 erreichten auch die musikalischen Aktivitäten HEESCHS nicht mehr solche Höhepunkte, wie sie in der Zürcher und in der Göttinger Zeit stattgefunden hatten. HEESCH musizierte zwar auch in Kiel noch viel mit seinem Jugenfreund, dem Juristen HANS SPETHMANN, der virtuos Klavier spielte und mit dem er schon in der Zeit seines Besuchs des Kieler Konservatoriums viel gespielt hatte; in der Hauptsache mußte er sich jedoch nun auf das Solospiel beschränken.

Gelegentlich kam es auch noch zu musikalischen Kontakten mit dem Zahlentheoretiker ARNOLD SCHOLZ, der als Dozent an der Kieler Universität lehrte. Von ihm berichtete HEESCH später, daß er kaum einen anderen Menschen gekannt habe, der so gut Musik hören und in ihrem Geist verstehen konnte. SCHOLZ hielt FRANZ SCHUBERT für den größten Musiker der gesamten Menschheitsgeschichte und von ihm wiederum das Streichquartett C-dur, op. 163, als das größte Musikwerk. Während HEESCH im Kriege als ‹Civillehrer› an der Schiffsartillerieschule in Kiel tätig war, lehrte SCHOLZ als Civillehrer an der gleichnamigen Schule in Flensburg. Sie hatten gemeinsame Freunde, bei denen sie öfter eingeladen waren. Bei einem dieser Festabende im Januar 1942, auf dem «trotz der Finsternisse der Zeit auch getanzt wurde», fiel SCHOLZ der Gastgeberin durch seinen ungewöhnlichen Durst auf. Acht Tage später war ARNOLD SCHOLZ tot. Ursache: ‹galloppierende Diabetes›.

Die Kriegsjahre gingen an HEINRICH HEESCH relativ glimpflich vorüber. Den Kriegsbeginn am 1. 9. 1939 erlebte er mit seinen Eltern und seiner Schwester bei einem Ferienaufenthalt in einem Fischerhaus an der Kieler Außenförde. HITLER hatte bereits 1938 den ‹Anschluß› Österreichs und der sudetendeutschen Gebiete an das Reich erzwungen. Nach einem inszenierten Überfall auf den Sender Gleiwitz in Oberschlesien, den er den Polen unterstellte, fiel er nun in deren Land ein. Alles dies geschah unter dem Anspruch, mehr «Lebensraum für das Deutsche Volk» schaffen zu wollen. Der Widerstand der Polen wurde in knapp vier Wochen niedergerungen. Obwohl Frankreich und England schon am 3. 9. 1939 in den Krieg eingetreten waren, ereignete sich an der ‹Westfront› in den ersten Kriegsmonaten nichts wesentliches. Erst im Mai 1940 überfiel HITLER Holland und Belgien und bezwang Frankreich im Juni 1940. Große Teile der britischen und französischen Armeen retteten sich bei Dünkirchen über den Kanal nach England. Im April besetzte HITLER dann auch Dänemark und Norwegen.

HEESCH erhielt im Januar 1940 seinen Stellungsbefehl. Er

wurde zur Flakartillerie einberufen. Zuerst war er im Harz und dann in Belgien in der Nähe von Dünkirchen stationiert. Im März 1941 wurde er jedoch wieder entlassen (uk-gestellt), um in Kiel als Civillehrer bei der «Kriegsmarine unter Einreihung in die Vergütungsgruppe III (drei) bei der Schiffsartillerieschule ins Angestelltenverhältnis übernommen» zu werden. An der Schule hatte er Mathematik, Physik und vor allem Ballistik zu unterrichten. Nebenbei arbeitete er jedoch weiterhin auch für JAKOB LOEF, indem er Maßnahmen zur Material- und Zeiteinsparung beim Herstellen von Teilen aus Blechen ausarbeitete.

Um diese Zeit fand die ‹Luftschlacht um England› statt, die als Vorbereitung einer Landung auf England gedacht war, zu der es aber nie kommen sollte. HITLER entsandte im Frühjahr 1941 das ‹Deutsche Afrikakorps› zur Unterstützung der Italiener nach Afrika, begann gleichzeitig seinen Feldzug gegen Jugoslawien und Griechenland und fiel im Juni 1941 ohne Kriegserklärung in Rußland ein. Im September 1941 erklärten auch die USA Deutschland den Krieg. Damit war der Krieg zu einem Weltkrieg geworden.

Bis Ende Oktober 1942 konnten die Deutschen vorwiegend militärische Erfolge, vor allem gewaltige Raumgewinne an der Ostfront, verbuchen. Dann jedoch begann der Zusammenbruch sich abzuzeichnen. Es kam zur ‹Katastrophe von Stalingrad›, wo sich die Reste der Deutschen 6. Armee Anfang 1943 den Sowjets ergeben mußten. Die ‹Schlacht im Atlantik› ging verloren, weil sich die Deutsche Kriegsmarine der personellen, materiellen und vor allem der technologischen Übermacht der Alliierten beugen mußte. Im Mai 1943 brach auch die deutsch-italienische Front in Afrika zusammen, und die Alliierten landeten im Juli auf Sizilien. In Deutschland dehnte sich der Luftkrieg immer mehr aus. Die Bombardierung aller deutschen Großstädte und zahlreicher Mittelstädte durch britische und amerikanische Flugzeuge nahm furchtbare Ausmaße an. Ganze Städte wurden in Schutt und Asche gelegt, die Verkehrsverbindungen und Versorgungseinrichtungen brachen zeitweise zusammen. Hunderttausende von Luftkriegsopfern waren zu beklagen, und die Überlebenden flohen aus den weiterhin bedrohten Städten aufs Land.

HEINRICH HEESCH erlebte mehrere dieser schrecklichen Luftangriffe auf seine Heimatstadt Kiel mit. Es war wie ein Wunder, daß seine elterliche Wohnung weitgehend von Zerstörungen verschont blieb, obwohl der Bombenhagel mehrfach in unmittelbarer Nähe niederging. Als einer der wenigen jüngeren Männer, die zu dieser

Zeit noch im Reichsgebiet tätig waren, fühlte er sich natürlich in besonderem Maße verpflichtet, im Luftschutzdienst mitzuarbeiten. Nach einem der schweren Angriffe in den ersten Tagen des Jahres 1944 sprach ihm der Polizeipräsident in Kiel als örtlicher Luftschutzleiter für sein «tatkräftiges und umsichtiges Handeln bei der Bekämpfung des Brandes» schriftlich seine «besondere Anerkennung» aus. Die Tatsache, daß die Behörden zu dieser Zeit noch auf solche Belobigungen besonderen Wert legten, mutet heute recht eigenartig an. Sie ist aber wohl im Zusammenhang zu sehen mit den allgemeinen Ehrungen und Auszeichnungen, durch die die Bevölkerung beruhigt und über die wirkliche Lage hinweggetäuscht werden sollte.

Da die militärische Situation an den Fronten immer mehr Menschen erforderte, wurde nun auch Heinrich Heeschs Stellung an der Schiffsartillerieschule (SAS) gefährdet. Die Uk-Stellung mußte von der Schule vierteljährlich neu beantragt werden. Dies ging nicht immer glatt. Wie Heesch in einem Brief vom 3.2.1943 an Jakob Loef berichtete, hatte die SAS den Termin der Antragstellung im Herbst 1942 versäumt:

> «Als darauf der Antrag im Oktober nachgeschoben wurde, sagte die Luftwaffe Nein und wollte mich wieder einziehen. Um mich nicht zu verlieren, erbat sich die SAS einen Aufschub, den sie dazu benutzen wollte, der Luftwaffe einen Gefreiten der Kriegsmarine statt meiner zu überweisen, wobei dann ich an die Marine überschrieben worden wäre. Die Luftwaffe war einverstanden mit dem Tausch, ihr liege nur an einem Mann, den sie als ungelernten Erdarbeiter und Bedienungsmann am Kommandogerät einsetzen könne; wenn die Marine mich zufällig als Mathematiker einzusetzen wisse, so sei es ihr recht, mich der Marine für irgend einen anderen Mann zu überlassen.»

Das Oberkommando der Marine lehnte jedoch ab: Man solle versuchen, Heesch auf dem Wege der Uk-Stellung zu halten. Dies ging bis zum Januar 1944 gut.

Als Heesch dann wieder zum Kriegsdienst einberufen wurde, setzte sich – wie verabredet – Jakob Loef energisch für eine Freistellung ein, indem er Heeschs Tätigkeit in der Industrie als unentbehrlich erklärte. Im Namen des ‹Hauptausschuß Maschinen beim Reichsminister für Bewaffnung und Munition» schrieb er am 1.2.44 an das Wehrbezirkskommando Kiel und an das Rüstungskommando Kiel:

> «Herr Dr. Heinrich Heesch ... ist einer der Entdecker eines neuen kriegswichtigen Verfahrens, mit dem es möglich ist, außerordentliche Mengen von Stahl einzusparen, dadurch, daß man die Umrisse flächenhaft gestalteter Teile nach den Vorschriften des Heesch-Verfahrens gestaltet ... Ich beantrage daher ... eine weitere Uk-Stellung des Herrn Dr.

HEESCH, der die Leitung einer zu errichtenden Beratungsstelle für die Industrie übernehmen soll.»

LOEF erreichte zuerst eine kurzfristige Beurlaubung HEESCHS, die mehrfach verlängert wurde. In dieser Zeit fertigten ELLI, HEINRICH HEESCH und JAKOB LOEF eine kleine Schrift[111] an, in der sie das «System aller Formen, mittels deren durch regelmäßige Aneinanderreihung lauter kongruenter Exemplare die Ebene lückenlos aufzuteilen ist», darstellten und die «Anwendungen des Systems» an Beispielen erläuterten. Anhand dieser Beispiele, die in seinem Werk erprobt worden waren, zeigte LOEF, «daß man mit den HEESCHgesetzen ca. 50% des Fertiggewichtes flächenhaft gestalteter Teile einsparen kann». Die Schrift wurde sofort «in Verbindung mit dem Hauptausschuß Maschinen und Apparate beim Reichsminister für Rüstung und Kriegsproduktion» herausgegeben. Angesichts des Krieges erhielt sie einen besonderen Vermerk: «Vertraulich! Nicht zur anderweitigen Veröffentlichung, auch nicht zur Besprechung in der Presse bestimmt!» Der Vertrieb dieser Schrift wurde dann in großem Umfang von der inzwischen bei der Firma STEINBOCK in Moosburg gegründeten ‹Beratungsstelle für Flächenteilung› organisiert.

Nach vielen Anstrengungen LOEFS, zahlreichen Eingaben HEESCHS und des Leiters des «Hauptausschuß Maschinen und Apparate beim Reichsminister für Rüstung und Kriegsproduktion» wurde HEINRICH HEESCH schließlich am 15. 8. 1944 als Matrosengefreiter aus dem Wehrdienst entlassen und «bis auf begrenzte Zeit» als «Angestellter beim Planungsamt des Reichsforschungsrates verpflichtet». Damit stand er für die Arbeiten in der ‹Beratungsstelle› in Moosburg uneingeschränkt zur Verfügung.

Die Bemühungen, HEESCH vom Wehrdienst freizubekommen, waren nicht leicht gewesen. Durch die vielen Bombenangriffe – vor allem auf Berlin – waren Briefe verloren gegangen, Telefonverbindungen unterbrochen worden und vor allem Anschriften und Zuständigkeiten ständig geändert worden. Um mit der Bahn zu reisen, mußte man stunden-, manchmal tagelang auf zufällige Verbindungen warten. Die Züge waren dann so überfüllt, daß der Einstieg durchs Fenster oft die einzige Möglichkeit war. In Berlin wußte man nicht, ob die zu besuchende Behörde überhaupt noch existierte, und wenn es sie noch gab, wie und wo sie zu erreichen war. Übernachtungsmöglichkeiten in Hotels oder Pensionen gab es nur mit besonderen Ausweisen. Trotz allem funktionierte der Bürokratismus immer noch irgendwie. Jeder einzelne war registriert und wurde verwaltet und verplant. Es gab kein Entkommen. Für HEINRICH

HEESCH aber lief letzten Endes alles glücklich ab. Er siedelte nach Moosburg zu seiner neuen Wirkungsstätte über.

Man muß die Entlassung HEESCHS aus dem Wehrdienst zu diesem Zeitpunkt fast als ein Wunder ansehen. Die Alliierten waren im Juni in der Normandie gelandet und gewannen schnell an Raum. In Italien waren sie im Juni bereits bis Rom vorgedrungen. An der Ostfront stürmte die Rote Armee unaufhaltsam auf das Reichsgebiet zu. Auf dem Balkan befanden sich die deutschen Truppen «in einem geordneten Rückzug». Überall brachen die Fronten zusammen. Und trotzdem sprachen die Nationalsozialisten immer noch von dem bevorstehenden Endsieg, der durch den Einsatz von Geheimwaffen erzielt werden sollte. In Deutschland wurden die letzten Kräfte mobil gemacht. Dazu gehörte auch der sparsame Umgang mit den immer knapper werdenden Rohstoffen. Und in diesem Zusammenhang machte es wohl auf die zuständigen Behörden einen entscheidenden Eindruck, daß mit dem HEESCH-Verfahren Material gespart werden konnte. Dies mag eine Erklärung dafür sein, daß HEESCH in dieser Situation für eine noch wichtigere Sache aus dem Wehrdienst entlassen wurde.

Von der Schrift *System einer Flächenteilung* ... erhielt sehr schnell auch OTTO KIENZLE, damals Professor für Betriebswissenschaft und Werkzeugmaschinen an der Technischen Hochschule in Berlin-Charlottenburg, Kenntnis. Er nahm Kontakt zu HEESCH auf, woraus sich eine über zwanzigjährige Zusammenarbeit ergab, die für HEESCH noch von besonderer Bedeutung werden sollte.

KIENZLE befaßte sich unter anderem auch mit Fragen der Rationalisierung. Er erkannte sofort den Wert der HEESCHschen Methoden und nahm sie in sein Vortragsprogramm mit auf. Auf diese Weise wurden viele Firmen mit den Ergebnissen HEESCHS bekannt, wodurch wiederum Kontakte zwischen den interessierten Werken und HEESCH geknüpft wurden.

Noch im Oktober 1944 setzte KIENZLE eine dringliche Versammlung von ca. 400 führenden Konstrukteuren in Dresden an, zu der auch HEESCH geladen wurde. KIENZLE trug in einem Hauptreferat über die Ergebnisse HEESCHS zur Blechersparnis vor. In der anschließenden Diskussion meldete sich auch der Altmeister der Stanztechnik, E. KACZMAREK, zu Wort. Im Gegensatz zu den anderen Diskussionsteilnehmern, die begeistert das System lobten, wandte er sich gegen eine Überschätzung des Systems und skizzierte an der Tafel einen besonders kniffligen Fall, der ihm und, wie er richtig voraussetzte, den meisten anderen auch als unlösbar schon jahrelang zu schaffen gemacht hatte. Er wollte damit zeigen, daß auch das HEESCH-System hier nicht helfen könnte. KIENZLE erteilte darauf HEESCH das Wort. HEESCH bog zuerst einiges zurecht, was KACZMAREK vorher nicht richtig gesagt hatte, und gab dann aus dem Stegreif an der Tafel eine hundertprozentige Lösung des Falles unter dem frenetischen, minutenlangen Beifall des Saales an.

KIENZLE hätte HEESCH gern als Mitarbeiter gewonnen. Er forderte HEESCH 1944 auch mehrfach auf, sich mit dem Flächenteilungsergebnis zu habilitieren. Er bot ihm Arbeitsräume in Verbindung mit seinem Lehrstuhl und seinem Versuchsfeld an der Hochschule an und stellte ihm ausreichende finanzielle Mittel in Aussicht. Aus mehreren Gründen lehnte HEESCH jedoch ab: Einmal, weil ihm dieses Ergebniss für eine Habilitation – wie er später einmal in einem Brief an PESCHL betonte – «nicht erheblich genug» erschien; zum anderen, weil er die Gesinnungsprüfung durch die Nazis fürchtete; und schließlich, weil er sich JAKOB LOEF gegenüber verpflichtet fühlte. Er wollte ihn nicht aus eigennützigen Erwägungen heraus verlassen. KIENZLE hatte für HEESCH eine Professur in einem technischen Bereich «ins Auge gefaßt», wie LOEF in einem Brief berichtete. Aber HEESCH fühlte sich mehr zur Reinen Mathematik hingezogen.

Der erste große Betrieb, der sich für die Methoden HEESCHS interessierte, war die Firma SIEMENS & HALSKE in Berlin-Siemensstadt. Am 24.11.1944 hatte HEESCH mit etwa 300 Herren der Firma eine erste Zusammenkunft, die von Dr. R. VON SIEMENS persönlich geleitet wurde. Auf einem mehrtägigen Kursus Anfang Januar 1945 wurden dann die Konstrukteure bei der Bewältigung von Einzelproblemen individuell beraten. Das HEESCH-Verfahren wurde daraufhin in großem Umfang bei der Telefonherstellung eingesetzt. Noch am 15.1.1945 wurde zwischen ELLI und HEINRICH HEESCH und der Firma ein Vertrag abgeschlossen, nach dem diese «sich im Hause SIEMENS für Fragen der Formgebung von Teilen zwecks günstigster Flächenteilung zur Verfügung» stellten. Dafür sollten beide zusammen RM 300.– pro Monat erhalten. Die Verwirklichung des Vertrages wurde dann jedoch mit in den deutschen Zusammenbruch hineingerissen.

Noch im Februar 1945 hielten HEESCH und seine Schwester auf Wunsch von Professor MESSERSCHMITT, der sich «außerordentlich für die vorgelegten Gedanken und die Flächenteilung» interessierte, vor ca. 100 Konstrukteuren einen mehrtägigen Schulungskurs in der Oberbayerischen Forschungsanstalt Oberammergau der MESSERSCHMITT-Flugzeugwerke ab. Ein ähnlicher Kurs schloß sich

Ende Februar bei den Flugzeugwerken DORNIER in den Werken Rickenbach und Tannenbach bei Friedrichshafen an. Bei den FOCKE-WULF-Werken in Bad Eilsen hatte schon früher ein Kursus stattgefunden. In allen diesen Fällen ging es um Einsparungen beim Flugzeugzellenbau, wo das HEESCH-Verfahren außerordentlich erfolgreich eingesetzt werden konnte.

Es ist erstaunlich, daß zu dieser Zeit, als der Feind bereits vor der Tür stand, diese großen Betriebe überhaupt noch funktionierten und daß sie noch so viel Energie darauf verwandten, neue Verfahren zur Materialeinsparung zu entwickeln. Die Rote Armee hatte schon im Januar die Oder erreicht und bedrohte nun Berlin. Anfang März nahmen die Amerikaner Köln ein und überschritten Ende März den Rhein. Ende April kam es zu ersten Berührungen zwischen den amerikanischen und sowjetischen Truppen bei Torgau. HITLER nahm sich das Leben, und am 7. Mai 1945 wurde die Gesamtkapitulation der deutschen Wehrmacht besiegelt, die dann am 9. Mai in Kraft trat.

Das Kriegsende mit dem Zusammenbruch des Dritten Reiches erlebte HEINRICH HEESCH in Königssee bei Berchtesgaden. Dort leitete seine Schwester ELLI seit November 1943 eine Schule aus Gelsenkirchen mit 240 Schülerinnnen und 10 Lehrkräften. Aufgrund der Bombenangriffe war die Schule im Juni 1943 zuerst nach Garmisch-Partenkirchen und dann nach Königssee ausgelagert worden. In dem Chaos der letzten Kriegstage war HEESCH mit dem Fahrrad von Moosburg nach Königssee gefahren und hatte sich dort nützlich gemacht. Als vier Wochen nach dem Einmarsch der Amerikaner und Franzosen im Mai 1945 die Schule aufgelöst wurde, half er, die Kinder in fünf Dörfern der Umgebung von Bad Reichenhall notdürftig unterzubringen und weiter zu betreuen. Erst im September 1945 wurden die Kinder in Viehwagen auf einer fünftägigen Reise wieder nach Gelsenkirchen zurückgebracht. Als dort auch das letzte Kind versorgt war, kehrten ELLI und HEINRICH HEESCH nach Kiel zurück. Dort fanden sie ihre Eltern, mit denen sie seit einem halben Jahr keinen Kontakt mehr gehabt hatten, zu ihrer großen Erleichterung gesund wieder vor. Auch die elterliche Wohnung war weitgehend vor Zerstörungen verschont geblieben. Zwar hatten Brandbomben das Dach des Hauses mehrfach durchschlagen, durch den tatkräftigen Einsatz der Hausbewohner war jedoch Schlimmeres verhütet worden.

Nach dem Kriege führten ELLI und HEINRICH HEESCH auch weiterhin Beratungen von Firmen durch. Sie meldeten dafür bei der

Stadt Kiel sogar die Eröffnung eines Gewerbebetriebes, einer ‹Beratungsstelle für Flächenteilung›, an. Schulungskurse zur Materialersparnis beim Schneiden aus Platten, Streifen und Bändern wurden zum Beispiel bei den Firmen STEINBOCK in Moosburg, bei den OPEL-Werken in Rüsselsheim, bei der Firma SIEMENS & SCHUCKERT in Erlangen und bei den ehemaligen Flugzeugwerken DORNIER und MESSERSCHMITT, die sich inzwischen auf ein Friedensprogramm umgestellt hatten, abgehalten. Mit den SIEMENS-SCHUCKERTwerken AG wurde im März 1949 ähnlich wie seinerzeit mit SIEMENS & HALSKE in Berlin ein Mitarbeiter-Vertrag abgeschlossen.

Bei der Firma STEINBOCK AG arbeitete HEESCH schon gleich nach dem Krieg zeitweise sehr intensiv an der Konstruktion spezieller Formen zur Materialersparnis. Hier traf ihn 1948 die Nachricht vom Tode seines Vaters. Um seine Mutter nicht alleine zu lassen, gab er daraufhin die hauptberufliche Tätigkeit bei JAKOB LOEF in Moosburg auf und kehrte nach Kiel zurück.

Auch an privaten, kommunalen oder staatlichen Bildungseinrichtungen und auf Tagungen hielt HEESCH Vorträge über die Probleme der Flächenteilung. So zum Beispiel im ‹Haus der Technik e.V.› in Essen, das sich die «planmäßige wissenschaftliche Fortbildung der höheren technischen Berufe» zum Ziel gesetzt hatte. Im Januar 1948 trug HEESCH dort über «Vermeidung von Materialverlusten durch richtige Flächenteilung» vor.

8 Beginn der Vierfarbenforschung (1947–1955)

Die Aktivitäten HEINRICH HEESCHS richteten sich nach 1935 zweifelsohne in erster Linie auf die Bekanntmachung seines Systems der Flächenteilung. Daneben wandte sich sein rein mathematisches Interesse aber immer mehr der Lösung des Vierfarbenproblems zu. Die Vorbedingungen für eine erfolgreiche Bearbeitung dieses berühmten mathematischen Problems waren ausgezeichnet: Durch die intensive Beschäftigung mit kristallgeometrischen Abzählproblemen und mit dem Parkettierungsproblem hatte HEESCH sich kombinatorische Fähigkeiten und Fertigkeiten angeeignet, die ideal dazu geeignet waren, in dieser Richtung zu arbeiten.

Die Geschichte des Vierfarbenproblems bis zu diesem Zeitpunkt läßt sich – unter Weglassung komplizierter mathematischer Einzelheiten – kurz berichten[112]:

Der Urheber des Problems, ein Student mit Namen FRANCIS GUTHRIE, stellte 1852 die Frage, ob für jede Landkarte höchstens vier Farben ausreichen, um deren Länder so zu färben, daß benachbarte niemals dieselbe Farbe erhalten. Dabei heißen zwei Länder benachbart, wenn sie ein Stück Grenze (mehr als nur einen oder mehrere isolierte Punkte) gemeinsam haben. Natürlich setzte er voraus, daß die Landkarten in der Ebene gezeichnet werden sollen. GUTHRIE nahm an, daß vier Farben in jedem Falle ausreichen. Seither spricht man von der ‹Vierfarbenvermutung›. Durch den Bruder des genannten Studenten gelangte die Frage an den Mathematiker AUGUSTUS DE MORGAN, Professor am University College in London, und somit unter die Mathematiker.

Daß man auch wirklich vier Farben benötigt, zeigt die Figur A) in Abb. 50. Hier werden vier Farben benötigt, weil von den vier Ländern je zwei miteinander benachbart sind. Nun ist es aber keinesfalls notwendig, daß diese Bedingung erfüllt sein muß, damit vier Farben benötigt werden. Auch die Figur B) in Abb. 50 erfordert vier Farben, obwohl es in ihr keine vier Länder gibt, von denen je zwei miteinander benachbart sind. Es liegt hier also eine Art ‹Fernwirkung› vor, durch die die vierte Farbe notwendig wird. Die Mathematiker erkannten dieses Phänomen schnell. Und so ging die

Suche nach einer Landkarte, für deren Färbung man fünf Farben benötigt, los.

DE MORGAN zeigte als erstes, daß es keine Landkarte gibt, unter deren Ländern es fünf Länder gibt, von denen je zwei miteinander benachbart sind. 1878 stellte der bekannte englische Mathematiker ARTHUR CAYLEY das Problem in der *London Mathematical Society* zur Diskussion. Und schon ein Jahr später lieferte ARTHUR BRAY KEMPE einen ‹Beweis› der Vierfarbenvermutung[113]. Für die Mathematiker galt nun jahrelang der ‹Vierfarbensatz›. Jedoch – der Beweis war nicht in Ordnung, wie PERCY JOHN HEAWOOD 1890, also erst elf Jahre später, zeigte[114].

Trotz dieses Mißerfolges war KEMPES Arbeit von allergrößter Bedeutung. Sie enthielt nämlich bereits sämtliche wesentlichen Ideen zur Lösung des Problems:

1. Man nimmt an, daß die Vierfarbenvermutung falsch ist. Dann muß es eine kleinste (normale) Landkarte geben, zu deren Färbung fünf Farben benötigt werden, während jede kleinere Landkarte, also jede mit weniger Ländern, vierfärbbar ist. Eine solche Landkarte wird als ‹minimale 5-chromatische Landkarte› bezeichnet.

2. Es ist bekannt, daß jede (normale) Landkarte auch solche Länder enthält, die mit zwei, drei, vier oder fünf Ländern benachbart sind. Man zeigt nun, daß aus der Existenz eines solchen Landes in einer minimalen 5-chromatischen Landkarte folgt, daß es auch eine Landkarte mit noch weniger Ländern geben muß, die ebenfalls fünf Farben zur Färbung benötigt.

3. Das Ergebnis aus 2) steht nun aber im Widerspruch zu der Annahme aus 1), daß die Landkarte die kleinste ist. Daraus folgt, daß es keine minimale 5-chromatische Landkarte gibt. Die Vierfarbenvermutung muß also wahr sein.

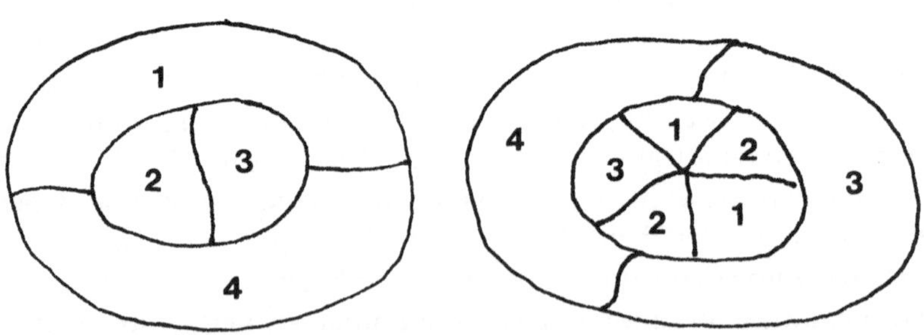

Abb. 50
Zwei Landkarten, deren Färbung vier Farben erfordert.

KEMPE benutzte für seine Beweisführung ein methodisches Instrumentarium, das heute als ‹KEMPE-Ketten-Verfahren› bezeichnet wird, und bei modernen Beweisführungen eine große Rolle spielt. Eine nähere Erläuterung würde an dieser Stelle zu weit führen. HEAWOOD gelang es sofort, mit diesen Methoden den Fünffarbensatz zu beweisen: Fünf Farben reichen aus, um jede beliebige Landkarte zulässig zu färben.

Noch eine weitere entscheidende Idee wurde aus KEMPES Ansatz entwickelt: die ‹Reduzierbarkeit› einer Landkarte. Eine Landkarte heißt ‹reduzierbar›, wenn sie eine reduzible Länderkonfiguration enthält. Eine Länderkonfiguration – also eine zusammenhängende Menge von Ländern einer Landkarte – wiederum wird ‹reduzibel› genannt, wenn sie in einer minimalen 5-chromatischen Landkarte nicht vorkommen kann.

Ein Weg, das Vierfarbenproblem zu lösen, besteht also darin zu zeigen, daß jede Landkarte eine reduzible Länderkonfiguration enthält. KEMPE hatte gezeigt, daß jede (normale) Landkarte Länder mit zwei, drei, vier oder fünf Nachbarn enthält. Er konnte auch zeigen, daß die Länderkonfigurationen aus einem Land mit zwei, drei oder vier Nachbarn reduzibel sind. Aber sein ‹Beweis›, daß auch die Länderkonfiguration aus einem Land mit fünf Nachbarn reduzibel ist, enthielt einen Fehler.

In der Folgezeit wurden verschiedene Wege eingeschlagen, das bis dahin rein kombinatorisch beziehungsweise topologisch behandelte Vierfarbenproblem zu lösen. AIGNER sieht fünf Richtungen[115]: HEAWOOD schlug 1898 eine Arithmetisierung des Problems vor, was auf die Untersuchung von Kongruenzen, also in die Zahlentheorie führte; OSWALD VEBLEN beschrieb 1912 Landkarten durch Inzidenzmatrizen und kam durch Interpretation entsprechender Gleichungssysteme zu rein geometrischen Fragestellungen; GEORGE DAVID BIRKHOFF kam 1913 zu einer Quantisierung des Vierfarbenproblems, indem er sogenannte chromatische Polynome einführte und berechnete; Durch eine falsche Vermutung von P. G. TAIT aus dem Jahre 1880 wurde eine Richtung eingeschlagen, in der die Färbung der Länder mit der Färbung der Kanten in Verbindung gebracht wird; Schließlich führte eine zweite falsche Vermutung TAITS von 1883 dazu, das Vierfarbenproblem auf die Untersuchung von Graphen mit HAMILTON-Kreisen zurückzuführen (ein HAMILTON-Kreis ist ein geschlossener Weg in einem Graphen, in dem keine Kante doppelt vorkommt und jede Ecke des Graphen genau einmal durchlaufen wird).

Zahlreiche Mathematiker griffen diese Ansätze auf und entwickelten sie weiter. Es entstand eine heute eigenständige mathematische Disziplin, die Graphentheorie. Trotz aller Bemühungen konnte das Vierfarbenproblem aber nicht gelöst werden.

Die von KEMPE eingeschlagene Richtung zur Lösung des Vierfarbenproblems wurde von vielen Forschern aufgegriffen. Dabei schälte sich immer deutlicher folgende Beweisidee heraus: Man gebe eine Menge von Länderkonfigurationen an, die folgende Bedingungen erfüllt:

a) Jede Landkarte enthält mindestens eine Länderkonfiguration aus dieser Menge. Die Menge kann daher als ‹unvermeidbar› bezeichnet werden.
b) Jede Länderkonfiguration der Menge ist reduzibel.

BIRKHOFF (1913), ERRERA (1921), Ph. FRANKLIN (1922), C. E. WINN (1937), um nur einige Stationen zu erwähnen, fanden zahlreiche weitere reduzible Länderkonfigurationen mit zum Teil unterschiedlichen Methoden. In Verfolgung der Gesamtlösung des Vierfarbenproblems waren diese Autoren jedoch eher zögerlich. Denn die ständig wachsende Anzahl der Figuren, die als reduzibel erkannt worden waren, ließ kein Ende in Sicht kommen. Vielleicht war die gesuchte unvermeidbare Menge ja gar nicht endlich? Dann wäre das Vierfarbenproblem auf diesem Wege nicht lösbar. Dies war in etwa die Situation, die HEINRICH HEESCH vorfand, als er begann, sich für das Vierfarbenproblem zu interessieren.

HEESCH hatte sich bereits in seiner Göttinger Zeit gelegentlich mit dem Vierfarbenproblem befaßt, nachdem er in einer Topologie-Vorlesung WEYLS darauf aufmerksam gemacht worden war. Die erste intensive Auseinandersetzung erfolgte, als ERNST WITT mit dem er sich angefreundet hatte, meinte, eine Lösung gefunden zu haben. Diese ‹Lösung› sollte sofort COURANT vorgestellt werden, der jedoch gerade im Begriff war, nach Berlin zu reisen. Die beiden jungen Leute begleiteten ihn also zum Bahnhof, lösten – natürlich auf eigene Kosten – Rückfahrkarten nach Northeim und trugen ihm auf der Fahrt bis dahin die ‹Lösung› vor. Die Reaktion COURANTS war jedoch enttäuschend: Er war nicht sonderlich beeindruckt. Angebliche Lösungen dieses Problems wurden mehrfach im Jahr vorgelegt. In Northeim verabschiedete man sich, und HEESCH und WITT fuhren nach Göttingen zurück. Auf diesem Weg fand HEESCH den Fehler.

HEINRICH HEESCH informierte sich dann genauer über die bisherigen Lösungsansätze, wobei ihn besonders der von KEMPE eingeschlagene Weg überzeugte. Er erkannte als erstes, daß es einfacher ist, statt der Landkarten deren duale Graphen zu betrachten: Man zeichnet in jedem Land einen Punkt aus (etwa als Hauptstadt des Landes interpretiert), und ersetzt jede Grenzlinie zwischen zwei Ländern durch eine Verbindungslinie der beiden ausgezeichneten Punkte der beiden Länder. Statt Länder zu färben, werden nun die Ecken des entstandenen Graphen gefärbt.

Löst man sich von der Entstehungsgeschichte dieser Graphen, so erkennt man leicht, daß es zur Lösung des Vierfarbenproblems genügt, sich auf die Behandlung von solchen Graphen zu beschränken, die in die Ebene eingebettet werden können, ohne daß sich irgendwelche Kanten überschneiden, und deren sämtliche dabei entstehenden Gebiete von genau drei Kanten begrenzt werden. Solche Graphen werden als ‹Triangulationen› bezeichnet. Die Vierfarbenvermutung lautet damit:

> Die Ecken jeder Triangulation können so mit höchstens vier Farben gefärbt werden, daß Ecken, die mit einer Kante verbunden sind (benachbart sind), verschieden gefärbt sind.

An die Stelle von Länderkonfigurationen treten nun zusammenhängende Untergraphen von Triangulationen, die in den meisten Fällen triangulierte Kreise sind und von HEESCH als ‹Figuren› bezeichnet wurden. Der «minimalen 5-chromatischen Landkarte» entspricht jetzt eine ‹Minimaltriangulation›. Darüber hinaus zeigt sich, daß ‹nur› noch Triangulationen untersucht zu werden brauchen, deren

Abb. 51
Beispiel für den Übergang von einer Landkarte zu einer Triangulation. (Die Zahlen 1 bis 4 kennzeichnen die Farben.)

Ecken alle einen Grad haben, der größer oder gleich fünf ist. Damit hatte HEESCH eine Darstellung des Vierfarbenproblems gefunden, deren Geometrie anschaulicher und dadurch auch verständlicher ist als die bis dahin geläufige durch Landkarten.

HEESCH wandte nun die bekannten Reduktionsmethoden von HEAWOOD, ERRERA und BIRKHOFF auf Triangulationen an. Er analysierte diese Methoden und entwickelte sie weiter. Dabei kam er zu einer Klassifikation, die er später systematisch erweiterte: A-Reduktion (nach A. ERRERA), bei der ohne das KEMPE-Ketten-Verfahren reduziert wird; B-Reduktion (Nach G. D. BIRKHOFF), bei der das KEMPE-Ketten-Verfahren einmal angewendet wird[116]. Bezeichnet man mit A, B die Mengen der A-, B-reduziblen Figuren, dann gilt: $A \subset B$. HEESCH fand zahlreiche neue A- beziehungsweise B-reduzible Figuren.

Anhand der Abb. 52 möge die A-Reduktion erläutert werden:

Zu 1: Angenommen, eine Minimaltriangulation enthält die Figur F.

Zu 2: Das Innere der Figur wird herausgenommen und der Rand wird so zusammengeklappt, wie es die Pfeile anzeigen. Es entsteht dann die Figur F′ in 3.

Zu 3: Aus der anfangs angenommenen Minimaltriangulation ist eine Triangulation mit weniger Ecken geworden, die nun mit vier Farben gefärbt werden kann.
Bei einer solchen Vierfärbung wird die Figur F′ mitgefärbt. Eine mögliche Färbung von F′ (es sind genau sechs verschiedene möglich) ist durch die Buchstaben A, B, C, D angegeben.

Zu 4: Die Figur wird wieder auseinandergeklappt. Dabei wird die Färbung der Ecken beibehalten.

Zu 5: Das Innere wird wieder eingefügt, so daß man wieder die Figur F erhält. Es muß nun versucht werden, die Figur F bei der gegebenen Randfärbung insgesamt mit vier Farben zu färben. Dies ist möglich, wie das Bild zeigt.

Gelingt eine Vierfärbung von F bei *allen möglichen* Färbungen der Figur F′, so ist F reduzible. Bei der angegebenen Figur ist dies – wie eine detaillierte Untersuchung zeigt – der Fall. Die Figur ist A-reduzibel.

HEINRICH HEESCH hatte schon relativ früh die intuitive Einsicht, daß die Reduktionsmethode zum Ziel führen würde. In einem

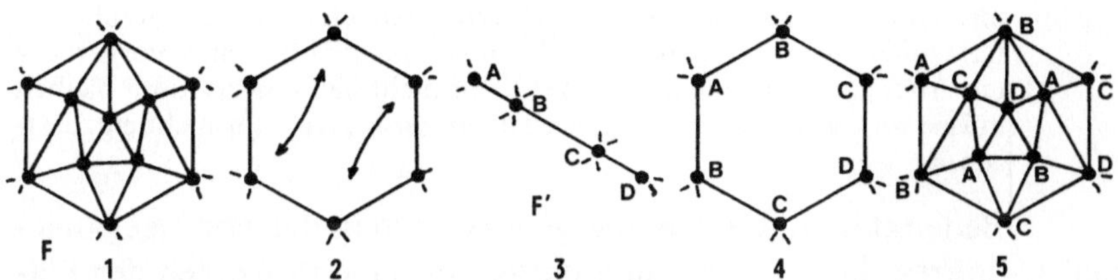

Abb. 52
Beispiel zur Erläuterung einer A-Reduktion.

späteren Brief vom 10. 5. 53 an Gerhard Ringel berichtete er davon. Ringel hatte Heesch um eine Darstellung des Standes seiner Arbeiten gebeten, da er in seinem Habilitationsvortrag im Juni an der Universität Bonn über ‹Die geschichtliche Entwicklung des Vierfarbenproblems› sprechen wollte. Heesch schrieb:

> «Am Freitag nach Pfingsten 1935 oder 1936, früh 5 Uhr, empfing ich den Einfall, mittels dessen ich, gleichfalls nur für mich, erkannte, daß es sich bei der vermuteten Richtung um eine wirkliche Lösungsmöglichkeit handelt, konnte aber den Beweis dafür nicht anders als durch konkrete Durchführung zu erbringen versuchen. Diese aber bestand aus einer Rechenarbeit, die die Arbeitskraft eines Einzelnen übersteigen dürfte.»

Der ‹Einfall› bestand darin, daß Heesch erkannte, daß allein das Vorkommen von Ecken vom Grade 5 in einer Triangulation entscheidend war. Diese Ecken mußte man schrittweise zu größeren Figuren erweitern und die einzelnen Fallklassen diskutieren. Dabei würde man schließlich erkennen, daß nur endlich viele Fälle betrachtet zu werden brauchten und somit eine ‹Finitisierung› des gesamten Vierfarbenproblems nachgewiesen wäre.

Dies war die Situation in Heeschs Vierfarbenforschung, als er 1947 vor eine wichtige Entscheidung gestellt wurde. Auf einer Sitzung des Verbandes Deutscher Maschinenbau-Anstalten in Düsseldorf versuchte man, Heesch hauptberuflich für die ‹Einführung der Flächenteilung› zu gewinnen:

> «Wenn Sie jetzt ein Jahr hauptberuflich selbst die Einführung besorgen, werden Sie ein reicher Mann. Wenn Sie dieses Jahr nicht einsetzen wollen, dann bleiben Sie einsam an Ihrem Schreibtisch.»

Heesch beschrieb seine Antwort in einem Brief an Ernst Peschl am 15. 10. 53 so:

> «Ich antwortete, daß ich von beiden Werten, Einführung eines bereits errungenen Ergebnisses und Erzielung noch eines weiteren, wie es mir

mit dem Vierfarbenproblem vorschwebe, den letzteren als den sehr viel wertvolleren erkannte und daß ich, zumal angesichts meines vorgerückten Alters, in dem einem auch der Kopf nicht mehr so elastisch bleiben müsse wie in jungen Jahren, entscheiden müsse, das Jahr nicht einzusetzen.»

Bedenkt man, welche Energien HEESCH in den vorangegangenen 15 Jahren darauf verwendet hatte, um seine Prinzipien der Flächenteilung in der Industrie bekannt zu machen, so muß seine Entscheidung schon als erstaunlich angesehen werden. Er zog so eine weiterhin völlig unbestimmte berufliche Zukunft einer vielleicht gesicherten Existenz vor.

1947 und 1948 trat HEESCH zum ersten Mal mit seinen neuen Ergebnissen zur Lösung des Vierfarbenproblems in die Öffentlichkeit. In den Mathematischen Seminaren der Universitäten in Hamburg und in Kiel trug er über die Lösungsstrategie seines Ansatzes vor und präsentierte die neu gefundenen reduziblen Figuren. Das Echo war nicht groß. Offensichtlich gelang es HEESCH nicht, seine Gedankengänge überzeugend darzustellen.

Dies wird auch aus einem Briefwechsel mit HERMANN WEYL aus den Jahren 1948 bis 1950 deutlich. HEESCH hatte WEYL ein Manuskript über seine Reduktionsarbeiten geschickt. In einer ersten Antwort schrieb WEYL von seinen ‹Schwierigkeiten des Verstehens› der Ausführungen. Dann wurde WEYL von einem schweren Schicksalsschlag getroffen: Seine Frau HELLA starb nach langer schwerer Krankheit. In den Briefen an HEESCH wurde WEYLS großer Schmerz deutlich. Er schrieb:

> «Hella war ja meine Brücke zu der Welt und den Menschen.... Sie war ein lichtes Geschöpf, ...»

In dieser Verfassung konnte er nicht mehr die Ruhe finden, HEESCHS Manuskript sorgfältig zu lesen. Er schickte daher die erste Fassung des ersten Abschnittes *Begriff der Reduktion* an die beiden renommierten Mathematiker H. S. M. COXETER und W. T. TUTTE. TUTTE vergegenwärtigte sich die HEESCHschen Gedankengänge, indem er sie zuerst schriftlich ins Englische übertrug und dann mit COXETER diskutierte. COXETER schilderte dann TUTTES Urteil so:

> "TUTTE's general conclusion is that, although the idea of reduction is of some slight interest in itself, the treatment does not look very hopeful as an attack on the four-color-problem."

WEYL mutete nach diesem Urteil den beiden nicht mehr zu, sich auch mit dem Rest des Manuskriptes zu beschäftigen. Eine zweite Fassung hatte WEYL nach eigenen Aussagen

Abb. 53
Büste HERMANN WEYLS aus dem Jahre 1955.

«gar nicht mehr zur Kenntnis genommen. Sie wissen, in welchem Dunkel ich damals lebte.»

Angesichts der späteren Entwicklung erscheint es heute merkwürdig, daß ein Fachmann, wie es TUTTE war, zu einem solchen Urteil kommen konnte. HEESCH war natürlich deprimiert. Aber er ließ sich nicht entmutigen. An WEYL schrieb er am 2. 7 .49:

«Idee und Rechnung der Reduktion sind aber hinreichend kräftige und methodisch angemessene Schlüssel zur völligen Erledigung des Vierfarbenproblems im verifizierenden Sinne.»

Und er betonte seinen «Ehrgeiz, die Lösung (ohne Blamage der lebenslangen Rechnung) selbst zu bringen». In einem Brief vom Juli 1949 antwortete WEYL:

«Aber ein Problem zu einer Lebensaufgabe zu machen ist sicher nicht weise.»

Nach seiner Emeritierung 1951 kehrte HERMANN WEYL wieder nach Zürich zurück, wo er noch die besten persönlichen und wissenschaftlichen Kontakte hatte. Er heiratete noch einmal: ELLEN BAER, die Witwe des Experimentalphysikers BAER, der in den zwanziger Jahren an dem Zürcher Institut gearbeitet hatte, in dem EDGAR MEYER Ordinarius gewesen war. Die Familien WEYL und BAER waren seit dieser Zeit miteinander befreundet. Auf HEESCH hatte ELLEN BAER, als eine der führenden Damen der Züricher Gesellschaft, schon damals Eindruck gemacht. Er schilderte sie als eine hübsche Frau, die es verstand, sich hinreißend anzuziehen. Sie war Künstlerin. Zum 70sten Geburtstag WEYLS fertigte sie eine Büste des Jubiliars an (siehe Abb. 53), nicht ahnend, daß schon einen Monat später, im Dezember 1955, HERMANN WEYL an einem Herzschlag sterben sollte.

Unterstützung für seine Arbeiten fand HEINRICH HEESCH in diesen Jahren eigentlich nur bei seinem Freund ERNST PESCHL, der sich inzwischen etabliert hatte. Nach ihrem gemeinsamen Studium hatten sie sich nur noch auf Tagungen und bei ganz seltenen Besuchen gesehen. PESCHL hatte 1931 bei CARATHÉODORY promoviert und war dann jeweils zwei Jahre zuerst in Jena bei ROBERT KÖNIG und danach in Münster bei HEINRICH BEHNKE Assistent gewesen. Er war dann 1935 wieder nach Jena gegangen und hatte sich dort 1937 habilitiert. Schon gleich nach der Habilitation war ihm die Vertretung eines Lehrstuhles in Bonn anvertraut worden. 1938 war er dort zum planmäßigen außerordentlichen und 1948 zum ordentlichen Professor ernannt worden. Als Geschäftsführender Direktor des Mathematischen Instituts hatte er dann maßgeblichen Anteil am Aufbau eines der größten Institute im deutschsprachigen Raum. Seine Hauptarbeitsgebiete waren die geometrische Funktionentheorie, die Theorie der analytischen Funktionen von mehreren komplexen Variablen, partielle Differentialgleichungen und Differentialgeometrie[117].

PESCHL gelang es, für HEINRICH HEESCH in den Jahren 1951 bis 1953 Gelder von der ‹Notgemeinschaft der Deutschen Wissenschaft›, der Vorgängerin der Deutschen Forschungsgemeinschaft (DFG), zu bekommen. Er stellte HEESCH als Wissenschaftliche Hilfskraft ein und förderte somit dessen Arbeiten am Vierfarbenproblem. Leider flossen die Gelder nur bis 1953, so daß HEESCH danach wieder auf sich allein gestellt war.

In diesen Jahren zeichnete sich die ganze Tragik ab, die mit HEESCHS Arbeiten, dem Ringen um wissenschaftliche Anerkennung seines Ansatzes und den Bemühungen um eine halbwegs ausreichende Sicherstellung seiner wirtschaftlichen Existenzgrundlage verbunden war. PESCHL setzte gleich zu Beginn der Förderung am 1.3.1951 HEESCH erheblich unter Druck. Er forderte, daß innerhalb von 6 Monaten ein «hieb- und stichfestes, druckreifes Manuskript fix und fertig der Notgemeinschaft vorgelegt werden» müsse. Gleichzeitig forderte PESCHL HEESCH auf, sich um eine endgültige Stellung zu kümmern, wofür er nur im Höheren Schuldienst eine Möglichkeit sah;

Abb. 54
Ernst Peschl.

> «Denn es ist des Menschen würdig und seinem Verstande angemessen, etwas voraus zu sorgen und nicht von heute auf morgen zu leben, ohne an das Übermorgen zu denken.»

Der Chef der Landeskanzlei in Düsseldorf sagte seine Hilfe bei der Beschaffung einer Planstelle im Höheren Schuldienst zu, aus der Heesch dann für Forschungszwecke ohne Bezüge beurlaubt werden könnte. Aber dieser hatte für solche Überlegungen keinen Sinn.

Heesch arbeitete in Kiel wie besessen, «meist bis zur physisch möglichen Grenze, unter der lieben Pflege» seiner Mutter an der Verfolgung seines Ansatzes zur Lösung des Vierfarbenproblems. Nicht selten befand er sich am Rande eines körperlichen Zusammenbruchs. Obwohl von der Richtigkeit seines Weges überzeugt, war er doch manchmal eher verzweifelt. Dies kommt in einem Brief vom 16.4.51 an Peschl zum Ausdruck:

> «Ich habe lange den Wunsch und den Ehrgeiz gehegt, es möge mir die Lösung in gedanklicher Form glücken. Soweit mich aber das Elend von 16 Jahren nicht von solch überflüssigem Ehrgeiz geheilt haben sollte (was ich wirklich hoffe), bin ich selbst des ernsten Willens, ihn nicht mehr zu haben, sondern, sollte er sich regen, zu überwinden. ... Denn im Hinblick auf mein Leben kann doch wohl jeder Wohlgesonnene nur wünschen, diese Vierfarbenarbeit möge alsbald zu einem Ende gebracht werden, damit eben mein Leben ohne diese Last weitergehen könne.»

Aber in einem Brief vom 11.11.52 an Peschl schrieb er dann wieder:

«Gewiß empfinde ich es immer als drückende Schande, es nicht gedanklich packen zu können.»

HEESCH sah das Ende seines Lösungsweges. Aber um dieses zu erreichen, waren noch umfangreiche Rechnungen durchzuführen, die, würde nur ein einzelner Mensch daran arbeiten, noch Jahre beanspruchen würden. Er traute sich diese Rechnungen zu und fand auch ständig Abkürzungen – aber er zählte diese Rechnungen nicht zu einer ‹gedanklichen› Lösung des Problems.

Dann wurde die Zeit knapp. Die Gutachter der Notgemeinschaft forderten konkrete Resultate und vor allem eine verbindliche und einleuchtende Abschätzung der noch benötigten Zeit. Diese aber konnte und wollte HEESCH nicht geben. In zahllosen tagelangen Sitzungen in Eitorf, dem Wohnsitz PESCHLS in der Nähe von Bonn, und in einem umfangreichen Briefwechsel bemühten sich PESCHL und HEESCH um eine Ausformulierung der vorhandenen Ergebnisse. In den Augen der Gutachter reichten die Berichte jedoch nicht aus. Die Mittel wurden nach dem 15. 10. 53 nicht mehr gezahlt, so daß PESCHL HEESCH entlassen mußte. In einem Brief schrieb PESCHL an HEESCH:

«Sodann möchte ich Dir ins Gewissen reden, jetzt endlich einmal eine feste gesicherte Lebensstellung anzustreben und nicht noch einmal dieser Deiner natürlichen Lebenspflicht auszuweichen.»

Er solle sich endlich dazu aufraffen, sich

«selbst eine Dauerstellung zu verschaffen und nicht die Hauptsorge für die Zukunft anderen zu überlassen».

Die Antwort HEESCHS ist kennzeichnend für dessen teilweise naive Weltfremdheit:

«Es hat mir ferngelegen, Dich oder überhaupt Andere mit der Hauptsorge für meine Zukunft zu belasten. Wenn ich, wie noch in meinem gestrigen Brief, Dir alle Freiheit gab, statt meiner Herrn ELLERSIEK zu schreiben [mit ELLERSIEK, dem Leiter der Sektion Transport beim ‹Rationalisierungskuratorium der Wirtschaft› in Frankfurt, hatte PESCHL Verbindung aufgenommen, um HEESCH eine Stellung zu verschaffen – H.-G. B.], so hielt ich das auch für den besten Weg, wie Du Deine Interessen an meiner Arbeitszeit gesichert bekämst. In der Tat, wenn ich das selbständig, ohne ausführliches gänzliches Einvernehmen mit Dir, in die Hand genommen hätte, so hätte ich Dir gegenüber ein unsauberes Empfinden gehabt. Ohne Deinen Brief wäre ich nicht auf den Gedanken gekommen, daß Du im Gegenteil eine solche selbständige Aktivität sogar für meine lange vernachlässigte Pflicht halten würdest. (Du siehst also, aus welcher ‹Traumtiefe› mich Dein Brief heraufholt.)»

HEESCH träumte davon, seinen Lösungsansatz zu Hause in Kiel am Schreibtisch weiter verfolgen zu können und dabei von irgendeiner Stelle finanziell unterstützt zu werden:

> «Wenn es doch nur eine Verwirklichung des Wunsches gäbe, bei dieser Arbeit auch sein bescheidenes Brot und Butter zu haben, und zwar, auf Vertrauen, ohne Fristdruck.»

HEESCH konnte auch die Verfahren der deutschen Forschungsförderung nicht verstehen. Die Möglichkeit, sich an amerikanische Geldgeber zu wenden, verwarf er:

> «Ach, ich möchte so vielmehr lieber mit der Sache unter Deutschen bleiben.»

In diesem Zusammenhang ist eine Äußerung Heeschs in einem Brief an PESCHL vom 4. 1. 53 – insbesondere im Hinblick auf die späteren Ereignisse – interessant:

> «Bei der amerikanischen Auffassung von Wettbewerb dürfte es übrigens entscheidend sein, daß wir noch nichts publiziert haben, wie man mir immer wieder im Zusammenhang mit der Flächenteilung (Parkett) sagte. Bei der ersten Publikation, die erkennen läßt, daß das bloße Lossegeln ins Meer der Reduktion uns das Ziel bringen wird, werden eben drüben 5 bezahlte Rechner nach Studium unserer Publikation angesetzt und kommen, wo ich (oder noch nicht einmal ich im Falle der Ablehnung) als Einzelner im Rennen liege, natürlich früher mit der Schlußtrophäe heraus, selbst, wenn ihnen gar keine gedankliche Weiterabkürzung der Rechnung einfallen sollte!»

Noch eine andere Begebenheit in diesen Jahren ist aus mathematikhistorischer Sicht von Interesse: Im Juli 1953 hielt A. WALTHER, Professor an der TH Darmstadt, in Kiel einen Vortrag über neue Rechenmaschinen, HEESCH diskutierte mit PESCHL sofort die Frage, ob diese Maschinen bei den Reduktionsrechnungen helfen könnten. In der Annahme, daß dies möglich sein würde, arbeitete HEESCH in der darauf folgenden Zeit an einer Aufbereitung seines Lösungsansatzes für die Maschine. Eine entsprechende Anfrage bei WALTHER führte zu eine Diplomarbeit des Studenten ROLF BASTEN, in der zwar ein vorbereitender Schritt gelöst wurde, die aber zugleich zeigte, daß die vorhandene Rechenmaschine (IBM) zur Erzielung praktischer Resultate bei den Reduktionsrechnungen noch nicht ausreichte.

Die Bemühungen HEESCHS und PESCHLS um eine bezahlte Beschäftigung HEESCHS im Anschluß an die Einstellung der Förderung durch die DFG führte zu einer erneuten Kontaktaufnahme mit JAKOB LOEF. LOEF wandte sich an den ‹Ausschuß für wirtschaftliche Fertigung›, eine Unterabteilung des ‹Rationalisierungskuratoriums der Wirtschaft› in Frankfurt, mit dem Ziel, die ‹Flächenteilung› an die Industrie zu verkaufen. Der Preis sollte eine feste Lebensstellung HEESCHS bei dieser Institution sein, die ihm dann eine freie Forschertätigkeit sichern sollte. HEESCH stellte sich vor, daß zuvor eine Gruppe von geeigneten Experten die Materialersparnis pro Jahr durch Anwendung der 28 Gesetze schätzen müßte. In einem Brief an PESCHL vom 27.12.53 hieß es:

> «Ich will Dir gestehen, daß ich selbst das lebhafteste Interesse an dieser Einschätzung habe. Seit 16 Jahren führt mich die Industrie nämlich an der Nase herum, sagt (dies Jahr noch wieder), daß es Millionen sind, die zu sparen sind, und – nichts wird realisiert, und ich muß mir verbummelte Lebensführung vorwerfen lassen zu dem Unglück, daß ich mein Leben in dürftigstem Zuschnitt versäumt habe.»

Im Vorstand des ‹Ausschuß für wirtschaftliche Fertigung› saß auch OTTO KIENZLE, so daß es auf diese Weise wieder zu einem Kontakt zwischen ihm und HEESCH kam. KIENZLE hatte inzwischen einen Lehrstuhl für ‹Werkzeugmaschinen und Umformtechnik› an der Technischen Hochschule in Hannover bekommen. In dem sich anbahnenden Briefwechel mit ihm und anderen Herren des Vorstandes schälte sich dann jedoch heraus, daß es für eine Realisierung der HEESCHschen Vorstellungen «unter den derzeitigen deutschen Verhältnissen nur einen natürlichen Weg» gab, nämlich den über eine Habilitation. So sah sich HEESCH gezwungen, auf die Angebote KIENZLES aus dem Jahre 1944 zurückzukommen. HEESCH sah sich wirklich gezwungen:

> «Ich betrachte die Habilitation als Hilfsschritt für die Lösung der finanziellen Frage, die ich als einzige gestellt habe und die eben gar nicht anders beantwortbar erscheint als durch Anempfehlen dieses ersten Hilfsschrittes.»

Am 30.4.1954 fand eine Besprechung in Hannover statt, an der als Vertreter der Mathematiker WILHELM QUADE, Inhaber des Lehrstuhls für Höhere Mathematik B, teilnahm. QUADE sagte zu, in der Fakultät die Möglichkeit einer Habilitation von HEESCH zu besprechen.

In der Zwischenzeit arbeitete HEESCH an der Lösung des Vierfarbenproblems weiter. Der ‹Ausschuß für wirtschaftliche Fertigung› gab auf Initiative von JAKOB LOEF eine einmalige Beihilfe in Höhe von DM 2000.– für die Anfertigung eines ‹Praxis-Lehrbuches zur Flächenteilung›. Aber HEESCH träumte noch von einem massiven Einsatz zur Lösung des Vierfarbenproblems. In einem Brief vom 5.2.55 fragte er bei PESCHL an:

> «Hälst Du ein nationales Interesse für gegeben, daß die Lösung in Deutschland, wie durch Deinen Einsatz wesentlich vorangebracht, so

auch möglichst beendet werde (und rationaler scheint dabei ein Team von ca. 10 Rechnern, die am natürlichsten unter Deinem Protektorat und unter meiner Anleitung zu diesem Zweck eine Arbeitsgemeinschaft bilden, etwa 1 Jahr lang, als der Maschineneinsatz ...), oder ist ein merkliches Interesse der Mathematikerschaft und der deutschen Wissenschaft überhaupt zu verneinen, das über mein persönliches Forscherinteresse hinausginge, so daß ich, falls ich will, eine Gemeinsamkeit mit den Amerikanern suche, wobei es dann praktisch wohl so läuft, daß diese es unter Benutzung meiner ... Ergebnisse zu Ende führen werden ....»

Am 28. 2. 1955 sprach HEINRICH WEISE, Ordinarius für Mathematik in Kiel, im Mathematischen Seminar der Universität zum Thema ‹Über das Vierfarbenproblem›. Vorher hatte er denselben Vortrag schon anläßlich der Feier zum 60sten Geburtstag von WILHELM SÜSS im Mathematischen Forschungsinstitut in Oberwolfach gehalten. WEISE stellte einen Beweis des Vierfarbensatzes vor, der ganz ohne Reduktionen mit algebraischen Mitteln geführt wurde. Der Vortrag war eine Sensation und wurde entsprechend von der deutschen Mathematikerschaft aufgenommen. HEESCH bewertete ihn zwar als «eine entscheidende Überraschung», nahm aber anscheinend die Stichhaltigkeit der WEISEschen Lösung nicht ganz ernst, denn er zog für seine Arbeiten keinerlei Konsequenzen daraus. – Ein Jahr später lag eine Veröffentlichung des Beweises immer noch nicht vor, wie PESCHL in einem Brief an HEESCH feststellte. Es ging das Gerücht um, daß ein Hilfssatz des Beweises falsch sei.

HEESCH nahm auf Anraten von LINUS PAULING, den er über seine Arbeiten unterrichtet hatte, und der ihn im Herbst 1953 in Kiel besuchte, auch Kontakt mit PHILLIP FRANKLIN am Massachusetts Institute of Technology in den USA auf. In dem sich anschließenden Briefwechsel machte FRANKLIN auf die Arbeiten von C. E. WINN aus den Jahren 1937 bis 1940 aufmerksam. HEESCH war vorher auf die entsprechende Literatur nicht gestoßen, was sicher mit der relativen Isoliertheit der deutschen Wissenschaften während des Nazi-Regimes zusammenhing. Das Studium ergab, daß WINN eine noch wirkungsvollere Reduktionsmethode besaß als HEESCH bis dahin bekannt war. Sie ist eine Erweiterung der BIRKHOFFschen Reduktion und beruht auf der mehrfachen Anwendung des KEMPE-Ketten-Verfahrens, dem ‹KEMPE-Ketten-Spiel›, wie HEESCH es nannte. HEESCH bezeichnete die Reduktion als ‹C-Reduktion› (nach C. E. WINN). Sind A, B, C die Mengen der A-, B-, C-reduziblen Figuren, so gilt: $A \subset B \subset C$. HEESCH baute die C-Reduktion sofort in seinen Ansatz ein. Ihre Kenntnis bedeutete eine erhebliche Abkürzung der bisherigen Reduktionsrechnungen.

TECHNISCHE AKADEMIE

Veranstaltungsort: Eßlingen a. N., Großer Sitzungssaal des Alten Rathauses Eßlingen, I. Stock

EINLADUNG

Kursus 612 Eine Rationalisierungsanregung:
Abfalloses Schneiden und Stanzen von Blechen durch Anwendung des Flächenschlusses in der Konstruktion

Jeder weiß, daß zwar Quadrate und regelmäßige Sechsecke verlustlos aus einer (unendlichen) Gesamtfläche ausgeschnitten werden können, Kreise dagegen nicht. Wer möchte entscheiden, was in dieser Hinsicht z. B. von der nebenstehenden Form gilt? Abfallosigkeit beim Herausschneiden einer Form ist eine innere geometrische Eigenschaft der Form selbst.

Die Kenntnis der Regeln, die den Konstrukteur befähigen, von vornherein nur abfallose Maschinenteile zu entwerfen, wird in dem nachfolgend angezeigen Kursus vermittelt und praktisch demonstriert. Das System des Flächenschlusses findet immer mehr Eingang in die metallverarbeitende Industrie. Man erzielt auf diese Weise große Werkstoff- und auch Arbeitseinsparungen. Die Ersparnisse wachsen mit drei Faktoren, wobei das Vorliegen nur eines der drei Faktoren vollauf genügt, um bereits erhebliche Rationalisierungserfolge zu erzielen: erstens mit der Stückzahl, zweitens mit der Dicke des Werkstoffes, insbesondere beim Brennschneiden (statt Stanzen), drittens mit dem Wert des Werkstoffes.

Einige Einführungskurse machten einen Kreis von Praktikern besonders mit den Vorteilen des Flächenschlusses bekannt. Das Echo war derart erfreulich, daß aus dem Hörerkreis die Anregung kam, diesen Kursus auch weiterhin stattfinden zu lassen. Hierbei soll ein noch größerer Kreis von Praktikern angesprochen werden, um Gelegenheit zu geben, in fruchtbaren Diskussionen auch Verbesserungsmöglichkeiten für die eigenen Betriebe zu erarbeiten.

Gemeinsam mit der Forschungsgesellschaft Blechverarbeitung e. V. Düsseldorf und mit Förderung der Stadt Eßlingen a. N., sowie der Industrie- und Handelskammer Eßlingen a. N. veranstaltet daher die Technische Akademie den Kursus

Eine Rationalisierungsanregung:
Abfalloses Schneiden und Stanzen von Blechen durch Anwendung des Flächenschlusses in der Konstruktion

Das System der Bildungsgesetze für alle Formen der abfallosen regelmäßigen Zerlegung der Ebene besteht aus einem rechteckigen Schema von 28 Symbolen, deren Vermittlung und praktische Beherrschung das Ziel des Kursus ist.
Vier Arten von Verlagerungen – Willkürliche Linie – Verlagerungsgruppe – Netz – Form und Formentyp – Einfacher Typ – Das System – Schneiden mit Steg – Geradlinige Lösung – Freie Aufgaben – Schneiden aus Streifen und Bändern.

Es spricht

Dr. phil. H. HEESCH, Kiel
Lehrbeauftragter an der Technischen Hochschule Hannover

Dauer des Kursus: Mittwoch, 10. April bis Freitag, 12. April 1957, täglich von 9–12; 14–17 Uhr.

Anmeldungen an: Prof. Dipl.Ing. Otto Kögler, Eßlingen a. N., Ebershaldenstraße 40, Tel. 39732

Teilnahmegebühr: DM 45.–.

Einzahlung der Teilnahmegebühr nur auf Konto 8426 der Technischen Akademie bei der Kreissparkasse Eßlingen a. N. mit dem Vermerk: „Kursus 612 Eßlingen".

Unterkunft vermittelt: Württ. Reise- und Verkehrsbüro Eßlingen a. N., Am Bahnhofsplatz. Vermittlungsgebühr DM 0.50. Hotelzimmer-Preis DM 4.– bis 8.–. (Telefon 38924).

Anmerkung: Jeder Lehrgang ist in sich abgeschlossen. Es empfiehlt sich nicht, nur zu bestimmten Tagen oder Stunden zu kommen, zumal eine Teilberechnung der Kursusgebühr nicht möglich ist. Dagegen empfiehlt sich eine rechtzeitige Anmeldung, um einerseits eine Überfüllung des Kursus zu vermeiden, und andererseits die Teilnehmer rechtzeitig benachrichtigen zu können, falls der Kursus aus unvorhergesehenen Gründen ausfallen muß.

Stadt Eßlingen — *Technische Akademie*, Wissenschaftlicher Leiter: *Prof. Dr. H. F. Schwenkhagen*

Industrie- und Handelskammer Eßlingen a. N.

Forschungsgesellschaft Blechverarbeitung e. V. Düsseldorf

Abb. 55
Einladung zu einem HEESCH-Vortrag vor Technikern.

9 Ein neuer Anfang in Hannover (1955–1964)

Auf Initiative von OTTO KIENZLE regte im Sommer 1955 die Fakultät für Maschinenwesen der TH Hannover bei der Fakultät für Natur- und Geisteswissenschaften an, «einige besondere mathematische Probleme, die bei ihren Forschungsarbeiten auftreten, durch einen speziellen Lehrauftrag in der Abteilung Mathematik vertreten zu lassen. Es handelt sich dabei um die geometrischen Gesetze für die Aufteilung von Flächen in kongruente Elemente (Flächenschluß)». Gleichzeitig wurde betont: «Der hervorragendste Kenner dieser Probleme im gesamten Bundesgebiet ist unstreitig Herr Dr. phil. HEINRICH HEESCH in Kiel.»

Die Fakultät für Natur- und Geisteswissenschaften stellte daraufhin am 1. 10. 1955 einen entsprechenden Antrag beim Niedersächsischen Kultusminister, dem auch sogleich stattgegeben wurde. HEESCH begann so seine Lehrtätigkeit an der TH Hannover im Wintersemester 1955/56 mit einer einstündigen Vorlesung über ‹Flächenteilung für Maschinenbauer›. An dieser Veranstaltung nahm auch KIENZLE, der sich für dieses Thema ja schon immer sehr interessiert hatte, «ohne eine Stunde zu versäumen», teil.

KIENZLE vermittelte auch weiterhin Vorträge auf Tagungen und Schulungskurse in der Industrie, so zum Beispiel bei der Firma PFAFF AG in Kaiserslautern, an der Technischen Akademie Bergisch-Land in Wuppertal, an der Technischen Akademie in Eßlingen oder auf VDI-Arbeitskreisen. (Eine Einladung zu einem solchen Kursus ist in Abb. 55 abgedruckt.) 1957 erreichte er bei der DFG eine Unterstützung HEESCHS zur ‹Entwicklung des Flächenschlusses›. HEESCH bekam zehn Monate lang monatlich 1100.– DM, was für ihn «zehn fette Monate» bedeutete. In dieser Zeit sollte HEESCH ein Buch schreiben.

Die Arbeiten an diesem Buch kamen jedoch nur sehr schleppend voran. Das Buch sollte eine ingenieursmäßige Aufbereitung der Ergebnisse aus der Lösung des regulären Parkettierungsproblems darstellen und möglichst viele Beispiele für Anwendungen enthalten. HEESCH machte die Manuskriptarbeit sehr viel Mühe. Besonders das «Übersetzen in die Welt des Andern» und «das Verschmelzen von

Sache und Wort in der jeweiligen Welt einer Verbraucherklasse» bereitete ihm große Schwierigkeiten. Sie konnten wohl erst durch die hilfreiche Mitarbeit des Ingenieurs Dr. MANFRED MEYER behoben werden, so daß die vielen Neuanfänge schließlich doch noch zu einer «leicht begreiflichen Darstellung» führten. 1963 erschien das Buch unter dem Titel *Flächenschluß* mit dem Untertitel *System der Formen lückenlos aneinanderschließender Flachteile* beim Springer-Verlag[118]. In einer Rezension des Buches schrieb H. S. M. COXETER[119]:

> "This beautifully illustrated book provides the mathematical background for 'The graphic work of M. C. ESCHER', ...".

In der Tat, die intuitiv geschaffenen Graphiken ESCHERS finden bei HEESCH ihre mathematischen Hintergründe.

OTTO KIENZLE lieferte zu dem Buch noch einen besonderen Clou: Er entwickelte für die technische Verwertung der Flächenschluß-Lösung bei der Blechverarbeitung eine ‹Knabbermaschine› mit Schablonenführung, die unter Fachleuten internationales Aufsehen erregte.

Im April 1956 hielt HEESCH auf der MNU-Tagung, der jährlichen Hauptversammlung des ‹Vereins zur Förderung des Mathematischen und Naturwissenschaftlichen Unterrichts›, die in diesem Jahr in Hannover stattfand, einen Vortrag über das Parkettierungsproblem. Dieser Vortrag war auf Initiative der damaligen Oberstudienrätin und späteren o. Professorin für Mathematik und ihre Didaktik, RUTH PROKSCH, zustande gekommen. RUTH PROKSCH hatte schon in den dreißiger Jahren während ihres Studiums in Breslau bei RADEMACHER, HOHEISEL, FEIGL und RADÓN durch ERNST MOHR viel von HEESCH und dessen Arbeiten gehört. Die Berichte mußten so vielversprechend gewesen sein, daß sie nun die Gelegenheit ergriff, HEESCH persönlich kennenzulernen. Aus dieser Bekanntschaft erwuchs in den folgenden Jahren eine tiefe Freundschaft. RUTH PROKSCH nahm intensiven Anteil an den Forschungen HEESCHS und arbeitete auch aktiv mit ihm auf vielen Gebieten zusammen. Ihre wissenschaftlichen Interessen lagen ohnehin auf denselben Gebieten, was zum Beispiel in dem 1956 erschienenen Büchlein *Geometrische Propädeutik* deutlich zum Ausdruck kommt[120]. Promoviert hatte sie 1943 in Breslau bei NIKURADSE über ein Thema aus der Aerodynamik (dreidimensionale Variationsrechnung), nachdem sie mehrere Jahre in der Flugzeugindustrie gearbeitet hatte. Nach dem Kriege war sie nach Göttingen gekommen und dort mit WALTER LIETZMANN bekannt geworden. Sie ging in den Höheren Schuldienst und avancierte dort bis zur Leiterin eines großen Mädchengymnasiums.

Abb. 56
Otto Kienzle.

1965 erhielt sie einen Ruf an die Pädagogische Hochschule in Hannover und widmete sich von nun an wieder mehr der Mathematik. Heinrich Heesch fand in ihr nicht nur eine seinen Forschungen aufgeschlossene Partnerin, sonden auch eine Hilfe bei der Bewältigung der sich häufenden bürokratischen Arbeiten, die ihm immer ein Greuel waren und bei deren Erledigung er oft sehr hilflos war.

Am 15.2.1958 habilitierte sich Heinrich Heesch an der Fakultät für Natur- und Geisteswissenschaften an der TH Hannover in der Abteilung Mathematik und Physik mit einigen Arbeiten zum Vierfarbenproblem. Die Habilitationsschrift enthielt im wesentlichen die Ergebnisse, die vor allem in den letzten Jahren entstanden und seitdem mit Ernst Peschl ständig diskutiert worden waren:

1. Eine Triangulation ohne Ecken vom Grade 6 oder 7 ist reduzierbar.
2. Eine Triangulation mit ausschließlich Ecken vom Grade 5 oder 7 ohne ein 7-7-7-Dreieck ist reduzierbar.
3. Jede Triangulation der Stufe $s = 1$ ist reduzierbar.

Das *erste Ergebnis* bedeutete eine erhebliche Verschärfung des bis dahin bekannten Ergebnisses, daß alle Triangulationen ohne Ecken vom Grade 6, 7, 8 oder 9 reduzierbar sind. Damit bestand die restliche Schwierigkeit in der Lösung des Vierfarbenproblems ‹nur› noch in der Behandlung solcher Figuren, die unter anderem auch Ecken vom Grade 6 oder 7 enthalten. Da jede Triangulation ohne Ecken vom Grade < 5 mindestens 12 Ecken vom Grade 5 enthält, bedeutet das *zweite Ergebnis* eine Teillösung des Restprogramms. Es ist in Verbindung mit dem schon länger bekannten Satz zu sehen, daß jede Triangulation mit ausschließlich Ecken vom Grade 5 oder 6 reduzierbar ist. Das *dritte Ergebnis* gibt eine Teillösung des Vierfarbenproblems nach der von HEESCH entdeckten «Methode der Krümmungen» an, bei der die Reduktion von Triangulationen stufenweise erfolgt[121]. Nach ERRERAS Ergebnissen war die Reduktion der Stufe $s = 0$ mittels fünf reduzibler Figuren erledigt. HEESCH hatte nun den Fall $s = 1$ behandelt. Er gab 26 neue reduzible Figuren an, die, zusammen mit 11 schon bekannten reduziblen Figuren, ausreichten, um diesen Fall zu lösen.

Als ‹unbesoldeter Privatdozent› hielt HEESCH nach der Habilitation nun auch Vorlesungen und Übungen für Mathematiker und für Geodäten ab: Variationsrechnung, Gruppentheorie, Trigonometrie, Mechanik für Geodäten, Differentialgeometrie für Geodäten usw.. Die Vergütung für diese Lehraufträge war sehr dürftig. So erhielt HEESCH zum Beispiel für das Wintersemester 1959/60, in dem er Veranstaltungen im Umfang von sieben Semesterwochenstunden abhielt, einen Pauschalbetrag von 2500.– DM. Hinzu kamen noch ‹Unterrichtsgeldanteile› in Höhe von 198.– DM und eine ‹Beihilfe zur Bestreitung der Lebensunterhaltungskosten› von 300.– DM. Wenn man bedenkt, daß HEESCH von diesen Beträgen ein halbes Jahr lang leben mußte, so kann man seine finanzielle Situation leicht einschätzen.

Im März 1961 wurde HEESCH aufgrund eines besonderen Engagements von THEODOR KALUZA (jun.), der damals den Lehrstuhl für Höhere Mathematik A inne hatte und das Mathematische Institut A leitete, zum ‹besoldeten Privatdozenten› ernannt. Er erhielt damit monatlich ein festes Gehalt, wodurch die finanzielle Notlage zuerst einmal behoben war.

KALUZA hatte sich wiederholt für HEESCH eingesetzt: 1957 hatte er dessen Habilitation durchgesetzt und danach auch eine Vergütung des Lehrauftrages erreicht. Die «Verleihung einer Dozentur an Herrn Privatdozent Dr. HEESCH» durch den Niedersächsischen Kultusminister war nicht leicht durchzusetzen gewesen. In einem ersten ‹Antrag› hatte KALUZA im März 1960 an den Minister geschrieben:

«Die Erklärung dafür, daß ein so hochbegabter, origineller und vielseitiger Mann, der nicht nur an jede seiner Veröffentlichungen, sondern an jede seiner Äußerungen überhaupt den strengsten Maßstab legt, nicht längst in Amt und Würden ist, liegt wohl vor allem darin, daß er zur Zeit des Nationalsozialismus im Dozentenlager für politisch untragbar erklärt und seine durchaus verheißungsvoll begonnene akademische Laufbahn dadurch natürlich beendet wurde. Ein Beweis seiner wirklich ungewöhnlichen Bescheidenheit und Zurückhaltung ist es übrigens, daß er nicht, wie so viele es in seiner Lage getan haben, versucht hat, eines der Gesetze auszunutzen, die die Korrektur politischer Willkür zum Ziel haben.»

Als der Minister sich jedoch einer Ernennung HEESCHs zum besoldeten Dozenten mit dem Argument widersetzte, HEESCH sei schon zu alt, um als Nachwuchswissenschaftler zu gelten und auf eine Berufung hoffen zu können, hatte KALUZA im November 1960 gekontert:

«Herr KIENZLE hat mich ermächtigt, zur Frage der Aussichten von HEESCH auf eine Berufung zu sagen, daß er, falls wir den geplanten Lehrstuhl für Geometrie bekämen, Herrn HEESCH für diesen Lehrstuhl propagieren würde. Ich persönlich füge hinzu, daß ich das für eine Besetzung eines solchen Lehrstuhls halten würde, mit der wir durchaus Ehre einlegen könnten.»

Damit hatte sich der Minister überzeugen lassen, und es war zur Ernennung im März 1961 gekommen. Der angedeutete Lehrstuhl für Geometrie wurde 1962 eingerichtet. Berufen wurde HORST TIETZ, der bis dahin Dozent an der Universität Münster gewesen war.

Im Juli 1959 trug HEESCH über das Parkettierungsproblem in der Mathematischen Arbeitsgemeinschaft in Hamburg vor. Im Anschluß daran forderte ihn HELMUT HASSE, der inzwischen Ordinarius in Hamburg war, auf, über die Lösung des regulären Parkettierungsproblems ein Manuskript zu schreiben. Dieses sollte dann als ‹Hamburger Einzelschrift› herausgebracht werden. Hierzu kam es jedoch nicht. Die Sache blieb irgendwo liegen.

Es dauerte dann bis zum Sommer 1965, als HEINRICH BEHNKE anläßlich eines Kolloquium-Vortrages am Mathematischen Institut in Hannover von den Parkett-Arbeiten HEESCHs erfuhr und spontan seine Unterstützung für eine Veröffentlichung zusagte. Dabei dachte er an einen Sitzungsbericht der ‹Arbeitsgemeinschaft für Forschung des Landes Nordrhein-Westfalen›. Voraussetzung dafür war allerdings, daß HEESCH in einer Sitzung der Arbeitsgemeinschaft vortrug. So kam es – insbesondere auch durch Vermittlung von ERNST PESCHL, der ordentliches Mitglied der Arbeitsgemeinschaft war – dazu, daß HEESCH am 12.10.1966 zur 155. Sitzung der Arbeitsgemeinschaft in das Düsseldorfer ‹Haus der Wissenschaft› eingeladen wurde, um dort über die Lösung des regulären Parkettierungsproblems vorzutragen. In den Veröffentlichungen dieser Arbeitsgemeinschaft erschien dann 1968 als Heft 172 endlich die vollständige, auch wissenschaftlich-mathematischen Ansprüchen genügende Darstellung der Lösung auf etwa 80 Seiten – 34 Jahre, nachdem sie von HEESCH gefunden worden war[122]!

In dem Buch werden nicht nur Ergebnisse mitgeteilt, sondern auch offene Fragen formuliert, von denen einige bis heute noch ungelöste Probleme darstellen. Ein Beispiel möge hier stellvertretend angegeben werden: HEESCH stellte die Frage, ob es abgeschlossene beschränkte Bereiche gibt, mit denen die Ebene zwar nicht parkettiert werden kann (weder regulär noch irregulär), mit denen aber wenigstens einer dieser Bereiche durch kongruente einmal oder mehrere Male vollständig umgeben werden kann. In einem Beispiel gibt er einen solchen Bereich an (siehe Abb. 57):

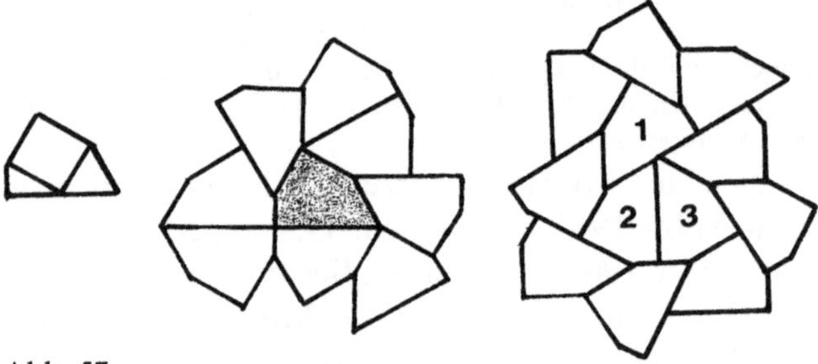

Abb. 57
Beispiel eines Bereichs, der zwar nicht parkettiert, der sich aber genau einmal von kongruenten Exemplaren vollständig umgeben läßt.

Der Bereich, dessen Konstruktion aus der linken Figur hervorgeht, parkettiert nicht. Er läßt sich aber von kongruenten Exemplaren genau einmal umgeben. Und zwar auf verschiedene Weisen, wie die beiden anderen Figuren zeigen. In der mittleren Figur wird der Bereich von acht Exemplaren, in der rechten Figur werden 1 von sieben, 2 und 3 von jeweils sechs Exemplaren umgeben.

Frage: Gibt es auch nicht parkettierende Bereiche, die sich genau zweimal, dreimal ... vollständig umgeben lassen? Bisher ist noch kein Beispiel bekannt. In die mathematische Literatur ist diese Frage als ‹HEESCHS Problem› eingegangen[123].

HASSE zeigte sich auch an einem Manuskript *Untersuchungen zum Vierfarbenproblem* interessiert. HEESCH schickte ihm dies noch 1959. Im Mai 1960 lieferte PESCHL ein sehr positives Gutachten über die Arbeit, die in den Berichten der Mainzer Akademie erscheinen sollte. Im weiteren Verlauf entwickelte sich dann jedoch ein ziemlich unwürdiges Gerangel bezüglich der Kompetenz zwischen Akademie-Mitgliedern und Akademie-Nichtmitgliedern, so daß die Arbeit im Dezember 1960 an HEESCH zurückgeschickt wurde. Man konnte keinen zweiten Gutachter finden!

HEINRICH HEESCH hatte in diesen Jahren seinen Wohnsitz immer noch in Kiel bei seiner Mutter. Während der Vorlesungszeit fuhr er dann für ein, zwei oder drei Tage nach Hannover. Hier übernachtete er im KIENZLE-Institut für Werkzeugmaschinen und Umformtechnik, wo man ihm behelfsmäßig ein Bett aufgestellt hatte. Erst 1960, als eine Sekretärin des Instituts heiratete, konnte HEESCH bei deren Mutter zwei Zimmer mieten und so langsam in Hannover heimisch werden. Die Wohnung lag im dritten Stock eines alten Mietshauses in der Nähe der Hauptgebäude der Hochschule, Im Moore 19. Das Haus hatte die schweren Bombenangriffe während des Krieges mehr oder weniger gut überstanden. Sogar der Stuckdekor an den hohen Zimmerdecken war erhalten geblieben. Er zeigte dieselben Muster wie in der elterlichen Wohnung in Kiel. Ein Grund mehr für HEESCH, in diese Zimmer einzuziehen. Die Einrichtung war äußerst spartanisch, was sich auch im Laufe der nächsten 24 Jahre nicht änderte. Aber für den Wissenschaftler HEESCH waren dies Äußerlichkeiten, die er kaum wahrnahm. Er wollte arbeiten, und da spielten solche Dinge überhaupt keine Rolle.

HEESCH sollte bis zum Jahre 1984 in dieser Wohnung zur Untermiete wohnen. Als seine Wirtin dann auszog, übernahm er die Wohnung als Hauptmieter und richtete sich – unter tatkräftiger Mithilfe von RUTH PROKSCH – mit den Möbeln aus der Kieler Wohnung häuslich ein.

HEESCH konzentrierte Anfang der sechziger Jahre seine Forschungen nun immer intensiver auf die Lösung des Vierfarbenproblems. Sein Ziel war es, eine Liste von reduziblen Figuren aufzustellen und dann zu zeigen, daß in jeder Triangulation wenigstens eine Figur aus dieser Liste vorkommt. Da der Nachweis der Reduzibilität einer Figur umfangreiche Fallunterscheidungen und damit viel Zeit erforderte, lag es nahe, Mitarbeiter für dieses Forschungsprogramm zu gewinnen. Um diese finanzieren zu können, beantragte er im August 1963 bei der DFG Personalmittel für zwei wissenschaftliche Mitarbeiter, für einen teilbeschäftigten Assistenten im Rechenzentrum, eine teilbeschäftigte Schreibkraft und eine teilbeschäftigte Zeichnerin, sowie Sachmittel. Alles in allem ca. 25.000.– DM pro Jahr. Mit Hilfe des Assistenten im Rechenzentrum sollte geprüft werden, ob bei den Reduktionsrechnungen eventuell Computer eingesetzt werden könnten. Der Leiter des Rechenzentrums der TH, Professor Dr. GÜNTHER BERTRAM, hatte seine Unterstützung zugesagt.

Im Februar 1964 sagte die DFG die Übernahme der Personalkosten für die Beschäftigung eines wissenschaftlichen Mitarbeiters zu. Damit konnte ab 1. 3. 64 der Studienreferendar KARL DÜRRE, der schon seit sechs Monaten ohne offizielle Entlohnung für HEESCH gearbeitet hatte (von HEESCH hatte er aus dessen privater Tasche 200.– monatlich erhalten), endlich mit 800.– DM pro Monat bezahlt werden. Dieser Bewilligung, die ja nur zu einem geringen Teil dem Antrag entsprach, waren umfangreiche Briefwechsel vorangegangen. So wollten die Gutachter Klarheit über den «optimalen Einsatz von Rechenmaschinen» haben und wissen, «in welcher Zeit die Arbeiten voll bewältigt sein könnten», das Vierfarbenproblem also gelöst sein würde. Die erste Frage konnte HEESCH aufgrund der Erfahrungen, die er mit einer ähnlichen Frage 1952/53 bei Prof. WALTHER in Darmstadt gemacht hatte – damals wurde die Möglichkeit des Einsatzes einer Rechenmaschine nach mehrmonatigen Untersuchungen in einer Diplomarbeit ja verneint –, nicht beantworten. Bezüglich der zweiten Frage sprach HEESCH die Vermutung aus, daß er «ohne Maschineneinsatz mit 5 bis 10 Herren wie Herrn DÜRRE in Jahresfrist fertig sein dürfte».

Dem Optimismus dieser Aussage lagen Ergebnisse zugrunde, die HEESCH im Frühjahr 1963 fand. Er konnte nämlich damals beweisen, daß in jeder Triangulation mit ausnahmslos Ecken vom Grade 5 und 7, in denen die Ecken vom Grade 5 nur in Dreierketten (keine 5-5-5-Dreiecke) vorkommen, wenigstens eine von acht angegebenen reduziblen Figuren vorkommt. Die beim Beweis dieses Satzes angewandte Krümmungsmethode zeigte, daß nur Figuren bis zu einer bestimmten Größe (bis zur vierten Umgebung einer Ecke) untersucht zu werden brauchten. Diese Erkenntnis machte es sehr wahrscheinlich, daß auch für sämtliche Triangulationen die Liste der reduziblen Figuren nur solche Figuren zu enthalten brauchte, deren Größe etwa in dieser Größenordnung liegt. Eine solche Liste müßte sich aber bald erstellen lassen.

10 Erstmals Computer in der Vierfarbenforschung (1964–1967)

Die Gutachter der DFG gaben sich mit der Beantwortung ihrer Fragen, insbesondere der ersten, nicht zufrieden. Nach ihrer Ansicht «sollte jetzt die gesamte Kraft auf die Lösung der Frage verwendet werden, wie man die Herstellung und Untersuchung reduzierbarer Konfigurationen auf eine elektronische Rechenanlage bringen könne». Es müsse gelingen, «die geometrisch topologischen Untersuchungen so weit in algorithmische Form zu bringen, daß ein Maschinenkalkül entwickelt werden könne». HEESCH sollte veranlaßt werden, «sich nicht der Frage der Untersuchung weiterer reduzierbarer Figuren zuzuwenden, sondern sich zu überlegen, in welcher Form gerade diese Aufgabe voll automatisiert werden könne oder zu beweisen, daß das grundsätzlich unmöglich sei».

HEESCH nahm diese Anregung sofort auf. Innerhalb relativ kurzer Zeit gelang es ihm, die Vorarbeiten so weit voranzutreiben, daß KARL DÜRRE ab September 1964 sich ausschließlich dem Maschineneinsatz zuwenden konnte. Zu diesem Zeitpunkt nämlich hatte HEESCH einen neuen Reduktionsbegriff entdeckt, den er – in Fortsetzung der begonnenen alphabetischen Reihenfolge – als D-Reduktion bezeichnete. Die D-Reduktion sollte sich als optimal computergerecht erweisen. Im Unterschied zur A-, B- und C-Reduktion entfällt bei der D-Reduktion jede Bezugnahme auf einen Reduzenten.

Die Entdeckung der D-Reduktion gelang HEESCH bei der Analyse eines vermeintlichen Beweises des Vierfarbensatzes, den er gerade gefunden hatte. Dieser ‹Beweis› beruhte auf einem alten Satz von VIKTOR EBERHARD, der besagt, daß jede Triangulation ohne Ecken vom Grade < 5 eine 5-5-Kante oder ein 5-6-6-Dreieck enthält. HEESCH meinte, diese beiden Figuren reduzieren zu können. In einer intensiven Diskussion mit ERNST PESCHL erwies sich dies jedoch als falsch.

Eine Figur heißt ‹D-reduzibel›, wenn sich jede beliebige Vierfärbung des Figurenrandes in das Innere durchfärben läßt, wobei – wenn nötig – beliebig oft das KEMPE-Ketten-Spiel vorgenommen werden darf. Es ist klar, daß eine Minimaltriangulation keine D-reduzible Figur enthalten kann. Denn nimmt man die Figur ohne ihren

Rand aus der Minimaltriangulation heraus, und trianguliert man dann das entstandene ‹Loch› irgendwie mit weniger Ecken als herausgenommen worden sind, so erhält man eine Triangulation, die vierfärbbar ist. Dann ist aber auch der Rand vierfärbbar und wegen der D-Reduzibilität der Figur die gesamte angenommene Minimaltriangulation vierfärbbar, was ein Widerspruch ist.

Die meisten C-reduziblen Figuren sind auch D-reduzibel. Es gibt aber auch D-irreduzible Figuren, die C-reduzibel sind. Eine erste solche Figur fand HEESCH jedoch erst 1967. Ein erstes Beispiel für eine A-reduzible aber D-irreduzible Figur wurde von HEESCH zufällig 1972 gefunden: eine Ecke vom Grade 6, die von sechs Ecken umgeben ist, die alle auch vom Grade 6 sind.

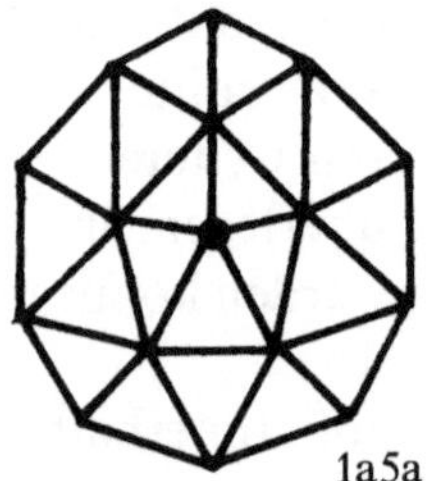

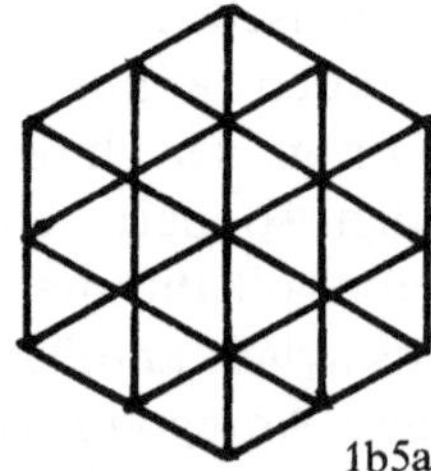

Abb. 58
Die Figur 1a5a ist C-reduzibel (WINN, 1937)[124] und D-irreduzibel (HEESCH, 1967).
Die Figur 1b5a ist A-reduzibel (WINN, 1937)[124] und D-irreduzibel (HEESCH, 1972).

Mit der Entdeckung der D-Reduktion entfiel ein großes Hemmnis bei den bisherigen Versuchen, Reduktionsrechnungen maschinell vornehmen zu lassen: nämlich die Automatisierung der Reduzentensuche. Stattdessen konnte die Maschinenarbeit jetzt etwa wie folgt ablaufen:

Eine als D-reduzibel vermutete Figur F mit einem n-eckigen Randkreis C_n wird in Form einer Verbindungsmatrix eingegeben. Es sei k_n die Anzahl der verschiedenen Vierfärbungen nur des Randes C_n. Dann ist zum Beispiel für $n = 6, 7, 8, 9, 10, 11, \ldots$ $k_n = 31, 91, 274, 820, 2461, 7381, \ldots$. Die Menge der Vierfärbungen des Kreises C_n sei mit ϕ_n bezeichnet. Als erstes werden nun alle Vierfärbungen der Figur F betrachtet und die dabei auftretenden Färbungen des Randes C_n der Figur F notiert. Sie bilden die Menge $\phi(F)$ der Randfärbungen der Figur F. Ist $\phi(F) = \phi_n$, so ist man fertig. F ist dann A-reduzibel. (Triviales Beispiel: F ist ein Dreieck mit einer

inneren Ecke.) Ist $\phi(F) \neq \phi_n$, dann ist $\phi_n \setminus \phi(F) \neq \emptyset$. Jedes Element von $\phi_n \setminus \phi(F)$ wird nun daraufhin getestet, ob bei einem KEMPE-Ketten-Spiel ein Element von $\phi(F)$ entsteht. Ist dies der Fall, so wird das getestete Element der Menge $\phi(F)$ ‹hinzugespielt›. Es entsteht so die Vereinigungsmenge $\phi_1(F)$ von $\phi(F)$ und der Menge der hinzugespielten Randfärbungen. Ist auch $\phi_n \setminus \phi_1(F) \neq \emptyset$, so wird das Verfahren in bezug auf die Menge $\phi_1(F)$ wiederholt und so weiter. Man erhält schließlich eine Endmenge $\bar{\phi}(F)$, zu der kein weiteres Element mehr hinzugespielt werden kann. Ist dann $\phi_n \setminus \bar{\phi}(F) = \emptyset$, so ist F D-reduzibel. Bleibt dagegen $\phi_n \setminus \bar{\phi}(F) \neq \emptyset$, so ist F D-irreduzibel.
Beispiel: Bei der in Abb. 58 skizzierten Figur 1a5a ist $n = 10$, also $k_{10} = 2461$. Die Reduktionsrechnungen zeigen, daß $\bar{\phi}(F)$ 1241 Elemente enthält. 1220 Randfärbungen lassen sich also auch mit noch so vielen KEMPE-Ketten-Spielen nicht durchfärben. Die Figur ist D-irreduzibel.

Dieses – hier vereinfacht dargestellte Vorgehen[125] – wurde von DÜRRE mehrfach verbessert, so daß die durchzuführenden Schritte erheblich verkürzt werden konnten. Dabei bereitete die Programmierung der KEMPE-Ketten-Auswahl die größten Schwierigkeiten. Diese konnten jedoch gemeistert werden, so daß der DFG im Dezember 1965 der erste Erfolg gemeldet werden konnte: Auf einer CDC 1604 A waren die ersten beiden Figuren (mit einem Neuneck als Randkreis, kurz als ‹Neuner› bezeichnet) gerechnet worden, wobei sich eine als D-irreduzibel, eine als D-reduzibel erwies.

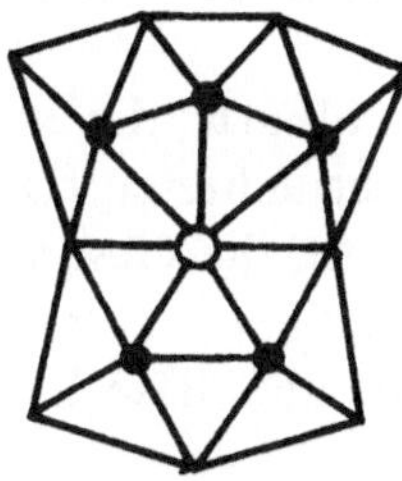

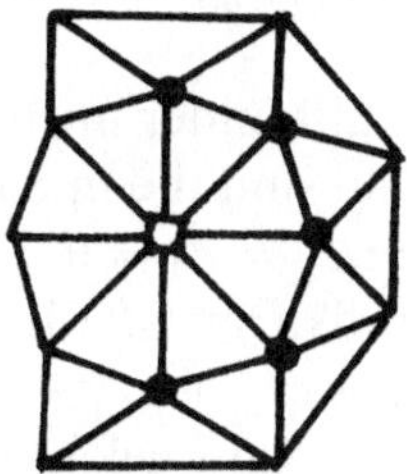

Abb. 59
Die beiden ersten im Dezember 1965 auf einem Computer gerechneten Figuren (‹Neuner›). Die linke erwies sich als D-irreduzibel, die rechte als D-reduzibel.
(Anmerkung: HEESCH kennzeichnet die inneren Ecken vom Grade 5 durch einen dicken Punkt, die vom Grade 6 nicht besonders, die vom Grade 7 durch einen kleinen Kreis, die vom Grade 8 durch ein Quadrat und die vom Grade 9 durch ein kleines gleichseitiges Dreieck.)

Mit diesem Ergebnis begann ein neues Zeitalter in der Vierfarbenforschung. Der Computer war in diesem Zusammenhang nicht nur zu einem wesentlichen Rechen-Hilfsmittel, sondern auch zu einem Beweismittel geworden. ERNST PESCHL erkannte die Bedeutung dieses Ereignisses schon sehr früh und drängte daher HEESCH immer wieder, seine Ergebnisse, die er vor dem Einsatz des Computers gewonnen hatte, in einer Abhandlung zusammenzustellen und zu veröffentlichen. Das Manuskript hierzu lag dann im November 1965 fertig vor. Als Buch erschien es aber erst 1969 unter dem Titel *Untersuchungen zum Vierfarbenproblem*[126]. Die Veröffentlichung ließ so lange auf sich warten, weil es sehr schwierig war, einen daran interessierten Verlag zu finden.

In dieser und der folgenden Zeit hatte HEESCH sich immer wieder und in zunehmendem Umfang mit Gutachtern der DFG und mit anderen Kritikern auseinanderzusetzen. Diese wollten genau wissen, ob «eine (wenn auch noch so grobe) Schranke für die Anzahl derjenigen Landkarten angegeben werden kann, deren Durchmusterung für die Entscheidung des Vierfarbenproblems ausreicht». Von der Beantwortung dieser Frage sollte die weitere Förderung der Arbeiten abhängig gemacht werden. Da die Skepsis vieler deutscher Mathematiker sich immer wieder an dieser Frage entzündete, soll hier aus einem Antwortschreiben HEESCHS an die DFG vom Juli 1965 zitiert werden:

«Vielleicht schildere ich den Hauptpunkt am klarsten, indem ich von einem bereits fertigen Ergebnis meiner Arbeiten ausgehe:
Satz 1: Jede Landkarte ohne Länder, die an 6 oder 7 andere grenzen, enthält wenigstens eine von 20 genau aufgeführten reduziblen Teilen (Figuren).
Bezeichnet man die Anzahl Länder in einer Landkarte, die an genau i andere grenzen, mit e_i, so sind die in Satz 1 betrachteten Landkarten gekennzeichnet durch $e_6 = e_7 = 0$. Das heißt, die Gesamtheit e der Länder in einer Landkarte ist für die in Satz 1 betrachteten Länder $e = e_5 + e_8 + e_9 + e_{10} + e_{11} + \dots$ Für alle diese Landkarten ist mit Satz 1 die Reduktion geleistet.
Angenommen, einer der 20 reduziblen Teile von Satz 1, z. B. der reduzible Teil mit der Bezeichnung 7a7c, sei noch nicht gefunden. Unter dieser Annahme springt die Anzahl der Landkarten, die noch zu durchmustern sind, bis eine Entscheidung über die Richtigkeit von Satz 1 zu treffen ist, sofort von 0 auf unendlich. Es gibt von der Reduktionsmethode her kein Mittel, keinen Algorithmus, keine Abschätzung, um diese unendliche Anzahl auszuschalten, außer dem

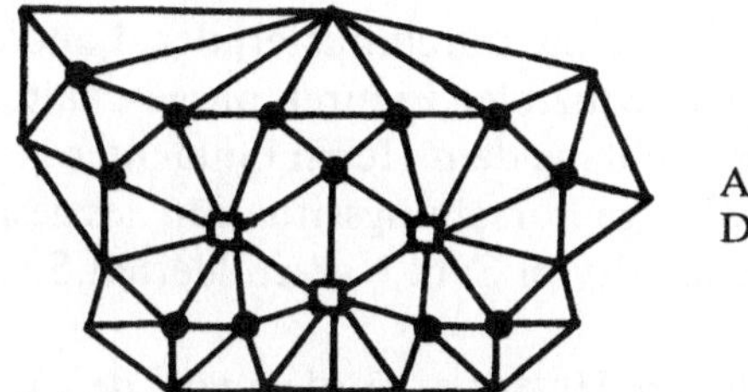

Abb. 60
Die Figur 7a7c.

Auffinden der einen Figur 7a7c oder, an ihrer statt, zweier oder dreier anderer Figuren, die zusammen dasselbe leisten. Gewiß kann man durch geschicktes ‹Zuordnen› leicht den Eindruck erwecken, als ob nur endlich viele Landkarten zu durchmustern wären, und für diese Landkarten auch Anzahlschranken liefern. Doch möchte ich in der sachgerechten Darstellung fortfahren, selbst wenn dadurch ein nicht so günstiger Eindruck entstehen sollte, der aus dem Problem nicht zu begründen ist. Ich fahre also fort unter der Annahme, daß 7a7c noch nicht gefunden sei. Weiter werde angenommen, es käme viel darauf an, daß ich jenen Satz 1 sofort herausbrächte, selbst aber infolge anderer Arbeitslast nicht forschen könnte, aber aus meinem Seminar einen Mathematiker hätte, der Reduktionsversuche selbständig durchführen kann. Für diesen würde ich also bei der DFG um Sachmittel vorstellig. Ihre Antwort würde lauten: ‹Die DFG glaubt nach nochmaliger sorgfältiger und gewissenhafter Prüfung darauf bestehen zu sollen, daß Sie zuvor ein klares ‹ja› oder ‹nein› zu der Frage sprechen, ob Sie eine Schranke für die Anzahl der zu durchmusternden Landkarten haben, die für die Entscheidung über die Richtigkeit des von Ihnen vermuteten Satzes 1 ausreichen.›
Jeder Versuch von meiner Seite, darauf hinzuweisen, ich wisse ja, daß es sich um eine unendliche Anzahl von zu durchmusternden Landkarten handele, würde mir als ‹Leider ausweichen› und ‹Vermissenlassen positiver Anzeichen› quittiert. Inzwischen würde der Rechner oder ich die Reduzibilität der einen Figur 7a7c beweisen; das Problem von Satz 1 wäre gelöst, wie es ja seit 8 Jahren Tatsache ist. Daraus ist abzulesen

1. eine mit noch soviel Beharrlichkeit geforderte endliche Schranke für eine als unendlich erkannte Anzahl zu durchmusternder Landkarten kann es nicht geben.
2. die tatsächliche Schrankenlosigkeit für die Anzahl der zu durchmusternden Landkarten stellt gar kein Argument dar, aus dem man eine geringe oder unverantwortbar große restliche Arbeitsmenge abschätzen kann.

3. die unendliche Anzahl noch zu durchmusternder Landkarten wird mittels endlich vieler reduzibler Figuren ausgeschaltet.

Würde es angesichts dieser Sachlage dem Herrn Gutachter genügen zu erfahren, daß die gegenwärtige Forschungssituation des gesamten Vierfarbenproblems der anhand von Satz 1 geschilderten Situation entspricht?»

Diese Argumentationen HEESCHs wurden von den meisten Mathematikern in der Folgezeit nicht akzeptiert. Dafür mögen zwei Gründe verantwortlich gewesen sein: Der eine ist der, daß die besondere Problematik, die in dem von HEESCH vertretenen Lösungsansatz liegt, einfach nicht verstanden wurde. Die in dem Lösungsansatz liegende andersartige Situation als die sonst übliche mathematische Standardsituation wurde von den meisten Mathematikern nicht akzeptiert. Zum Verständnis des HEESCHschen Lösungsansatzes gehört sicherlich ein hohes Maß an Bereitwilligkeit zum selbständigen Nachvollziehen der Zusammenhänge. Andererseits muß man wohl auch feststellen, daß es HEESCH nicht gelungen war, seinen Forschungsansatz mit der dazugehörenden Philosophie überzeugend darzustellen. KARL DÜRRE, der als ausgezeichneter Kenner der HEESCHschen Arbeit am Vierfarbenproblem gelten kann, sieht den Grund hierfür in

> «der Tatsache, daß HEESCH als überaus kreativer Mathematiker und besessener Arbeiter keine Zeit dafür zu haben glaubte, seine Ergebnisse anderen, seinem völlig ungewöhnlichen, alles andere als ‹eleganten› Beweisansatz fernstehenden Mathematikern, näherzubringen».

Verständnis fand HEESCH zu diesem Zeitpunkt nur bei wenigen Experten der Vierfarbenforschung. Bei diesen galt er dann auch bald als Kristallisationspunkt auf diesem Gebiet. Auf der Welt gab es aber nur ganz wenige solche Experten. Von der DFG hätte man erwarten können, daß sie sich auf die Gutachten dieser Mathematiker verlassen würde. Wie die weiteren Ereignisse zeigen werden, hat sie diese Gutachten aber anscheinend gar nicht beachtet.

In Hannover fand HEESCH jedoch zuerst einmal Schützenhilfe aus einer unerwarteten Richtung: Am Lehrstuhl für elektronische Rechenanlagen, dessen Inhaber zu der Zeit WOLFGANG HÄNDLER war, beschäftigte man sich mit Problemen auf dem Gebiet der Automatentheorie und Sprachtheorie. In diesem Zusammenhang fand HEESCHs programmierungstechnischer Ansatz – unabhängig von etwaigen Ergebnissen zur Lösung des Vierfarbenproblems – plötzlich Interesse. Sein Maschineneinsatz war ein ‹Beispiel für die Entwicklung von nichtnumerischen Methoden für die Anwendung und den

Einsatz informationsverarbeitender Anlagen» auf dem Gebiet kombinatorischer, topologischer und logistischer Aufgabenstellungen. HÄNDLER erklärte sich bereit, die Untersuchungen HEESCHS in sein Schwerpunktprogramm ‹Rechenanlagen› mit aufzunehmen und gegenüber der DFG zu vertreten. Damit war die Fortfinanzierung der HEESCHschen Forschungsarbeiten durch die DFG über den 1.3.1966 hinaus gesichert. Sie lief ab diesem Zeitpunkt unter dem Stichwort ‹Rechenanlagen›. KARL DÜRRE konnte nun nach dem Bundesangestelltentarif IIa bezahlt werden.

In dieser Zeit der aufregenden, fast täglich anfallenden neuen Ergebnisse in der Erforschung reduzibler Figuren entsann man sich anderenorts der Bedeutung HEESCHscher Arbeiten auf völlig anderen Gebieten. Am 1.11.1965 erhielt HEESCH eine Einladung von Prof. E. HELLNER, Mineralogisches Institut der Universität Marburg, zu einem Gespräch vom 3. bis 5.12. über «Fragen der Topologie und Zusammenhänge mit Raumteilungen und Kugelpackungen im dreidimensional-periodischen Raum». Anlaß zu diesem Gespräch war, der geplante Besuch von Prof. MOLNAR aus Budapest, der vierzehn Tage dauern und diesem Thema gelten sollte. Außer HEESCH waren noch die Mineralogen THEO HAHN aus Aachen, FRITZ LAVES und ALFRED NIGGLI aus Zürich und HANS WONDRATSCHEK aus Karlsruhe eingeladen.

HEINRICH HEESCH hatte zuerst Hemmungen, an diesem Expertengespräch teilzunehmen, da er sich in den letzten drei Jahrzehnten nicht mehr auf diesem Gebiet betätigt hatte. Aber seine Bedenken wurden von den anderen zerstreut. Sein Rat als ‹Kristallmathematiker› war noch immer gefragt.

Im letzten Moment mußte das geplante Gespräch in Marburg jedoch abgesagt werden. Es wurde auf den 18. bis 20.2.1966 verschoben und sollte in Zürich stattfinden. LAVES zerstreute noch einmal HEESCHS Bedenken:

> «... da das Leben immer ‹kürzer› wird, kann man sich nicht immer den Luxus leisten, die vielfältigen Zweige des Lebens und des Interesses alle ‹sorgfältiger› und ‹sorgfältiger› zu verfolgen. Bei dem geplanten Symposium will ich gerne versuchen, durch das Abschütteln einiger herbstlicher Blätter auf den Zürcher Boden zu einem Humus beizutragen, der für das Wachstum neuer Bäume nicht giftig sein sollte ... Da Zürich die schönste Stadt der Welt ist, bedeutet eine Reise dorthin stets ein Gewinn fürs Leben.»

HEESCH fuhr mit Freuden in die «schönste Stadt der Welt», die vor fast vierzig Jahren der Startpunkt seiner wissenschaftlichen Laufbahn gewesen war. In Zürich wollte er bei dieser Gelegenheit auch mit Prof. RUTISHAUSER vom Institut für Angewandte Mathematik und mit Dipl. Ing. A. SCHAI, dem Direktor des Rechenzentrums, sprechen, da dort mit einer Maschine desselben Typs, einer CDC 1604 A, gerechnet wurde wie in Hannover. Er hoffte, dort auch Rechenzeiten zu bekommen. In Zürich hat HEESCH dann aber wohl nur mit RUTISHAUSER telefonisch gesprochen: Vor einer engeren Kooperation sollten zuerst einmal die in Hannover geplanten neuen Programme, die eine Abkürzung der Rechenzeiten bringen sollten, abgewartet werden.

HEESCHS persönliche Situation verbesserte sich 1966: Am 25. 8. wurde er – nun bereits sechzigjährig – zum außerplanmäßigen Professor unter Ernennung zum Beamten auf Widerruf ernannt.

In Hannover gingen die Reduktionsrechnungen mit Hilfe des Computers erfolgreich voran. Im Januar 1967 waren weit über 300 Figuren mit bis zu 12 Randecken gerechnet worden. 206 von ihnen hatten sich als D-reduzibel erwiesen. HEESCH schätzte zu diesem Zeitpunkt die Anzahl der für eine fertige Endliste erforderlichen D-reduziblen Figuren auf 250 bis 350. Unter diesen sollten ca. 60 mit jeweils 13 Randecken, etwa 30 mit 14 Randecken und einzelne mit 15 Randecken vorkommen. Die Gewinnung der 13er-Figuren sollte nach etwa einem Jahr beendet sein, während die Rechnung von Figuren mit mehr als 13 Randecken Probleme hinsichtlich der Rechenzeiten aufwerfen würde. Immerhin dauerte die Reduktionsrechnung einer 13er-Figur auf der Hannoverschen CDC 1604 A zwischen 16 und 61 Stunden (eine 12er-Figur benötigte ca. 6 Stunden). Die extrem langen Rechenzeiten traten bei D-irreduziblen Figuren auf, was aus der oben stehenden Erklärung der Maschinenarbeit ja auch verständlich ist. HEESCH schätzte daher, daß noch etwa 3000 bis 50 000 Rechenstunden auf der CDC 1604 A bis zur vollständigen Lösung des Problems benötigt würden.

Zu diesem Zeitpunkt im März/April 1967 stand folgendes Ergebnis fest (Im folgenden bezeichnet e immer die Gesamtzahl der Ecken in einer Triangulation und e_i die Anzahl der Ecken vom Grade i in dieser Triangulation, so daß immer $e = e_5 + e_6 + e_7 + e_8 + \dots$ gilt. Man beachte, daß Triangulationen, die Ecken vom Grade < 5 enthalten, nicht interessieren!):

Alle Triangulationen mit ausschließlich Ecken vom Grade 5 oder 7, also $e = e_5 + e_7$, lassen sich mittels 40 angegebener reduzibler Figuren und einer Figur mit 14 Randecken, falls sich auch diese als reduzibel herausstellen sollte, reduzieren. Aber diese eine Figur konnte nicht gerechnet werden, weil dafür etwa 100 Computerstunden benötigt worden wären. Immerhin aber konnte HEESCH aus diesem Ergebnis, weil «dieser Sektor keinerlei reduktionstechnische Besonderheiten aufwies» entnehmen, «daß das allein quantitative Fortfahren im gegenwärtigen Maschinenrechnen die Lösung des Ganzen» bringen würde. Insgesamt beanspruchte HEESCH 1967 rund 2170 Stunden Rechenzeit an der CDC 1604 A. Sie wurde vor allem nachts und über die Wochenenden genutzt.

Zwischendurch beschäftigte sich HEINRICH HEESCH aber immer wieder auch mit seinem alten Forschungsgebiet, dem regulären Parkettierungsproblem. Die sehr zeitaufwendigen Arbeiten an seinem Buch *Reguläres Parkettierungsproblem* fielen in diese Zeit. Hinzu kam die Ausweitung des in diesem Buch behandelten Themas durch die Betreuung eines Doktoranden: Schon Anfang der sechziger Jahre hatte sich bei ihm der Student WOLFGANG WOLLNY gemeldet und um ein Dissertationsthema gebeten. Er wollte das reguläre Parkettierungsproblem der Ebene auch für unbeschränkte Bereiche lösen, von dem er in HEESCHs Vorlesung über Gruppentheorie gehört hatte. HEESCH warnte ihn vor dem Thema, da er wußte, daß seine Bewältigung noch schwerer sein würde als das von ihm seinerzeit

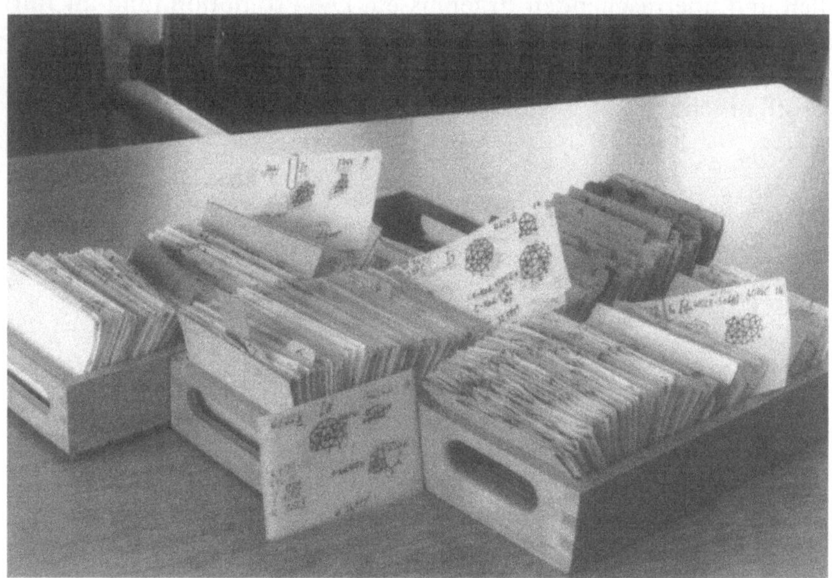

Abb. 61
Die ‹HEESCH-Kartei›. Sie enthält Tausende von Kärtchen, auf denen jeweils eine reduzible Figur mit allen ihren Daten registriert ist.

gelöste entsprechende Problem für beschränkte Bereiche. Gegen den Widerstand HEESCHS bestand WOLLNY jedoch auf dem Thema.

Die Schwierigkeiten lagen in der Ausgangssituation: Bestand diese bei der Behandlung der beschränkten Bereiche aus dem Vorliegen der 17 eigentlichen diskontinuierlichen Gruppen ebener kongruenter Abbildungen mit mehr als einer Translationsrichtung und dem Vorliegen der 11 topologisch regulären Netze, so gab es für WOLLNY nur einen Ausgangspunkt: dieselben 17 Gruppen plus 7 Gruppen mit nur einer Translationsrichtung sowie die zyklischen und diedrischen Gruppen, die keine Translation enthalten. Ein Analogon zu den 11 LAVES-Netzen fehlte. Das Programm lautete also (zitiert aus HEESCHS Referat zu der Dissertation):

> «Zu jeder der vorkommenden Gruppen mußten von allen denkbar verschiedenen Punkten der Ebene (mit den durch die Gruppenoperationen gegebenen Wiederholungen) auf jede Weise alle denkbar verschiedenen Anfänge von Linien (den späteren Teilen von Rändern der Bereiche) gezogen und auf jede Weise in der Ebene (mit den durch die Gruppenoperationen gegebenen Wiederholungen) fortgesetzt ... werden.»

Unterstützt durch zahllose Sitzungen mit HEESCH über einen Zeitraum von fast sechs Jahren meisterte WOLLNY die Aufgabenstellung in hervorragender Weise. Er kam zu bemerkenswerten, ungewöhnlichen und überraschenden Ergebnissen. Die Promotion fand im Juli 1968 statt. Die Arbeit wurde unter dem Titel *Reguläre Parkettierung der euklidischen Ebene durch unbeschränkte Bereiche* in Buchform veröffentlicht[127].

11 Als Gastprofessor in den USA (1967–1969)

Ende Mai 1967 erhielt Heinrich Heesch einen Brief von Wolfgang Haken von der University of Illinois in Urbana, USA, der eine wahre Flut von Ereignissen nach sich ziehen sollte.

Haken war 1928 in Berlin geboren und hatte dort auch seine Kindheit und Schülerzeit bis 1945 verbracht. In Kiel hatte er bis 1953 Mathematik, Physik und Philosophie studiert und bei Friedrich Bachmann mit einer Arbeit in Topologie promoviert. Von 1954 bis 1962 war er dann als Entwicklungsingenieur bei Siemens & Halske in München tätig gewesen und hatte sich 1962 an der Universität Frankfurt in Mathematik habilitiert. Anschließend war er in die USA gegangen. Nachdem er zuerst Gastprofessor an der University of Illinois und dann Mitglied am *Institute for Advanced Study* in Princeton, New Jersey, gewesen war, hatte er 1965 einen Ruf als Full-Professor an die University of Illinois angenommen. Sein Arbeitsgebiet war fast ausschließlich die Topologie, wo er sich vor allem mit der Theorie der Normalflächen beschäftigt hatte und dabei u. a. einen Spezialfall des Wortproblems der Gruppentheorie gelöst hatte. In den letzten Jahren hatte er (erfolglos) an einem Beweis der Poincaréschen Vermutung gearbeitet.

Haken hatte, als er in Kiel studierte, 1948 Heeschs Vortrag über dessen Arbeiten zum Vierfarbenproblem gehört. Nun erkundigte er sich nach dem Stand der Forschungen und bot Heesch an, ihm eine Gastprofessur in den USA für ein oder ein halbes Jahr zu besorgen, damit er dort seine Rechnungen auf einer der riesigen elektronischen Rechenmaschinen durchführen könne.

In einem ersten Briefwechsel zwischen Heesch und Haken wurde dann auch sofort das für Heesch vorrangige Problem, nämlich das der Rechengeschwindigkeit der verfügbaren Computer diskutiert. Haken fragte beim damaligen Direktor des Rechenzentrums der University of Illinois, John Pasta, nach. Als dieser von den Computer-Problemen und den Arbeiten Heeschs zum Vierfarbenproblem hörte, informierte er sofort seinen Freund Yoshio Shimamoto, Chairman des Applied Mathematics Department am Brookhaven National Laboratory in Upton, New York. Pasta wußte, daß SHIMAMOTO einerseits seit Jahren um eine Lösung des Vierfarbenproblems bemüht war und daß er andererseits über einen der damals schnellsten Computer der Welt, eine Zwillingsmaschine CDC 6600, verfügte. SHIMAMOTO mußte also der richtige Partner für HEESCH sein.

SHIMAMOTO hatte von HEESCHS Arbeiten noch nichts gehört. Dies war auch ganz natürlich, denn HEESCH hatte zu diesem Zeitpunkt ja noch nichts über seine Vierfarben-Forschungen veröffentlicht. Aber SHIMAMOTO handelte sofort: Er schickte einen Brief an HEESCH, in dem er ihm ein ‹visiting appointment› für ein oder zwei Jahre in Brookhaven anbot. In dieser Zeit würden ihm kostenlos 30 Stunden Rechenzeit pro Woche an der Super-Maschine zur Verfügung stehen. Alle erforderlichen Formulare schickte SHIMAMOTO gleich mit. HEESCH war sehr überrascht und reagierte zunächst nicht auf dieses Angebot.

Zur gleichen Zeit wurde auch das Interesse HAKENS an dem Vierfarbenproblem immer stärker. Am 5.7.67 schrieb er:

> «Leider verstehe ich immer noch nicht genau, was es heißt, daß eine Figur ‹reduzibel› sei und wie diese Figuren etwa aussehen. Kann man das irgendwo nachlesen? Ich wäre Ihnen sehr dankbar für jede Nachricht, die den Stand Ihrer Untersuchungen über dieses aufregende Problem betrifft, obgleich ich ja selbst kein Spezialist dafür bin.»

Das dringende Interesse der Amerikaner an HEESCHS Vierfarbenforschung löste bei HEESCH nicht nur Genugtuung aus, sonden erfüllte ihn auch mit einer gewissen Besorgnis. Er hatte diese Entwicklung ja vorausgesehen und stellte daher wieder die Frage: Sollte es nicht möglich sein, eines der berühmtesten Probleme der Mathematik in Deutschland zu lösen, zumal ein Ende der Untersuchungen in erreichbarer Nähe zu liegen schien? HÄNDLER, der inzwischen einen Ruf an die Universität Erlangen-Nürnberg angenommen hatte, ließ sofort seine Kontakte spielen und versuchte, die noch erforderlichen Reduktionsrechnungen an der CDC 6400 bei Prof. REUTTER am Rechenzentrum in Aachen durchführen zu lassen. Auch BERTRAM bemühte sich um eine Maschinenunterstützung der HEESCHschen Arbeiten in Deutschland. Bei der ‹Control Data Corporation› (CDC) fragte er an, ob dort eine Möglichkeit der Hilfe zu sehen sei. Er betonte:

> «Meine Ansicht aufgrund der neuen Sachlage ist die, daß die Lösung des weltberühmten Vierfarbenproblems auf einer CDC-Anlage einen großen propagandistischen Wert für die Firma hätte. Überdies wäre es mir aber ein Anliegen, die Lösung in Deutschland erstellen zu lassen.»

Alle Bemühungen führten jedoch zu nichts.

HEESCH ließ fast eineinhalb Monate verstreichen, ehe er SHIMAMOTOS Brief beantwortete. Er erläuterte kurz seinen Lösungsansatz und den damit verbundenen Einsatz des Computers. Daraufhin kündigte SHIMAMOTO ohne Umschweife seinen sofortigen Besuch in Hannover an, um Einzelheiten über HEESCHS Forschungsprogramm kennenzulernen. Am 19.9.67 kam SHIMAMOTO in Deutschland an. Wegen der gerade in Hannover stattfindenden Werkzeugmaschinen-Messe mußte er die erste Nacht in Hamburg verbringen, weil es unmöglich war, in Hannover ein Hotelzimmer zu bekommen. Am nächsten Tag empfing ihn HEESCH, der sich durch ein großes Namenschild am Mantel kenntlich gemacht hatte, dann auf dem Hauptbahnhof in Hannover.

SHIMAMOTO stürzte sich sogleich auf das Studium des Manuskriptes *Untersuchungen zum Vierfarbenproblem* und der schon berühmt gewordenen HEESCHschen Kartei der gefundenen reduziblen Figuren. Er arbeitete die ganze Nacht in Hannover daran und brachte das Kunststück fertig, am nächsten Tag ausgezeichnet informiert zu sein. In den nächsten Tagen vertiefte er sich immer mehr in die Kartei, so daß HEESCH in ihm bald einen sachkundigen Diskussionspartner fand. SHIMAMOTO war ja selbst bereits vorher tief in das Vierfarbenproblem eingedrungen, und er erkannte schnell, daß HEESCHS Arbeiten für seinen eigenen Lösungsansatz von großer Bedeutung sein konnten.

Entspannung von seiner intensiven Arbeit fand SHIMAMOTO, indem er jeden Abend in die Oper ging. Wenn nicht in Hannover, dann in Berlin oder Hamburg. An amerikanische Entfernungen gewöhnt, machten ihm die dafür nötigen Reisen nichts aus. Außerdem standen an jedem Abend Besuche von Bierlokalen auf dem Programm. Am liebsten suchte er solche Bierbars auf, in denen er im Stehen alle angebotenen Biersorten testen konnte. ‹Hannen Alt› wurde dann zu seinem Favoriten. Autofahrten nach Hildesheim und durch den Harz dienten zur Abrundung seines Deutschlandbildes. Natürlich fanden auch Besuche bei Mathematik-Kollegen statt. RUTH PROKSCH hatte die Organisation und die Regie für seinen Aufenthalt in Hannover meisterlich in der Hand.

Als SHIMAMOTO sich als Experte dann mit den Computerprogammen HEESCHS befaßte, fand er einen bestimmten, von KARL DÜRRE entwickelten Teil des Programms so großartig, daß er sich zu der Bemerkung hinreißen ließ, in den vielen Jahren, in denen er Hunderte von Programmen kennengelernt habe, hätte er noch niemals etwas so Ingeniöses gesehen. Damit könne sich DÜRRE in den

USA sofort den Ph. D. holen. SHIMAMOTO gelang es, KALUZA ebenfalls zu überzeugen, so daß sich dieser bereiterklärte, DÜRRE im folgenden Sommer 1968 mit dieser Arbeit zu promovieren.

Der Sachverhalt war folgender: Bei den Reduktionsrechnungen mit dem Computer war ein maschinelles Problem aufgetreten, als es darum ging, Figuren mit mehr als zehn Randecken zu berechnen: Der Speicherplatz der CDC 1604 A reichte nicht aus, um alle Randfärbungen explizit als Wörter (der Länge n bei einem Rand mit *n* Ecken) zu speichern. Die Schwierigkeiten waren jedoch von KARL DÜRRE um die Jahreswende 1965/66 gemeistert worden, als es ihm gelang, die Randfärbungen aus ihrer lexikographischen Ordnungsnummer zu erzeugen und umgekehrt. Dadurch konnte jede durch ein Bit im Speicher repräsentiert werden, was den Speicherbedarf auf etwa 1/60 verringerte. Der Abbildungsalgorithmus und der Beweis seiner Richtigkeit war dann Gegenstand der Dissertation DÜRRES.

Das gute Verständnis mit SHIMAMOTO und die Aussicht auf eine erfolgreiche Zusammenarbeit führte dazu, daß HEINRICH HEESCH sich nun relativ schnell entschloß, das Angebot SHIMAMOTOS anzunehmen. Natürlich hatte dies nur einen Sinn, wenn auch KARL DÜRRE mit in die USA kommen würde, da nur er in der Lage war, die Wünsche HEESCHS sofort in die Computersprache zu übersetzen. SHIMAMOTO war sofort damit einverstanden.

Es begann nun eine fieberhafte Tätigkeit, die darin bestand, das bisher auf der Hannoverschen CDC 1604 A gerechnete Programm auf die in den USA zu erwartende CDC 6600 umzustellen (von Algol 60 für die 1604 A auf Fortran für die 6600). Die dafür notwendigen Tests führte DÜRRE an der CDC 6400 in Aachen durch.

Am 3. 1. 1968 flog KARL DÜRRE in die USA, um als ‹Visiting Research Associate› am Brookhaven National Laboratory, kurz als ‹Lab› bezeichnet, die erforderlichen Vorbereitungen für den Programmlauf auf der dortigen Maschine zu treffen. Nachdem das Programm unerwartet schnell umgearbeitet und erfolgreich getestet werden konnte – wobei TONY KANDIEW, ein Mitarbeiter in Brookhaven, große Hilfe leistete – folgte HEESCH als ‹Visiting Senior Mathematician› am 14. 2. nach. DÜRRES Forschungsaufenthalt in den USA war vorerst für ein Jahr geplant, mit der Möglichkeit einer Verlängerung um ein weiteres Jahr. Für HEESCH wurde eine Sonderregelung getroffen: Um zwischendurch seine Mutter besuchen zu können, die im hohen Alter von 88 Jahren in einem Heim in Hamburg lebte, und um diesen Besuch (Flug usw.) auch offiziell finanzieren zu können, wurde eine erste Aufenthaltsdauer von ca. 6 Monaten vereinbart.

Nach dem Besuch in Deutschland sollte dann ein weiterer Aufenthalt in den USA folgen. Die gesamten Kosten dieses Unternehmens für HEESCH und für DÜRRE wurden von der Atomic Energy Commission der USA getragen.

Die Aufnahme der beiden Deutschen durch SHIMAMOTO, dessen Familie und die Mitarbeiter am Lab war überaus herzlich. Man stellte ihnen «traumhafte Arbeitsbedingungen in einer Atmosphäre der Achtung» zur Verfügung, wie sie in Deutschland nicht üblich waren. Beide erhielten je ein mit den notwendigen Arbeitsmitteln vollständig ausgerüstetes Arbeitszimmer zugewiesen.

> «Ich bin wahrlich unsagbar beschenkt, hier arbeiten zu dürfen und das sogar noch bei besten Vergütungsverhältnissen»,

schrieb HEESCH an seinen Freund SIEGFRIED HELLER.

Die Wohnungen lagen etwa 3 km vom Computer entfernt in einer komfortablen Baracke. Morgens ging HEESCH diese Strecke vom Appartment zum Department mit einer Zwischenstation in der Cafeteria regelmäßig zu Fuß – zum Entsetzen von SHIMAMOTO und der Verwunderung vieler anderer Amerikaner. Abends, gegen 20 Uhr, nahm ihn DÜRRE dann in seinem Wagen mit zurück in die Wohnung. DÜRRE hatte einen VW-Käfer in USA-Version in Deutschland gekauft und mit einer Spedition nach New York bringen lassen. Hier benutzte er den Wagen täglich für Einkaufs- und Ausflugsfahrten. An HELLER schrieb Heesch weiter:

> «Unter den ca. 5000 im Brookh. Nat. Lab. bin ich wohl der einzige ohne Autofahr-'license'. Keiner glaubt, daß ich's nie angefangen hätte zu lernen; die meinen, die Fahrerlaubnis sei mir wegen Straftaten entzogen!!»

HEESCH hat in dieser Zeit in den USA fast nur gerechnet. Die 30 Stunden Rechenzeit pro Woche, die ihm auf den beiden superschnellen Maschinen zugestanden wurden, erforderten ein ständiges schnelles Reagieren auf die Ergebnisse und die unmittelbare Erfindung darauf abgestimmter neuer erfolgversprechender Figuren. Für kulturelle oder touristische Unternehmungen blieb kaum Zeit. In der Woche fand sich allerhöchstens Zeit für ein paar kurze Spaziergänge. Sonntags besuchte HEESCH regelmäßig die Kirche, wohin ihn DÜRRE mit seinem Wagen brachte, und ab und zu gelang es DÜRRE sogar, ihn zu einem Strandbesuch zu überreden. Selbst zum Musizieren – HEESCH hatte seine Geige mitgenommen – glaubte er keine Zeit zu haben.

Bei der Familie SHIMAMOTO waren HEINRICH HEESCH und KARL DÜRRE öfter zu Gast. Als HEESCH dort einmal auf seiner Geige vorgespielt hatte, wurde ihm eine seltene Ehrung zuteil: Die Katze ‹BLUE› erschien und legte ihm eine gerade von ihr gefangene Maus zu Füßen. SHIMAMOTO war ein Katzenfreund. Aber das Verhältnis zwischen ihm und BLUE war nicht besonders gut. Zumindest hing BLUE mehr an KIMIE, SHIMAMOTOS Frau. BLUE respektierte jedoch SHIMAMOTO als Oberhaupt der Familie. Mußte sie einmal nachts ins Freie, meldete sie sich durch Kratzen am Bein seines Bettes und nicht an KIMIES Bett. Vielleicht war dies aber auch mehr Rücksichtnahme auf die Hausfrau.

Als KIMIE einmal für 14 Tage verreist war, wurde BLUE traurig, was SHIMAMOTO sofort bemerkte. Seine Diagnose war jedoch falsch. Er dachte, BLUE sei krank und müsse sofort zum Tierarzt gebracht werden. SHIMAMOTO versuchte also, die Katze einzufangen. Die Jagd ging durchs ganze Haus und den Garten. Als er sie endlich mit List und Tücke erwischt hatte, bestieg er mit ihr sofort das Auto, ließ den Motor an und – wie gewohnt – das Seitenfenster herunter. Mit einem gewaltigen Satz war BLUE wieder in Freiheit – unter großem Gelächter der schon gespannt die ganze Zeit das Unternehmen beobachtenden Zuschauer.

Im Mai 1968 machte HEESCH einen knapp einwöchigen Besuch bei HAKEN in Urbana im Staate Illinois. Auf Einladung hielt er dort Vorträge über seine Arbeiten zum Vierfarbenproblem und diskutierte mit HAKEN seine Ansätze. Hier konnte HEESCH auch einen

Abb. 62
HEINRICH HEESCH, YOSHIO SHIMAMOTO, KARL DÜRRE am Applied Mathematics Department am Brookhaven National Laboratory in Upton, New York.

früheren Kollegen aus Hannover begrüßen, der inzwischen an die TH Aachen gegangen war: WALTER OBERSCHELP. Er nahm gerade zu dieser Zeit für ein Jahr eine Gastprofessur in Urbana wahr. Bei einer von HAKEN veranstalteten Partie traf HEESCH auch überraschend die Witwe SLEATORS wieder. Die Erinnerungen an die gemeinsame Zeit in München vor nunmehr 40 Jahren wurden mit einiger Wehmut wieder wachgerufen. Für die C.A.R.E.-Pakete in den unmittelbaren Nachkriegsjahren konnte HEESCH sich nun noch einmal mündlich bedanken. Auf der Rückreise unterbrach er seinen Flug in Buffalo, um einen Tag lang die Niagara-Fälle zu besichtigen.

HEESCHS Aufenthalt in den USA 1968 dauerte bis zum 28. November. Er wurde vom 9. bis 29. 7. für einen Besuch seiner Mutter in Hamburg unterbrochen. HEESCHS Mutter litt sehr unter der langen Trennung von ihrem Sohn.

DÜRRES Promotion fand im Januar 1969 in Hannover statt. Seine Dissertation hatte den Titel *Untersuchungen an Mengen von Signierungen*. HEESCH war Korreferent, während SHIMAMOTO als Gutachter an der Prüfung teilnahm und dafür extra aus den USA angereist war. SHIMAMOTO hatte ja als erster überhaupt die logische Bedeutsamkeit der Arbeiten DÜRRES erkannt und auch deren zu erwartendes großes Anwendungsfeld gesehen. Diese Arbeiten sind ein gutes Beispiel dafür, wie aus der Vierfarbenforschung heraus Erkenntnisse entstehen, die dann auch für viele andere Gebiete der Mathematik Bedeutung gewinnen können.

Ein zweiter Forschungsaufenthalt HEESCHS am Brookhaven National Laboratory in Upton fand auf Einladung der Amerikaner vom 26.2. bis zum 2.10.1969 statt. Er wurde von HEESCH ebenfalls für einen Besuch in der Bundesrepublik vom 30.5. bis zum 16.6. unterbrochen.

Bei diesem Aufenthalt befaßte sich HEESCH im Frühjahr zuerst intensiv mit dem Beweis für den ‹Satz von der leeren Liste der nichtreduzierten Figuren U_2 (E) für die Stufe $s = 2$›. Nach dem Beweis dieses Satzes würde feststehen, daß in allen Triangulationen, deren Eckengrade > 4 sind und bei denen 2 die kleinste Krümmungsordnung ist, bei der die Krümmungen derselben Ordnung bei allen Ecken positiv sind, alle zweiten Umgebungen einer Ecke E reduzibel sind. Damit wäre der Vierfarbensatz für alle Triangulationen der Stufe $s = 2$ bewiesen. Die Lösung für die Triangulationen der Stufe $s = 1$ hatte HEESCH ja schon in seiner Habilitationsschrift dargestellt. HEESCH vermutete, daß zur Lösung des Gesamtproblems dann ‹nur› noch der Fall $s = 3$ untersucht zu werden brauchte[128].

Aber die Beweisführungen gingen nicht gut voran. Der Grund hierfür lag in den «schon recht zahlreichen kombinatorischen Möglichkeiten und den vielen Berechnungen der Eckenkrümmungen der ersten zwei (oder drei) Stufen sowie zahlreichen Versuchen, Abkürzungstricks zu finden».

HEESCHS ganze Arbeitskraft konzentrierte sich dann im Sommer und Herbst 1969 auf die Diskussion des Falles ‹isolierte E_5› (E_5 bedeutet: Ecke vom Grade 5). Sein Ziel war es, die gesamte Schlußdiskussion des Vierfarbenproblems in fünf Schritten durchzuführen. Dazu teilte er die Triangulationen in fünf Klassen ein, je nach den vorkommenden E_5-Benachbarungen einer E_5: Jede Ecke E_5 tritt auf: 1) ohne E_5-Nachbarn (isolierte E_5), 2) mit höchstens einem E_5-Nachbarn, 3) mit höchstens zwei untereinander benachbarten E_5-Nachbarn, 4) mit höchstens zwei nicht miteinander benachbarten E_5-Nachbarn und 5) mit höchstens drei E_5-Nachbarn. Die Fälle mit vier oder fünf E_5-Nachbarn brauchten nicht mehr betrachtet zu werden, da die Figuren mit diesen Konstellationen schon lange als reduzibel bekannt waren. Alles dies teilte HEESCH ausführlich auch HAKEN mit.

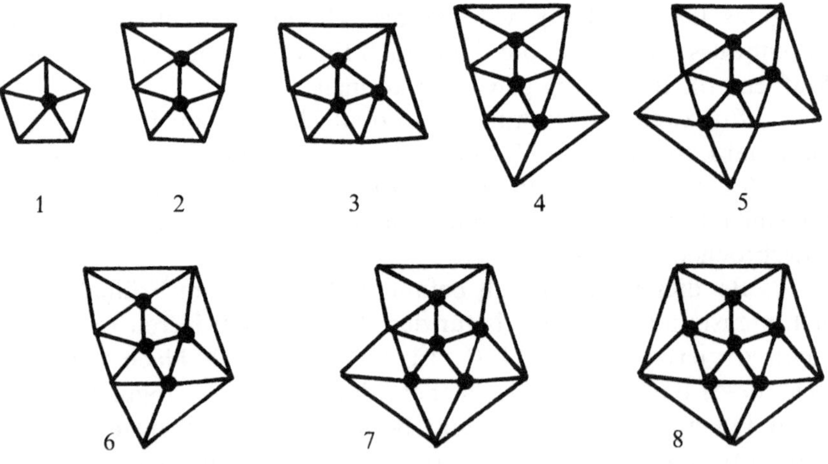

Abb. 63
Die acht Möglichkeiten für Ecken vom Grade 5 in unmittelbarer Nachbarschaft einer Ecke vom Grade 5. 1 bis 5 zeigen die fünf klassenbestimmenden Figuren, die HEESCH untersuchen wollte. 6 bis 8 waren seit langem als reduzibel bekannt: BIRKHOFF hatte 1913 gezeigt, daß die Figur 6 (heute als ‹BIRKHOFF-Diamant› bezeichnet) reduzibel ist. Da 6 Unterfigur von 7 und 8 ist, sind auch diese beiden Figuren reduzibel.

Zwischen HEESCH und HAKEN bestand eine lebhafte Korrespondenz über alle möglichen Fragen zur Lösung des Vierfarbenproblems. Dabei ermunterte HAKEN HEESCH mehrfach, zuerst einmal eine ‹Schattenlösung› anzustreben. Darunter verstand er die Angabe einer Liste von Figuren, von denen wenigstens eine in jeder Triangulation vorkommen mußte, also einer unvermeidbaren Liste, bei der die Reduzibilität jeder Figur auch noch nicht in jedem Falle nachgewiesen zu sein brauchte, jedoch stark vermutet wurde. Die Liste sollte ruhig auch solche Figuren enthalten dürfen, die zur Zeit noch von keinem Computer gerechnet werden konnten. Die wirkliche Lösungsarbeit des Vierfarbenproblems würde im ‹Abarbeiten› dieser Liste bestehen. Wenn sich schließlich alle Figuren der Liste als reduzibel erwiesen, wäre das Vierfarbenproblem erledigt. Der Ansatz versprach Erfolg, denn HEESCHs Erfahrungen im Umgang mit Figuren waren bereits so groß, daß er mit hoher Treffsicherheit die Reduzibilität einer Figur voraussehen konnte. Eine Schattenlösung des Falles ‹isolierte E_5› war daher auch das erste Ziel der HEESCHschen Forschungen zu dieser Zeit. Diese Schattenlösung sollte außerdem dazu dienen, eine Abschätzung für die noch zu leistende Arbeit für die Lösung des Gesamtproblems zu ermöglichen.

Anfang August 1969, in der Vorwoche des großen 8. Internationalen Kristallographen-Kongresses in Buffalo, nahm HEESCH an einem «Symposium on the Geometry and Systematics of Crystal Structures» am Ledgemont Laboratory in Lexington, Massachusetts, USA, teil. Eingeladen hatte dazu schon ein Jahr vorher ARTHUR L. LOEB vom Ledgemont Laboratory «a group of colleagues activ in the area of mathematical and systematic crystallography». Es sollte über gemeinsam interessierende Themen diskutiert werden. HEESCH hatte als seinen Beitrag einen Vortrag über ‹Homogeneous and less homogeneous subdivisions of the plane› vorgeschlagen, was von LOEB als «certainly be perfectly fine» akzeptiert worden war. Auf diese Weise ergab sich, daß die im Februar 1967 in Zürich begonnene Diskussion über dieses Thema nun in den USA fortgesetzt werden konnte. HEESCH stellte ein wachsendes Interesse an den «nicht ganz homogenen» Raum- und Ebenenteilungen fest.

An dem Symposium nahmen auch führende Kristallographen aus der Sowjetunion teil und berichteten über ihre neuesten Ergebnisse. Als sie immer wieder die großen Leistungen SCHUBNIKOWS, insbesondere hinsichtlich der nach ihm benannten ‹SCHUBNIKOW-Gruppen› herausstellten, stand FRITZ LAVES auf und erklärte, daß zumindest die Vorarbeiten und große Teile zu dieser Theorie schon 1929 von HEINRICH HEESCH in Zürich geleistet beziehungsweise geliefert worden seien. Der große russische Kristallograph N. V. BELOV stand daraufhin auf, umarmte HEESCH und entschuldigte sich und seine Kollegen.

Schon in der darauf folgenden Woche begann in Stony Brook, Long Island, der '8. International Congress of Cristallography', der vom 13. bis zum 21. 8. 1969 dauerte. Zusätzliche 'Topical meetings' fanden vorher und nachher in Buffalo, Stony Brook und Brookhaven statt. Es war einer der weltumfassenden Kongresse, die von den Kristallographen alle drei Jahre, jeweils in einem anderen Kontinent, veranstaltet werden. Mehr als 1800 Gäste nahmen daran teil, unter ihnen auch HEESCH. Ob er dort einen Vortrag gehalten hat, ist jedoch mit Sicherheit nicht mehr festzustellen.

Unter den Teilnehmern waren auch die führenden deutschen Kristallographen, die HEESCH bei dieser Gelegenheit wiedersah bzw. neu kennenlernte. Besonders zu HANS WONDRATSCHEK entwickelte sich daraufhin ein herzlicher Kontakt, der später noch zu weiteren sehr freundschaftlichen wissenschaftlichen Begegnungen führen sollte. WONDRATSCHEK hat sich immer bemüht, HEESCH wieder mehr für kristallographische Probleme zu begeistern. Ihm war bewußt, «wie wichtig die mathematische Komponente in der Kristallographie ist und wieviel mehr ein Mathematiker bei vielen Problemen erreichen kann als ein ‹einfacher Kristallograph›. Die Kristallographie würde viel gewinnen, wenn HEESCH (als verlorener Sohn) zurückkehren würde. WONDRATSCHEK versuchte sogar, HEESCH davon zu überzeugen, daß eine Mitarbeit in der Kristallographie erfolgversprechender sei als diese gigantischen Arbeiten am Vierfarbenproblem. HEESCH aber war so fasziniert von seinem Problem, daß er freundlich, aber entschieden abwehrte. So konnte WONDRATSCHEK nichts anderes tun, wie er in einem Brief schrieb, «als mit anderen dafür zu sorgen, daß HEESCHs Name in der Kristallographie an gebührender Stelle genannt wird».

Ende September 1969, zwei Tage vor Beendigung seines Aufenthalts in den USA, besuchte HEESCH auf Wunsch und Initiative von SHIMAMOTO noch W. T. TUTTE in Waterloo, Canada. Erinnert man sich an die negative Reaktion TUTTES auf den HEESCHschen Reduktionsansatz aus dem Jahre 1949 (WEYL hatte sich damals in dieser Angelegenheit an TUTTE gewandt), so ist verständlich, daß HEESCH mit gemischten Gefühlen nach Waterloo fuhr. Dort gelang es ihm aber, TUTTE und dessen Mitarbeitern einige seiner Ergebnisse in mehreren 'talkes' überzeugend darzustellen. TUTTE nahm ihm spontan das Manuskript *Chromatic Reduction of the Triangulations* T_e, $e = e_5 + e_7$, zur Veröffentlichung aus der Hand. Die Arbeit erschien dann 1972 im Journal of Combinatorial Theory[129]. In ihr zeigte HEESCH, daß jede Triangulation mit ausnahmslos Ecken vom Grade 5 oder 7 wenigstens eine von 19 angegebenen reduziblen Figuren enthält. Damit war das schon mehrfach erwähnte Teilgebiet $e = e_5 + e_7$ jetzt ohne irgendwelche Einschränkungen gelöst. Die Lösung war aufgrund der «besonders hohen Leistungen im modernen Computing» bei SHIMAMOTO möglich geworden. 1967 war die vollständige Lösung ja noch daran gescheitert, daß eine einzige Figur an der Hannoverschen Maschine wegen der nicht ausreichenden Rechengeschwindigkeit nicht gerechnet werden konnte.

Auf Vorschlag TUTTEs besuchte man von Waterloo aus auch COXETER in Toronto. Die Entfernung zwischen Waterloo und Toronto beträgt nach amerikanischen Verhältnissen lächerliche ca. 200 km, so daß man schnell mit dem Auto, das von Frau TUTTE gesteuert wurde, hinüber fahren konnte. TUTTE und HEESCH saßen im Fond und fachsimpelten. In COXETERs Haus wurde dann ein Abend lang heiß diskutiert über das Vierfarbenproblem, über das Parkettierungsproblem und über lineare Abbildungen. «Es waren wissenschaftlich gesehen feine Tage und Begegnungen.»

Mit dem letztgenannten Thema hatte es folgendes auf sich: HEESCH hatte sich bereits 1957 bei der Vorbereitung einer Geometrie-Vorlesung mit der linearen Gruppe der projektiven Abbildungen der Ebene auf sich befaßt. Dabei hatte er festgestellt, daß es anscheinend eine vernünftige Klassifikation dieser Abbildungen in der Literatur noch nicht gab. Er hatte sich an die Arbeit gemacht und zuerst den Begriff des Typs einer Abbildung geprägt und herausgefunden, daß es 10 verschiedene Typen von Kollineationen der Ebene gibt. Später hatte er dann entsprechende Untersuchungen auch für die ebenen affinen Abbildungen durchgeführt und einen ‹Struktursatz› für diese Abbildungen aufgestellt: «Es gibt genau 27 Typen umkehrbarer ebener affiner Abbildungen». Zusätzlich hatte er die Zusammenhänge zwischen den 10 projektiven, den 27 affinen, den 10 äquiformen und den 6 kongruenten Typen übersichtlich aufgezeigt. In seiner Anfängervorlesung über ‹Analytische Geometie und lineare Algebra› hatte er diese Ergebnisse immer vorgetragen. Es war aber zu der Zeit noch zu keiner Veröffentlichung gekommen. Über die Gründe hierfür schrieb HEESCH 1966 an PESCHL:

> «Gleichzeitig steht hoch im Kurs die axiomatische Richtung des ‹Aufbaus der Geometrie aus dem Spiegelungsbegriff› ... So ist eine gewisse Atmosphäre des Snobismus gegenüber elementaren affinen ebenen Abbildungen wahrscheinlich, der man die doch wohl gute und auch ‹erfindungsreiche› Sache besser nicht ausliefern sollte.»

COXETER war an diesen HEESCHschen Arbeiten sehr interessiert, zumal er in seinem Buch *Reelle projektive Geometrie der Ebene* eine Klassifikation der eindimensionalen Projektivitäten schon gebracht hatte und gerade jetzt einer seiner Schüler eine Dissertation über eine Klassifikation der ebenen affinen Abbildungen mit der Determinante $\Delta = 1$ angefertigt hatte. Dessen Ergebnis stimmte genau mit dem entsprechenden Teilergebnis HEESCHS überein. HEESCH ärgerte sich nun doch, daß er seine Sache nicht schon früher veröffentlicht hatte. Es sollte allerdings noch lange dauern, bis eine entsprechende Schrift HEESCHS zustande kam: Erst 1984 erschien als Preprint Nr. 174 des Instituts für Mathematik der Universität Hannover die *Klassifikation der linearen Abbildungen der affinen Ebene auf sich.*

Zurück zum Besuch HEESCHS bei TUTTE und COXETER. Es scheint so zu sein, daß es HEESCH insgesamt wohl doch nicht gelungen war, TUTTE und insbesondere COXETER restlos davon zu überzeugen, daß die Methode der Schattenlösung zur Lösung des Vierfarbenproblems führen würde. Ihre Skepsis basierte in erster Linie auf dem Eindruck, daß die Menge der zu betrachtenden Figuren in der Liste der als reduzibel vermuteten Figuren zwar zwingend sei, daß aber die gesamte Methode sich als unwirksam erweisen würde, wenn auch nur eine einzige der Figuren sich schließlich doch als irreduzibel herausstellen sollte. SHIMAMOTO, den TUTTE im November 1969 besuchte, hoffte jedoch, diesen dann davon überzeugt zu haben, daß die Bedenken nicht berechtigt waren. Vielmehr sei die HEESCH-Methode von der ursprünglichen Wahl der Figuren nicht abhängig, da bei der ‹Abarbeitung› der Menge eine Ersetzung einzelner Figuren durch geeignete andere durchaus erlaubt sei.

Im Juli 1969 machte auch KARL DÜRRE einen Besuch bei HAKEN in Urbana. In $1\frac{1}{2}$ Tagen wurde intensiv über HEESCHS Arbeiten und DÜRRES Computerprogramme diskutiert. HAKEN würdigte ausdrücklich «die wesentliche Leistung in Herrn DÜRRES Dissertation». Ihm war «sofort klar, daß es sich hier um ein ganz wertvolles Hilfsmittel handelt, das auch zweifellos für ganz andere Probleme als die Berechnung reduzibler Figuren mit großem Vorteil angewendet werden kann». HAKEN war von DÜRRE beeindruckt, und er hätte ihn gern als Mitarbeiter gewonnen. Aber DÜRRE ging darauf nicht ein. Er beschloß seinen fast zweijährigen Aufenthalt in den USA mit einer sechswöchigen Rundreise durch den Kontinent. Seinen VW-Käfer verkaufte er dann vor seiner Abreise in San Francisco.

Wieder in Deutschland, nahm DÜRRE die Stelle eines Wissenschaftlichen Assistenten am Lehrstuhl von WOLFGANG HÄNDLER an der Universität Erlangen-Nürnberg an. Als ein Mitarbeiter HÄNDLERS, der Informatiker ALFRED SCHMIDT, 1971 einen Ruf an die Technische Hochschule Karlsruhe annahm, ging auch DÜRRE als Wissenschaftlicher Mitarbeiter mit nach Karlsruhe.

Vier Wochen nach seiner Rückkehr aus den USA konnte HEESCH am 3.11.1969 die Schattenlösung des ersten Falles seines Programms, der ‹isolierten E_5›, erfolgreich abschließen. Die Liste der als reduzibel erwiesenen oder vermuteten Figuren, die für die Lösung benötigt wurden, enthielt 260 Figuren: 2 Dreizehner, 50 Vierzehner, 106 Fünfzehner, 101 Sechzehner und 1 Siebzehner. Diese Anzahlen lagen höher, als HEESCH ursprünglich vermutet hatte. Zur Berechnung der 260 Figuren würden schätzungsweise 2500 Stunden auf der CDC 6600 oder etwa 625 Stunden auf der neueren Version, einer CDC 7600, benötigt werden. HAKEN, dem HEESCH das Ergebnis sofort mitteilte, erkannte die Lage in bezug auf das Gesamtproblem richtig:

> «Es sieht so aus, als müsse Ihr Ansatz im Prinzip funktionieren, aber die große Frage ist, ob er sich wirklich praktisch durchführen läßt.»

Denn das größte Problem waren immer noch die Speicherkapazität und die Rechengeschwindigkeit der Maschinen. Man wartete zu dieser Zeit auf die neue Illiac IV, die vom Defense-Department in Urbana installiert werden sollte. Diese Maschine sollte 64 gleiche Programme parallel rechnen können; aber die Speicherkapazität jeder Einheit sollte nur ca. 130 000 Bits betragen, so daß wohl höchstens 64 Dreizehner oder 32 Vierzehner jeweils in zwei Stunden parallel gerechnet werden könnten. Ganz abgesehen davon war es auch noch höchst unklar, ob das Parallelrechnen in dem hier vorliegenden Fall überhaupt funktionieren würde.

Endlich erschien im Juli 1969 nun auch HEESCHS bereits erwähntes Buch *Untersuchungen zum Vierfarbenproblem*[130]. Vier Jahre hatte es von der Fertigstellung des Manuskirptes bis zum Erscheinen des Bandes gedauert. HEESCH verschickte es sofort an alle ihm interessiert erscheinenden Mathematiker. Das Echo war sehr wohlwollend. HORST SACHS, Professor an der TH Ilmenau in der DDR, einer der renommierten Graphentheoretiker im deutschsprachigen Raum, schrieb:

«Zum Erscheinen des Buches möchte ich Ihnen ganz besonders gratulieren: Stellt es doch die Ergebnisse einer enormen Arbeit in geschlossener Form den interessierten Graphentheoretikern zur Verfügung, und durch systematisches Sammeln aller Erkenntnisse auf dem Gebiet der Vierfarbenvermutung müßte es doch eines Tages gelingen, auch dieses widerspenstigen Problems Herr zu werden.»

12 'The First Step' (1970)

Im Januar 1970 starb HEESCHS Mutter im neunzigsten Lebenjahr an altersbedingter Cerebralsklerose. Ihr Tod bedeutete für ihn einen großen Verlust, bestand doch zwischen ihnen ein besonders herzliches Verhältnis. Für seinen schwierigen beruflichen Lebensweg hatte sie immer Verständnis aufgebracht und ihm in vieler Hinsicht geholfen.

1966 hatte sie einen schweren Unfall gehabt: Beim Überqueren einer Straße war sie von einem Auto erfaßt worden und hatte dabei Kopf- und Gesichtsabschürfungen, fünf Beckenbrüche und eine Unterarmfraktur erlitten. Während des langen Krankenhausaufenthaltes war die Sorge um seine Mutter für HEESCH zu einer Belastung geworden, die in den folgenden drei Jahren fast zu einer Überforderung angewachsen war. Aber Sohn und Mutter hingen sehr aneinander. Als er in den USA weilte, war sie unglücklich und verzweifelt. RUTH PROKSCH hatte sie in dieser Zeit oft besucht, von ihrem Sohn erzählt, seine Briefe vorgelesen und Tonbänder vorgespielt.

Im Dezember 1969 war sie nun in ihrem Zimmer gestürzt und hatte sich einen Oberarmbruch zugezogen, der einen erneuten Krankenhausaufenthalt notwendig machte. HEESCH besuchte sie fast täglich. In diesen Wochen fand er kaum noch Zeit für seine Forschungen.

Auch nach dem Tode seiner Mutter konnte sich HEINRICH HEESCH nicht von der nun ungenutzten elterlichen Wohnung in Kiel trennen. Es sollte noch 14 Jahre dauern, bis er die Kraft fand, diese Wohnung endlich aufzugeben.

Im Frühjahr 1970 rang er sich, erstmals nach neun Jahren, zu einem Urlaub durch: Vier Wochen Ferien auf Mallorca sollten helfen, die Spuren der Anstrengungen aus den letzten Jahren zu beseitigen.

Nach der Rückkehr aus dem Urlaub nahm HEESCH die Arbeiten an der Lösung des Vierfarbenproblems sofort wieder auf. Sein Programm hatte er jedoch schon im Winter 1969/70 geändert. Ursprünglich hatte er geplant, nach der Schattenlösung des Falles der isolierten E_5 den Fall zu untersuchen, bei dem jede Ecke E_5 mit höchstens einer anderen Ecke E_5 benachbart ist. Die Erfolge und die Erkenntnisse bei der Behandlung des Falles der isolierten E_5, bei der Lösung des Sonderfalles $e_6 = e_7 = 0$, die er schon in der Habilitationsschrift dargestellt hatte, und bei dem schon in Brookhaven untersuchten Fall $e = e_5 + e_6 + e_7$ veranlaßten ihn nun, sofort die Gesamtlösung in Angriff zu nehmen. Und zwar sollte die Lösung in zwei Schritten erfolgen:

Erster Schritt: Aufstellung einer Liste sämtlicher z-positiver Figuren, die noch nicht reduziert sind. Damit hatte es folgendes auf sich: Aufgrund der EULERschen Polyedergleichung für Triangulationen ohne Ecken vom Grade < 5,

$$e_5 - e_7 - 2e_8 - 3e_9 - 4e_{10} - \ldots = 12,$$

steuert jede Ecke einen ganzzahligen Beitrag zur konstanten Gesamtsumme 12 bei: Eine Ecke E_5 den Beitrag $+1$, eine Ecke E_6 den Beitrag 0, E_7 den Beitrag -1, E_8 den Beitrag -2 usw. Nur die Beiträge der Ecken E_5 sind also positiv. Diese positiven Summanden werden nun von ihren ursprünglichen Trägerecken E_5 losgelöst und anteilig auf bestimmte Nachbarecken E_j, $j > 6$, die vorher zur Summe einen negativen Summanden beisteuerten, verteilt. (Nach einem Ergebnis von WINN[131] ist in einer Minimaltriangulation jede Ecke vom Grade 5 oder 6 mit wenigstens einer Ecke vom Grade > 6 benachbart. Da nur Minimaltriangulationen interessieren, kann dies als gegeben vorausgesetzt werden.) Die ursprünglichen negativen Werte werden mit diesen positiven Anteilen zu einem neuen Beitrag $z(E_j)$ vereinigt, deren Summe über alle E_j in der Triangulation wiederum 12 ist. Als Figuren werden nun solche betrachtet, die aus einer Zentralecke E_j, aus deren j Nachbarn und aus den Nachbarn der Ecken E_5, die der Zentralecke benachbart sind, bestehen. Jeder solchen Figur $U(E_j)$ wird dann der z-Wert $z(E_j)$ zugeordnet.

Es interessieren nun nur noch diejenigen Figuren mit einem positiven z-Wert. Jede Triangulation muß natürlich solche z-positiven Figuren enthalten, denn die Gesamtsumme 12 muß sich ja irgendwie ergeben. Scheidet man nun noch alle schon als reduzibel erkannten Figuren aus, so bleiben endlich viele z-positive Figuren übrig. Eine Minimaltriangulation muß also mindestens eine aus der Liste dieser z-positiven Figuren enthalten. Könnte man nun alle z-positiven Figuren als reduzibel nachweisen, so wäre damit das Vierfarbenproblem gelöst, weil es dann ja keine Minimaltriangulation geben könnte. Ein Nachweis der Reduzibilität aller z-positiven

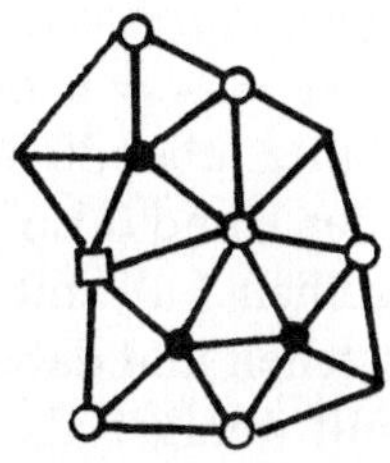

$z(E_7) = 1/4 + 1/4 + 1/3 - 1 = -1/6$

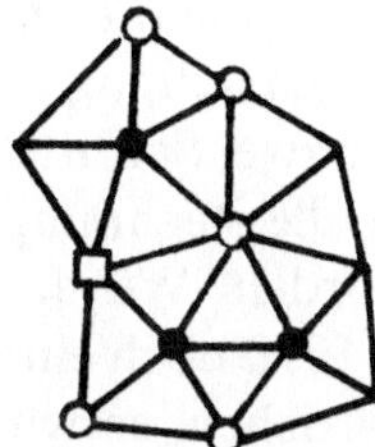

$z(E_7) = 1/4 + 1/4 + 1/2 - 1 = 0$

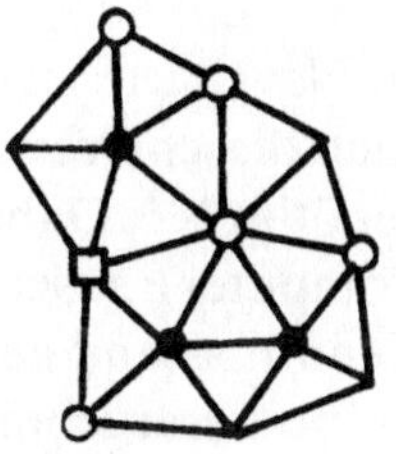

$z(E_7) = 1/4 + 1/3 + 1/2 - 1 = +1/12$

Abb. 64
Beispiele zur Berechnung des z-Wertes einer Figur. Die Figuren sind hier ohne ihren Rand und ohne die Kanten, die zu den Randecken gehen, gezeichnet (sie werden als ‹geschält› bezeichnet).

Figuren schien HEESCH aber illusorisch zu sein. Aus diesem Grund war dem ersten Schritt noch mindestens ein zweiter hinzuzufügen.

Zweiter Schritt: Das beim ersten Schritt angewandte Verfahren, alle positiven Werte von ihren Trägerecken auf benachbarte Ecken mit bisher negativen Werten zu verteilen, wird iteriert. Dabei bleibt natürlich die Summe 12 auch jetzt erhalten. Die zu betrachtenden Figuren werden aber nicht unerheblich vergrößert. Interessiert man sich nun wieder nur für die Figuren, die einer im zweiten Schritt positiven Ecke zugeordnet sind – sie werden als y-positive Figuren bezeichnet –, und schaltet man auch hier wieder alle bisher als reduzibel erkannten Figuren aus, so erhält man eine endliche Liste von y-positiven Figuren. Von diesen muß wiederum mindestens eine in einer Minimaltriangulation vorkommen.

HEESCH hatte nun die Erfahrung gemacht, daß bei allen bisher betrachteten Teilmengen von Triangulationen die Liste der y-positiven Figuren leer war, daß also alle y-positiven Figuren reduzibel waren. Damit war das Vierfarbenproblem für die jeweils untersuchte Triangulationen-Teilmenge gelöst, und es lag die Vermutung nahe, daß auch das Gesamtproblem auf diese Weise gelöst werden könne. HEESCH machte sich also an die Arbeit, den ersten Schritt dieses Lösungsweges zu erledigen.

Schon am 13. 1. 1970 und dann wieder am 16. 4. 1970 teilte HEESCH diesen seinen neuen Lösungsplan HAKEN mit und erläuterte ihn ausführlich. In dem sich anschließenden Briefwechsel spielten dann Abschätzungen über die zu benötigende Zeit und über den Umfang der Lösungsdarstellung eine wichtige Rolle.

Ein Beispiel: In seinem Buch *Untersuchungen zum Vierfarbenproblem* hatte HEESCH zur Darstellung des Falles $e_6 = e_7 = 0$, den er nach diesem Verfahren der zwei Schritte gelöst hatte, über 30 Seiten benötigt[132]. Dabei waren alle Rechnungen mit der Hand (also ohne Computer) ausgeführt worden. Würde er denselben Fall mit dem Kenntnisstand des Jahres 1970 noch einmal darstellen und dabei die Computerergebnisse hinzuziehen, so würde er mit weniger als einer Seite auskommen.

HAKEN machte den Vorschlag, auch die y-positiven Figuren von einem Computer berechnen zu lassen. Aber HEESCH war der Überzeugung, daß ein eingearbeiteter Mitarbeiter vermutlich schneller und zuverlässiger reduzible Teile in vorgelegten Figuren erkennen und vor allem reduktionsverdächtige Figuren kreieren könnte. «Solche Kreationen aber dürften unmöglich vom Computing erwartet werden.» Das von HAKEN am dringlichsten geforderte Ziel aber war ein Beweis dafür, daß y-positive Figuren mit höchstens Ecken vom Grade i_0 ($i_0 = ?$) untersucht zu werden brauchten. Ein solcher Satz würde die Finitisierung des Vierfarbenproblems bedeuten.

Das Interesse HAKENS an der Lösung des Vierfarbenproblems war für HEESCH zu diesem Zeitpunkt noch etwas undurchsichtig. Zu Beginn der Korrespondenz 1967 war HAKEN so gut wie gar nicht mit der Materie vertraut gewesen. Dann jedoch stellte er häufig sehr präzise Fragen, durch die HEESCH zu einer Reflexion seiner Arbeiten veranlaßt wurde. Dabei hatte HAKEN den Vorteil, völlig unbelastet von eigenen Vorarbeiten an die Ergebnisse und Methoden HEESCHS herangehen zu können. Als überaus scharfer und klarer Denker konnte er die Ergebnisse schnell aufnehmen und dann in eigener Weise verarbeiten und weiterführen.

Man diskutierte mehrfach verschiedene Alternativen des einzuschlagenden Lösungsweges, wobei HAKENS Vorschläge sich bis zu diesem Zeitpunkt um 1970/71 meistens auf spektakuläre Globalstrategien bezogen, ohne in Einzelheiten einzudringen. Er betonte wiederholt, daß er selber nicht die Zeit fände, sich intensiver mit dem Problem zu befassen. Nachdem SHIMAMOTO ihn Ende Januar 1970 in Urbana getroffen hatte – sie hatten sich dabei zum ersten Mal persönlich gesehen –, schilderte SHIMAMOTO HEESCH gegenüber seinen Eindruck so:

> "I have a slight suspicion that HAKEN, even at this late date, does not fully understand the overall reducibility concept..."

Wahrscheinlich hat SHIMAMOTO sich hier völlig geirrt!

Am 9.6.1970 starb HEESCHS väterlicher Freund SIEGFRIED HELLER im 94. Lebensjahr. Beide hatten bis zuletzt in einem regen

Abb. 65
Siegfried Heller (1968).

Briefwechsel gestanden. Noch im November 1969 hatte Heller (mit 93 Jahren!) im Mathematischen Forschungsinstitut Oberwolfach einen 45-minütigen Vortrag ‹Über die Lösungen der erweiterten Fermatschen Dreiecksaufgabe›[133] frei gehalten, ohne das Manuskript aufzuschlagen. Nur Christoph Scriba (damals Professor in Berlin) hatte ihm geholfen, indem er alle nötigen Formeln und Gleichungen vorher an die Wandtafel geschrieben hatte. Heller hatte sich noch bis zuletzt energisch mit seinem ‹Kontrahenten› – wie er sich ausdrückte –, dem Ungarn Árpád Szabó, auseinandergesetzt, der über Theaetet und die Entdeckung des Irrationalen durch die Griechen anderer Meinung war als er.

In seinem letzten Brief hatte sich Heller noch sehr besorgt über den Gesundheitszustand Heeschs gezeigt – Heesch litt unter ständiger Müdigkeit:

> «Ich würde es gern noch erleben, daß Du einen Arzt aufsuchst, der Dich gründlich auf alle Organe hin untersucht und Dir daraufhin Verhaltensmaßnahmen empfiehlt. Es könnte – ein häufiger Fall im Alter (Du gehörst demnächst dazu!) – am Herzen irgend etwas nicht in Ordung sein, was sich heutzutage durch richtige Lebensweise und durch Medikamente leicht beheben ließe.»

Auf Drängen von Ruth Proksch suchte Heinrich Heesch auch irgendwann einen Arzt auf, der ihn jedoch beruhigen konnte: Er war überarbeitet, im Grunde aber kerngesund.

Im August 1970 konnte HEESCH die erfolgreiche Bearbeitung des ersten Schrittes zur Lösung des Gesamtproblems offiziell verkünden. Bereits am 9.6. hatte er an SHIMAMOTO geschrieben:

> "*The First Step* of the two steps in our ‹Grand Strategy› has been done, is finished."

Nachdem dann noch einige Kleinigkeiten in der Darstellung korrigiert und verbessert worden waren, stand das Ergebnis fest: Es gibt insgesamt 8904 *z*-positive Figuren. Darunter keine mit einer Zentralecke vom Grade > 9. Im einzelnen waren es: 4877 $U(E_7)$, 3570 $U(E_8)$ und 457 $U(E_9)$. Dabei waren jedoch 138 der als reduzibel angenommenen und eingesetzten Figuren noch nicht gerechnet, das heißt, noch nicht als wirklich reduzibel bewiesen worden. Insofern war das Ergebnis eine Schattenlösung. HEESCH war jedoch von der Reduzibilität dieser Figuren überzeugt. Dies sollte sich in den folgenden Jahren, in denen diese Rechnungen nachgeholt wurden, auch als richtig herausstellen.

Die Lösung des ‹ersten Schrittes› war im Laufe des Sommers 1970 in einem einzigen schöpferischen Gewaltakt HEESCHS entstanden. Dabei hatte er laufend die Reduzibilität von wichtigen Figuren von SHIMAMOTO in Upton untersuchen lassen. Von März bis August waren ca. 85 Figuren gerechnet worden, von denen sich 57 als D-reduzibel erwiesen. Insgesamt wurden dafür etwa 120 Rechnerstunden benötigt. Die längste Rechenzeit, die für eine einzige Figur benötigt worden war, betrug 499 Minuten. (Verglichen mit den Rechenzeiten, die später für einzelne Figuren benötigt wurden, war dies jedoch noch relativ wenig.) Es war ein Glück, daß die wirtschaftlichen Verhältnisse in den USA einen solchen Einsatz der Computer zur Lösung des Vierfarbenproblems noch erlaubt hatten. Kurze Zeit später, schon im Juni, zeichnete sich eine Änderung der diesbezüglichen Situation ab. SHIMAMOTO schrieb:

> "... we are beginning to have serious computertime and money problems".

SHIMAMOTO reagierte auf die Erledigung des ‹ersten Schrittes›, indem er seinen sofortigen Besuch in Hannover ankündigte. In Verbindung mit dem Internationalen Mathematiker-Kongreß in Nizza wollte er vom 15. bis zum 18.9. HEESCH besuchen. HAKEN war über die hohe Anzahl der *z*-positiven Figuren erschrocken. Er hatte in seinem «Optimismus auf etwa 800 spekuliert», wie er HEESCH schrieb.

Der Besuch SHIMAMOTOS in Hannover gestaltete sich zu einem einzigen «nur durch Mahlzeiten und Nacht unterbrochenen Seminar», an dem auch DÜRRE teilnahm, der dafür extra von Erlangen angereist war. Gegenstand des Seminars war das Manuskript *Herleitung aller z-positiven Figuren beim Vierfarbenproblem.* Dabei zeigte sich, daß der Vollständigkeitsbeweis ‹relativ harmlos› war, die Aufstellung der tatsächlich vorkommenden Figuren jedoch «eine zwar gedanklich klare und einfache, in der Durchführung aber recht intrikate Aufgabe der Kombinatorik» war. Die Reinschrift des Manuskriptes – 51 Seiten Text und 38 Seiten mit den *z*-positiven Figuren – wurde im Januar 1971 der DFG als Ergebnisbericht der bisher

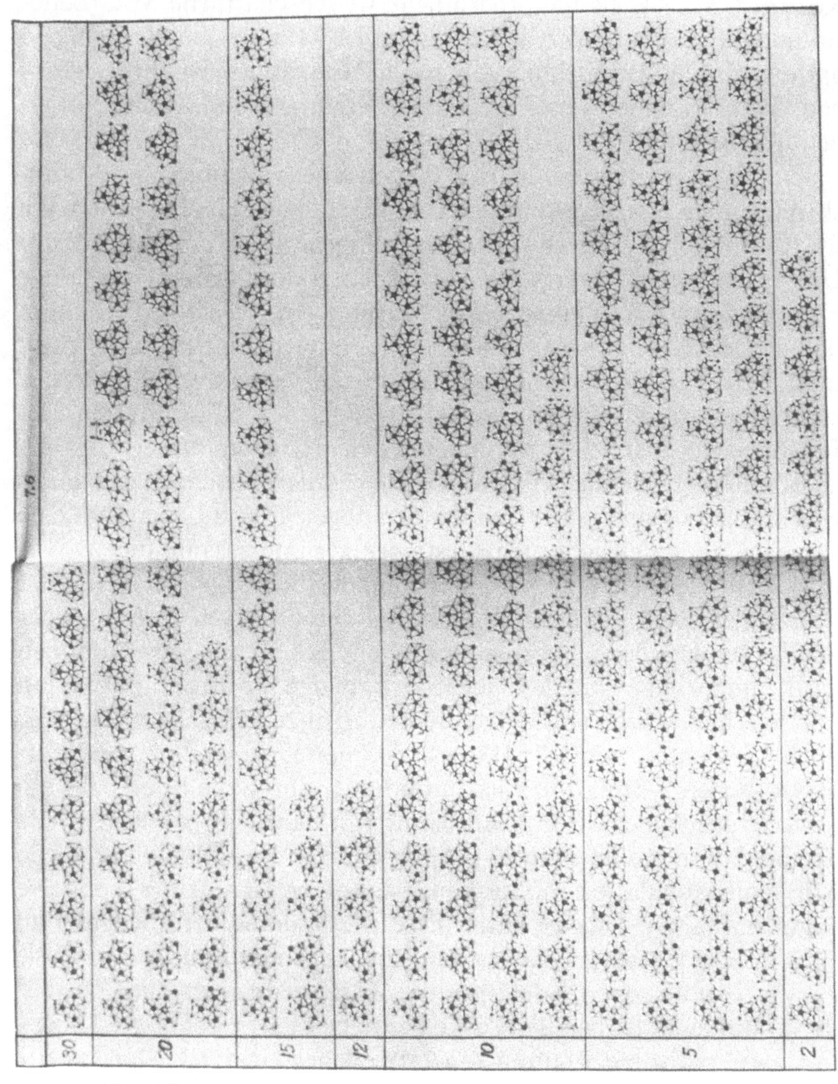

Abb. 66
Auszug aus der Liste der 8904 *z*-positiven Figuren.

geförderten Arbeiten eingereicht. Erst im Jahre 1980 wurde diese Urfassung auch der Öffentlichkeit als Preprint zugänglich gemacht[134].

Hinsichtlich der wissenschaftlichen Mitarbeiter HEESCHS hatte sich inzwischen folgendes herausgebildet: Die DFG hatte auf Antrag Anfang des Jahres 1970 wieder einige bescheidene Personalmittel unter dem Kennwort ‹Vierfarbenproblem› zur Verfügung gestellt. Es erwies sich aber als sehr schwer, geeignete Personen zu finden. Erst am 1. 7. konnte HEESCH die Diplom-Mathematikerin ROTRAUT STANIK als hauptberufliche wissenschaftliche Mitarbeiterin unter Bezahlung in Anlehnung an BAT IIa gewinnen. Daneben hatte er durch Vermittlung von Frau PROKSCH zwei Lehrer gefunden, die für stundenweise Bezahlung Ordnungs- und Zeichenaufgaben übernahmen.

HEESCH hatte am 2.10.1970 auch eine Ablichtung des Manuskriptes aller z-positiven Figuren an HAKEN geschickt. Schon am 24.10. antwortete HAKEN in einem langen Brief, der bei HEESCH Überraschung und Erstaunen hervorrief. HAKEN waren zwei Dinge klar: erstens, daß es kaum einen begründeten Zweifel geben kann, daß die Methode zu einem Beweis des Vierfarbensatzes führt; zweitens, daß die doch sehr hohe Anzahl der z-positiven Figuren es zweifelhaft erscheinen läßt, «ob die technischen Hilfsmittel unseres Jahrhunderts ausreichen werden, um den erstrebten Beweis wirklich zu erhalten». Nachdem er die Arbeit bereits «mit einer Geste des Bedauerns» in eine seiner Schubladen abgelegt hatte, kam ihm eine «triviale, aber vielleicht nichtsdestoweniger interessante Idee»: Wäre es nicht vielleicht eine Vereinfachung des Beweisganges, wenn der ‹Lastenausgleich›, der bei HEESCH von den positiven Ecken gleichmäßig zu den benachbarten negativen Ecken hin vorgenommen wird, umgekehrt von den negativen zu den positiven Ecken hin durchgeführt würde und dabei die Bedürftigkeit einzelner Ecken E_5 noch gewichtet würde? HAKEN definierte daraufhin dual zur HEESCHschen z-Funktion eine Funktion ζ, durch die jeder Ecke ein ζ-Wert zugeordnet wird. Auch damit galt dann entsprechend: Jede Triangulation mußte einige ζ-positiven Ecken E_5 enthalten und jede Minimaltriangulation mußte mindestens eine irreduzible ζ-positive Figur enthalten. HAKEN hatte diese Methode sofort an dem Fall $e_6 = e_7 = 0$ getestet. Das erstaunliche Ergebnis lautete: Im Falle $e_6 = e_7 = 0$ ist schon jede ζ-positive Figur reduzibel. Zum Beweis, den er auf einer halben Seite aufgeschrieben hatte, benötigte HAKEN nur zwei reduzible Figuren (anstatt 20 bei HEESCH). Der ‹zweite

Schritt›, der bei HEESCHS Beweis noch notwendig gewesen war, konnte hier ganz entfallen.

HEESCH freute sich über «diese großartige Vereinfachung und Verkürzung» und regte eine sofortige Veröffentlichung an, «schon um etwaigen Lesern meines Büchleins die Mühe für Kap. II,1 zu nehmen»[135]. Für SHIMAMOTO übersetzte er den Beweis HAKENS ins Englische und informierte ihn sofort. Hinsichtlich der Lösung des Gesamtproblems hielt er es nicht für unmöglich, daß sich auch dort ähnliche Vereinfachungen ergeben könnten. Er hatte aber auch Bedenken, die auf seinen Erfahrungen bei der Erledigung von Triangulations-Teilmengen beruhten.

Um die Jahreswende 1970/71 leistete HEESCH sich den ‹Luxus›, wie er es selber ausdrückte, einer Frage nachzugehen, die schon BIRKHOFF in einer Arbeit 1913 gestellt hatte[136]. BIRKHOFF hatte gezeigt, daß in einer Minimaltriangulation kein Kreis C_3 und kein Kreis C_4 mit wenigstens je einer Ecke auf beiden Seiten, und auch kein Kreis C_5 mit beiderseits wenigstens zwei Ecken vorkommen kann. Einen sicher vermuteten analogen Satz für den Kreis C_6 mit beiderseits wenigstens vier Ecken hatte er jedoch mit seinen Mitteln der B-Reduktion nicht beweisen können. HEESCH vermutete nun, daß er mit seiner stärkeren D-Reduktionsmethode diesen Beweis schaffen könnte. Nach einer vierteljährigen ‹Jagd nach dem Ergebnis› mußte er jedoch die Waffen strecken. Das Überraschende hierbei war die zahlenmäßige Größenordnung der Klippen, an denen der Beweis scheiterte: Es mußten 14009 mal 7004 $\approx 10^8$ Fälle diskutiert werden; davon hatten genau 9 (neun!) nicht die gewünschte Eigenschaft. Auch mit Mitteln der D-Reduktion konnte also der vermutete Satz nicht bewiesen werden. Aber selbst wenn der Beweis gelungen wäre, hätte dies kaum Auswirkungen auf die Lösung des Vierfarbenproblems gehabt. Schon BIRKHOFF hatte sich so geäußert.

13 Wieder in den USA (1971)

Anfang 1971 festigte sich bei HEINRICH HEESCH der Entschluß, ein weiteres Mal an das Brookhaven Institute nach Upton zu reisen. Dafür gab es zwei Gründe: In Upton war niemand in der Lage, die inzwischen dort gerechneten D-irreduziblen Figuren auf C-Reduktion hin zu untersuchen. Aus der Ferne konnte dies auch nicht organisiert werden, da gewaltige Mengen von printouts zu sichten waren und die Anweisungen für das Computing unmittelbar in der Diskussion gegeben werden mußten. Der zweite Grund ergab sich aus beunruhigenden Ergebnissen, die SHIMAMOTO gemeldet hatte und die auf Fehler im Rechenprogramm hindeuten konnten. HEESCH stellte sofort einen Antrag auf finanzielle Unterstützung dieser notwendigen Reise für sich und DÜRRE bei der DFG, die eine wohlwollende Prüfung auch sofort zusagte.

Daß HEESCH auch weiterhin für die Kristallographen ein gesuchter Gesprächspartner war, zeigt die folgende Begebenheit: Um die Jahreswende 1970/71 unterbreitete HANS WONDRATSCHEK HEESCH den Vorschlag, in den Frühjahrs-Semesterferien 1972 für einige Wochen nach Karlsruhe zu kommen, um dort auf dem Gebiet der mathematischen Kristallographie gemeinsam mit ihm zu forschen und Seminare abzuhalten. HEESCH erklärte sein grundsätzliches Interesse, so daß WONDRATSCHEK bei der Fakultät für Physik der Universität Karlsruhe einen Antrag für eine Gastprofessur für HEESCH stellte. Unter anderem sollte HEESCH eine Vorlesung über spezielle Probleme der mathematischen Kristallographie halten und an einem gemeinsamen Seminar über Probleme verallgemeinerter Symmetrien (z. B. Symmetrien von Magnet-Strukturen) teilnehmen. Sowohl das Dekanat als auch der Senat befürworteten den Antrag. Zur großen Enttäuschung aller Beteiligten lehnte das Ministerium in Stuttgart den Antrag jedoch völlig überraschend ab, so daß aus dem Plan nichts wurde.

Mit HAKEN hatte sich in der Zwischenzeit eine lebhafte Diskussion darüber entwickelt, welche ‹Entladungsmethode› die größere Effizienz versprach. Dem Schriftwechsel kann man entnehmen, daß HAKEN sich mit großem Engagement in die Materie einarbeitete, obwohl er immer wieder betonte, keine Zeit zu haben, «über das

Vierfarbenproblem nachzudenken». Bei der Diskussion der einzuschlagenden Lösungswege sprach er immer in der ‹wir›-Form, was angesichts der späteren Entwicklung an dieser Stelle registriert werden möge. Er bat HEESCH, ihm die Liste aller bereits gerechneten reduziblen Figuren, die Liste der schon gezeichneten reduktionsverdächtigen Figuren und die Liste der Figuren, die sich als irreduzibel herausgestellt hatten, zu senden.

Die erste dieser Listen schickte HEESCH am 7.1.1971 an HAKEN. Dieser war so begeistert, daß er sofort anfing, «die Figuren abzuzeichnen, um sie genauer kennenzulernen», wobei ihm besonders die Gesetzmäßigkeiten der Figuren interessierten. So zum Beispiel die Frage, wie man aus einer reduziblen eine neue reduzible Figur erzeugen kann. Er stellte entsprechende Fragen an HEESCH, die dieser geduldig bis in alle Einzelheiten beantwortete. Ein umfangreicher Briefwechsel entwicklete sich. Unter anderem schickte HAKEN auch den Entwurf eines zur Veröffentlichung bestimmten Manuskriptes *A Remark on HEESCH's Approach to the Four-Color-Problem.* In dieser Arbeit wurde auf sieben Seiten die Reduktionsmethode und die ‹method of discharging› sehr verständlich dargestellt und dann auf $1\frac{1}{2}$ folgenden Seiten der Fall $e_6 + e_7 = 0$ nach der HAKEN-Methode, über die schon oben berichtet worden ist, gelöst. HEESCH machte einige Korrekturvorschläge, war aber insgesamt über die Arbeit sehr froh, da er sich durch ihre Veröffentlichung einen guten Einfluß auf die Beurteilung seiner eigenen Arbeiten in der mathematischen Öffentlichkeit versprach.

Am 12.5.1971 schickte HEESCH auch die gewünschte Liste der bisher als irreduzibel erkannten Figuren an HAKEN. Dabei teilte er ihm auch mit, daß eine große Anzahl von irreduziblen Figuren aus gewissen Klassen von Figuren in der Liste nicht aufgeführt sei. Diese Figuren zeichneten sich durch gewisse Eckenanordnungen aus, die erfahrungsgemäß einer Reduktion im Wege stehen. Einige dieser Fälle erläuterte HEESCH in dem Brief an HAKEN.

HEESCH hatte entdeckt, daß Figuren mit einer der folgenden Eckenkonstellationen sich immer als irreduzibel herausstellten:

- eine innere Ecke mit wenigstens vier nebeneinander liegenden Kanten zum Rand der Figur,
- eine innere Ecke mit wenigstens drei Kanten zum Rand, die nicht alle unmittelbar nebeneinander liegen,
- zwei benachbarte innere Ecken vom Grade 5, die beide noch mit genau einer und zwar derselben inneren Ecke verbunden sind (‹hängendes Paar› genannt).

Keine einzige der vielen Figuren mit einer dieser Eigenschaften hatte bisher reduziert werden können. HEESCH war sicher, daß sie alle weder C- noch D-reduzibel sind. Diese Erfahrung sollte sich als eine sehr wichtige heuristische Regel bei der Suche nach reduziblen Figuren erweisen. In der Literatur sind diese Eigenschaften unter der auf HEESCH zurückgehenden Bezeichnung ‹Obstruktionen› bekannt geworden[137].

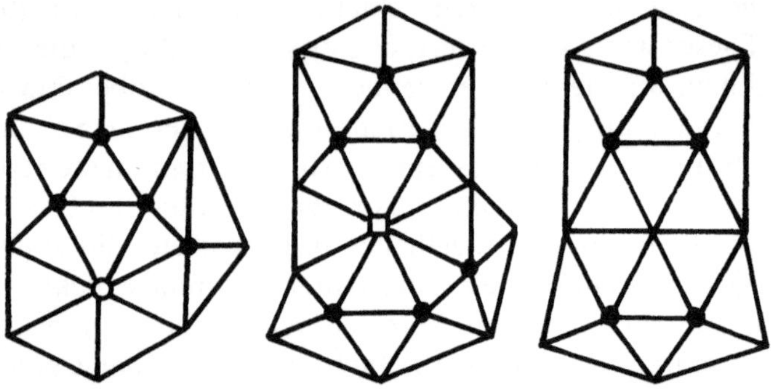

Abb. 67
Figuren mit den drei verschiedenen Obstruktionen.

Vom 3.8. bis zum 9.10.1971 hielt sich HEINRICH HEESCH wieder bei SHIMAMOTO am Brookhaven National Laboratory in den USA auf. Die Mitreise von KARL DÜRRE hatte sich als nicht mehr notwendig erwiesen. Reise- und Aufenthaltskosten wurden diesmal von der DFG getragen.

Dem Start waren einige Komplikationen vorausgegangen. So zum Beispiel die Verzögerungen durch den US-Geheimdienst bei der Ausstellung des Zertifikates, das für jeden Ausländer erforderlich war, der das lohnende Spionageobjekt ‹Brookhaven National Laboratory› betreten wollte. Als sich dann herausstellte, daß DÜRRE nicht mitfliegen würde, ergab sich das Problem der Beweglichkeit in den USA: Ohne die Möglichkeit, mit einem eigenen oder geliehenen Auto fahren zu können, ist man im Nahverkehr in den USA (darunter wird dort ein Radius von mindestens 100 km verstanden) ziemlich hilflos. Aber HEESCH besaß zu diesem Zeitpunkt noch nicht einmal einen Führerschein. So entschloß er sich kurzfristig, diesen in einem Schnellverfahren zu erwerben – ein fast aussichtsloses Vorhaben bei den diesbezüglichen Verhältnissen in Deutschland. Aber HEESCH schaffte es innerhalb eines Monats im Juli 1971. Und dies, obwohl er bereits 65 Jahre alt war und ihm eine ausgeprägte praktische Begabung nicht gerade nachgesagt werden kann. Den Führerschein benutzte er dann nur bei seinem Aufenthalt in den USA. Später hat er sich nie wieder hinter das Lenkrad eines Autos gesetzt.

Noch eine Komplikation kam hinzu: Mitte Juli erreichte HEESCH die Nachricht, daß auf dem Dienstleistungssektor des Lab am 1. 7. ein Streik ausgebrochen war, der möglicherweise sehr lange dauern konnte. Es blieb einige Zeit unklar, was dies für die geplante Arbeit am Lab bedeuten würde. Bis diese Frage geklärt werden konnte, verging wieder einige Zeit, so daß er schließlich erst am 3.8. starten konnte. Da ihn wegen des Streiks kein Fahrer des Lab vom JOHN F. KENNEDY-Airport abholen konnte, lieh er sich dort einen Wagen und fuhr – erstmals allein ohne Fahrlehrer (!) – nach Upton. Ein abenteuerliches Unternehmen! Am Lab selbst hielten sich die Auswirkungen des Streiks auf Leben und Wohnen in erträglichen Grenzen. Zwar mußten die Wohnräume von ihren Bewohnern selber gereinigt und die Betten selber gemacht werden, die sonstigen Versorgungen klappten aber mit Einschränkungen ausreichend.

Der Streik hing mit der innenpolitischen Situation in den USA zusammen, die zu dieser Zeit von den heftigen Auseinandersetzungen wegen der Vietnampolitik bestimmt wurde. Der republikanische Präsident RICHARD M. NIXON hatte den Abzug der US-Landstreitkräfte aus Südvietnam zwar schon ab 1969 begonnen, den Einsatz der US-Luftwaffe zur Unterstützung der südvietnamesischen Truppen jedoch forciert. Seit 1970 war der offiziell nie erklärte Vietnamkrieg zu einem Indochinakrieg eskaliert (Kambodscha, Laos). Die NIXON-Regierung meinte immer noch, die USA als Weltmacht durch eine Präsenz ihrer Truppen im pazifischen Raum behaupten zu müssen. Im Senat und in der Bevölkerung wuchs jedoch der Widerstand gegen diese Politik. Zu groß waren die Opfer der Menschen in dem mit furchtbarer Brutalität geführten Krieg geworden. Hinzu kam, daß der Krieg insgesamt als sinnlos und auch als höchstwahrscheinlich erfolglos angesehen wurde. Es kam zu Krisen in der Wirtschaft, die Preise stiegen, die Inflationsrate nahm zu, und die Arbeitslosenzahl stieg bedenklich an. Die Bevölkerung reagierte mit Streiks. In Folge dieser Entwicklung schwand auch international immer mehr das Vertrauen in den Dollar, so daß es zu einer internationalen Währungskrise kam, die im August 1971 ihren Höhepunkt erreichte.

Auch die Arbeit am Brookhaven National Laboratory hatte unter dieser Entwicklung zu leiden. Alle Forschungsförderungen waren drastisch gekürzt worden. Die finanziellen Mittel für die Benutzung der Computer standen nicht mehr so großzügig zur Verfügung wie in den Jahren zuvor. SHIMAMOTO verstand es jedoch, HEESCH von diesen Sorgen freizuhalten und ihm das Gefühl zu geben, in seinen Entscheidungen bezüglich des Computereinsatzes frei zu sein.

Neben Routinearbeiten zur Kontrolle und Intensivierung des Computing stand bei diesem Aufenthalt die Suche nach C-Reduzenten in den Outputs der sich als D-irreduzibel erwiesenen Figuren im Vordergrund des Interesses. Ein solcher Output besteht aus der elementeweise aufgeführten Restmenge derjenigen Randfärbungen, die nach Abschluß des ‹KEMPE-Ketten-Spiels› übriggeblieben sind. Die Aufgabe, aus dieser Restmenge einen C-Reduzenten zu finden, konnte nur von Hand in Angriff genommen werden. HEESCH suchte im Einzelfall oft tagelang umsonst. Er nahm dann an, daß die Figur auch C-irreduzibel ist. Neben diesen Arbeiten bereitete HEESCH die Publikation einer Liste vor, die die bisher circa 1 000 hier am Lab gerechneten reduziblen Figuren und die Liste der *z*-reduziblen Figuren vom September 1970 (deren Anzahl sich inzwischen durch weitere Reduktionen von 8 904 auf 8 714 verringert hatte) enthalten sollte.

Im September kam auf Einladung HEESCHS auch WOLFGANG HAKEN ans Brookhaven National Laboratory, um bei HEESCH zu lernen. In dieser Zeit der engen Zusammenarbeit gingen sie zum ‹Du› über. HAKEN nahm alles begierig auf, was er erreichen konnte. Er kopierte alle ihm zugänglichen Figuren und wurde in den drei Wochen seines Aufenthaltes (vom 17. 9. bis zum 7. 10.) zu einem guten Kenner der Materie. In einem späteren Brief bedankte er sich bei HEESCH für die «fabelhafte Betreuung». Er war sich dort vorgekommen «wie in einem Kurhotel». SHIMAMOTO jedoch war verärgert. Er hatte HAKEN nicht eingeladen. Ja, HAKEN hatte vorher nicht einmal Kontakt mit ihm aufgenommen. SHIMAMOTO mißtraute ihm. Und dazwischen stand HEESCH. Er wollte sich in die persönlichen Angelegenheiten zwischen den beiden amerikanischen Wissenschaftlern nicht einmischen.

Acht Tage vor Beendigung des Forschungsaufenthaltes, Anfang Oktober 1971, fand ein Ereignis statt, das als Sensation registriert wurde: SHIMAMOTO hatte mit Hilfe einer Konstruktion eine entscheidende Argumentation gefunden, die das Vierfarbenproblem zu lösen schien. Der Beweis, «den Yosh uns am 4. 10. eine Stunde lang vorgeraucht hatte» – so HAKEN in Anspielung auf den großen Zigarettenkonsum SHIMAMOTOS –, basierte auf folgender Idee (nach einer Beschreibung von HEESCH):

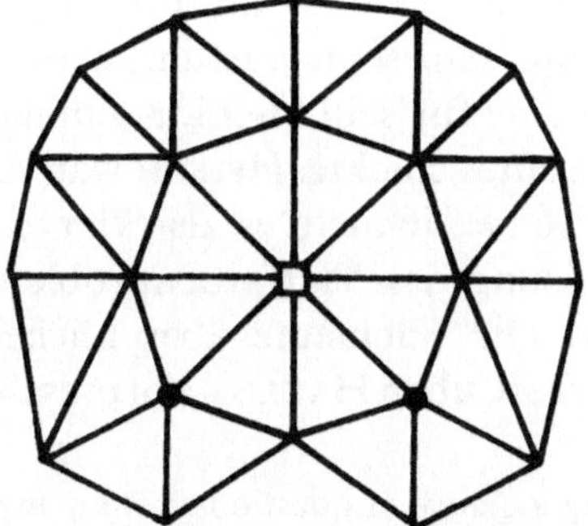

Abb. 68
Die horseshoe-Figur.

Ausgangspunkt sind planare 5-chromatische kritische Graphen, zu denen insbesondere auch die Minimaltriangulationen gehören. Diese sind kantenkritisch, das heißt, nach Löschen einer beliebigen ihrer Kanten bleibt ein 4-chromatischer Graph zurück. Aus diesen planaren 5-chromatischen kritischen Graphen werden größere planare Graphen, also solche mit mehr Ecken und Kanten, konstruiert, wobei darauf zu achten ist, daß die Kritizität erhalten bleibt. Zugleich kommt alles darauf an, die vergrößernden Operationen so zu wählen, daß dabei eine als reduzibel bekannte Figur mit aufgebaut wird. Gelingt dies, so ist damit ein Widerspruch zur Annahme, daß der Ausgangsgraph 5-chromatisch sei, konstruiert. SHIMAMOTO war nun eine solche Vergrößerung jeder beliebigen Minimaltriangulation gelungen, wobei die Figur des ‹horseshoe› (eine Ecke E_8, die von sieben Ecken in der Gradfolge 5, 6, 6, 6, 6, 6, 5 umgeben ist) mit aufgebaut wurde. Da der horseshoe als D-reduzibel galt, war damit der Vierfarbensatz bewiesen.

Obwohl die Zuhörer nicht alle Argumentationen SHIMAMOTOS auf Anhieb verstanden hatten, waren sie beeindruckt. SHIMAMOTO riet jedoch zur Vorsicht. Er wollte zuerst alle Einzelheiten nochmals klären und insbesondere die D-Reduzibilität der horseshoe-Figur nachprüfen lassen, ehe das Ganze an die große Glocke gehängt würde. Aber hier machte HAKEN einen Strich durch die Rechnung. Er verbreitete das Ergebnis sofort in alle Welt. Mit seinem scharfen Verstand hatte er den Sachverhalt schnell erfaßt und eine klare Darstellung gefunden. Schon am 8. 10. trug er darüber in Princeton vor und diskutierte anschließend intensiv den Ansatz mit Kollegen. Am 11. und 12. 10. hielt er zwei Vorträge über dasselbe Thema in Urbana. Eine hektische Betriebsamkeit begann. Korrekturen wurden zwischen SHIMAMOTO und HEESCH beziehungsweise HAKEN und HEESCH hin- und hergeschickt. Ausarbeitungen wurden verfaßt und wieder verworfen. Seminare über die Lösung wurden abgehalten, und HAKEN verfaßte ein sehr ausführliches Papier *Haken on SHIMAMOTO's construction* für sein '4-color-seminar', das er auch an ein paar interessierte Leute schickte. HEESCH war von dem Papier begeistert und auch TUTTE bezeichnete es als ‹klar›.

Das Gerücht von der Lösung des Vierfarbenproblems verbreitete sich wie ein Lauffeuer. Die Fachleute aber blieben sehr skeptisch. SHIMAMOTO war verärgert über HAKENS Vorpreschen. Er schrieb an ihn:

> "In the meantime I am getting a deluge of questions from many people and I am now wondering about the wisdom of having had you talk at Princeton and Urbana before a clean manuscript had been prepared."

Natürlich wurde sofort die D-Reduzibilität der horseshoe-Figur überprüft. Aber es klappte nicht so recht mit den vorhandenen Programmen, die noch von KARL DÜRRE stammten. SHIMAMOTO nahm daher Kontakt mit DÜRRE in Karlsruhe auf und erreichte in einer Nacht-und-Nebel-Aktion, daß dieser am 18. 10. mit seiner jungen Frau nach Upton kommen konnte. Die Reisekosten übernahm die Columbia University, von der DÜRRE als ‹Research Consultant› angestellt und an das Brookhaven Laboratory ‹ausgeliehen› wurde. HEESCH war inzwischen wieder in Deutschland.

Schon am 20. 10. berichtete DÜRRE an HEESCH, daß möglicherweise das Programm, mit dem der horseshoe 1968 gerechnet worden war, «nicht richtig gerechnet» habe. Aber es konnte nicht mehr geklärt werden, mit welchem Programm die Figur überhaupt gerechnet worden war, da die Ausdrucke nicht mehr vorhanden waren. Und einige Tage später stand es fest: Berechnungen mit den alten Programmen hatten «nach grauenhaft langer Rechenzeit» ergeben, daß die horseshoe-Figur D-irreduzibel ist. Daran änderten auch alle Überprüfungen des Programms – in der Hoffnung, daß dieses vielleicht Fehler enthalten könnte – nichts. Möglicherweise war die Figur seinerzeit noch während der Testphase in die Datei der D-reduziblen Figuren gerutscht und nicht wieder entfernt worden.

Damit war SHIMAMOTOS ‹Beweis› des Vierfarbensatzes geplatzt. Auch alle späteren Überprüfungen und kleinen Abänderungen des Ansatzes führten zu keinem anderen Resultat. SHIMAMOTOS Konstruktion und die darauf aufgebauten Schlüsse scheinen aber richtig zu sein.

Am 4.11. trug dann SHIMAMOTO selber in einem Kolloquium in Urbana vor. Aber sein Vortrag kam nicht gut an. Außer HAKEN verstand «absolut niemand etwas», wie HAKEN an HEESCH berichtete.

Trotz der Erfolglosigkeit wirbelte SHIMAMOTOS ‹Beweis› in der mathematischen Öffentlichkeit erheblichen Staub auf. Einige Mathematiker waren bestürzt. W. T. TUTTE schrieb in einem Preprint unter dem Titel *Shimamoto's Attack on the Four Colour Problem* im Dezember 1971 [138]:

> "The feeling is that the Four Colour Theorem ought not to have been provable like that, – 'by brute force', ... I have wavered between belief and disbelief in SHIMAMOTO's proof, but I have never liked it».

In einer Analyse kam TUTTE dann zu dem Ergebnis, daß entweder die horseshoe-Figur nicht D-reduzibel ist oder aber der Beweis wesentlich einfacher geführt werden kann. HASSLER WHITNEY kam in einem Papier vom 5.11.1971 *On reducibility in the four color problem* zu einem ähnlichen Ergebnis [139]. Beide veröffentlichten dann ihre diesbezüglichen Überlegungen in einer gemeinsamen Arbeit mit dem Titel *KEMPE Chains and the Four Colour Problem* [140]. Dort heißt es:

> "It seemed to both of us that if the proof was valid it implied the existence of a much simpler proof..., and that this simpler proof would be so simple that its existence was incredible ... We found no essential flaw in SHIMAMOTO's reasoning ... We therefore decided that the computer result must be wrong."

Die Ausführungen zeigen dann, daß auch mit einer anderen als der horseshoe-Figur dieser Typ von Beweisversuch nicht zum Ziel führen würde, daß vielmehr jede Konfiguration, die nach SHIMAMOTOS Methode konstruiert wird, irreduzibel sein muß.

HAKEN ging schon in einem Brief an HEESCH vom 27.10.1971 zur Diskussion der vor ‹SHIMAMOTO's attack› beschrittenen Lösungswege über. HEESCH war sich noch nicht ganz im klaren darüber, ob er sich an der Jagd nach neuen Modifikationen des SHIMAMOTO-Weges beteiligen sollte oder aber das Finitisierungsmanuskript mit den nun 8714 z-positiven Figuren in Angriff nehmen sollte.

KARL DÜRRE kehrte am 2.12. aus den USA zurück und traf sich sofort mit HEESCH, um über die aufregenden und spannenden Vorkommnisse am Lab zu berichten. Der fehlerhafte Computerlauf war nicht mehr zu rekonstruieren gewesen. Zwischen SHIMAMOTO und HAKEN hatten sich erhebliche Differenzen und Verärgerungen aufgebaut. HAKEN äußerte sich ziemlich abfällig über SHIMAMOTOS Darstellung der Beweisführung. SHIMAMOTO mißtraute HAKEN hinsichtlich der Beweggründe seines Interesses an HEESCHS Lösungsansätzen zum Vierfarbenproblem. DÜRRE hatte den Eindruck, daß SHIMAMOTO vermutete, HAKEN würde nur so lange engeren Kontakt zu HEESCH halten, wie er noch nicht genug erfahren habe, um eigenständig weitermachen zu können. Wie sich später herausstellen sollte, war diese Befürchtung nur allzu berechtigt.

14 Erste Ablehnungen durch die DFG – Konkurrenz aus den USA? (1972–1973)

Die Differenzen zwischen SHIMAMOTO und HAKEN eskalierten in der Folgezeit immer mehr, wobei HEESCH anfangs eine gewisse Vermittlerrolle aufgezwungen wurde. Nachdem die Verärgerung über die voreilige Bekanntmachung der ‹SHIMAMOTO-Konstruktion› durch HAKEN etwas abgeklungen war, gab es jetzt neue Spannungen, weil HAKEN in seiner geplanten Veröffentlichung *A Remark on HEESCH's Approach to the Four-Color-Problem* auch Aussagen über die hohe Anzahl der am Brookhaven National Laboratory gerechneten Figuren machen wollte. SHIMAMOTO war aus zwei Gründen dagegen: Einmal schien es aus internen sowie finanz- und forschungspolitischen Gründen zu diesem Zeitpunkt nicht angeraten zu sein, die großzügige Gewährung von Rechenzeiten an die große Glocke zu hängen, zum anderen hatte SHIMAMOTO selber eine entsprechende ausführliche Dokumentation zu einem etwas späteren Zeitpunkt vor. HEESCH versuchte, diese Gründe HAKEN klar zu machen und fragte:

> «Sollte man ihm [SHIMAMOTO] nicht dabei die Freude lassen, der mathematischen Öffentlichkeit auch als erster die große Zahl anzugeben zugleich mit deren Darbietung?»

Daraufhin ergoß sich eine wahre Flut von HAKEN-Briefen über HEESCH. Allein im Januar 1972 waren es sieben lange Briefe, in denen es unter anderem um Fragen ging wie etwa: Was ist wissenschaftlich sinnvoll? Wie weit ist es erlaubt, mündlich mitgeteilte Ergebnisse anderer zu benutzen? Wie weit kann eine wissenschaftliche Zusammenarbeit mehrerer Personen überhaupt funktionieren? Sollte man überhaupt jemandem etwas über noch nicht veröffentlichte Ergebnisse erzählen? Sollte man auch in der Wissenschaft etwas einführen, das zwischen Veröffentlichung und Geheimhaltung liegt, wie z. B. die Beantragung eines Patents? Man merkte förmlich, wie HAKEN sich in seine Verärgerung immer mehr hineinsteigerte.

Am 19. 1. 1972 schickte HAKEN alle seine Unterlagen über die am Lab gerechneten Figuren an SHIMAMOTO zurück

> "in order to avoid the possibility of any further leakage of information on my part".

Sein Brief schloß mit dem historisch interessanten Satz:

> "I do not plan any more work on the four color problem in the foreseeable future."

Dieser Satz wurde von Haken dann in einem Brief vom 19.1. an Heesch erläutert. Nachdem er zuerst über ein früheres Erlebnis bei Siemens berichtete, fuhr er fort:

> «In einer ähnlichen Lage fühlte ich mich im Oktober 1970, als ich an einem angeregten Nachmittag die völlig banale Bemerkung machte, die den Fall $e_6 = e_7 = 0$ so schön vereinfachte, und von der ich bis heute noch glaube, daß sie die Diskussion des Ganzen vereinfachen würde, wenn man sie nur anwenden würde. Hast Du Dir schon mal vorgestellt, wie das für einen Außenstehenden aussehen muß? – Du hast in 35-jähriger bewundernswerter Arbeit die Sache soweit getrieben, daß nun der endgültige Erfolg in greifbare Nähe gerückt erscheint. In diesem Augenblick komme ich mit einer schlau ausgedachten Kleinigkeit dazu, deren Wert aber trotz ihrer Trivialität nicht von der Hand zu weisen ist. Damit sichere ich mir nun (mit einem Arbeitsaufwand von vielleicht 35 Stunden im Verhältnis zu 35 Jahren) einen wesentlichen Anteil am Ganzen. Schön, nicht!? – Ich hatte damals wirklich Bedenken deswegen. Irmgard, was meine Frau ist, reagierte unabhängig von mir auch gleich genau so: ‹das kannst Du doch nicht machen, Dich da in dieser Weise hineindrängen›. Ich war dann sehr erleichtert wegen Deiner netten Reaktion. Daß ich auf Deinen Vorschlag eines Treffens im BNL überhaupt einging, hatte den wesentlichen Grund, daß ich Dich dort in Dauerberieselung davon überzeugen wollte, daß mein Trick sich geeignet auf das Ganze verallgemeinern läßt und es dann sicherlich verkürzen wird (gegenüber der von Dir geplanten Diskussion der achttausendsonstwievielen *z*-positiven Figuren), und daß ich mich glücklich und geehrt fühlen würde, wenn Du ihn anwenden würdest. Damit hatte ich dann allerdings keinen Erfolg und fühlte mich mehr und mehr zu der Auffassung gedrängt, daß ich es dann ja wohl doch selber machen müßte, obgleich meine Zeitverhältnisse das absolut nicht erlauben, und auf die Gefahr hin, daß ich in eine Art Wettrennen mit Dir gerate, das bedauerlich sein würde, wer auch immer gewinnt.»

Und dann:

> «Kannst Du es in Anbetracht dieser Lage noch immer vertreten, mich zu einer Mitarbeit (aktiv und wesentlich) am Vierfarbenproblem zu drängen? Ich hoffe, nicht. Eine Ausnahme: Wenn Du es in Deinem Leben nicht mehr schaffen solltest, Dein Werk zu vollenden, und wenn ich dann noch funktionsfähig sein sollte, dann ist es für mich selbstverständlich, daß ich die Sache weitermache. Das zur genauen Interpretation meines letzten Satzes an Yosh.»

Haken schloß mit folgendem ‹ausdrücklichen› Hinweis:

> «Alles, was ich Dir an Bemerkungen, Vorschlägen, usw. geschrieben habe (und schreiben werde) ist genau wie eine Veröffentlichung zu behandeln. D. h. ohne jede Bedenken sollte es jedem weitergegeben werden, dem es nützen könnte, selbstverständlich und ohne Rückfragen, schriftlich, gedruckt oder mündlich.»

SHIMAMOTO war über die Reaktion HAKENS erstaunt. An HEESCH schrieb er:

> "While it is not my place to tell you what to do with respect to your research results, I do believe that for your own protection, you should not give him any more results until you have actually published them."

Auf Anraten von HERB ROBBINS und GARRET BIRHOFF plante er, die abschließende Darstellung seines Ansatzes mit einem Anhang zu versehen, der die Ereignisse seit dem 1.10.1971 darstellen sollte. Aber:

> "It is of course a very difficult thing to do, but I think that in view of the situation, it is important that we protect ourselves."

HEESCH bedauerte die Entwicklung. Er schrieb an HAKEN:

> «Es scheint mir wirklich (wie auch Dir), daß wir beide zu wenig Spürkraft haben von den Empfindungen, Erkenntnissen und Antwortweisen, mit denen die Menschen um uns auf unsere Absichten und unsere in diesen Absichten gesetzten Taten reagieren ... Hätte ich nur halb das nötige Maß an solchem Gespür, so hätte ich vorausgesehen, daß es zwischen Dir und Yosh im BNL so schief laufen konnte oder gar mußte.»

Im großen und ganzen aber stimmte er SHIMAMOTOS Einschätzung der Situation zu, betonte aber seine Neigung,

> "to follow the mildest possible way and to avoid hard cuts and wounds, as it is always much easier to strike than to heal."

In der folgenden Zeit versuchte HAKEN, HEESCH zur Änderung seiner Lösungsstrategie zu bewegen. HEESCHS Ansatz der ‹zwei Schritte›, von dem eine Schattenlösung des ersten Schrittes, die Liste der z-positiven Figuren, bereits vorlag, erschien ihm jetzt, insbesondere durch den möglichen Vergleich mit dem gescheiterten SHIMAMOTO-Ansatz, nicht mehr erfolgversprechend.

> «Die erste Phase Deiner Arbeit am Vierfarbenproblem kann jetzt als abgeschlossen gelten. Sie bestand darin, nachzuweisen, daß das Ganze wirklich gute Aussichten hat. Das ist nun erledigt, und es wäre schade, noch irgendwelche Zeit da hinterherzuwerfen.»

HEESCH solle sich nicht «in nutzlose Einzelbetrachtungen bezüglich einzelner Figuren (von denen noch nicht einmal klar ist, ob sie wirklich gebraucht werden) verlieren», sondern statt dessen zuerst eine Liste unvermeidbarer Figuren aufstellen, auf die in keinem Falle verzichtet werden könne. Diese Liste solle nur ‹abgerundete Figuren› enthalten, das heißt solche, die keine der schon genannten Obstruktionen enthalten. Reduktionen sollten hierbei also noch gar keine Rolle spielen. Der zu beweisende Satz würde dann etwa lauten:

Jede Triangulation enthält mindestens eine der abgerundeten Figuren aus der Liste. HAKEN schrieb:

> «Ich kann Dir nur einen Rat geben: Nimm alle Deine Papiere, die sich mit reduziblen Figuren befassen, und packe sie in ein große Kiste. Nagele sie zu und stelle sie in ein Lagerhaus ... Dann beweise den herrlichen Satz ... Dann (aber nicht vorher!) kannst Du die Kiste wieder öffnen und den Vierfarbensatz angreifen, falls die Geschäftslage auf dem Rechenmaschinenmarkt das dann möglich erscheinen läßt.»

HEESCH konnte sich jedoch nicht dazu entschließen, diesen Weg zu gehen. In einem Brief an SHIMAMOTO schrieb er:

> "I have in mind no other means of proof but to do the Second Step and to perform the 8704 discussions!"

Daneben hatte er vor, zusammen mit SHIMAMOTO die Liste der über 1000 reduziblen Figuren zu veröffentlichen, da mit ihrer Hilfe auch viele andere interessante Resultate gewonnen werden konnten.

So wurde die bisher schon eingeschlagene Richtung in der Behandlung des Vierfarbenproblems in Hannover weiter verfolgt. Für HEESCH arbeiteten neben anderen zwei tüchtige Studenten, WOLFGANG KAMPS und FRIEDRICH MIEHE, die bereits als Computer-Spezialisten galten und mit DFG-Mitteln stundenweise bezahlt wurden. Neben einer Verbesserung des Programms zur D-Reduzibilität sollten sie ein C-Reduzenten-Suchprogramm entwickeln, das unmittelbar bei Ausgabe der D-Irreduzibilität einer Figur angeschlossen werden konnte. Gerechnet wurde in Hannover immer noch auf der CDC 1604 A, in Göttingen auf einer Univac 1108 und ab 1972 auch in Berlin auf einer CDC 6500.

Die Kontakte nach Berlin kamen durch Vermittlung von WOLFGANG MADER, damals Dozent an der Freien Universität Berlin – ab 1979 Lehrstuhlinhaber in Hannover, zustande. MADER sorgte bis zum Ende der Kooperation im April 1973 für eine reibungslose Verbindung zwischen dem Rechenzentrum in Berlin und den Mitarbeitern HEESCHs in Hannover. In dieser Zeit wurden in Berlin etwa 800 Rechnerstunden in Anspruch genommen. Am Brookhaven National Laboratory wurde weiter, jedoch nur in kleinem Umfang, auf der CDC 6600 gerechnet. Die Forschungsmittel wurden dort von Regierungsseite weiterhin erheblich gekürzt.

Fräulein STANIK arbeitete an ihrer Dissertation, in der sie den Fall $e_6 = 0$ behandeln sollte, während bei HAKEN dessen Doktorand T. OSGOOD den Fall $e_7 = 0$ lösen sollte.

Sozusagen abseits der Hauptforschungsrichtung HEESCHs promovierte am 21. 2. 1972 WALTER SCHWARZ bei HEESCH mit einer

Arbeit über *Allgemeine Gruppenerweiterungen*. SCHWARZ war Diplommathematiker und Dozent an der Pädagogischen Hochschule in Hannover. Die Problemstellung seiner Dissertation lautete: Zu einer gegebenen Gruppe und einem gegebenen Index solche Gruppen herzuleiten, die die gegebene Gruppe als Untergruppe mit dem angegebenen Index enthalten. Als Hauptergebnis gelang es SCHWARZ, das Multiplikationsgesetz der Elementepaare für diese Gruppen unter Verwendung von vier, nicht weiter diskutierten und somit recht allgemein bleibenden Funktionen anzugeben. Sein Ansatz enthielt die bekannten Theorien von SCHREIER und von ZAPPA/SZÉP als Sonderfälle. Der damalige ‹Altmeister› auf diesem Gebiet, Professor L. RÉDEI am Mathematischen Institut der Ungarischen Akademie der Wissenschaften in Budapest, dem SCHWARZ seine Arbeit schickte, äußerte sich sehr lobend:

> «Mir gefällt Ihr Manuskript sehr, und ich halte es für eine schöne Leistung, daß Sie so elegant beide Arten der bisher bekannten Gruppenerweiterungen, die SCHREIERsche und die ZAPPA-SZEPsche unter ein Dach bringen konnten. Nach meinem Wissen sind Ihre Betrachtungen ganz neu.»

Am 16. März 1972 hielt HEINRICH HEESCH an der Universität Aarhus in Dänemark einen Vortrag mit dem Thema ‹Zur Reduktionsmethode beim Vierfarbenproblem», zu dem er von GABOR DIRAC mehrfach herzlich eingeladen worden war. Einige weitere kleine Vorträge und interessante Gespräche, vor allem aber die ‹königliche Gastfreundschaft› der Familie DIRAC mit ihren vier kleinen Kindern machten diesen Aufenthalt für HEESCH zu einem besonders erinnerungswürdigen Erlebnis. Einen Eindruck von der Intensität der Gespräche im privaten Kreis mag man dadurch bekommen, daß HEESCH der Familie nach seinem Besuch als Dank und zur Erinnerung eine Jerusalemer Bibel und ein Neues Testament schickte. DIRAC bedankte sich herzlich:

> «Die Jerusalemer Bibel ist mit vielen sehr interessanten und aufschlußreichen Erläuterungen versehen, auch mit Zeittafeln usw. usw. Das macht die Bibel für uns viel interessanter und viel mehr leserlich. In der Schule lasen wir im wesentlichen nur den biblischen Text, der ganze Rest des Religionsunterrichts bestand aus Moralpredigt. Der Text der Bibel wurde uns autoritär präsentiert: Da darf man nicht fragen. Es ist Gottes Wort und alles darin ist 100% sinnvoll. Man hat nur Schwierigkeiten, weil man unvollkommen ist, aber der Herr Lehrer versteht es vollkommen. Sowas wirkt viel mehr effektiv gegen das Christentum als alle antireligiöse Propaganda.»

Der Besuch HEESCHS wurde von DIRAC am 1. und 2. 2. 1973 erwidert. Er hielt in Hannover einen Vortrag im Mathematischen Kolloquium und einen Vortrag im HEESCH-Seminar. Ansonsten besuchte er begeistert Hannoversche Kunstausstellungen und bestellte Bilder, die HEESCH ihm dann bei Lieferung nachsandte.

Am 23. 3. 1972 meldete HAKEN Fortschritte bei den Bestrebungen, seine «Version des Entladungsprinzips, die für $e_6 = e_7 = 0$ so gut ging, zu verallgemeinern». Er schickte HEESCH eine Liste von 68 Figuren, von denen jede höchstens eine ‹schlechte› Ecke enthielt. Dabei nannte er eine Ecke ‹schlecht›, wenn von ihr entweder vier Kanten zum Rand gehen und sie keine Artikulationsecke ist, oder wenn drei Kanten zum Rand gehen und sie Artikulationsecke von der Art ist, daß bei ihrem Fortlassen das Innere der Figur in zwei und nicht in drei Teile zerfällt. (Eine Artikulationsecke ist eine Ecke, bei deren Fortlassen das Innere der Figur in mindestens zwei Teile zerfällt.) HAKEN berichtete, daß der Beweis, daß jede der interessierenden Triangulationen mindestens eine der Figuren dieser Liste enthält, etwa 16 handschriftliche Seiten lang sei. Damit lag erstmals eine Liste von unvermeidbaren Figuren vor, die nicht unmittelbar als irreduzibel erkannt werden konnten. Ein erster Schritt zu der angestrebten Liste unvermeidbarer ‹abgerundeter› Figuren war also getan. Dieser Schritt sollte als Test für das weitere Programm dienen. HAKEN war nun sehr optimistisch, daß es gelingen würde, eine Schattenlösung für das Ganze zu erstellen. – Seine Versicherung an SHIMAMOTO war wohl nicht so ernst gemeint gewesen.

In gewisser Weise hatte HAKEN also genau den umgekehrten Weg wie HEESCH eingeschlagen. Während HEESCH hoffte (wie er der DFG am 22. 10. 1971 mitgeteilt hatte), «die Lösung des Vierfarbenproblems in Gestalt einer Liste von etwa 1 000 reduziblen Figuren zu erbringen, von denen man bewiesen haben würde, daß wenigstens eine von ihnen in jeder Landkarte vorkommt», wollte HAKEN zuerst eine Liste unvermeidbarer Figuren vorlegen, bei der die Reduzibilität der Figuren erst danach festgestellt werden sollte – eventuell unter Abänderung der Liste.

Im Mai 1972 gelang HEESCH ein weiterer tieferer Einblick in die Eigenschaften von D-reduziblen Figuren: Er konnte den schon lange von ihm vermuteten ‹Amputiertensatz› beweisen. Dieser besagt folgendes: Irgend zwei Amputierte, die durch Identifizieren ihrer ausgezeichneten Kantenpaare zu einer Figur vereinigt werden, ergeben wiederum eine D-reduzible Figur. Man erhält eine ‹Amputierte›, wenn man von einer D-reduziblen Figur zwei benachbarte Randdreiecke abtrennt (also eine Randecke und drei mit ihr inzidierende Kanten, von denen zwei Randkanten sind, streicht). Die beiden verbleibenden Kanten der Dreiecke bilden dann das ‹ausgezeichnete› Kantenpaar der Amputierten. Mit diesem Satz gelang es HEESCH, «hunderte von Stunden Rechenzeit bei der Gewinnung beliebig vieler weiterer D-reduzibler Figuren» zu sparen. HEESCH berichtete PESCHL darüber am 12. 7. 1972.

In der letzten Juli-Woche 1972 fand am Mathematischen Forschungsinstitut Oberwolfach eine von GERHARD RINGEL und KLAUS WAGNER veranstaltete Tagung über Graphentheorie statt, zu der auch HEESCH eingeladen war. Von den 35 Teilnehmern kamen mehr als die Hälfte aus dem Ausland, mehr als ein Viertel aus Übersee. HEESCH trug über das Thema ‹Zur Reduktionsmethode beim Vierfarbenproblem› vor, wobei er in Anlehnung an seine Lösung des Teilbereichs $e_6 = e_7 = 0$ auch über den gerade bewältigten ‹Ersten Schritt› zur Lösung des Gesamtproblems (8714 z-positive Figuren) berichtete. Während des Vortrages spielten einige Teilnehmer Tischtennis! War dies ein Vorzeichen der später offensichtlich werdenden Mißachtung der HEESCHschen Arbeit bei manchen deutschen Mathematikern? Im offiziellen Tagungsbericht wurde der Vortrag als einziger in der Einleitung hervorgehoben, was als außergewöhnlich bezeichnet werden kann. Es heißt dort:

> «Zum ersten Mal hat Herr HEESCH, der sich Jahrzehnte mit dem Vierfarbenproblem beschäftigt hat, über seine Arbeiten in einem Vortrag und in weiteren Gesprächen berichtet. Das beim Vierfarbenproblem übliche Mißtrauen wurde zum Teil abgebaut. Herr HEESCH vermutet mit einer gewissen Berechtigung, daß das Vierfarbenproblem in endlich vielen Schritten entschieden werden kann, er hat nie gesagt, daß er das bereits beweisen kann.»

Am 10. 8. 1972 traf SHIMAMOTO zu einem längeren Forschungsaufenthalt in Hannover ein. Es war dies sein vierter Besuch bei HEESCH. Die Kosten wurden dieses Mal durch Vermittlung der DFG von der ALEXANDER VON HUMBOLDT-Stiftung getragen, die im Rahmen ihres «Sonderprogramms zur Förderung der fachbezogenen Zusammenarbeit zwischen deutschen und amerikanischen Forschungsinstituten» SHIMAMOTO auf HEESCHS Antrag hin in großzügiger und unbürokratischer Weise ein ‹Senior Fellowship Award› für ein halbes Jahr gewährte. Auf diese Weise konnte sich HEESCH für die vorangegangenen großzügigen Einladungen in die USA revanchieren. Ursprünglich hatte HEESCH auch HAKEN eingeladen, um so zu dritt an der Lösung des Vierfarbenproblems wie im September/Oktober 1971 in Upton weiter zu arbeiten. SHIMAMOTO und HAKEN wollten sich aber aus dem Wege gehen. Und so mußte die Einladung an HAKEN auf einen späteren Zeitpunkt verschoben werden. SHIMAMOTO blieb bis

Ende Januar 1973 in Hannover und unterbrach diese Zeit nur für einige Wochen im Dezember, um aufgetretene Probleme am BNL, die dringend erledigt werden mußten, zu beheben.

Nach den täglichen Diskussionen und Gesprächen mit HEESCH und dessen Mitarbeitern nahm SHIMAMOTO auch an dem wöchentlichen ‹HEESCH-Seminar› teil und trug dort mehrfach vor. Über dieses Seminar ist bisher noch nicht berichtet worden, obwohl es seit Mitte der sechziger Jahre bestand und in eingeweihten Kreisen eine schon gewisse Berühmtheit erlangt hatte. Es fand sowohl während der Semesterzeit als auch in der vorlesungsfreien Zeit statt und dauerte fast immer mindestens drei Stunden. Ständige Teilnehmer waren neben HEESCH und dessen Mitarbeitern auch RUTH PROKSCH und HANS-GÜNTHER BIGALKE, der Autor dieses Buches, der, wie auch Frau PROKSCH, inzwischen einen Lehrstuhl für Mathematik und ihre Didaktik an der Pädagogischen Hochschule, später, ab 1978 (nach Vereinigung mit der Technischen Universität) an der Universität Hannover, innehatte. Zeitweise nahmen auch andere interessierte Dozenten der Universität und Gymnasiallehrer teil. In diesem Seminar wurde der aktuelle Stand in der Vierfarbenforschung laufend diskutiert. Die bekannt gewordenen Ansätze aus aller Welt und eigene Arbeiten der Teilnehmer wurden vorgetragen, analysiert und bewertet. Gelegentlich kamen auch andere Themen, beispielsweise aus der Graphentheorie, der Gruppentheorie, der Linearen Algebra oder der Geometrie zur Sprache. Es war ein typisches Forschungsseminar, in dem alle Teilnehmer in hervorragender Weise bereichert wurden. Erst im Jahre 1981, als HEINRICH HEESCH bereits 75 Jahre alt war, wurde das Seminar als ständige Institution eingestellt. Danach fand es nur noch sporadisch statt.

SHIMAMOTO selber beschrieb seine Forschungstätigkeit in Hannover in einem Bericht an die ALEXANDER VON HUMBOLDT-Stiftung so:

> "My research activities consisted of two parts. First, I was involved in collaboration with Professor HEESCH in studying various configurations whose coloring properties were somewhat contrary to what one would expect from first principles. During the earlier days in Hannover, I had studied the properties of planar graphs which were assumed to be not four-colorable with the view of testing to see if all of the conditions required were satisfied by making the graphs nonplanar and 5-chromatic. In preparation for my seminars, however, I decided to change my research efforts to the study of general properties of planar graphs, and was able to give a series of seminars based on the new results obtained."

Entscheidend wurde die Arbeit SHIMAMOTOS und HEESCHS jedoch durch die täglichen mehrstündigen Gespräche zwischen beiden geprägt, durch den «Austausch, das Gespräch über das Arbeiten während der Arbeit, das Überwinden des ‹Alleinbastelns›, den Zwang zu einer sofort ganz anderen Stufe der Klärung der Gedanken», wie HEESCH es in einem Bericht an die Stiftung ausdrückte.

Von verschiedenen anderen Universitäten wurde SHIMAMOTO zu Kolloquien eingeladen. In Karlsruhe und Bonn trug er über ‹Critical Graphs in the Four-Color-Problem› vor. In das fachliche, gesellige und gesellschaftliche Leben der Mathematiker in Hannover war er voll integriert und ein beliebter Gast.

Natürlich war er – wie auch schon bei seinen früheren Besuchen – als ausgezeichneter Kenner aller großen Opern, einschließlich der Partituren, der Spitzenbesetzungen ihrer Vokalpartien und Dirigenten, ständiger Besucher der Hannoverschen Oper, die er sehr schätzte. Die Platzanweiser kannten ihn und vermißten ihn, wenn einmal ein Abend ohne ihn ablief. Nicht gerade durch seine heimatlichen Angebote verwöhnt, genoß er nebenbei das deutsche Bier in vollen Zügen, wobei er nach wie vor die urigen Stehkneipen gegenüber allen anderen Möglichkeiten bevorzugte. In seinem Bericht hieß es: "The unusual and rich cultural life in Hannover considerably enriched my stay there."

Mitten in die ersten Arbeitsbesprechungen zwischen HEESCH, SHIMAMOTO und DÜRRE, der extra aus Karlsruhe angereist war, platzte am 16. 8. die Nachricht von der DFG, daß eine Verlängerung der Förderung der HEESCHschen Arbeiten vom Hauptausschuß aufgrund negativer Gutachten rückwirkend zum 1. 7. 1972 abgelehnt worden sei. Für HEESCH war dies ein Schock. Als Beispiel für die Argumentation der Gutachter schrieb die DFG unter Bezug auf ein erstes Gutachten:

> «Bei dem Vierfarbenproblem handele es sich zweifellos um eine Fragestellung, die jeden Mathematiker in gewisser Weise berühre, insbesondere deshalb, weil Generationen sich bisher mit Teilerfolgen bei Beweisversuchen zufrieden geben mußten. Sehe man jedoch von diesem unbefriedigenden Zustand ab, so müsse man erkennen, daß der Vierfarbensatz weitere Perspektiven nicht eröffne. Von einem gelungenen Beweis seien Auswirkungen auf übergreifende mathematische Theorien nicht zu erwarten.»

Und von einem zweiten Gutachter hieß es:

> «Der wesentliche Punkt dieser ‹großen Probleme› in der Wissenschaft sei nicht, sie zu lösen, sondern der Wert des Unternehmens bestehe in dem methodischen Durchbruch, der auf weite Gebiete der Wissenschaft auszustrahlen habe. Fehle ein solcher methodischer Durchbruch, dann sei die Tatsache allein, daß das Problem endlich gelöst werden könne, kaum etwas wert.»

Heesch war entsetzt. Welch eine Argumentation! Darüber hinaus: Mit dieser Ablehnung wurde ihm – durch den Verlust zweier Mitarbeiter – unter anderem nicht nur die Basis für weitere Computerarbeiten genommen, sondern auch der Shimamoto-Besuch in Frage gestellt, wenn nicht sogar zunichte gemacht. Dies war um so erstaunlicher, als die DFG ja den Forschungsaufenthalt von Shimamoto gutgeheißen hatte und die Alexander von Humboldt-Stiftung als Trägerin der Gastprofessur gewonnen hatte.

Die Meinungen der Gutachter konnte Heesch in seiner Stellungnahme schnell *ad absurdum* führen. Hierzu genügten einige Hinweise auf Entwicklungen in der Optimierungstheorie und in der Unternehmensberatung und auf die von ihm selber im Zusammenhang mit der Vierfarbenforschung entwickelten Analogien zu den Krümmungsbegriffen der Gaußschen Differentialgeometrie. Darüber hinaus: Wohl kein Mathematiker dürfte im Besitz eines Wissens darüber sein, welche methodischen Auswirkungen eine Lösung des Vierfarbenproblems auf andere Gebiete der Mathematik haben würde.

In seinem wissenschaftlichen Selbstverständis aber fühlte Heesch sich äußerst betroffen. In einem anderen Brief an die DFG schrieb er:

> «Da die Verneinung durch den Hauptausschuß und die neuen Herren Gutachter nicht aus Kritik an meiner Arbeitsweise kommen, sondern aus der Meinung, mein Forschungsgebiet sei unbedeutend, begründet wird, bin ich aus dieser Struktur der Situation heraus nicht fähig, neue Argumente zu erbringen.»

In der Hoffnung, noch wenigstens einige Fürsprecher für seine Arbeiten zu bekommen, meldete Heesch einen Vortag auf der bevorstehenden Jahres-Tagung der Deutschen Mathematik-Vereinigung in Bochum an. Am 26. 9. 1972 trug er dort dann über ‹Untersuchungen zum Vierfarbenproblem› vor, wobei er vor allem seinen Krümmungsansatz, eine «diskontinuierliche Analogie zu Abschnitten der Differentialgeometrie, in der die Eulersche Polyedergleichung der Integralformel von Gauss und Bonnet entspricht», vorstellte. Heesch mußte diesen Vortrag in einer merkwürdig gespannten Atmosphäre, die gegen ihn gerichtet schien, beginnen. Als er in der Einleitung die Eulersche Polyedergleichung für Triangulationen entwickelte, wurde er durch einen Zwischenruf unterbrochen: «Das stimmt doch gar nicht. Ich habe Ihre Gleichung am Würfel überprüft!» Heesch war im ersten Augenblick verwirrt. Ruth Proksch, die unter den Zuhörern saß, erfaßte jedoch die Situation am schnellsten. Sie drehte sich zu dem Zwischenrufer um und klärte die Sache auf: «Der Würfel mit seinen Ecken und Kanten ist ja auch keine Triangulation!» Wodurch war die Mißstimmung hervorgerufen worden? Hatte sich die DFG-Ablehnung herumgesprochen? Mischte sich hier Schadenfreude mit Arroganz? Als HEESCH am Schluß seine beeindruckenden Listen reduzibler Figuren vorlegte, war dann durchaus Interesse vorhanden.

HEESCH setzte sich sofort mit dem Vertrauensdozenten der DFG in Hannover in Verbindung. Dieser riet ihm, einen neuen Antrag zu stellen und den Vizepräsidenten der DFG, Professor EDUARD PESTEL, in die Diskussion einzuschalten. PESTEL, einer der angesehensten Hochschullehrer Deutschlands, Direktor des Institus für Mechanik an der TU Hannover, Friedenspreisträger und wesentlicher Initiator des Club of Rome, später Wissenschaftsminister in Niedersachsen, riet ebenfalls zu einem neuen Antrag und zu einem Überbrückungsantrag auf Fortsetzung der bestehenden Förderung wenigstens bis zum 31. 12. 1972. Durch eine Präsidialentscheidung am 19. 10. erwirkte dieser dann auch tatsächlich eine Verschiebung der Zahlungseinstellung bis zum 31. 12.

Bald trafen auch die ersten Reaktionen auf die Entscheidung der DFG vom 8. 8. 72 von ausländischen Experten ein. HEESCH hatte einige über den Vorfall informiert. HAKEN schrieb als einer der ersten. Seine Beurteilung der Bedeutung des gesamten Forschungsgebietes schloß er mit folgender Bemerkung:

> «Ich erfahre mit Bedauern, daß die Deutsche Forschungsgemeinschaft dieses Unternehmen nicht mehr fördern will. In Anbetracht des wachsenden Interesses, das diese Arbeiten in anderen Ländern finden, muß ich fürchten, daß die Maßnahme für Deutschland als ein Armutszeugnis angesehen wird – nicht nur in finanzieller Hinsicht.»

Das Schreiben war als Gutachten für die DFG gedacht. In einem Begleitschreiben an HEESCH schrieb er:

> «Gibt es nicht ein Bundesministerium für Wissenschaft? Wenn ich etwas mehr Einzelheiten über den Vorgang wüßte, würde ich gern eine Beschwerde über dieses menschenunwürdige Verhalten der DFG an den Minister schicken. Der würde das zwar wohl nicht lesen, aber es würde doch mindestens eine peinliche Anfrage vom Ministerium an die DFG geben. Das macht bei Bürokraten immer überraschend viel Eindruck.»

SHIMAMOTO kommentierte das erste Gutachten in einem Schreiben vom 12. 12 unter anderem so:

> "The remarks made by this referee are so inane that they hardly deserve any attention. It is evident that he knows nothing about the problem, and by the bias shown in his comments, he should disqualify himself from reviewing proposals involving the four color-problem. It comes to me as something of a surprise that the Foundation itself did not see it appropriate to ignore his comments."

Zum zweiten Gutachten führte er aus:

> "It seems to me that if the criteria which he propounds in his review are applied to all requests for support, there indeed should be no support of any kind for academic mathematics from this Foundation."

TUTTE schrieb an SHIMAMOTO:

> "I protest therefore against any assertion that work on The Problem is a waste of effort. It is dangerous to work close to The Problem, and some people should be discouraged from it. But work can be done with proper precautions, the potential rewards are great, and there are plenty that can be reaped without actually solving The Problem itself."

TUTTE wies darauf hin, daß es viele Bezüge zwischen dem Vierfarbenproblem und anderen Problemen der Mathematik gibt. Entsprechend reagierte HERBERT ROBBINS, Professor an der Columbia University in the City of New York:

> "In my opinion HEESCH's work represents one of the most serious efforts to analyze an important and hitherto intractably complex mathematical problem by using the computer as a research tool in a way which has not been tried before and which is potentially of great importance, quite apart from the success or failure in solving the four-color problem itself. The referees' comments seem to ignore this central point. In my opinion the modest support which HEESCH needs is definitely justified, and his work is in a class by itself which may well turn out to be more important for the future of mathematics than the solution of the four-color problem or any other of the famous unsolved problems which have occupied mathematicians for so long."

DIRAC, den HEESCH auch von der DFG-Ablehnung unterrichtet hatte, konnte sich nicht zu einer wohlwollenden Äußerung gegenüber der DFG über HEESCHs Arbeiten durchringen. Er fragte immer wieder nach einem ‹strengen Beweis› der Endlichkeit der noch durchzuführenden Rechnungen. HEESCH erläuterte ihm noch einmal den anstehenden ‹Zweiten Schritt› seines Ansatzes: Jede der z-positiven Figuren aus der Liste müsse einzeln ‹diskutiert› werden. Das heißt, jede z-positive Figur ist schrittweise in jeder möglichen Weise durch Definieren der noch nicht definierten Ecken oder durch Anlagerung weiterer Ecken solange zu vergrößern, bis sie entweder reduzibel ist oder aber sich insgesamt ein z-Wert ergibt, der Null oder negativ ist. Zu dieser Diskussion sind eventuell noch reduzible Figuren zu finden, die die jeweils laufenden Untersuchungen abkürzen. HEESCH wies darauf hin, daß er auch bei der Erledigung des Falles $e_6 = e_7 = 0$ in seinem Buch *Untersuchungen zum Vierfarbenproblem* nicht nach Behandlung des ersten Schrittes zuerst einmal bewiesen habe, daß die Diskussion des ‹Zweiten Schrittes› endlich sein würde. «Dies habe ich vielmehr nur intuitiv ganz klar bis ins Quantitative vorausgesehen und erst durch Vollzug des Durchführens der Diskussion bewiesen.»

Aber diese Ausführungen genügten DIRAC nicht. Wie HEESCH dessen Absage aufnahm, zeigte seine Reaktion an DIRAC:

> «Da ich Ihre Hauptfrage nach einem mathematischen Beweis für die Endlichkeit meines Lösungsweges leider negativ beantworten muß, sehen Sie, wenn ich Ihren Brief vom 27. 2. recht lese, keinen rechten Nutzen darin, noch irgendwelche Bekräftigungsversuche zu meiner Lage gegenüber der Forschungsförderungsgesellschaft zu machen. Wenn dies, wie ich sicher vermute, zutrifft, so haben Sie, wie Sie ja wissen, meine volle uns Ihre Haltung noch bekräftigende Zustimmung, ja kein ‹Gutachten› mehr zu schreiben. Unsere Freundschaft kann hierbei nur gefestigt werden; denn ich finde, in dieser krausen Welt sollte es ein Hauptwerk zwischen Freunden sein, einander dabei zu helfen, der eigenen Einsicht und dem Gewissen zu folgen.»

In einem Brief vom 14. 1. 1973 erreichte HEESCH ein neuer Bericht von HAKEN über dessen Forschungen im zurückliegenden Halbjahr. Die Arbeit über die 68 Figuren sollte bald zur Veröffentlichung fertig sein. Ebenso sollte T. OSGOOD seine nach derselben Methode, jedoch ohne Einschränkungen, erarbeitete Liste zum Fall $e = e_5 + e_6 + e_7$ – sein ursprüngliches Ziel, die Bearbeitung des Falles $e_7 = 0$, hatte er anscheinend aufgegeben – nun bald ins Reine tippen. Seit dem Sommer 1972 arbeitete HAKEN mit seinem Kollegen KEN APPEL, der ihm «als Programmierer behilflich» war, an einer «Schattenlösung vereinfachten Typs». Dabei strebte er eine Liste von «geometrisch guten» Figuren an, worunter er Figuren ohne innere Ecken mit vier Kanten zum Rand und ohne Artikulationsecken mit drei Kanten zum Rand verstand. Das sind also genau die Figuren, die die beiden ersten HEESCHschen Obstruktionen nicht enthalten. HAKEN wollte dann ein Entladungsverfahren anwenden, bei dem die Verteilung der Ladung einer Ecke vom Grade 5 auf ihre Nachbarn vom Grade > 6 nur von den Graden und den Belastungen dieser Nachbarn abhängt. Die Hauptarbeit sollte dann in dem Beweis der Tatsache bestehen, daß durch diese Ladungsverteilung keine dieser Ecken positiv überladen wird.

> «Die Arbeit macht ganz gute Fortschritte, weil wir zunächst mal nicht versuchen, eine endliche Liste von geographisch guten Figuren herzustellen, sondern weil wir lediglich beweisen wollen, daß jede Triangulierung der Ebene mindestens eine geographisch gute Figur vom Durchmesser $\leqq 6$ enthält.»

Diese Nachricht ließ vermuten, daß HAKEN seine in der Bearbeitung des Falles $e_6 = e_7 = 0$ angewandte Entladungsmethode wieder aufgegeben hatte. Die von HEESCH damals geäußerten Bedenken hinsichtlich der Übertragbarkeit auf das ganze Problem schienen sich bewahrheitet zu haben.

HEESCHS Arbeiten zur Endfassung eines Manuskriptes sämtlicher z-positiver Figuren für das ganze Problem zogen sich, da er auf Grund der DFG-Absage nun keine Mitarbeiter und auch keine Schreibkraft mehr hatte, «wegen der zusätzlich laufend anfallenden weiteren Arbeiten und Reduktionen», hin. An HAKEN schrieb er am 13. 3. 73:

> «In dieser Lage empfände ich es als besonders freundlich von Dir, wenn Du Deine und Herrn OSGOODS Arbeit, wegen deren Gedeihen ich Euch gratuliere und mich recht freue, zwar selbstverständlich alsbald zu einer Promotion führen läßt, einschließlich Ablieferung von Pflichtexemplaren, wenn Du aber deren Erscheinen in einer großen Zeitschrift noch zurückhalten möchtest, bis auch ich meine Liste publiziere. Ich gestehe Dir, daß ich von mir aus gar nicht auf eine solche Bitte zu zeitlicher Abstimmung gekommen wäre, wenn mir hier nicht Freunde, denen ich von Deiner und OSGOODS Arbeit erzählte, unabhängig voneinander mir das vorgeschlagen hätten; sie sagten, daß sie das nicht sowohl meinet- als besonders Deinetwegen empfehlen, da Du Dir sonst nur schaden würdest.»

Spätestens an dieser Stelle war es nun klar, daß ein Wettlauf um die Lösung des Vierfarbenproblems stattfinden würde.

Im Frühjahr 1973 ließ HEESCH wieder ‹Fünfzehner›, also Figuren mit 15 Randecken, rechnen. Schon 1968 waren bei SHIMAMOTO vier Fünfzehner gerechnet worden, von denen HEESCH zwei für die Veröffentlichung seiner Lösung des Falles $e = e_5 + e_7$ benötigt hatte. Jetzt waren 15 weitere gerechnet worden, von denen sich neun als D-reduzibel und sechs als D-irreduzibel herausstellten. Obwohl KAMPS und MIEHE die Programme verbessert hatten, indem sie die Symmetrien der Figuren ausnutzten, waren die Rechenzeiten immer noch extrem groß: Sie betrugen bei einer der D-reduziblen Figuren beispielsweise noch 684 Minuten und bei einer der D-irreduziblen Figuren sogar 1658 Minuten. Damit waren aber auch alle Fünfzehner gerechnet, die HEESCH für sein ‹First-Step-Manuskript› benötigte.

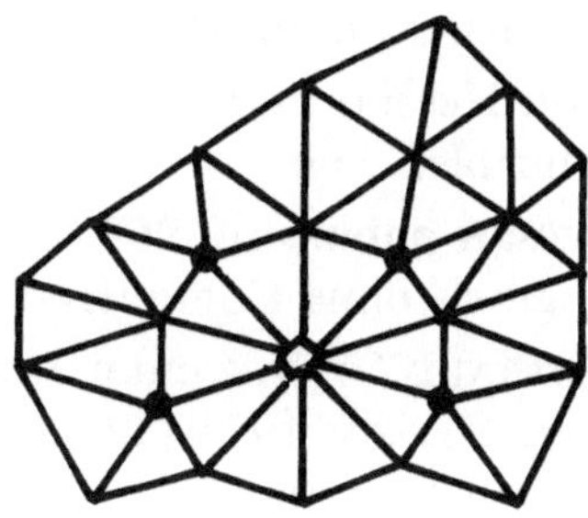

Abb. 69
Eine Fünfzehner-Figur, an der 1973 der Computer (CDC 6600) 27 h 38 min 44 s gerechnet hat, bis feststand: Die Figur ist D-irreduzibel.

HEESCH war jedoch von der Länge der Rechenzeiten irritiert, denn die vier im April 1968 nach dem alten DÜRRE-Programm gerechneten Figuren – die alle als D-reduzibel herausgekommen waren – hatten damals nur eine Rechenzeit von circa 300 Minuten erfordert. Sicherheitshalber ließ er deswegen diese Figuren noch einmal von SHIMAMOTO überprüfen. Und in der Tat ergaben sich Diskrepanzen: Eine der Figuren stellte sich nun als D-irreduzibel, aber als C-reduzibel, heraus. Es ergab sich, daß die Rechenzeiten mit dem neuen Programm nur in den Fällen höher als beim alten lagen, in denen keine Symmetrien ausgenutzt werden konnten. Der Widerspruch in dem einen Fall hing offensichtlich mit der Panne vom April 1968 zusammen, der auch die horseshoe-Figur in der SHIMAMOTO-Konstruktion zum Opfer gefallen war.

Im Mai 1973 stellte HEESCH einen neuen Antrag an die DFG, den er auf Anraten von EDUARD PESTEL in zwei Anträge gliederte und mit jeweils einem neuen Hauptstichwort versah: Einen «Antrag auf Finanzierung mathematischer Forschungsarbeiten zur Auffindung planarer Graphen mit vorgegebenen Reduzibilitätseigenschaften» und einen «auf Finanzierung mathematischer Forschungsarbeiten zur Diskussion z-positiver Figuren». Dem Antrag legte er die vier oben genannten Gutachten ausländischer Kollegen bei. Schon früher hatte er der DFG mitgeteilt, daß er keine Deutschen benennen wolle:

> «Ich habe davor zurückgeschreckt, hier in Deutschland noch zur Bildung zweier Gruppen entgegengesetzter Meinungen über die Förderungswürdigkeit der Thematik des Vierfarbenproblems beizutragen; es scheint mir, die Frage, in die mein vorzubereitender Antrag hineinstößt, nämlich ob die DFG alle Vierfarbenforschung (und darunter jetzt gerade auch meine) weiter fördern will oder nicht, sei eine innere Frage der DFG und ihrer Verantwortung.»

Eine ergänzende Detaillierung des Arbeitsplanes sollte den Gutachtern noch einmal den Stand der Forschung erläutern:

Das Vierfarbenproblems war zu dieser Zeit gelöst für folgende Teilmengen von Triangulationen:

$e_6 = e_7 = e_8 = e_9 = 0$	vorgefundener Stand der Forschung
$e_6 = e_7 = e_8 = 0$	1950 von HEESCH mittels einer einzigen reduziblen Figur
$e_6 = e_7 = 0$	von HEESCH publiziert 1969 (20 reduzible Figuren ohne Computer)
$e_6 = 0$ ohne 5-5-5-Dreieck	Von ROTRAUD STANIK unter Anleitung von HEESCH 1973 (72 reduzible Figuren mit Computer)

ohne Einschränkung	Zeitplan etwa 1976 (mit circa 1000 reduziblen Figuren, die bereits vorhanden sind).

In diese Aufstellung ist das Ergebnis der Arbeit von ROTRAUD STANIK bereits aufgenommen. Sie promovierte am 8.6.73 mit einer Dissertation über das Thema *Zur Reduktion von Triangulationen.* Aus dieser Arbeit stammt das oben genannte Ergebnis. Ursprünglich sollte sie den vollständigen Fall $e_6 = 0$ behandeln. Dabei führte jedoch das Vorkommen von 5-5-5-Dreiecken, also von Dreiecken, deren Ecken den Grad 5 haben, zu großen Schwierigkeiten, so daß sie eine entsprechende Einschränkung in Kauf nehmen mußte. Es gelang ihr schließlich, mit Hilfe von 72 reduziblen Figuren den eingeschränkten Fall zu lösen: Alle Triangulationen ohne Ecken vom Grade 6 und ohne 5-5-5-Dreiecke sind vierfärbbar.
Der Fall $e_6 = 0$ ohne weitere Einschränkungen wurde erst Anfang 1976 von FRANK ALLAIRE in einer Arbeit *A Minimal 5-Chromatic Planar Graph Contains a 6-Valent Vertex* gelöst [141]. Er benutzt dabei wesentlich eine Entladungsmethode, die JEAN MAYER erstmals angewandt hatte. Insgesamt benötigte er für den Beweis 52 reduzible Figuren.

Vom 5.9. bis zum 19.10.1973 befand sich SHIMAMOTO wiederum zu einem Forschungsaufenthalt in Hannover. Er genoß den Rest des Stipendiums von der ALEXANDER VON HUMBOLDT-Stiftung, das ihm für sechs Monate gewährt und bei seinem Aufenthalt 1972/73 noch nicht voll ausgenutzt worden war.

HEESCH konnte ihn mit einem aufsehenerregenden neuen Ergebnis empfangen: Er hatte einen neuen Reduktionsbegriff gefunden, den er – in Fortführung seiner begonnenen alphabetischen Zählung – als ‹E-Reduktion› bezeichnete. Dieser neuen Reduktionsart lag folgende Überlegung zugrunde:

Eine Minimaltriangulation ist ein 5-chromatischer kantenkritischer Graph. Das bedeutet: Nimmt man aus einem solchen Graphen irgendeine beliebige Kante heraus, so entsteht ein Graph, der vierfärbbar ist. Tritt in einem angenommenen planaren 5-chromatischen kanten-kritischen Graphen G nun eine D-reduzible Figur auf, so nehme man das Innere dieser Figur aus G heraus. Man erhält einen vierfärbbaren Graphen G′, der gegenüber G ein ‹Loch› hat. Mit einer vorliegenden Vierfärbung des Graphen ist dann auch der Rand dieses Loches mit höchstens vier Farben gefärbt. Setzt man nun das herausgenommene Innere der Figur wieder ein, so ist wegen der vorausgesetzten D-Reduzibilität der Figur der gesamte Graph G vierfärbbar. Ein Widerspruch. Daraus ergibt sich: Ein planarer 5-chromatischer kanten-kritischer Graph enthält keine D-reduzible Figur.

HEESCH hatte nun beobachtet, daß es D-irreduzible Figuren F mit folgenden Eigenschaften gibt: Sie besitzen eine echte Unterfigur derart, daß die Endmenge $\overline{\phi}$ (F) der Färbungen des Randes von F unabhängig davon ist, ob das Innere dieser Unterfigur aus F herausgenommen wird oder in F belassen wird. Eine solche D-irreduzible Figur nannte er ‹E-reduzibel›, und es gilt offensichtlich der Satz: Ein planarer 5-chromatischer kanten-kritischer Graph enthält keine E-reduzible Figur [142].

Mit der E-Reduktion war eine neue Reduktionsmethode kreiert worden, die völlig verschieden von der C-Reduktion ist, «von der BIRKHOFF und WINN sich nicht träumen ließen», wie HEESCH an HAKEN schrieb. HEESCH fand Figuren, die E-reduzibel und C-irreduzibel, die E-irreduzibel und C-reduzibel und solche, die sowohl E-reduzibel als auch C-reduzibel sind. Ihre Entdeckung bedeutete nicht nur einen gewaltigen Fortschritt im Verständnis der Reduktionstheorie überhaupt, sondern auch eine Forcierung in der Kreation neuer reduzibler Figuren. Viele der Figuren, die sich bisher als D-irreduzibel erwiesen hatten, zeigten sich jetzt als E-reduzibel.

HEESCH machte die Entdeckung 1975 in einem Preprint der Öffentlichkeit zugänglich [143]. Ein Exemplar schickte er auch an TUTTE, der es an die Redaktion des *Journal of Combinatorial Theory* weitereichte. Von dort erhielt HEESCH jedoch eine Ablehnung mit der Begründung, daß die Arbeit zu wenige Beispiele und zu wenig Information enthielte!

SHIMAMOTO informierte noch im Oktober 1973 die DFG von dem sensationellen Ergebnis, der Entdeckung der E-Reduktion, das

> "will come as a complete surprise to any one who hears about it, and constitutes a major break-through in our understanding of the Four Color Problem. Such a discovery comes about only by an insight on the nature of the problem gained through many years of experience."

Hinsichtlich der weiteren Bedeutung der Entdeckung führte er aus:

> "I am sure that we can now expect considerable understanding of reducibility by asking some of these questions, which were not asked in the past simply because we did not have enough information on which to base them. I am sure that these results will similarly inspire other researchers in this field to a renewed approach in the problem."

Das Schreiben SHIMAMOTOS an die DFG war sicher als Zusatz zu den vier von HEESCH eingereichten Gutachten zu dessem Antrag gedacht

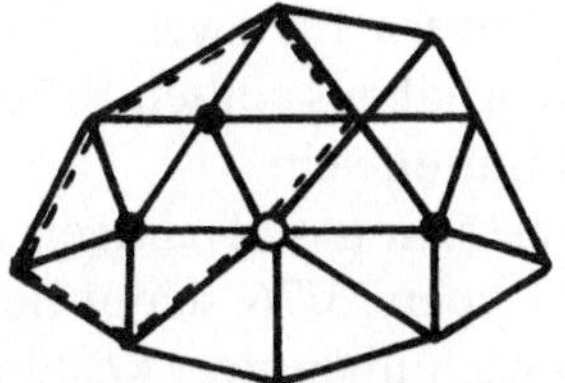

1

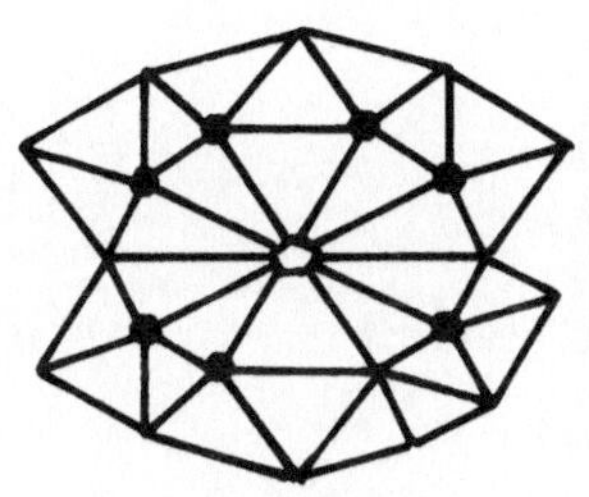

2

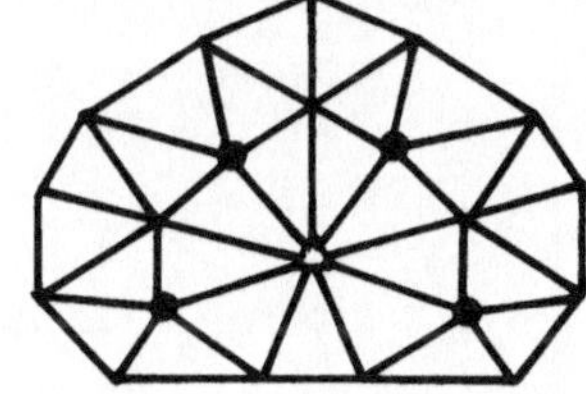

3

Abb. 70
Beispiele zur E-Reduktion:
Die Figur 1 ist sowohl E-reduzibel als auch C-reduzibel (Heesch 1977). Die entscheidende Unterfigur ist gestrichelt gekennzeichnet.
Die Figur 2 ist E-reduzibel und wahrscheinlich C-irreduzibel (Heesch 1977).
Figur 3 ist E-irreduzibel, aber C-reduzibel (Heesch 1980).

und richtete sich offensichtlich gegen die Argumentationen der DFG-Gutachter, die zur Ablehnung des vorangegangenen Antrages geführt hatten. Heesch war hinsichtlich der Aufnahme seines neuen Antrages optimistisch. Aber schon im November kam eine niederschmetternde Zwischeninformation von der DFG: Von drei Gutachtern aus der Bundesrepublik hatten sich «zwei Herren voll neagtiv und ein Herr sehr zurückhaltend» geäußert. Es sollte nun noch ein Gutachten aus den USA eingeholt werden.

Heesch war verzweifelt. An Shimamoto schrieb er: "Who can see any sense in this situation?" Gerätselt wurde darüber, wer der Gutachter aus den USA sein könnte. Der Verdacht verdichtete sich zwar auf einen Namen, konnte aber nie bestätigt werden.

Obwohl der Antrag bei der DFG vom Mai 1973 noch nicht endgültig abgelehnt worden war, stellte Heesch im Dezember 1973 angesichts der neuen Situation, die mit der Entdeckung der E-Reduktion eingetreten war, einen weiteren Antrag auf «Bewilligung von Sachmitteln für einen wissenschaftlichen Mitarbeiter, eine wissenschaftliche Hilfskraft und zehn Stunden Rechenzeit monatlich an der digitalen Rechenanlage CDC Cyber 73/76 des Regionalen Rechenzentrums Niedersachsen in Hannover» für zwei Jahre. Inhalt und Ziel des beantragten Forschungsvorhabens sollten Erkenntnisse über die Struktur der E-reduziblen Figuren sein.

Gerechnet wurde in Hannover schon seit einiger Zeit vor allem auf der neu aufgestellten CDC Cyber 73/76, deren Benutzung in der Anfangszeit für DFG- und Hochschulbenutzer kostenlos war. Insgesamt verbrauchte HEESCH 1973 an dieser Maschine circa 150 Rechnerstunden.

15 Der Wettlauf um die Lösung (1973–1976)

Wie bereits berichtet, zeichnete sich spätestens seit 1973 ab, daß es zwischen HEESCH und HAKEN zu einem Wettlauf um die Lösung des Vierfarbenproblems kommen würde. Daß auch noch andere Forscher in dieses Geschehen eingreifen würden, kam überraschend.

HAKEN schrieb zu dieser Zeit – Ende 1973 – an einer Arbeit, die «einen Beweis der Existenz einer unvermeidbaren Menge von geographisch guten Figuren» enthalten sollte. Alle Rechnungen dazu waren mit Hilfe des von KEN APPEL entwickelten Maschinenprogramms durchgeführt worden. Wie groß allerdings die Menge sein würde, war noch nicht abzusehen. Während der Arbeit an der Theorie fand HAKEN laufend wesentliche Verbesserungen, so daß zwar die Figurenmenge kleiner, die Theorie dann aber immer komplizierter wurde. HAKEN schrieb:

> «Wenn alles weiter so gut geht wie bisher, werden wir 1975 eine Schattenlösung haben. Dann wird die Frage sein, wie groß die Figurenmenge ist und ob es Sinn hat, mit Reduktionsrechnungen anzufangen.»

Als ein Testlauf der HAKEN-Methode konnte die nun fertig vorliegende Dissertation seines Schülers T. OSGOOD, in der der Fall $e = e_5 + e_6 + e_8$ gelöst worden war, angesehen werden.

HEESCH war von HAKENS Bericht überrascht. Er hatte tatsächlich der HAKENschen Ankündigung, nicht mehr am Vierfarbenproblem zu arbeiten, geglaubt. In einem Brief (ob dieser wirklich abgeschickt worden ist, kann nicht mehr festgestellt werden) schrieb er:

> «Tatsächlich würde ich es als Nettigkeit von Dir empfinden, wenn Du nicht von Deiner stärkeren Position aus ohne jede Abstimmung mit mir der Öffentlichkeit schneller das liefern würdest, was ich unter Mühen aufgebaut habe und, wie gesagt, unter meinen harten armseligen Arbeitsbedingungen nicht so rasant weiterführen kann.»

HEESCH erinnerte HAKEN an den Briefwechsel vor zwei Jahren:

> «Deine simplifizierenden Anschauungen über Kenntnisgabe werden vielleicht doch der Verschiedenheit der Menschen in ihren Auffassungen nicht voll gerecht. Z. B. muß ich mich direkt beherrschen, Dir nicht meinen neuen intensiveren Reduktionsbegriff und die einfachsten nach

ihm reduzibel gewordenen Figuren Dir alle zu schreiben; ich täte das aus natürlichem Drang nach Verwirklichung Deines wie meines wissenschaftlichen Austauschbedürfnisses und nach Verwirklichung auch unserer Freundschaft. Du würdest darin, wie Du sagst, auch die Ermunterung sehen, nun frei ... Deinerseits zu publizieren in dem Unschuldsgefühl, daß Du nur das Selbstverständlichste und Gerechteste von der Welt tust. Als ein Freund würde ich Dich dabei vor Dir selbst schützen wollen; denn Du weißt ja, daß Du Dir durch so viel Kindlichkeit schadest. Ich sehe zwei Wege, um das zu tun:

1 Wir bleiben im gegenseitig informierenden Austausch über die Absichten, was zu arbeiten und was zu publizieren sei und berücksichtigen die Wünsche des anderen.
2 Wenn Du auf das ‹Recht des Stärkeren› ohne Rücksicht auf die tatsächlichen Absichten des Anderen bei seinen freizügigen Informationen weiterhin bestehst, publiziere ich so bald wie möglich, obwohl dann die Publikationen nicht so ausgereift werden können.»

Dieser Brief gibt die Stimmung HEESCHs zu diesem Zeitpunkt wieder. Er sah die sich abzeichnende Entwicklung voraus, und die Geschehnisse in den folgenden Jahren sollten seine Meinung voll und ganz bestätigen. HEESCH fühlte sich in dieser Situation unwohl. Er konnte unter Konkurrenzdruck nicht arbeiten und schon gar nicht unausgereifte Arbeiten veröffentlichen. Alle Anzeichen sprachen aber jetzt, Ende 1973, dafür, daß eine Lösung des Vierfarbenproblems in den nächsten Jahren gelingen würde. Und zwar eine Lösung im bejahenden Sinne.

Daß es aber auch jetzt noch Bestrebungen gab, das Vierfarbenproblem durch Angabe eines Gegenbeispiels, also im verneinenden Sinne, zu lösen, zeigte ein Brief, den HEESCH Ende 1973 von EDWARD F. MOORE, Professor of Computer Sciences and Professor of Mathematics an der University of Wisconsin, Madison, USA, erhielt. MOORE berichtete, daß er in den letzten zwölf Jahren über ein Sechstel seiner Zeit mit Arbeiten am Vierfarbenproblem verbracht habe. Inzwischen habe er mehr als 200 Versuche gemacht, ein Gegenbeispiel zu konstruieren.

"In each of these maps I attempted to avoid using all configurations which were then known to me to be reducible, and although I have colored each of my maps with 4 colors, some of them have properties which may make them of interest to other persons doing research on the 4-color conjecture."

MOORE regte einen Austausch an: HEESCH möge ihm eine Liste aller ihm bekannten reduziblen Figuren schicken. Er selber würde dann eine Landkarte konstruieren, die keine dieser Figuren enthielte und HEESCH zuschicken. Dieser könne dann anhand der Landkarte neue reduzible Figuren zu finden versuchen usw. In den beigefügten drei

Landkarten, von denen die eine 288 Länder enthielt, konnte HEESCH sofort zahlreiche reduzible Figuren nachweisen. Er teilte dies MOORE mit, ging auf dessen Angebot zur Zusammenarbeit jedoch nicht ein.

Auch SHIMAMOTO schien die Möglichkeit eines Gegenbeispiels zur Vierfarbenvermutung noch nicht auszuschließen. Im März 1974 stellte er nämlich an die Mitglieder des HEESCH-Seminars die folgende Aufgabe:

> "Construct a triangulation with the following properties: It has two and only two vertices of odd degree ($\geqq 3$) which are adjacent, all other vertices are even."

Hinter dieser Aufgabe stand offensichtlich folgende Überlegung: Die Vierfarbenvermutung kann bekanntlich auch so formuliert werden: Die Eckenmenge einer Triangulation kann so in vier disjunkte Klassen zerlegt werden, daß zwei beliebige Ecken derselben Klasse nicht benachbart sind. Bildet man bei einer solchen Triangulation für jede Klasse die Summe der Eckengrade, so sind nach einem Ergebnis von TUTTE die vier Summen entweder alle ungerade oder aber alle gerade [144]. Gäbe es nun eine Triangulation, wie sie von SHIMAMOTO gewünscht wurde, so wäre diese Triangulation ein Gegenbeispiel zur Vierfarbenvermutung. Da nämlich die beiden Ecken von ungeradem Grade benachbart sind, müßten sie in zwei verschiedenen Klassen liegen, deren Summe der Eckengrade ungerade wäre, während sie in den beiden übrigen Klassen gerade wäre. Ein Mitglied des Seminars, HANS-GÜNTHER BIGALKE, konnt jedoch beweisen, daß es solch eine Triangulation nicht geben kann [145].

HORST SACHS stand der Vierfarbenvermutung ebenfalls «recht skeptisch gegenüber», wie er HEESCH in einem Brief vom 9.10.73 gestand. Schon am 19.12.72 hatte er von einem seiner Doktoranden berichtet, der ein Computerprogramm zum Auffinden von Gegenbeispielen entwickelt habe, jedoch zu keinem wesentlichen Ergebnis gekommen war:

> «Bei den Knotenpunktzahlen, die man der Sache vernünftigerweise zu Grunde legen muß, ergeben sich bereits so große Rechenzeiten, daß das Vorgehen hoffnungslos wird.»

In einem Vortrag auf einer Tagung zu Ehren von PAUL ERDÖS am Plattensee in Ungarn im Juni 1973 betonte SACHS dann auch:

> "Without the application of new theoretical results, the search for counter-examples seems to be absolutely hopeless (even if there should be any)."

SACHS schlug dann auch als eine wesentliche Untersuchungsrichtung «das Aufsuchen von Gesichtspunkten zuungunsten der Vierfarbenvermutung zum Zwecke der Entwicklung theoretischer Hilfsmittel für die Konstruktion eines Gegenbeispiels» vor.

Gleichzeitig verfolgte SACHS aber auch einen anderen Lösungsweg; er bewies den Satz: Jeder schlingenlose planare Graph, der nicht mehr als drei Ecken besitzt, deren Grade größer als 5 sind, ist vierfärbbar. HEINZ-JOACHIM PRESIA erweiterte die Eckenzahl auf 4 und konnte dann zeigen, daß jede Triangulation mit nicht mehr als sieben Ecken, deren Grade größer als 5 sind, vierfärbbar ist. Aber hinsichtlich der Weiterführung dieses Beweisganges war SACHS skeptisch:

> "Here again we arrive at the well known barrier: Up to the number 4 there are no major difficulties, but the transition from 4 to 5 is barred by insurmountable obstacles."

HEESCHS Hauptaktivitäten lagen Anfang 1974 in der Untersuchung von E-reduziblen Figuren und hierbei insbesondere in der Erforschung der Zusamenhänge zwischen C-Reduzibilität bzw. C-Irreduzibilität und E-Reduzibilität. Dabei kam ihm zugute, daß die Benutzung der neuen CDC Cyber 73/76 für Hochschulangehörige noch kostenlos war. HEESCH war der Hauptbenutzer des Rechners. Zahlreiche Figuren wurden gerechnet, so daß bald auch die Lösung des ‹Ersten Schrittes› aus dem Jahre 1970 keine Schattenlösung mehr war, sondern in allen Teilen endgültig bewiesen vorlag.

Eine «Liste der reduziblen Figuren mit den Eckenzahlen *n*, $2 \leqq n \leqq 11$, des Randkreises C_n» machte HEESCH als Preprint der Öffentlichkeit zugänglich[146]. Diese Arbeit enthält ('very closely objectivily', so HEESCH an SHIMAMOTO) alle C-, D- oder E-reduziblen Figuren für den angegebenen Bereich.

Im Juni 1974 erhielt HEESCH von der DFG die Ablehnung seines Antrages vom Mai 1973. Die positiven Beurteilungen der HEESCHschen Arbeiten durch HAKEN, SHIMAMOTO, TUTTE und ROBBINS hatten also nichts genützt. HEESCH stellte nun einen ‹Antrag auf Unterstützung eigener Forschungsarbeiten über relativ nichtkritische Graphen› bei der Stiftung Volkswagenwerk.

Vom 27. 7. bis zum 2. 8. 1974 stattete SHIMAMOTO seinen sechsten Besuch bei HEESCH ab. Er verband ihn mit einer erforderlichen Reise nach Stockholm und Wien und brachte seine Frau KIMIE mit. Wie meistens hatte SHIMAMOTO sich schon am Flughafen in Hannover ein Auto gemietet. Diesmal einen orangefarbenen VW-Käfer. Mit diesem Wagen unternahmen dann das Ehepaar SHIMAMOTO, RUTH PROKSCH und HEINRICH HEESCH einige Fahrten, von denen besonders eine Tagestour in den Harz bei allen bleibende Erinnerungen hinterließ.

Ansonsten arbeiteten SHIMAMOTO und HEESCH in gewohnter Weise an den gerade anstehenden Problemen, während KIMIE sich mit Vorliebe in Kaufhäusern der Stadt die Zeit vertrieb. Abends wurden festliche Aufführungen der Oper in den Herrenhäuser Gärten besucht. SHIMAMOTOS Kenntnisse auf diesem Gebiet beeindruckten immer wieder. So sagte er beispielsweise den kommenden Erfolg einer noch völlig unbekannten Sängerin, die er in Hannover hörte, treffsicher voraus. Ein paar Jahre später feierte diese Sängerin an der Met in New York große Erfolge. HEESCH selber, der ja studierter Musiker war, zur Oper jedoch keinen so engen Kontakt hatte, wurden durch «das Leben der Musik in SHIMAMOTO» und die gemeinsamen Opernerlebnisse weite Bereiche dieser Musikrichtung erst wirklich erschlossen.

HAKEN berichtete am 4. September 1974 von weiteren Fortschritten in seiner «Arbeit über unvermeidbare Mengen von geographisch guten Figuren». Er und seine Mitarbeiter konnten beim Ausarbeiten der Theorie «noch viele praktische Verbesserungen» finden, so daß sie «recht optimistisch» waren, «mit diesen Hilfsmitteln eine brauchbare Schattenlösung» liefern zu können. Die Anzahl der Figuren in der Liste würde «hoffentlich unter 10 000» liegen, wobei der Randkreis einer Figur höchstens 18 Ecken enthalten sollte. Die Darstellung der Theorie war noch nicht ganz abgeschlossen. Aber:

> «Immerhin haben wir mittlerweile die 23 Seiten lange Einleitung fertig, die recht genau beschreibt, was wir tun (für alle diejenigen, die sich zwar dafür interessieren, aber nicht die Zeit haben, sich durch weitere 180 Seiten schwer zu verdauenden Text zu arbeiten).»

Im Jahre 1975 oder 1976, so schrieb HAKEN, würde er hoffentlich im Besitz einer brauchbaren Schattenlösung sein, so daß dann mit den Reduktionsrechnungen begonnen werden könnte. Hierzu möchte er dann gerne HEESCH für etwa ein Jahr in Urbana haben,

> «weil das ja schließlich seit 40 Jahren Deine Angelegenheit ist».

Den wahren Grund für diese Einladung ließ er dann in den folgenden Sätzen erkennen:

> «Es ist schon jetzt völlig klar, daß Deine Amputierten-Regel ein außerordentlich wertvolles praktisches Hilfsmittel sein würde. Darüberhinaus dürfte es sich dabei aber auch um das beste Ergebnis der Reduktionstheorie der letzten 50 Jahre handeln. Denn es handelt sich um eine Methode, die gleich ganze unendliche Familien von Reduktionen liefert. Und seit ERRERA hat doch wohl niemand so etwas zustande gebracht.»

HEESCH reagierte auf die Ankündigungen HAKENS in einem Brief an SHIMAMOTO so:

"Together with a coworker he did a work, which (as far as I understand) is something like my manuscript from 1970: the list of the 8714 configurations still to be discussed. He seems to have forgotten that, of course, in 1971 in your laboratory, I shall have told him from this of my works. ... Funny situation, at which I do not like to begin to explain him anew, what I did before 1970!"

HEESCH war über HAKENS Einstellung zur Veröffentlichungspraxis empört. Wenn dieser schrieb, zur Zeit mit allen Kräften an der Darstellung der theoretischen Grundlagen und der technischen Hilfsmittel zu arbeiten, ohne darauf hinzuweisen, daß dies ja allenfalls nur Modifikationen des HEESCH-Weges werden würden, so war zu erwarten, daß dies auch in der angekündigten Veröffentlichung nicht deutlich zu erkennen sein würde. Für HEESCH war die Situation auch insofern ärgerlich, als sein ‹Erster Schritt› ja seit 1970 in Form einer Schattenlösung und jetzt seit längerem fertig bewiesen – aber leider noch nicht veröffentlicht – vorlag. HEESCH dachte nicht daran, HAKENS Einladung nach Urbana anzunehmen.

In seinen Forschungen verfolgte HEESCH weiter den eingeschlagenen Weg, der ihn von der Entdeckung der D-Reduktion zur Entdeckung der E-Reduktion geführt hatte. Nachdem die Betrachtungen von planaren kanten-kritischen Graphen den Begriff der E-Reduktion geliefert hatten, untersuchte er nun planare split-kritische Graphen. Unter einem ‹Kanten-Kanten-Split› versteht man die Aufspaltung eines Kantenpaares mit gemeinsamer Ecke zu einem Viereck (es gibt noch zwei weitere Splitarten, eine siehe im Beispiel). Dadurch werden in einer gegebenen Figur die Färbungsbedingungen gelockert, und ein planarer 5-chromatischer Graph heißt demnach ‹split-kritisch›, wenn nach Ausführung eines beliebigen in dem Graphen möglichen Splits ein 4-chromatischer Graph vorliegt. Entsprechend wie bei der E-Reduktion definierte HEESCH dann auf der Grundlage des Begriffs der Split-Kritizität die ‹F-Reduktion›: Eine

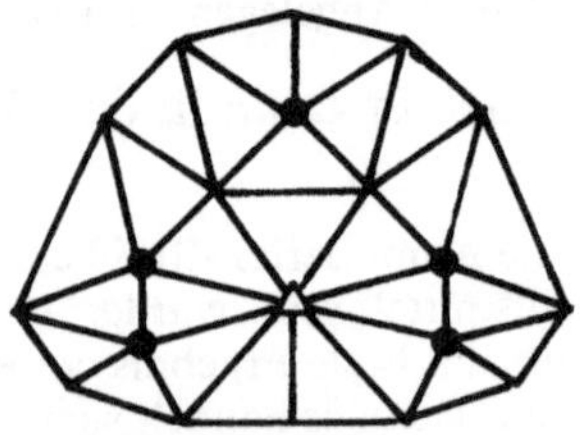

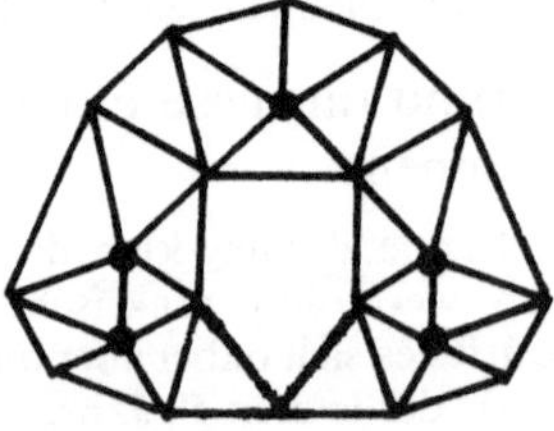

Abb. 71
Beispiel für eine F-reduzible Figur (links) und ihren Reduzenten (rechts). Der Rand enthält zwölf Ecken (Zwölfer). Die Endmenge der Randfärbungen dieser Figuren ist dieselbe und besitzt 19191 Elemente, während ein Kreis mit zwölf Ecken 22144 Färbungen gestattet.

D-irreduzible Figur F heißt F-reduzibel, wenn die Endmenge $\bar{\phi}$(F) der Färbungen des Randes von F unabhängig davon ist, ob ein Split in F durchgeführt worden ist oder nicht. Es gilt dann der folgende Satz: Ein planarer 5-chromatisch splitkritischer Graph enthält keine F-reduzible Figur.

Bei der F-Reduktion tritt das neue Phänomen auf, daß der F-Reduzent einer Figur eine innere Ecke mehr enthält als die Figur. Trotzdem kann die F-Reduktion zum selben Typ wie die D- und die E-Reduktion gezählt werden: in jedem dieser Fälle geht der Reduzent durch Aufheben chromatischer Bedingungen aus den zu reduzierenden Figuren hervor. Anders ist es beim Typ der C-Reduktion: dort erfüllt der Reduzent wenigstens eine in der zu reduzierenden Figur noch nicht bestehende chromatische Bedingung. HEESCH machte auch diesen neuen Reduktionsbegriff in einem Preprint der Öffentlichkeit zugänglich[147].

Im Dezember 1974 erreichte HEESCH ein neuer Rückschlag: Die DFG hatte nun auch seinen Antrag vom Dezember 1973 ohne Angabe von Gründen abgelehnt. Wovon sollte er nun seine Mitarbeiter bezahlen, wenn die noch vorhandenen Gelder aufgebraucht waren? Die einzige Hoffnung war das noch laufende Antragsverfahren bei der Stiftung Volkswagenwerk. Ähnliche Schwierigkeiten schien HAKEN in den USA nicht zu haben. Dessen bessere Ausstattung bedeutete eine wesentlich stärkere Ausgangsposition im Wettlauf um die Lösung des Vierfarbenfarbenproblems.

Schon im Dezember 1974 schrieb HAKEN in einem weiteren Bericht:

> «Es könnte wirklich sein, daß mit unserer abscheulich komplizierten Arbeit wirklich die wesentlichen Schwierigkeiten überwunden sind, die einem Angriff auf den Vierfarbensatz bisher noch immer im Wege gestanden haben.»

Die «Arbeit über die Entladungsmethode zur Konstruktion unvermeidbarer Figurenmengen» war auf etwa 250 Blatt, davon 197 Seiten Text, zu Papier gebracht worden. Über die Größe einer Schattenlösung wurde allerdings noch spekuliert: Etwa 2000 Figuren mit höchstens Achtzehnern?

Aber HAKEN schien sich Anfang 1975 seiner Sache doch nicht ganz sicher zu sein. Ihn plagten Zweifel:

> «Es könnte ja sein, daß es eine unendliche Familie von C-irreduziblen Figuren gibt, so daß jede unvermeidbare Figurenmenge mindestens ein Element dieser Familie enthält.»

Dann wäre der eingeschlagene Weg eben doch kein Lösungsweg.

Wenn aber der Weg

> «wirklich ein Lösungsweg ist, so könnte es immer noch sein, daß er dermaßen lang ist, daß es selbst mit Maschinenhilfe völlig unmöglich ist, ihn je bis zum Ende zu gehen.»

Um etwas mehr Erfahrung «in der tatsächlichen Aufstellung einer Schattenlösung» zu bekommen, untersuchte er den Fall der ‹isolierten Ecke E_5›, den HEESCH ja bereits im November 1969 behandelt und HAKEN ausführlich mitgeteilt hatte. HAKEN kam nun bei der Anwendung seiner Methode, die nur eine leichte Modifikation der HEESCHschen war, mit 51 Figuren aus, deren größte Sechzehner waren. Übrigens stellte HEESCH anhand der HAKEN-Liste fest, daß er nun seinerseits dessen 51 Figuren leicht mit nur 37 unterbieten konnte.

Der genaue Plan HAKENS für eine «Schattenlösung für das Ganze» stand nun fest:
Bei einem ersten Durchgang sollte der Fall $e = e_5 + e_6 + e_7$ behandelt werden. Das ungefähr 10–20-fache an Arbeit würde dann die Hinzunahme der Ecken E_8 erfordern, während die Hinzunahme der Ecken E_9 «längst nicht mehr so schlimm» und der Rest sogar «vergleichsweise harmlos» sein würde.

Kopfschütteln erregte bei HEESCH jedoch HAKENS Ankündigung:

> «Wir überlegen uns hier gerade, ob man nicht ein Maschinenprogramm zustandebringen könnte, das weniger Zeit kostet als die D-Reduktion (ich denke da etwa an 10 Prozent der Zeit) – und dann natürlich auch weniger gründlich ist. Für sehr reduktionswahrscheinliche Figuren mit großem n wäre so etwas sicher vorteilhaft.»

War dies das vordringliche Ziel HAKENS: schnell zu sein? Und dies auf Kosten der Gründlichkeit? HEESCH konnte es nicht glauben!

Zur gleichen Zeit hatten FRANK ALLAIRE von der University of Manitoba, Canada, und EDWARD REINIER SWART von der University of Rhodesia, Rhodesien, damit begonnen, alle Zehner- und Elfer-Figuren auf C-Reduktion hin zu untersuchen. Es war ihnen auch gelungen, für alle C-Reduzenten zu finden – bis auf vier[148]. Nun waren sie dabei, auch Zwölfer, Dreizehner und Vierzehner daraufhin zu untersuchen. ALLAIRE und SWART schienen Methoden zum Finden von Reduzenten zu besitzen, die sowohl HAKEN als auch HEESCH nicht hatten. Offensichtlich befürchtete HAKEN nun, daß die beiden ihm bei der Lösung des Gesamtproblems zuvorkommen könnten. Dies war wohl mit ein Grund für die folgenden überhasteten Veröffentlichungen von APPEL und HAKEN.

JOHN KOCH, ein Doktorand von HAKEN, befaßte sich mit demselben Problemkreis. Nach HAKENS Auskunft waren dessen Reduktionsrechnungen die einzigen, die im Februar 1975 in Urbana durchgeführt wurden. Rechenzeiten standen dort ‹massenhaft› zur Verfügung.

Die Aktivitäten zeigten, daß nach dem TUTTE-WHITNEY-Artikel [140] aus dem Jahre 1972 der HEESCH-Ansatz zur Lösung des Vierfarbenproblems sehr populär geworden war. Es gab eine ganze Reihe von Leuten, die jetzt sehr intensiv auf diesem Gebiet arbeiteten. So zum Beispiel auch FRANK R. BERNHART von der Kansas State University, Manhattan, Kansas, USA, dessen Vater sich als Forscher auf diesem Gebiet bereits einen Namen gemacht hatte. BERNHART hatte sich schon im November 1972 an HEESCH gewandt und ihm einige seiner Resultate mitgeteilt. An der Harvard-University reichte WALTER R. STROMQUIST im Mai 1975 eine Dissertation über *Some Aspects of the Four Color Problem* ein. In dieser Arbeit bewies er unter anderem einige Sätze über D-irreduzible Figuren und über Spezialfälle der C-Reduktion. In einem ‹Appendix› zeigte er, daß jede Triangulation mit weniger als 52 Ecken vierfärbbar ist.

Anfang Juni 1975 kündigte HAKEN überraschend seinen Besuch in Hannover an. Er war zu mehreren Vorträgen in Bielefeld eingeladen worden und wollte bei dieser Gelegenheit während seines drei- bis vierwöchigen Aufenthaltes in Deutschland auch HEESCH besuchen.

HEESCH wurde durch den angekündigten Besuch in große Unruhe versetzt. Was wollte HAKEN von ihm? Sicher würde er gern Genaueres über die E-Reduktion und die Liste der nun bereits über 2000 reduziblen Figuren erfahren wollen. Vom 13. bis 19. 7. sollte in Oberwolfach wieder eine Graphentheorie-Tagung stattfinden, auf der HEESCH über die E-Reduktion vortragen wollte. Würde auch HAKEN an dieser Tagung teilnehmen? Wenn ja, wollte HEESCH seinen Vortrag zurückziehen und sogar ganz auf eine Teilnahme an der Tagung verzichten. Sollte HEESCH HAKEN sagen, daß dessen geplante Schattenlösung des Falles $e = e_5 + e_6 + e_7$ von HEESCH bereits 1969 erledigt und zum Teil sogar fertig gelöst worden war – also nicht nur als Schattenlösung? HEESCH wäre in der Lage gewesen, die gesamte fertige Lösung dieses Falles in weniger als drei Monaten publikationsreif vorzulegen. Von der Liste sämtlicher reduzibler Figuren mit weniger als 12 Randecken, die ja inzwischen als Preprint erschienen war, brauchte HAKEN nicht ferngehalten zu werden.

Eines war jedoch klar: Würde man HAKENS Ergebnisse hinsichtlich der Liste unvermeidbarer Figuren und HEESCHS sämtliche Reduktionen zusammentun, so wäre das Vierfarbenproblem in kürzester Zeit zu lösen. HEESCH aber sah keine Veranlassung, von HAKENS Resultaten Gebrauch zu machen, da HAKEN – so in HEESCHS Aufzeichnungen –

> «im Ganzen nicht schneller ist als ich in Sektoren schon war, bevor er mich kannte».

Obwohl HEESCH im Prinzip durchaus zu einer Zusammenarbeit mit HAKEN bereit war, konnte er sich doch nicht dazu durchringen, da bei HAKENS Auffassung bezüglich Publizierungen nicht garantiert war, daß er HEESCH bei einem Erfolg als gleichberechtigten Partner in Erscheinung treten lassen würde.

HEESCH unterrichtete SHIMAMOTO von HAKENS angekündigtem Besuch:

> "Since then I heavily feel disturbed. RUTH helps me and gives me some advice how to answer him."

SHIMAMOTO erinnerte in seinem Antwortschreiben an die durch HAKEN verursachten unglücklichen Ereignisse von 1971. Er und auch RUTH PROKSCH glaubten nicht an HAKENS Ankündigung, bis zum Juni 1976 eine Liste unvermeidbarer Figuren für das ganze Problem vorlegen zu können. Aber HEESCH fühlte, daß HAKEN Erfolg haben könnte.

In diese Zeit der Unruhe fiel ein Fest, durch das die Gemüter etwas abgelenkt wurden: HEESCHS Mitarbeiter FRIEDRICH MIEHE heiratete. "It was a nice festival night", wie HEESCH SHIMAMOTO berichtete. "MIEHE, KAMPS and I remembered you, particularly at the occasion of a Hannen Alt".

Am 27. 6. hielt FRANK HARARY von der University of Michigan, Ann Arbor, USA, auf Einladung von HEESCH in Hannover einen Vortrag im Mathematischen Kolloquium über 'Recent results in graph theory'. Am Vortage hatte HARARY schon in Braunschweig vorgetragen. Abends trafen sich die Braunschweiger und Hannoverschen Mathematikerkollegen dann mit ihrem Gast bei RUTH PROKSCH. Es wurde fürstlich gespeist und getrunken und viel diskutiert. Der Höhepunkt des Abends bestand jedoch darin, daß HANS-JOACHIM KANOLD – immerhin schon über 60 Jahre alt – zum Beweis seiner Standfestigkeit einen Kopfstand vorführte. HARARY schrieb später in seinem Reisebericht, den er in Gedichtform an alle Beteiligten verschickte – er hatte in vier Monaten Kollegen in zehn Ländern besucht –:

> "Our next stop was in Hannover and Braunschweig, Germany old,
> Where our hosts were HEINRICH HEESCH, RUTH PROKSCH, HEIKO HARBORTH and H. KANOLD.
> Who suddenly stood on his head at a dinner party
> and said to one and all 'Let's see you do it, SMARTY'."

HEESCH und HARARY hatten sich 1972 in Oberwolfach kennengelernt. Damals hatte HARARY von HEESCHS Vortrag nichts verstanden, weil HEESCH zu schnell und deutsch gesprochen hatte. Aber er war natürlich an HEESCHS Arbeiten intressiert. Sein Hauptinteresse galt jedoch nicht dem Vierfarbenproblem,

> "even though it is the most celebrated unsolved problem in graph theory, and perhaps in all mathematics."

Ende Juli erhielt HEESCH endlich nach all den deprimierenden Absagen von der DFG von der Stiftung Volkswagenwerk die Bewilligung seines Antrags vom August 1974. Damit war wenigstens die Bezahlung eines wissenschaftlichen Mitarbeiters nach BAT IIa und die stundenweise Vergütung einer wissenschaftlichen Hilfskraft für die nächsten zwei Jahre gesichert. Hinzu kam nach wie vor das Glück, für die Rechenzeiten am Regionalen Rechenzentrum für Niedersachsen als Angehöriger der Technischen Universität und als ‹Nachtbenutzer› nichts bezahlen zu müssen. Immerhin belegte HEESCH in den Jahren 1974 und 1975 nach einer Aufstellung des Rechenzentrums Rechenzeiten im Wert von rund 6,8 Millionen DM. Er war somit der «größte Benutzer» der Anlage.

HAKEN traf am 8. 7. 1975 von Bielefeld kommend in Hannover ein. Er wurde von HEESCH am Universitätsgebäude empfangen. Zuerst gingen beide im Welfengarten spazieren. HAKEN liebte das langsame Gehen beim Diskutieren. Danach saß man – Frau PROKSCH war hinzugekommen – in HEESCHS Arbeitszimmer zusammen. HAKEN berichtete von seinen Arbeiten und redete sehr viel. Dabei betonte er immer wieder, daß sie in Urbana noch nicht sehr weit seien. Eine Lösung des Gesamtproblems würde sicher noch viel Zeit benötigen. Wie die spätere Entwicklung zeigen sollte, waren sie wohl aber doch schon sehr viel weiter. Offensichtlich wollte HAKEN einerseits herausbekommen, wie weit HEESCH war, andererseits HEESCH aber auch in Sicherheit wiegen.

Beim Abendessen im Georgenhof nahm das Gespräch dann schärfere Formen an. HAKEN ließ durchblicken, daß er HEESCH den Rang ablaufen wollte. Die Arbeit über die Menge unvermeidbarer geographisch guter Figuren war bereits beim *Illinois Journal of Mathematics* eingereicht worden. Ein Entwurf dieser Arbeit war

HEESCH und PROKSCH bekannt, so daß sie in etwa wußten, was in ihr zu erwarten war. Besonders an der 23-seitigen Einleitung hatten sie auszusetzen, daß HAKEN die Quellen vieler seiner Kenntnisse nicht oder nicht ausreichend angegeben hatte. HAKEN hörte sich alles an. Aber es war nicht zu erkennen, wie weit diese Vorwürfe Eindruck auf ihn machten. Als HEESCH seine Verwunderung darüber zum Ausdruck brachte, daß er, HAKEN, sich überhaupt weiter mit dem Vierfarbenproblem beschäftigte, wo er doch am 19. 1. 1972 geschrieben hatte, er wolle sich nicht mehr damit befassen, sagte HAKEN:

> «Ich schloß aus dem Ausbleiben weiterer Erfolgsmeldungen von Dir, daß Du die Weiterarbeit nicht zu leisten vermagst, und daher fing ich damit an.»

Aber HAKEN bot auch an, daß alle ihre Papiere als Autoren die Namen APPEL, HAKEN und HEESCH tragen könnten. Dieses Angebot konnte HEESCH jedoch nicht annehmen. Erstens war er an den Papieren direkt gar nicht beteiligt; und zweitens hätte er damit den Stand seiner eigenen Arbeiten herabgewürdigt. HEESCH empfand die Art und Weise, in der HAKEN seine Großzügigkeit vortrug, erniedrigend. Aus einigen seiner Aufzeichnungen geht hervor, wie getroffen er sich fühlte.

Die Diskussionen gingen am Nachmittag des 11. 7. weiter. HAKEN war kaum einsichtig. Hinsichtlich der Zitier-Gepflogenheiten zeigte er wenig Sensibilität. HEESCH berichtete SHIMAMOTO über den Besuch:

> "He was unable or unwilling (or both) to listen to any word we would like to tell him. He declared that he was astonished that, apparently, we saw problems as to his behaviour, while he only saw a nice and fair competition or race who now would be the first to solve the problem; he finds his chance very hopefull, as he has already finished the case of the ‹isolated V_5'; still in this month he shall send me also the case of $v = v_5 + v_6 + v_7$, as a shadow-solution, of course. All exactly as he had seen that I did."[149]

In der folgenden Woche fuhr HAKEN nach Nord-Schweden, um dort einige Tage in Lappland zu wandern. HEESCH nahm vom 13. 7. bis zum 19. 7. an der Graphentheorie-Tagung in Oberwolfach teil. Er trug über seine E-Reduktion vor und verlebte dort sehr anregende Tage.

Auf dieser Tagung lernte er auch den Franzosen JEAN MAYER, Professor für Literatur an der *Université* PAUL VALÉRY in Montpellier, Frankreich, sowie Chor- und Orchesterleiter in Montpellier, kennen. MAYER beschäftigte sich ebenfalls mit der Lösung des Vierfarbenproblems unter Benutzung von Reduktionsmethoden. Sein Ziel war es jedoch, die BIRKHOFF-Zahl zu verbessern. Durch diese Zahl wird angegeben, wie viele Ecken eine Minimaltriangulation nach dem aktuellen Stand der Erkenntnisse mindestens haben muß. Nachdem ORE und STEMPLE diese Zahl 1968 mit 41 angegeben hatten, STROMQUIST sie in seiner Doktorarbeit 1975 auf 52 erhöht hatte, war es MAYER gerade gelungen, sie auf 96 anzuheben. Darüber trug er in Oberwolfach vor. Er konnte zeigen, daß jede Minimaltriangulation wenigstens 72 Ecken vom Grade 5 oder 6 und 24 Ecken vom Grade 7, 8 oder 9 enthalten muß. HEESCH konnte MAYER mit einigen Angaben zu speziellen Fragen behilflich sein.

Auf der Rückfahrt von Oberwolfach nach Hannover fuhr HEESCH über Bonn und besuchte ERNST PESCHL. Sie besprachen die durch die Ablehnungen der DFG und das Vorpreschen von HAKEN entstandene Situation und legten einen Arbeitsplan für die nächsten Arbeiten fest. Dieser Plan bestand aus vier Schritten, in denen HEESCH folgende Manuskripte erstellen sollte:

1. ‹F-Reduktion›;
2. ‹isolierte Ecken E_5›;
3. Reduktion des 5-5-5-Dreiecks mit Hilfe einer F-Reduktion und einer SHIMAMOTO-Konstruktion;
4. Restliche Diskussion, das ist: «Eine E_5 hat höchstens zwei E_5-Nachbarn, und, falls zwei, so nichtsukzessive».

Bei dieser Gelegenheit versuchte HEESCH auch, bei der DFG in Bad Godesberg die Situation zu diskutieren. Er fuhr am 21.7. nach Bad Godesberg, erhielt dort aber keinen Gesprächspartner.

In Hannover erschien HAKEN nach Beendigung seiner Lappland-Tour noch einmal. Offensichtlich war er von den beiden vorangegangenen Treffen enttäuscht, weil er nichts über den Stand der Forschungen HEESCHS hatte erfahren können. Es wurde wieder einen ganzen Nachmittag lang diskutiert, wobei sich aber keine neuen Gesichtspunkte ergaben. HAKEN erklärte, daß er und seine Mitarbeiter von nun an mit aller Kraft selbst reduzible Figuren rechnen wollen.

Man kann fragen, warum HEESCH nicht schon längst seine zum Teil seit Jahren vorliegenden Ergebnisse veröffentlicht hat. Eine Erklärung hierfür geht aus einem Brief an JEAN MAYER vom Oktober 1975 hervor:

«Wie Sie richtig sagen, halte ich mit Publizieren der Reduktionen zurück. Mein Hauptgrund für diese Zurückhaltung ist die Erfahrung, daß das nochmalige Wiederfinden meiner Ergebnisse durch die amerikanischen Kollegen mittels meiner Methoden, das gleichfalls allein durch das jetzt zurückliegende, von mir nicht vorausgesehene und nicht gewollte Weitersagen und Publizieren durch Andere in Gang gekommen ist, mir eine Last geworden ist, die mich - bei meinen sehr bescheidenen Arbeitsmitteln – zu überfordernden Anstrengungen treibt (wenn ich nicht ausscheiden will aus dem Einbringen der Ernte der Mühen, die seit den Anfängen mit diesen Arbeiten verknüpft waren).»

HEESCH war in der zweiten Hälfte 1975 intensiv damit beschäftigt, die Liste sämtlicher reduzibler Figuren bis $n = 14$ zu vervollständigen. Dazu hatte er laufend Computeroutputs zu sammeln, zu analysieren und neue Figuren für $n = 13$ und $n = 14$ zu kreieren. Für $n = 12$ waren inzwischen alle Reduktionen fertig. Die Arbeit ‹F-Reduktion› erschien noch 1975 als Preprint[150]. Im Wettlauf mit HAKEN versuchte er dann, das geplante Manuskript zum Fall ‹isolierte E_5› zu schreiben. Aber obwohl ihm dafür das Material in Überfülle wie auch die Lösung vorlag, fiel ihm die Formulierung eines «kurzen und gut verständlichen» Textes sehr schwer. Der ‹Wettlauf› wurde als solcher anscheinend von HEESCH auch nicht mehr akzeptiert. Angesichts der laufend größer werdenden Anzahl der Konkurrenten schien auch SHIMAMOTO zu resignieren:

"... I guess there is not much that can be done about the situation."

Die außerordentlich schlechte finanzielle Unterstützung HEESCHS in Deutschland tat ihr Übriges dazu.

Von Big Pine Key, einer der Inseln der Florida Keys, auf der die Familie HAKEN seit Jahren die Weihnachtstage zeltend auf ihrem Stammplatz am Korallenmeer zu verbringen pflegte, erreichte HEESCH Anfang Januar 1976 der übliche Feriengruß mit dem obligatorischen Foto der gesamten Familie (Vater, Mutter und sechs Kinder) und einem Dankeschön für das schöne Weihnachtspaket von HEESCH.

HAKEN berichtete, daß ihre lange Arbeit APPEL, K., HAKEN, W., *The Existence of Unavoidable Sets of Geographically Good Configuration* vom *Illinois Journal of Mathematics* zur Veröffentlichung angenommen war unter der Bedingung, daß sie auf halbe Länge gekürzt werden würde.

«Der Referent hatte vorgeschrieben, daß wir die technischen Einzelheiten fortlassen sollten (was praktisch alle Beweise einschließt) und den interessierten Leser auf ein ungekürztes Exemplar der Arbeit in unserer Bücherei hinweisen.»

Die Arbeit war daraufhin entsprechend umgearbeitet worden, wobei dann auch die in Hannover besprochenen Änderungen in der Einleitung vorgenommen worden waren. HAKEN schickte HEESCH eine Ablichtung mit der Bitte, ihm etwaige Unterlassungen oder Mißverständnisse mitzuteilen, damit entsprechende Änderungen noch vorgenommen werden könnten. Die Arbeit erschien dann 1976[151]. Außerdem hatte HAKEN im Sommer 1975 noch die Schattenlösung des Falles der ‹isolierten E_5› beim *Journal of Combinatorial Theory* eingereicht, aber noch keine Nachricht über Annahme oder Ablehnung erhalten.

HEESCH und FRIEDRICH MIEHE arbeiteten nun in der ersten Hälfte des Jahres 1976 mit Hochdruck an dem Manuskript der Gesamtlösung des Falles der ‹isolierten E_5›. MIEHE entwickelte dabei «großes Geschick im Unterteilen und Klären schwer durchsichtiger komplizierter kombinatorischer Fallunterscheidungsfolgen», so daß die vollständige Lösung dieses Falles im Mai 1976 vorlag und als Preprint im Juli erscheinen konnte[152]. In dieser Arbeit von 71 Seiten Länge wurde als Hauptsatz bewiesen: Eine Minimaltriangulation der Kugel enthält eine (5,5)-Kante. Der Beweis bestand darin, daß zuerst eine Liste von 127 reduziblen Figuren vorgelegt wurde, und dann gezeigt wurde, daß in jeder Triangulation ohne (5,5)-Kante wenigstens eine reduzible Figur aus dieser Liste vorkommt. Als Beweismethode wurde die von HEESCH gefundene ‹Krümmungsmethode› benutzt: Es wurde gezeigt, daß unter Ausschluß der in der Liste aufgeführten reduziblen Figuren die Summe aller Eckenkrümmungen zweiter Ordnung nicht positiv ist, anstatt = 2 zu sein, wie es durch die EULERsche Gleichung gefordert wird.

In seiner Diplomarbeit bei HEINRICH HEESCH bewies JÜRGEN KÖSTER dann im Mai 1947 für denselben Sektor auch die von HEESCH im Buch *Untersuchungen zum Vierfarbenproblem* aufgestellte Vermutung[153]: Jede Triangulation ohne (5,5)-Kante enthält wenigstens eine reduzible Figur aus einer Liste von 143 reduziblen Figuren von der Größe bis zur zweiten Umgebung einer Dreiecksfläche. Das Endergebnis dieser Arbeit ist also dasselbe wie das der Arbeit von HEESCH und MIEHE. Die Wege zu diesem Ergebnis sind jedoch, obwohl beide auf der ‹Krümmungsmethode› beruhen, unterschiedlich.

Mitten in die Arbeiten an dem genannten Preprint von HEESCH und MIEHE platzte Anfang Juni 1976 eine Nachricht HAKENS, die die Situation in der Vierfarbenforschung wiederum veränderte: JEAN MAYER hatte eine neue Entladungsmethode gefunden, die es gestattete, auf nur vier Seiten mittels nur 14 Reduktionen den Fall der ‹isolierten E_5› zu erledigen. APPEL und HAKEN hatten 18 direkte Textseiten und inzwischen 47 ‹wahrscheinlich reduzible› Figuren benötigt und dabei laufend Rückgriffe auf ein 200 Seiten langes Manuskript machen müssen, um nur eine Schattenlösung zu erreichen[154]. HEESCHs Lösung hatte – wie oben beschrieben – 71 Seiten Text und 127 reduzible Figuren erfordert. HEESCH mußte zugeben (in einem Brief an PESCHL):

> «JEAN MAYER hat W. HAKEN wie auch mich souverän an die Wand gespielt.»

APPEL und HAKEN reagierten anders: Sie liierten sich mit JEAN MAYER und schrieben zusammen ein Manuskript *Triangulations à V_5 séparés dans le problème des quatre coleurs*[155]. Diese Arbeit enthält neben der Lösung von JEAN MAYER eine verbesserte Behandlung der Schattenlösung von APPEL und HAKEN, die nun ebenfalls eine Lösung darstellte. Die beiden Lösungswege unterschieden sich durch den jeweils angewandten Entladungsalgorithmus. Während der von JEAN MAYER anscheinend nicht auf den allgemeinen Fall angewandt werden kann, ist dies bei dem von APPEL und HAKEN verwendeten nach Aussagen der Autoren möglich. Damit lagen der Öffentlichkeit drei verschiedene Lösungen des Falles der ‹isolierten E_5› vor.

Mit der Arbeit von APPEL, HAKEN und MAYER war deutlich geworden, wie geschickt APPEL und HAKEN es verstanden, Ergebnisse anderer in ihre Arbeiten mit einzubeziehen. Eine etwas rätselhafte Rolle spielten dabei die in der Arbeit verwendeten reduziblen Figuren von S. GILL. Wer war S. GILL? In der ganzen Arbeit gab es keinen einzigen Hinweis auf irgendeine entsprechende Literatur. HEESCH war der Name völlig unbekannt. Wie waren HAKEN und MAYER an die Ergebnisse gelangt? SHIMAMOTO kannte GILL als 'Director of the Centre for Computing and Automation at Imperial College, the University of London', der in den sechziger Jahren in der Computer-Welt einen Namen hatte. Bei einem Besuch 1974 hatte er ihm von HEESCHs Arbeiten, die GILL noch nicht kannte, erzählt. Im Juni 1976 erfuhr SHIMAMOTO dann durch Prof. A. S. DOUGLAS von der London School of Economics, daß STANLEY GILL gestorben war und die letzten drei oder vier Jahre seines Lebens mit Forschungen zum Vierfarbenproblem verbracht hatte. Offensichtlich war HAKEN auf irgendeinem Wege an den Nachlaß GILLs gekommen.

HEESCH befürchtete, daß die Fähigkeit HAKENs, neue Ergebnisse schnell und unkonventionell für sich nutzbar zu machen, auch Auswirkungen auf seine Arbeit haben könnte. An SHIMAMOTO schrieb er:

> "Perhaps soon he will have rerun all my about 2000 reducible 14ers and 15ers and 13ers, and I fear that all my work then might have been in vain. I really do not know what to do.»

Und PESCHL fragte er:

> «Soll ich aufgeben? [Oder weitermachen?] ... Mit 3 bis 4 vollen Mitarbeitern ... sollte es, je sofortiger, um so aussichtsreicher, noch möglich sein, noch vor HAKEN und MAYER aufgrund meines Vorsprungs in den Tafeln der reduziblen Figuren fertig zu werden. Aber ein gewöhnliches Antragsverfahren bei der DFG oder Stiftung Volkswagenwerk braucht wohl wenigstens ca. 6 kostbare Monate, bis dann, bei positiver Entscheidung, die Arbeitsvorbereitungen zum Anlaufen kommen. ... Ist übrigens mein Alter (dies Jahr 70) ein weiteres Hindernis?»

In HEESCHS Forschungen spielte zu dieser Zeit das 5-5-5-Dreieck eine besondere Rolle. Diese Figur stellte den Vierfarben-Forschern seit Jahren die größten Hindernisse in den Weg. Bisher hatte sie allen Reduktionsversuchen widerstanden. Gelänge aber ihre Reduktion, so könnte das gesamte Vierfarbenproblem in kürzester Zeit nach derselben Methode, mit der der Spezialfall der ‹isolierten E_5› von HEESCH und MIEHE gelöst worden war, erledigt werden. HEESCH meinte zu dieser Zeit, eine Reduktion des 5-5-5-Dreiecks mit Hilfe der SHIMAMOTO-Konstruktion gefunden zu haben. Aber er war sich seiner Sache nicht sicher. In Diskussionen mit ERNST PESCHL über diesen Sachverhalt zerschlug sich die Hoffnung dann auch bald wieder.

Abb. 72
Briefumschlag mit dem Sonderstempel zur Lösung des Vierfarbenproblems.

16 Die Lösung des Vierfarbenproblems? (1976–1977)

Mitte Juni 1976 nahm SHIMAMOTO an der ‹International Research Conference on the History of Computing› in Los Alamos, Neu Mexico, USA, teil. Hier traf er GARRET BIRKHOFF, der ihm als große Neuigkeit von einem Gerücht berichtete, nach dem das Vierfarbenproblem an der University of Illinois gelöst worden sei. BIRKHOFF schenkte jedoch diesem Gerücht keinen Glauben. Auch SHIMAMOTO war skeptisch, denn nach seinen Informationen waren HAKEN und seine Mitarbeiter immer noch mit der Schattenlösung des Problems beschäftigt. Allerdings schien die Geheimhaltung perfekt zu sein. Insbesondere war völlig unbekannt, welchen Umfang die HAKEN zur Verfügung stehende Liste der reduziblen Figuren zu diesem Zeitpunkt hatte. Sollte er tatsächlich Zugang zu der von STANLEY GILL in Jahren erstellten Liste haben, so war zusammen mit der bereits vorliegenden Liste der unvermeidbaren Figuren durchaus eine schnelle Lösung möglich. Allerdings kam dann alles auf die (HEESCH unbekannte) Qualität der GILLschen Liste an.

Ende Juli erhielt HEESCH Gewißheit: HAKEN teilte ihm in einem Brief vom 22. 7. 1976 mit:

> «Im Juni haben wir plötzlich überraschend guten Fortschritt mit unserer Arbeit gemacht und haben jetzt einen Beweis des Vierfarbensatzes mit 1936 Reduktionen hergestellt.»

Dabei waren sie mit Figuren ausgekommen, deren Randkreise höchstens 14 Ecken besitzen. Daß dies möglich sein würde, hatten sie vorher durch Wahrscheinlichkeitsbetrachtungen vermuten können. APPEL und HAKEN verschickten ihre Lösung von 161 Seiten Umfang in alle Welt. Der Briefumschlag trug jeweils den Sonderstempel-Aufdruck:

FOUR COLORS SUFFICE.

Weiter berichtete HAKEN, daß auch STROMQUIST nahe an der Gesamtlösung stünde. Er habe den Fall «ohne 5-5-5-Dreieck» gerade mit 400 Reduktionen und ebenfalls höchstens Vierzehnern erledigt. Das hieße, daß dessen Methoden mindestens ebensogut wie die von APPEL und HAKEN sein mußten:

> «Da haben wir noch einmal Glück gehabt.»

Auch ALLAIRE und MAYER seien inzwischen mit Ergebnissen aufgewartet, die eine erfolgreiche Meisterung des Gesamtproblems verhießen. ALLAIRE habe beispielsweise den Fall $e_6 = 0$ mit 52 Reduktionen und höchstens Dreizehnern erledigt.

Aus einem Informationsblatt der University of Illinois at Urbana-Champaign vom 22. 7. 76 ging hervor, daß außer APPEL und HAKEN auch noch JOHN KOCH, jetzt Mathematikprofessor am Wilkes College, Wilkes Barre, Pennsylvania, an der Durchführung des Beweises beteiligt gewesen war. KOCH hatte unter APPLES Anleitung promoviert und dabei Computerprogramme entwickelt, die einen wesentlichen Anteil in der Beweisführung ausmachten. Drei Computer der Universität waren eingesetzt worden: einer vom Chicago Circle campus, einer in Urbana-Champaign und der größte der Universität in Chicago. Insgesamt waren über 1200 Computer-Stunden für die Rechnungen benötigt worden.

Schon im September 1976 erschien im *Bulletin of the American Mathematical Society* als *«Research Announcements»* die offizielle Mitteilung:

«Every Planar Map is Four Colorable».

Die Nachricht von der angeblichen Lösung des Vierfarbenproblems kam für HEESCH und seine Mitarbeiter zu diesem Zeitpunkt unerwartet. Nach HAKENS bisherigen Auskünften hatte man annehmen müssen, daß die zu rechnenden Reduktionen noch einige Zeit beanspruchen würden. Offensichtlich war HAKEN aber weiter gewesen als er erzählt hatte. HEESCH war nicht sonderlich überrascht, wohl aber von der Entwicklung betroffen. Es schien nun endgültig zu sein, daß das Ziel seines Lebenswerkes ihm kurz vor dem Erreichen von einem anderen genommen worden war. Und zwar hatte dieser das Ziel auf der Grundlage der Ideen HEESCHS mit den Methoden und zum großen Teil auch mit den Ergebnissen HEESCHS erreicht. Bei aller Bitterkeit war es aber genau dieses, was für HEESCH auch einen Triumph bedeutete: Es stand jetzt fest, daß sein Ansatz richtig gewesen war. Alle seine Neider und Widersacher mußten beschämt sein.

An dem wissenschaftlichen Ergebnis beeindruckten HEESCH besonders die Anzahlen: Der Beweis war mit weniger als 2000 Figuren gelungen, deren Randkreise höchstens vierzehn Ecken hatten. Ein wahrlich ‹königliches Ergebnis›, wie HEESCH es bezeichnete. Der *Horror infiniti* war nun endgültig mit einem Schlage beseitigt worden.

Andererseits erkannte HEESCH sofort die ‹Schludrigkeit›, mit der die APPEL-HAKEN-Arbeit angefertigt worden war: Die angegebenen Zahlen waren nicht zuverlässig, die Fallunterscheidungen nicht vollständig und die Beweisführungen nicht immer schlüssig. Insbesondere war «der Figurenteil in unverständlich großer Flüchtigkeit abgefaßt (z. B. Dutzende von Figuren sind Unterfiguren von anderen)». Über kurz oder lang mußten diese Mängel auch der mathematischen Öffentlichkeit deutlich werden, und dann würde der Ruf nach einer einwandfreien Lösung erhoben werden. «Also mußte die Sache sauber zu Ende geführt werden.» HEESCH sah hierin seine weitere Aufgabe in der Verfolgung der Lösung des Vierfarbenproblems. Ihm war das Glück zuteil, so viele noch offene mathematische Fragen aus dem Umfeld des Vierfarbenproblems zu kennen, daß das Vorhandensein der HAKENschen «Lösung» nicht so sehr ins Gewicht fallen konnte. Im Seminar ging die Arbeit weiter als sei nichts geschehen. Die Teilnehmer bemerkten weder Verstimmungen noch Resignation bei HEESCH.

Die Einstellung der mathematischen Fachwelt zum Beweis von APPEL und HAKEN war gemischt. Dies wurde besonders deutlich in einem postscript, das TUTTE in einem Brief an SHIMAMOTO anfügte: "P. S. Do you find the HAKEN claim plausible? Opinion seems much divided?" Bemerkenswert war, daß TUTTE von HAKENS 'claim' sprach und nicht von 'solution' oder 'result'. SHIMAMOTO schrieb darüber an HEESCH:

> "In view of the fact that all of the press releases on the subject I have seen, suggest that the HAKEN result has TUTTE's blessings. I find this postscript most intriguing."

Über andere Reaktionen auf den Beweis wird noch zu berichten sein.

Anfang August 1976 begegnete HEINRICH HEESCH in Hannover auf der Straße zufällig EDUARD PESTEL, der zu dieser Zeit noch Vizepräsident der DFG war. PESTEL ließ sich über die veränderte Situation in der Vierfarbenforschung berichten. Er war äußerst interessiert, zugleich aber auch betroffen. Ihm wurde deutlich, daß die unglückliche Entscheidung der DFG im August 1972 eventuell dazu beigetragen hatte, daß die Amerikaner HEESCH in der Lösung des Problems überholen konnten. Nach HEESCHS Ausführungen zeigte sich nun aber, daß noch wesentliche Verbesserungen des Beweises möglich waren und HEESCH über die dazu erforderlichen Kenntnisse und viele noch unveröffentlichte Ergebnisse verfügte. Vielleicht ergab sich hier die Möglichkeit, verlorenes Terrain wieder zurückzugewinnen. So verblüffte er HEESCH durch diesen spontan entwickelten Vorschlag:

«Sie schreiben jetzt Herrn PESCHL und legen Ihrem Brief zwei Entwürfe, einen höchstens zwei, den anderen höchstens acht Seiten Bericht ein, zur Information des Präsidenten der DFG, Herrn Professor MAIER-LEIBNITZ; dieser wird die zwei Seiten lesen, die acht Seiten kaum. Inhalt der zwei Seiten sollte sein, daß Herr PESCHL den Präsidenten um eine Sitzung bittet, an der Herr PESCHL und Sie teilnehmen möchten. Bitte sagen Sie Herrn PESCHL, der Präsident möge auch mich einladen, da ich gern teilnähme.»

Heesch kam dieser Aufforderung sofort nach, und PESCHL stellte noch im August den Antrag zu einer außerordentlichen Sitzung der DFG. In seinem Brief an den Präsidenten der DFG führte er unter anderem aus:

«[Es] stellt sich jetzt die Frage, ob die DFG darauf beharren sollte, die Förderung des obengenannten Forschungsvorhabens auch weiterhin abzulehnen. Im gegenwärtigen Augenlick erscheint es von großer Bedeutung, nicht nur für die Mathematik und die unmittelbar beteiligten Forscher, sondern auch für das Ansehen der Forschungsförderung und der Forschung in der Bundesrepublik Deutschland, den tatsächlich von HEESCH geleisteten Hauptanteil an der Lösung nicht weiterhin zum Verschweigen verurteilt sein zu lassen, sondern ihn der Sachlage gemäß herauszustellen. ... Ich bitte Sie hierdurch, Herr Präsident, noch jetzt Herrn HEESCH zu ermöglichen, seine bisher erreichten Ergebnisse, seine gedanklichen Ansätze und Methoden, dazu seine Liste von zur Zeit 2400 reduziblen Primfiguren zu formulieren und in Manuskriptform zu bringen. ... Ebenso scheint es gerecht und nützlich, ihm auch das Weiterarbeiten auf seinem Wege in Richtung Lösung oder auch in Richtung Verständnisvertiefung, worin er, wie gesagt, noch heute den Vorsprung vor den Amerikanern hält, zu ermöglichen; nur so kann sein und damit der Bundesrepublik Deutschalnd tatsächlicher Anteil an der Lösung klargestellt werden.»

HEESCH verfolgte in dieser Zeit in seinen Forschungen verstärkt eine Richtung, die ihn schon seit längerem beschäftigte. In einem Brief hatte er am 28. 6. 76 an PESCHL geschrieben:

«Ein Beweis mittels Reduktionen bleibt ein ungedanklicher Beweis in dem Sinne, daß ganz dunkel bleibt, warum diese Figur reduzibel ist und jene nicht. Das Erkennen z. B. einer einzigen hinreichenden Bedingung eines graphentheoretischen Merkmals für z. B. D-Reduzibilität einer Figur würde ein gedanklicher Beweis sein.»

Um solche Beweise hatte HEESCH sich ständig bemüht. Solange aber der Druck durch das Computing in Verfolgung des Reduktionsansatzes zur Lösung des Vierfarbenproblems übermäßig groß gewesen war, konnte er diese Bemühungen nur nebenbei ausbauen.

Es ging also darum, die Reduktionen besser zu verstehen. Als erstes Ergebnis in dieser Richtung hatte HEESCH schon seit längerem eine Reduktion entdeckt, die er als ‹G-Reduktion› bezeichnete. Sie stellte die vierte Reduktionsstruktur vom ‹reinen Lockerungstyp› dar. HEESCH gab deren Entsprechung zu einer Nichtkritizität in einer Übersicht wie folgt an:

D-Reduktion – Kanten-Nichtkritizität aller inneren Kanten einer Figur.

E-Reduktion – Kanten-Nichtkritizität wenigstens einer inneren Kante und höchstens einer echten Teilmenge der Menge der inneren Kanten einer Figur.

F-Reduktion – Split-Nichtkritizität wenigstens einer inneren Ecke einer Figur bezüglich wenigstens eines Splits.

G-Reduktion – Kontraktions-Nichtkritizität wenigstens einer inneren Kante einer Figur F und damit zugleich F-Reduktion der Figur F′, die durch Kantenkontraktion aus F hervorgegangen ist, mit Split-Nichtkritizität von F′ bezüglich desjenigen Split, der die Verschiedenheit der beiden Ecken der kontrahierenden Kante wieder herstellt.

(‹Kanten-Nichtkritizität› bedeutet, daß die Endmenge der Randfärbungen einer Figur invariant ist gegenüber Löschen einer inneren Kante der Figur. Entsprechend sind die anderen beiden Nichtkritizitäten zu verstehen.)

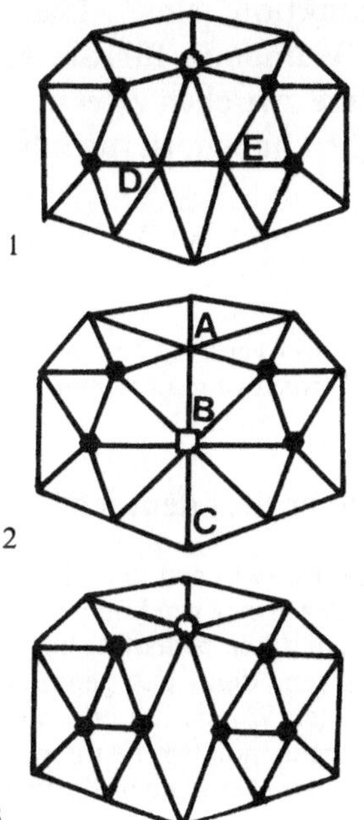

Abb. 73
Beispiele für E, F-, G-reduzible Figuren: Figur 1 ist G-reduzibel mit dem Reduzenten 2 (Kontraktion der Kante (D, E)). Figur 1 ist auch E-reduzibel mit dem Reduzenten 3 (Streichen der Kante (D, E)). Figur 2 ist F-reduzibel mit dem Reduzenten 3 (Splitten des Kantenpaares (A, B, C)). Alle Figuren sind D-irreduzibel. Die Endmengen sind gleich und enthalten 1891 Elemente, während ein Kreis mit zehn Ecken 2461 Färbungen gestattet. Alle Figuren sind auch C-reduzibel.

In der Folgezeit fand HEESCH dann noch weitere Reduktionsstrukturen: H-, I-, J-, K-, L-Reduktion. Insbesondere in der K-Reduktion sah er einen Fortschritt in dem Bemühen, eine einfache geometrische hinreichende Bedingung für die Reduzibilität einer Figur zu finden. Er konnte diesen Sachverhalt jedoch nur in Vermutungen äußern. Sie liegen in zwei Preprints vor[156]. Dabei geht es um folgendes:

HEESCH hatte bemerkt, daß nicht nur beim Löschen von Kanten oder beim Splitten von Ecken die Endmengen bestimmter Figuren invariant sind, sondern daß es auch Figuren gibt, deren Endmenge beim Kontrahieren einer oder mehrerer Kanten invariant ist (L-Reduktion). Dabei gibt es diese letztgenannte Invarianz nur zugleich mit der Invarianz auch bereits gegen Löschen derselben Kante. L-Reduzibilität impliziert also E-Reduzibilität, jedoch nicht umgekehrt. Die L-Reduktion kann als Intensivierung der E-Reduktion angesehen werden. Und wie die D-Reduktion der ‹Simultan-All-Kanten-Fall› der E-Reduktion ist, so ist analog die K-Reduktion der ‹All-Kanten-Fall› der L-Reduktion. Die K-Reduktion ist eine Intensivierung der D-Reduktion. Mit anderen Worten: Die L- und die K-Reduktion stellen unter Zugrundelegung der Kontraktions-Nichtkritizität die genaue Analogie dar zu denjenigen beiden Reduktionsstrukturen, die unter Zugrundelegung der Kanten-Nichtkritizität die E-Reduktion und die D-Reduktion sind. Die Vermutung lautet dann: «Die notwendige Bedingung für die K-Reduzibilität einer Figur, daß die inneren Wege zwischen zwei nichtbenachbarten Randecken die Mindestlänge 3 haben, ist auch hinreichend.»

In einem Brief an SHIMAMOTO vom November 1976 schätzte HEESCH diese ‹Vermutung› ein als

> "my greatest discovery since those older discoveries: The D-reduction and the k_ϱ-definition ... and ... the finitisationmanuscript of Spt. 1970."

Am Schluß seines Preprints Nr. 50 machte er dies deutlich[157]:

> «Die Herausforderung, welche die Spannung zwischen der Einfachheit des Inhalts der Vierfarbenvermutung und der bisherigen Unmöglichkeit, sie einfach zu beweisen, für einen Mathematiker bedeutet, hat in der Vermutung eine neue Verschärfung erfahren; denn das geometrische Merkmal der Freiheit einer Figur von Wegen W_2 als Kriterium für die (über die D-Reduzibilität der Figur hinausgehende bereits intensivierte Stufe der) K-Reduzibilität ist wahrlich noch viel einfacher als die (auch bereits sehr einfache) Färbungsvorschrift.»

Und an PESCHL schrieb er:

> «Mir scheint, in dieser unerwartet einfachen Formulierung einer höchstwahrscheinlich richtigen Vermutung über ein Kriterium für K-Reduzibilität (und eben damit für Reduzibilität überhaupt) mag möglicherweise eine letzte Chance geschlossen liegen, noch zu einem gedanklichen Beweis der Vierfarbenvermutung zu kommen.»

In der Weiterverfolgung dieses Ansatzes und in Strukturuntersuchungen zur D-Reduzibilität mit Hilfe der ‹Amputiertenregel› sah HEESCH die Hauptthemen seiner weiteren Forschungsarbeit.

In der DFG forderte der Präsident aufgrund des Briefes von ERNST PESCHL von dem für Mathematik zuständigen Referenten, Dr. SAUL, einen Bericht über den ‹Fall HEESCH› an. SAUL verteidigte die Ablehnungen der Anträge HEESCHs aus dem Jahre 1974 mit folgenden Argumenten:

> «Damals ließ sich trotz mehrfacher Erkundigungen und Erläuterungen durch den Antragsteller nicht klären, ob der von Professor HEESCH vorgeschlagene Weg in einem überschaubaren Zeitraum und unter Einsatz realistischer Finanzmittel zu einer Lösung des Vierfarbenproblems führen konnte. Klar war lediglich, daß die Untersuchung dieses Lösungsweges mehrere Millionen DM (vor allen Dingen an Rechenkosten) erfordern würde. Die Forschungsgemeinschaft mußte damals das Risiko dieses Antrages gegen die Erfolgsaussichten anderer zur Förderung vorgeschlagener Anträge abwägen und hat entsprechend gehandelt. Ein Vorwurf gegenüber der Deutschen Forschungsgemeinschaft wäre daher ungerechtfertigt.»

Und er fuhr dann fort:

> «Nachdem die Arbeit von APPEL und HAKEN veröffentlicht worden ist, scheint das ‹Vierfarbenproblem› praktisch als erledigt betrachtet werden zu können.»

Der Präsident selbst schrieb nach diesem Bericht Anfang Oktober an PESCHL:

> «Ich weiß nun nicht, ob die Forschungsgemeinschaft wirklich noch etwas tun kann. Aber vielleicht kennen Sie selber noch weitere Gesichtspunkte, von denen die Forschungsgemeinschaft noch nicht unterrichtet ist. In diesem Fall können wir ja noch einmal gemeinsam überlegen.»

Mit keinem Wort ging er auf den Antrag PESCHLs ein, mit PESTEL und HEESCH eine Sitzung anzuberaumen. Durch den Bericht SAULs war also die von PESTEL geplante Präsidialsitzung nicht zustande gekommen.

HEESCH reagierte enttäuscht. Er hatte in die Initiative PESTELs große Hoffnungen gesetzt. SAULs Rechtfertigung der Ablehnungen wegen der Belastungen der DFG durch die ‹mehrere Millionen

DM›, die die Rechnerkosten verursacht haben würden, war unsinnig, denn HEESCH durfte als forschender Hochschullehrer ohne Berechnung der Rechenzeiten den Computer des Rechenzentrums in Hannover benutzen. Und in der Tat hatte HEESCH ja auch allein in den Jahren 1974/75 über 6,8 Millionen DM «an rechnerischem Gegenwert von Rechenzeiten verbraucht – alles ausschließlich in Ausnützung sonst ungenützt gebliebener Leerzeiten».

Vor allem aber entrüstete HEESCH das Argument SAULS, daß das Vierfarbenproblem «praktisch als erledigt» zu betrachten sei:

> «Wenn die Worte nicht dastünden, hätte ich geschworen, Derartiges könne nie von jemandem der DFG gesagt sein. Ist denn ein tiefes mathematisches Problem, dessen Erstlösung soeben vorliegt, wie eine geplatzte Bombe, oder wie das Erringen einer Goldmedaille, wonach alle Anstrengung einstweilen ruht?»

HEESCH war überzeugt, daß die Lösung des Problems viele weitere Forschungsaktivitäten nach sich ziehen würde.

> «Auch die DFG wird noch Jahrfünfte lang – wie ich sicher bin, auch von jüngeren Deutschen – viele Anträge bewilligen, die das Fruchtbarmachen meines Weges für weitere theoretische Gebiete und für deren Weiterentwicklung in die Anwendungen in den Ingenieurswissenschaften, zumal E-Technik und Operations Research, zum Forschungsgegenstand haben werden.»

An PESCHL schrieb HEESCH am 12. 10. 1976:

> «Das Urteil über die von W. HAKEN und Mitarbeitern am 23. 7. beanspruchte ‹Lösung› ist aus mehreren Gründen noch offen; denn mit meiner Computingmethode sind auch die Nachkontrollmethoden revolutioniert und stehen daher noch nicht bereit ... Daher kann es dem Ansehen der DFG und der Bundesrepublik Deutschland vielleicht sehr nützen, mir baldigst starke Team-Hilfe zu geben, damit ich die bereits begonnenen Wege ganz anderer, gedanklicher Art in ordentliche Bearbeitung führen kann, womöglich noch bevor die von HAKEN beanspruchte Lösung kontrolliert werden kann.»

In diesem Sinne stellte HEESCH am 3. 11. 1976 nach Beratungen mit EDUARD PESTEL und ERNST PESCHL einen Antrag bei der DFG zur Finanzierung von vier wissenschaftlichen Mitarbeitern und zwei wissenschaftlichen Hilfskräften für zwei Jahre. Das Thema des Antrags lautete: ‹Theorie der Färbungen planarer Graphen›. Der Antrag wurde über PESCHL der DFG zugeleitet und zusammenfassend so befürwortet:

> «Ich halte die vorliegenden Ansätze und das gesamte bei HEESCH vorliegende Figurenmaterial für derart überaus wertvoll und höchst ‹erfolgsträchtig›, daß sich die DFG mit der Bewilligung des beiliegenden Antrags von H. HEESCH ein historisches Verdienst erwerben würde.»

PESCHL betonte ausdrücklich, daß in Europa nur Herr HEESCH imstande wäre, den Beweis der Vierfarbenvermutung und seine Darstellung erheblich zu verbessern.

Am 29. 10. 1976 trug HEINRICH HEESCH auf Wunsch seiner Kollegen im Mathematischen Kolloquium der TU Hannover über das Thema ‹Zum Vierfarbenproblem› vor. Der Vortragsraum war von Zuhörern überfüllt, von denen viele in Kenntnis der Situation gespannt auf die Ausführungen warteten. HEESCH begann seine Einleitung:

> «Am 23. 7. 76 hat das US-amerikanische Forscherteam APPEL – HAKEN – KOCH ein zweiteiliges, gut 160 Seiten umfassendes Preprint *Every planar map is four colorable* zu versenden begonnen. Es stellt den Vollzug eines letzten Schrittes meines Lösungsweges zum Vierfarbenproblem dar unter ausgiebiger Benutzung meiner Methoden und Ergebnisse, die ich – meist, ohne sie veröffentlicht zu haben – vertraulich Herrn HAKEN im Laufe von Jahren mitgeteilt habe.»

Im Hauptteil des Vortrages erläuterte HEESCH dann seinen Weg zur Lösung des Problems. In der sich anschließenden Diskussion machten die Professoren Th. KALUZA und G. BERTRAM einige inhaltliche Bemerkungen, während H. TIETZ und G. RIEGER den Anteil HEESCHS an der Lösung würdigten.

Welche Bedeutung dieser Kolloquiumsvortrag für HEESCH hatte, geht aus einem Bericht darüber an SHIMAMOTO hervor:

> "... the significance of the talk was the process of changing the minds of the Hannoveran professors who, only by hearing of the success by HAKEN, for the first time perceived that they all had been in error in their perfect distrust in what I was working, since I came here in 1955."

Gut eine Woche später, am 9. 11. hielt HEESCH denselben Vortrag am Mathematischen Seminar der Universität Hamburg. HELMUT HASSE stellte HEESCHS Verdienste an der Lösung des Vierfarbenproblems heraus und gratulierte ihm.

Die Entscheidung der DFG über den Antrag HEESCHS vom November 1976 ließ auf sich warten. Als HEESCH sich deswegen am 7. 2. 77 telefonisch an den Mathematik-Referenten der DFG wandte, sagte dieser eine Behandlung des Antrages in der Sitzung des Hauptausschusses am 4. März zu. Er fügte dann aber zu HEESCHS großer Bestürzung hinzu, daß «die Urteile der Gutachter zurückhaltend seien». Merkwürdigerweise kam dann aber mit einem Schreiben vom 14. 2. schon früher als erwartet eine Entscheidung: Bewilligt wurden für ein Jahr eine halbe Stelle für einen wissenschaftlichen Mitarbeiter und eine Stelle für eine ungeprüfte wissenschaftliche Hilfskraft.

HEESCH unterrichtete sofort EDUARD PESTEL, der inzwischen Minister für Wissenschaft und Kunst im Kabinett ALBRECHT des Landes Niedersachsen geworden war:

«In dieser Geringheit bedeutet die Entscheidung das Ende meines Weiterforschens und damit auch das Abbrechen der Beteiligung der Bundesrepublik Deutschland an diesem Forschungsgebiet in dessen jetzt aktuellster Entwicklungsstufe. Denn jetzt wird mich auch mein letzter Mitarbeiter FRIEDRICH MIEHE (der gerade auf diesem Gebiet promoviert) ... verlassen ... Er wird in die Industrie gehen und dürfte damit für eine mathematische Hochschullehrerlaufbahn endgültig verloren sein.»

In einem nachgeschobenen Brief der DFG vom 18. 2. erläuterte Dr. SAUL die Entscheidung:

«Nach Meinung des Hauptausschusses sollte diese Sachbeihilfe dazu dienen, das bereits vorliegende Material aufzuarbeiten und dabei zu prüfen, ob in den Überlegungen von HAKEN und APPEL ein Gedanke übersehen worden oder gar ein Denkloch enthalten ist.»

Diese ‹Aufgabenstellung› durch die DFG mußte HEESCH als Zumutung, wenn nicht sogar als Affront auffassen. In höflichen Worten distanzierte er sich dann auch von diesem Ansinnen und bat noch einmal um volle Bewilligung seines Antrages. SAUL schrieb zurück, er habe das Schreiben

«Mitgliedern des Hauptausschusses und des Präsidiums der Deutschen Forschungsgemeinschaft vorgelegt und Stellungnahmen eingeholt ... Nach dem Ergebnis dieser Bemühungen [sei] jedoch eine Änderung der Entscheidung des Hauptausschusses nicht möglich.»

SAUL bezog sich dann auf eine gutachterliche Stellungnahme, nach der eine Verlängerung der Förderung nicht ausgeschlossen werden sollte,

«falls nach Ablauf eines Jahres ein lesbarer und kontrollierbarer Arbeitsbericht vorgelegt wird. Die kritische Haltung der Gutachter sei zum Teil auch durch die geringe Publikationsbereitschaft des Antragstellers bedingt.»

Nach all diesen Enttäuschungen war ein Brief von FRANK HARARY eine gewisse Aufmunterung für HEESCH. HARARY erinnerte an seinen Besuch in Hannover, als HEESCH ihm die beeindruckenden Figurenlisten gezeigt hatte. Er schrieb:

"My hearty congratulations to you on the proof of the four color theorem. As you showed me so vividly and in detail on your tremendous table, it was your work which anticipated the proof of the four color theorem. I plan to give you definite credit for your pioneering work in the second edition of Graph Theory, which I am now writing."

Auf Einladung der Gesellschaft für Didaktik der Mathematik hielt HEINRICH HEESCH am 8. 3. 1977 auf der 11. Bundestagung für Didaktik der Mathematik in Hamburg einen Hauptvortrag. Sein aktuelles Thema «Über die Reduktionsmethode zur Lösung des Vierfarbenproblems» lockte einen großen Zuhörerkreis an, der ihm am Schluß mit begeistertem Applaus dankte und zugleich Anerkennung und Ehrerbietung zum Ausdruck brachte. Anschließend besuchte HEESCH zusammen mit seiner Schwester ELLI und RUTH PROKSCH CHRISTOPH SCRIBA, einen der führenden deutschen Mathematik-Historiker, der inzwischen Professor an der Universität in Hamburg war. SCRIBA hatte den mathematischen Nachlaß SIEGFRIED HELLERS übernommen. HEESCH freute sich, hier nun viele mathematische Modelle seines alten hochverehrten Lehrers und Freundes bewundern zu können. Die Vortragsreise nach Hamburg wurde so mit vielen Erinnerungen an alte Zeiten verbunden, in denen es vielleicht gerade HELLER gewesen war, der die entscheidenden Anstöße zur Entwicklung der Liebe HEESCHS zur Mathematik gegeben hatte.

Bei dieser Gelegenheit sei erwähnt, daß HEINRICH HEESCH sich immer gern bereit fand, auf Veranstaltungen der Mathematikdidaktiker zu sprechen und in deren Zeitschriften über seine Arbeiten zu berichten und sogar neue Ergebnisse erstmals zu veröffentlichen.

So hatte er schon 1952/53 die Artikel über *Axiom, Axiomatik* und *Hypothese* in einem Lexikon der Pädagogik verfaßt [158] und 1959 in einer didaktischen Zeitschrift über das Thema *Zur Klassifikation der ebenen kongruenten Abbildungen* geschrieben [159]. 1968 waren in den *Blauen Heften* gleich drei Aufsätze von ihm erschienen [160]: *Parkettierungsprobleme* (dargestellt von RUTH PROKSCH), *Die 17 diskontinuierlichen Gruppen ebener kongruenter Abbildungen mit mehr als einer Translationsrichtung* und *Eine Betrachtung der 11 homogenen Ebenenteilungen*. In einem weiteren Heft der gleichen Zeitschrift erschienen dann 1979 noch einmal drei Aufsätze von HEESCH [161]: *Die Zwölfecke durch sämtliche Ecken eines Ikosaeders*, eine bemerkenswerte Arbeit (es gibt 1280 solche Zwölfecke, deren geniale Abzählung vorgeführt wird), nach einem unveröffentlichten Manuskript aus dem Jahre 1951 (dargestellt von RUTH PROKSCH), *Über die Reduktionsmethode zur Lösung des Vierfarbenproblems*, eine Ausarbeitung seines Hamburger Vortrags, und *Zum Vierfarbenproblem*. In der letztgenannten Arbeit berichtete HEESCH über seine derzeitigen Forschungen, auf die hier noch eingegangen werden wird.

HEESCH hatte für die Didaktik der Mathematik immer ein offenes Ohr. Von der Wichtigkeit dieser Disziplin war er zutiefst überzeugt – im Gegensatz zu vielen seiner Fachkollegen.

Als HEINRICH HEESCH und RUTH PROKSCH von Hamburg nach Hannover zurückkamen, wurden sie dort von YOSHIO SHIMAMOTO empfangen. SHIMAMOTO verbrachte wieder drei Monate in Hannover, arbeitete in dem ihm von der Universität zur Verfügung gestellten Arbeitszimmer von morgens bis abends an der Konstruktion seiner speziellen Graphen, trug im Forschungsseminar HEESCHS darüber vor und besuchte natürlich abends die Oper. Diesmal bildeten die Aufführungen des *Nibelungen-Ringes* den Höhepunkt. PROKSCH und HEESCH mußten ihn zu den Veranstaltungen begleiten, die zum Teil schon nachmittags begannen.

In den Auseinandersetzungen mit der DFG kämpfte HEESCH weiter. Es war erstaunlich, mit wieviel Energie er sich bei allen Rückschlägen immer wieder um eine Unterstützung seiner Forschungsarbeiten bemühte. Bereits Anfang Mai 1977 stellte er auf Anraten des DFG-Präsidenten MAIER-LEIBNITZ einen neuen Antrag auf Übernahme der Personalkosten für zwei wissenschaftliche Mitarbeiter und eine wissenschaftliche Hilfskraft für zwei Jahre. Das Thema der Forschungsarbeiten sollte lauten: «Forschungen zur Gewinnung gedanklicher – im Sinne von computerlosen – Einsichten in die Struktur des Vierfarbensatzes». Damit folgte HEESCH einem Rat von MAIER-LEIBNITZ, die «Situation des weltweiten Wettlaufs nach einer gedanklichen Lösung» hervorzuheben. Dieser Antrag stellte unter anderem einen nochmaligen Versuch dar, seinen langjährigen Mitarbeiter FRIEDRICH MIEHE, der gerade mit einer Dissertation zum Thema *Über Bogenfärbungen von planaren Graphen mit Artikulationsecke* promovierte, und seine beiden Mitarbeiter JÜRGEN KÖSTER und WOLFGANG KROH an der Hochschule zu halten.

Zu HEESCHS «großer Überraschung und Freude» lieferte nun auch ein Hannoverscher Kollege, THEODOR KALUZA, ein ausgezeichnetes Gutachten «Über die Arbeiten von Herrn Prof. Dr. HEINRICH HEESCH über das Vierfarbenproblem und über seinen Mitarbeiter Dr. FRIEDRICH MIEHE» für die DFG. Dieses Gutachten beschrieb hervorragend die Situation, die durch die Arbeiten APPELS und HAKENS entstanden war, und schätzte die Bedeutung dieser Arbeiten in bemerkenswerter Klarheit ein. Unter anderem hieß es darin:

> «Durch die Veröffentlichung der Herren HAKEN und APPEL im vorigen Sommer ist das Vierfarbenproblem nicht erledigt worden, genau so wenig wie der Ozeanflug von LINDBERG das Problem des Ozeanfliegens ‹erledigt› hat. Der Hauptwert der HAKEN–APPEL'schen Arbeit besteht nicht im Nachweis der Richtigkeit der Vierfarbenvermutung, sondern im Nachweis dafür, daß Herr HEESCH auf dem richtigen Wege ist. HAKEN und APPEL sind von dem Punkt, den Herr HEESCH in jahrzehntelanger

Arbeit erreicht hatte, nicht auf demselben Wege weitergegangen, sondern haben sich von einer Apparatur auf eine Weise ins Ziel katapultieren lassen, bei der man von dem überflogenen Gelände nichts erkennen kann. – Genau dieses: nämlich auch das gesamte Terrain zu erforschen, ist der Vorzug des Vorgehens von Herrn HEESCH, bei dem Computer nur da eingesetzt werden, wo reine Fleißaufgaben zu bewältigen sind, und der überall da, wo mathematische Erkenntnisse gewonnen und formuliert werden können, dieses auch tut.

Aus diesem Grunde wird die Fortführung der Arbeiten von Herrn HEESCH genau so viel mathematischen Gewinn bringen, als wenn die HAKEN–APPEL'sche ‹Erledigung› gar nicht existierte.

An der Bearbeitung schwieriger mathematischer Fragen, die mit den bekannten Methoden offenbar nicht lösbar sind, knüpfen Mathematiker nicht die Hoffnung, schließlich doch eine der Antworten ‹ja› oder ‹nein› zu erhalten, sondern die Hoffnung, daß neue Methoden und die Erkenntnis ungeahnter Zusammenhänge einen Ertrag bedeuten, der nicht abschließend, sondern anregend ist, – und von dieser Wirkung fehlt bei HAKEN–APPEL jede Spur.»

Und nach einer äußerst positiven Einschätzung der Mitarbeit MIEHES zog KALUZA das ‹Fazit›:

«HEESCH und MIEHE können ein gutes und mit nichts anderem vergleichbares, weit gediehenes mathematisches Unternehmen zu Ende führen, wenn sie die von Ihnen erbetenen Mittel (einschließlich weiterer Mitarbeiter) bekommen. Es wäre ein Jammer, wenn sie ihre Arbeiten an diesem Punkte abbrechen müßten, an dem das Aufhören völlig sinnlos ist.»

Abb. 74
Von links: G. BERTRAM, F. MIEHE, H. HEESCH, TH. KALUZA, anläßlich der Promotion MIEHES am 11.5.77.

Die allgemeine Unsicherheit bezüglich der Einschätzung des Beweises von APPEL und HAKEN blieb weiter bestehen. Am 13. 6. 1977 fragte SAUNDERS MACLANE von der University Chicago HEESCH nach dessen Meinung. Man plante in den USA ein Buch mit Berichten über die neuesten Fortschritte in der Mathematik. Einen dieser allgemeinverständlichen Berichte sollten APPEL und HAKEN über ihren Beweis schreiben. Nun hatte MACLANE jedoch gehört, es gäbe

> "certain places in the main manuscript, where the proof was quite sketchy, and places in which there were numerations that were of possible cases not carried out at all."

Seine Sorge war,

> "it would of course be a matter of some embarrasment if a book came out with a popular description of a proof which later turned out to be somewhat faulty."

MACLANE fragte nun:

> "What is your judgement as to the probable correctness of the way in which they carried out their proofs?"

HEESCH antwortete unter anderem:

> «Den Weg kenne ich aufs beste; denn ich habe ihn selbst gefunden, und die Methoden sind sämtlich von mir. HAKEN hat dies ja auch auf den 8 Blatt 'Introduction' zu Part I ausgeführt und mitgeteilt; ich habe ihm den Weg und die Methoden in viel Zusammenarbeit durch Wochen im selben Arbeitsbüro sowie in mehrjährigem Briefwechsel dargestellt, gezeigt und übermittelt. Aber wie weit der Beweis von APPEL–HAKEN–KOCH in bezug auf Lückenlosigkeit überprüft werden kann, das ist eine ernsthafte Frage, auf die ich im Augenblick nicht in der Lage bin zu antworten, da die Darstellung keineswegs immer sehr klar ist.»

MACLANE antwortete:

> "I see indeed that my spare troubles are indeed serious troubles in knowing whether this result is fully established. Given the popularity of this theorem, I hope there will soon be methods of having someone check through the proof completely, or produce some other proof which can be checked completely. It would please me to know if indeed, you are perhaps in the process of getting such proof."

In einem Gedenkband zu Ehren von EMMY NOETHER schrieb MACLANE 1981 über den Assistenten HERMANN WEYLS in den dreißiger Jahren[162]:

> "It is the same HEESCH who much later thought of the possibility of using computers to tackle the four color problem. It was essentially his design that was subsequently employed by APPEL and HAKEN in their recent solution of this problem."

Vom 7. 8. bis zum 13. 8. 1977 fand im Mathematischen Forschungsinstitut Oberwolfach eine weitere Tagung über ‹Graphentheorie› unter der Leitung von GERHARD RINGEL, Santa Cruz, statt, an der auch HEESCH teilnahm. Dabei kam es zu einem Zwischenfall: Als RINGEL die Teilnehmer offiziell vor versammeltem Auditorium begrüßte, wandte er sich unter Hinweis auf das vor ihm liegende APPEL–HAKEN-Papier an HEESCH:

> «Ich wundere mich, daß Sie überhaupt hier sind. Ich hätte erwartet, daß Sie am Boden zerstört wären.»

HEESCH konterte jedoch geschickt, indem er darauf hinwies, daß er im Gegenteil stolz sei; schließlich seien es seine Methoden und seine Ergebnisse, die zu dem Erfolg geführt hätten. In vielen Gesprächen wurde dann am Rande der Tagung die Situation in der Vierfarbenforschung und insbesondere das Verhältnis HAKEN–HEESCH diskutiert. Von vielen Teilnehmern wurde die Auffassung vertreten, daß die bundesdeutsche Forschungsförderung mitsamt den verantwortlichen Gutachtern versagt habe. HEESCHS Vortrag ‹Über zwei verschiedene Zielsetzungen beim Beweis des Vierfarbensatzes mittels der Reduktionsmethode› wurde mit viel Beifall aufgenommen.

Im August 1977 erschien das Preprint *Eine Figurenliste zur chromatischen Reduktion* von K. DÜRRE, H. HEESCH und F. MIEHE [163]. Diese außerordentlich inhaltsreiche Arbeit enthält als Kernstück die Ernte der Reduktionsrechnungen in den vorangegangenen 12 Jahren: eine Liste mit 2669 reduziblen Figuren, davon 1363 D-, 1077 E-, 212 C-reduzible Figuren und außerdem 17 ohne Rechnerhilfe reduzierte Figuren mit 16 oder mehr Randecken. Neben der Darstellung der theoretischen Grundlagen der chromatischen Reduktionen, wobei die E-Reduktion im Mittelpunkt der Betrachtungen steht und die D-Reduktion als ein Spezialfall der E-Reduktion angesehen wird, werden Algorithmen zum Nachweis der Reduzibilität von Figuren erläutert und einige Vermutungen über die Konstruktion reduzibler Figuren formuliert. Die Arbeit ist die Zusammenfassung der jahrzehntelangen Bemühungen HEESCHS um die Lösung des Vierfarbenproblems auf dem Reduktionswege. Sie zeichnet sich durch einen hohen Rang in der Darstellung, durch Präzision und Klarheit in der Anlage und Durchführung aus und muß als eine der grundlegenden Arbeiten in der Vierfarbenforschung überhaupt angesehen werden. Abb. 75 zeigt einen Auszug aus dieser Liste.

HEESCH schickte dieses Preprint unter anderem auch an HAKEN. Dieser verglich natürlich seine Liste sofort mit der von HEESCH und war glücklich, feststellen zu können,

> «daß auf diese Weise für 40 Prozent der von uns gebrauchten Figuren die Reduzibilität durch unabhängige Rechnung bestätigt ist».

Die beiden Listen stimmten in 440 Figuren überein. 227 der HAKENschen Figuren erwiesen sich aufgrund der HEESCHschen Figuren als überreduzibel. Sie hätten durch 150 Figuren aus HEESCHS Liste ersetzt werden können.

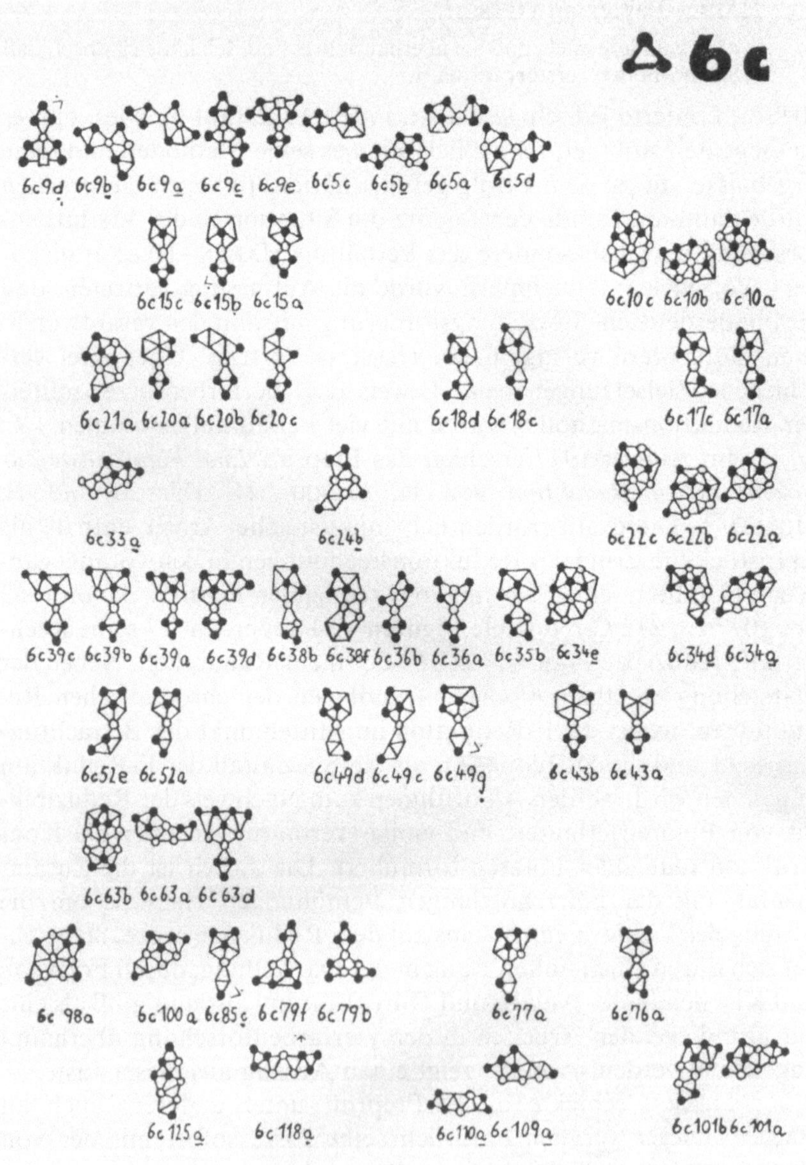

Abb. 75
Auszug aus HEESCHS Liste reduzibler Figuren (1977).

Abb. 76
K. APPEL und W. HAKEN.

Zum Stand der Veröffentlichung der Arbeit von APPEL–HAKEN–KOCH berichtete HAKEN, daß der als Preprint vorhandene Teil noch durch «ein ganz ausführliches Supplement von 460 Seiten bereichert» werden sollte, «in dem alle Einzelheiten des Beweises der Unvermeidbarkeit unserer Figurenmenge ausgeführt werden». Die Anzahl der Figuren in dieser Menge war inzwischen durch Entfernen von überreduziblen Figuren von 1879 auf 1834 gesenkt worden. Außerdem hatte sich noch herausgestellt, daß 352 der Figuren überhaupt nicht gebraucht wurden, «so daß eine Teilmenge von 1482 bereits unvermeidbar ist». Die Arbeit erschien dann im September in zwei Teilen mit 465 Seiten Supplement auf zwei beigefügten Microfiche-Karten [164].

In der 'Introduction' dieser Arbeit würdigten die Autoren HEESCHS Verdienste in der Vierfarbenforschung und auch HEESCHS Anteil an ihrer Arbeit in erstaunlich großem Umfang. Insbesondere wiesen sie daraufhin, daß HEESCH 1970

> "communicated to HAKEN an unpublished result which he later refered to as a 'finitization of the Four Color Problem', namely that the 'first discharging step', if applied to the general case, yields about 8900 z-positive configurations which he explicitly exhibited".

Diese Arbeit HEESCHs hatte HAKEN seinerzeit einen entscheidenden Anstoß zur intensiven Verfolgung einer Lösung des Problems gegeben. Auch ein Hinweis auf die von HEESCH stammenden drei Obstruktionen fehlte in der 'Introduction' nicht:

> "HEESCH asked HAKEN to cooperate on the project and, in 1971, communicated to him several unpublished results on reducible configurations, in particular his observation of three 'reduction obstacles' ",

die im folgenden dann näher beschrieben wurden. Den Abbruch der Zusammenarbeit beschrieb HAKEN dann so:

> "The cooperation between HEESCH and HAKEN was interrupted in October 1971 when the work of SHIMAMOTO was thought to have settled the Four Color Problem. ... The cooperation with HEESCH did not resume after 1972, however, and no agreement could be reached as to which method of attacking the general case would be better."

Trotz dieser besonderen Betonung von Zusammenarbeit empfindet der Eingeweihte es jedoch als äußerst befremdlich, daß HAKEN sich auf diese Art kühler Formalitäten beschränkte und zum Beispiel nicht wenigstens in der allgemeinen Danksagungs-Fußnote auf der ersten Seite sich auch bei HEESCH bedankte. Immerhin hatte HAKEN neben dem in der 'Introduction' Erwähnten von HEESCH noch viel mehr know-how gelernt, beispielsweise während des sehr engen Zusammenlebens im September/Oktober 1971 im gemeinsamen Arbeitszimmer im Brookhaven National Laboratory in Upton, oder in den zahlreichen Briefen, die in den Jahren zwischen 1967 und 1972 gewechselt worden waren. HEESCH hatte vertrauensvoll HAKEN alle seine Ergebnisse, Methoden und Absichten auf einen Lösungsweg mitgeteilt. So zum Beispiel auch die Amputierten-Regel, mit der neue D-reduzible Figuren aus zwei schon bekannten erzeugt werden können. Möglicherweise hatte HAKEN durch Anwenden dieser Regel bei Entwerfen der Figuren für die durchzuführenden Reduktionsläufe viel Zeit gespart.

Kurze Zeit später, im Oktober 1977, erschien ein weiterer Aufsatz von APPEL und HAKEN über *The Solution of the Four-Color-Map Problem* im *Scientific American*[165]. Hier wurden die Verdienste HEESCHs deutlicher, jedoch immer nur in allgemeiner, nie persönlicher Art, herausgestellt. Unter anderem heißt es dort:

> "With HEESCH's work the theory of reducible configurations seemed extremely well developed. Although certain improvements in the methods of proving reducibility have since been made, all of the ideas on reducibility that were needed for the proof of the four-color theorem were understood in the late 1960's. Comparable progress had not been made in finding unavoidable sets of configurations. HEESCH introduced

a method that was analogous to moving charge in an electrical network to find an unavoidable set of configurations (not necessarily reducible), but he had not treated the idea of unavoidability with the same enthusiasm as the idea of reducibility. This method of 'discharging' that first appeared in rather rudimentary form in the work of HEESCH has been crucial, however, in all later work on unavoidable sets. In a much more sophisticated form it became the central element in the proof of the four-color theorem."

Es gab aber auch Darstellungen, in denen die Geschichte der APPEL–HAKEN-Lösung völlig verzerrt beschrieben wurde. So zum Beispiel in dem beim Springer-Verlag erschienenen neuen *Mathematics Calendar 1977*. Dort stand der Monat Juli unter dem Thema 'The Four Color Problem', und es hieß dort unter anderem:

"WOLFGANG HAKEN was motivated to work on the problem by a talk of HEINRICH HEESCH, which he heard in 1950. Influenced by HEESCH's approach, he thought that a proof should be possible by repairing KEMPE's 1879 argument. KENNETH APPEL decided that using computers to investigate HAKEN's idea seemed the best way to proceed."

Extremer waren die Dinge kaum auf den Kopf zu stellen. Zwar mag HAKEN bereits 1950 durch HEESCHS Vortrag motiviert worden sein. Aber 'repairing KEMPE's 1879 argument' war HEESCHS Idee, und der Einsatz von Computern war zu der Zeit, als APPEL sich damit beschäftigte, von HEESCH seit Jahren praktiziert und in allen Einzelheiten vorbereitet worden. Beides hatte HAKEN von HEESCH gelernt und in allen Einzelheiten übernommen. HAKEN selbst würde niemals den in der Kalender-Darstellung vertretenen Anspruch erheben.

Im September 1977 trug HAKEN seine Lösung auf der Jahrestagung der Deutschen Mathematiker-Vereinigung (DMV) vor, die in diesem Jahr zusammen mit dem Österreichischen Mathematiker-Kongreß vom 25. bis 30. 9. in Salzburg stattfand. HAKEN war von der DMV eigens für diesen Vortrag eingeladen worden. Der Vortragssaal war von Hunderten von Zuhörern überfüllt. Nach dem Vortrag gab es nur verhaltenen Beifall. Der einzige ‹Diskussionsbeitrag› wurde von ERNST PESCHL geliefert: Er fragte, wo die Lösung veröffentlicht werden sollte.

Wie war diese geringe Resonanz zu erklären? Man hätte doch erwarten können, daß dem Löser eines solch berühmten Problems Ovationen entgegengebracht werden würden. Eine Erklärung hatte schon LYNN ARTHUR STEEN anläßlich einer ähnlichen Begebenheit versucht[166]:

"The HAKEN–APPEL proof has sent several different shock waves through the mathematical world. The verification of a century-old conjecture that had baffled the twentieth century's best mathematicians is an astounding accomplishment. But a solution based on computerized case analyses involving nearly 2000 cases and 10 billion logical options is the complete antithesis of the idealized 'elegant' mathematical proof. (Perhaps this is why HAKEN's personal presentation of the result to an audience of several hundred mathematicians at the University of Toronto in August was greeted with no more than mildly polite applause.)"

Merkwürdig war schon, daß HAKEN in Salzburg von seinen Mathematikerkollegen – auch von den Einladern – sowohl vor als auch nach dem Vortrag allein gelassen wurde. Auch in dem großen Saal eines Lokals, in dem die Tagungsteilnehmer sich nach dem Vortrag trafen, wurde von HAKEN kaum Notiz genommen. Frau PROKSCH, HEESCH, HAKEN, HEIKO HARBOTH aus Braunschweig, HANS-GÜNTHER BIGALKE und einige andere saßen an einem Tisch. HEINRICH HEESCH wurde schnell von B. L. VAN DER WAERDEN an dessen Tisch geholt, wo er die Reduktionsmethode zur Lösung des Vierfarbenproblems ausführlich erläutern mußte und den ganzen Abend über in ein lebhaftes Gespräch verwickelt wurde.

Am Tisch mit HAKEN wurde natürlich viel über den APPEL–HAKEN-Beweis diskutiert. So wurde HAKEN zum Beispiel von RUTH PROKSCH nach dem System gefragt, das seiner Entladungsmethode zugrunde liege. HAKEN mußte zugeben, daß es kein solches System gebe: Die Figuren würden *ad hoc* mehr zufällig je nach Bedarf ausgesucht. Dem Einwand, daß dann seine Methode sehr anfällig sei, mußte er zustimmen: Die Liste der auf Entladung zu überprüfenden Figuren sei möglicherweise sehr unvollständig. HAKEN meinte, der interessierte Leser könne das Fehlende ja dann selber hinzufügen. So unauffällig, wie HAKEN gekommen war, reiste er dann auch wieder ab.

Wie sich auf der Tagung in Salzburg gezeigt hatte, war für viele Mathematiker der Name HEESCH im Zusammenhang mit der Lösung des Vierfarbenproblems wichtiger als der Name HAKEN. Von allen Seiten erreichten HEESCH Anerkennungen. Nach der schon erwähnten Gratulation durch FRANK HARARY und der hoffnungsvollen Äußerung von SAUNDERS MACLANE meldete sich auch LINUS PAULING:

"We were very pleased to see the October 1977 issue of the *Scientific American*, with the article by APPEL and HAKEN on the solution of the four-color-map problem. ... About one page of it is devoted to your work, and it shows reasonably clearly how it was the basis for the solution of the problem."

OLGA TAUSSKY, die HEESCH aus der Göttinger Zeit 1931/32 kannte, brachte sich wieder in Erinnerung. Sie hatte sich über HEESCHS Erfolge sehr gefreut und sandte ‹beste Glückwünsche›. Nach der Emigration 1934 von Wien in die USA hatte sie während des Krieges in London gelebt, dort den Mathematiker JOHN TODD kennengelernt und geheiratet. Seit 1949 lebten sie in den USA und arbeiteten zusammen im Department of Mathematics am California Institute of Technology, Pasadena.

In zahlreichen Zeitungen und Zeitschriften wurde von der Lösung des Vierfarbenproblems als der Lösung «eines Jahrhundertproblems der Mathematik» berichtet, wobei der Anteil HEESCHS an der Lösung mehr oder weniger deutlich herausgestellt wurde. Dabei fehlte es auch an kritischen Stimmen nicht. In einem Leserbrief von Dr. RUDOLF RENTSCHLER, Universität Paris, in der *Frankfurter Allgemeinen Zeitung* vom 2.9.1976 hieß es beispielsweise:

> «Wesentliche Vorarbeiten für diesen wissenschaftlichen Durchbruch waren von Professor Heinrich HEESCH an der Technischen Universität Hannover geleistet worden. Leider haben die Forschungen auf diesem Gebiet in Deutschland nur eine bescheidene Förderung erfahren. Falls die Grundlagenforschung an den deutschen Hochschulen keine tatkräftige Unterstützung erfährt, dürften auch in Zukunft wissenschaftliche Erfolge eher im Ausland als in Deutschland zu verzeichnen sein.»

In Japan erschien 1978 ein populärwissenschaftliches Buch *Das Vierfarbenproblem* (auf japanisch) von SHIN HITOTSUMATSU, Mathematikprofessor an der Lyoto University, Kyoto. Darin ist von der Tragödie HEESCHS die Rede, der 40 Jahre seines Lebens geopfert habe, ohne den Erfolg einstreichen zu können. Ohne HEESCHS Erkenntnisse wäre das Problem noch nicht gelöst worden. HEESCH habe alles vorbereitet, man brauchte nur noch Zeit und Geld. Aber HEESCH habe nicht genügend Mitarbeiter gehabt. HAKEN habe beides gehabt, sowohl Geld als auch Mitarbeiter, und er habe Glück gehabt, «wie beim Lottospiel». Der Autor vergleicht das Bemühen HEESCHS und HAKENS um die Lösung des Vierfarbenproblems mit dem Wettlauf zum Südpol zwischen SCOTT und AMUNDSEN. Dieser Vergleich hinkt sicher, wie die meisten Vergleiche; aber in einigen Aspekten mag er schon zutreffen. (Der Engländer ROBERT F. SCOTT war 1901 zum ersten Mal aufgebrochen, um den Südpol zu erreichen und dabei ein anspruchsvolles wissenschaftliches Forschungsprogramm durchzuführen. Obwohl das Ziel nicht erreicht wurde – Lebensmittelknappheit zwang wenige hundert Kilometer vor dem Südpol zur Umkehr –, waren jedoch wesentliche wissenschaftliche Erkenntnisse errungen und viele praktische Erfahrungen gemacht worden. 1910 lief SCOTT dann zu seiner zweiten sehr gut vorbereiteten Expedition aus, die wiederum mit umfangreichen wissenschaftlichen Untersuchungsprogrammen verbunden war. Als er am 18.1.1912 den Südpol erreichte, mußte er feststellen, daß ihm der Norweger ROALD AMUNDSEN in der erstmaligen Erreichung des Südpols am 14.12.1911 zuvorgekommen war. AMUNDSEN hatte 1910 seine geplante Expedition zum Nordpol ganz kurzfristig zu einer Expedition zum Südpol umfunktioniert als er erfahren hatte, daß der Amerikaner ROBERT E. PEARY am 6.4.1909 den Nordpol erreicht hatte. Sein alleiniges Ziel war es nun gewesen, den Südpol als erster zu erreichen. SCOTT kam mit seiner Begleitung auf dem Rückweg 16 km vor einem rettenden Depot aufgrund der Wetterverhältnisse ums Leben, während AMUNDSEN problemlos der Rückweg gelang. SCOTTS Expedition hatte die wertvolleren wissenschaftlichen Ergebnisse gebracht – AMUNDSEN hatte gezeigt, wie man mit einer brillanten Organisation ein solches Unternehmen physisch meistern kann.)

Die allgemeine Einstellung der Mathematiker Ende der siebziger Jahre zur Lösung des Vierfarbenproblems durch APPEL und HAKEN kann wie folgt beschrieben werden:

Es war nicht so sehr die Länge des Beweises als vielmehr der gewaltige Einsatz von Computern, der bei vielen Mathematikern Unbehagen auslöste. Wer sollte, wer konnte überhaupt diesen Beweis nachvollziehen? Die wissenschaftstheoretischen Diskussionen darüber, wann ein vorgelegter ‹Beweis› als Beweis anerkannt werden sollte, waren mit einer neuen Situation konfrontiert. Mußte nicht eine Kontrolle des Computeranteils in dem Beweis mit Programmen geführt werden, die verschieden sind von denen, die in dem Beweis benutzt worden waren? War dies überhaupt finanziell vertretbar? Waren wirklich alle Figuren reduzibel, die von APPEL und HAKEN als solche angegeben worden waren?

Abgesehen von der Problematik des Computeranteils stellte aber auch die sonstige Ausführung des Beweises viele Mathematiker vor Probleme. Sicher, der dem Beweis zugrunde liegende Gedanke war klar. Aber die spezielle Durchführung ließ viele Fragen offen. Eine Systematik in der Figurenauswahl war nicht zu erkennen. War die Liste der unvermeidbaren Figuren überhaupt vollständig? Würde bei etwaigen Fehlern oder Mängeln diese Liste problemlos berichtigt werden können? Oder würde dann der Beweis sofort in sich zusammenstürzen?

Am entscheidensten aber war wohl der folgende Einwand: Der Beweis ließ jegliche Einsicht in das Vierfarben-Phänomen vermissen. Der Beweisgang lieferte kaum Erkenntnisse darüber, warum der Vierfarbensatz gilt. Der hinter dem Vierfarbenproblem stehende geometrische Sachverhalt wurde nach wie vor nicht verstanden. Insgesamt war also die Aussage, daß der Vierfarbensatz von APPEL und HAKEN bewiesen worden sei, mit vielen Fragezeichen zu versehen.

17 Die letzten Bemühungen um eine DFG-Unterstützung (1978–1981)

Endlich, mit Schreiben vom 6. 12. 1977, kam von der DFG die Entscheidung über den Antrag vom 7. Mai, nachdem HEESCH noch einmal auf ausdrücklichen Wunsch der Herren Gutachter «den gegenwärtigen Stand seiner Arbeiten zu einer ersten gedanklichen Lösung des Vierfarbenproblems» deutlich gemacht hatte. Die DFG bewilligte die «Bezahlung eines wissenschaftlichen Mitarbeiters nach BAT Ib für zwei Jahre», wobei die Stelle speziell für Dr. FRIEDRICH MIEHE gedacht war.

Sowohl der Umfang der Bewilligung als auch die große Verzögerung der Entscheidung war enttäuschend. MIEHE, den HEESCH unbedingt an der Universität halten wollte, hatte nicht so lange warten können. Drei Wochen vor dem Eintreffen der Bewilligung hatte er ein gutes Angebot einer Unternehmensberatungsgesellschaft angenommen. Damit war er sowohl für die Vierfarbenforschung als auch für den Hochschullehrernachwuchs verlorengegangen.

Als HEESCH versuchte, aus den bewilligten Mitteln seinen bewährten Mitarbeiter JÜRGEN KÖSTER nach BAT IIa zu bezahlen – WOLFGANG KROH hatte inzwischen auch ein besser bezahltes Angebot aus der Industrie angenommen –, teilte ihm Dr. SAUL von der DFG mit,

> «daß die Deutsche Forschungsgemeinschaft im vorliegenden Fall einer Bezahlung des wissenschaftlichen Mitarbeiters Dipl. Math. KÖSTER nach voll BAT IIa nicht zustimmen kann. In den Gutachten zu diesem Forschungsvorhaben ... kommt klar zum Ausdruck, daß für dieses Forschungsvorhaben ein wissenschaftlicher Mitarbeiter nach BAT IIa/2 voll ausreichend ist.»

Im März 1978 erhielt HEESCH von SHIMAMOTO eine Arbeit von FRANK ALLAIRE zugeschickt: *Another Proof of the Four Color Problem – Part I*[167]. Dieser Arbeit war ein *Outline of Part II, Discharging*, von zwölf Seiten Umfang beigefügt. Der *Part I* enthielt die 'Reducibility of Configurations' und somit die Vorbereitungen zu einem möglichen Beweis. Nach dem sehr unvollkommenen Eindruck, den man aus dem *Outline* ... erhalten konnte, sollte *Part II* die durchgeführten Entladungen beschreiben, also eine Liste unvermeidbarer Figuren enthalten. Dieser *Part II* scheint jedoch nie erschienen zu sein, so daß auch von einem 'another proof' nicht die Rede sein kann. Der erste Teil machte allerdings auf einige Mathematiker großen Eindruck. So argumentierte beispielsweise ein DFG-Gutachter – in der Meinung, daß nun ein zweiter Beweis vorläge – anläßlich eines Vortrages von HANS-GÜNTHER BIGALKE zum Thema ‹Triangulationen und Vierfarbenproblem› am Mathematischen Institut der Universität Heidelberg am 22. 11. 79, daß nun wirklich kein Bedürfnis mehr für weitere Forschungen zum Beweis des Vierfarbensatzes bestünde, zumal sich keine wesentlichen weitertragenden Folgerungen aus dem Satz ergäben.

Am 13. 6. 1978 hielt HEESCH im Mathematischen Kolloquium der ETH Zürich einen Vortrag ‹Zum Vierfarbenproblem›. Die Einladung dazu hatte J. J. BURCKHARDT angeregt, dessen private Gastfreundschaft HEESCH an den beiden Tagen genießen durfte. Am Abend vor dem Vortrag aß man gemeinsam im Hause BURCKHARDT, und die beiden Herren machten anschließend einen ‹schönen Spaziergang›. Am nächsten Tag traf man sich vor dem Vortrag im HERMANN-WEYL-Zimmer zum Tee. Nach dem Vortrag fand ein gemeinsames Nachtessen im Restaurant Linde Oberstrass statt. Für HEESCH waren diese Tage in Zürich «unvergeßliche Kostbarkeiten». In einem Dankesschreiben an BURCKHARDT schrieb er:

> «... ebenso lebhaft bin ich noch von der großen reinen Freude durchpulst, die mich durch die ganze Zeit in Zürich beseelte; ich brauche Ihnen das nicht zu erklären, es kann Ihnen nicht verborgen geblieben sein.»

Zwischen FRITZ LAVES und ihm war es das letzte Zusammentreffen. LAVES starb kurz darauf am 12. 8. 1978.

HEESCHS Forschungen in Richtung einer gedanklichen Lösung des Vierfarbenproblems erstreckten sich zu dieser Zeit vornehmlich auf die Untersuchung der Färbungen von C_4-Triangulationen, also von Kreisen mit vier Ecken, deren eine Seite trianguliert ist, wobei außerdem noch gefordert wird, daß alle vorkommenden C_3-Kreise Flächendreiecke sind.

HEESCH sah gerade in der Randlosigkeit der normalen Triangulationen die ‹Erschwerung für ein Griffigwerden von Algorithmen›, um das Vierfarbenproblem zu verstehen. Daher kam er auf die Betrachtung von C_4-Triangulationen, die man sich durch Weglassen einer Kante aus einer normalen Triangulation (mit der genannten Einschränkung) entstanden denken kann. Damit wurden also Figuren untersucht, die man als «Triangulationen mit Loch» bezeichnen könnte, wobei das ‹Loch› das kleinstmögliche ist.

HEESCH betrachtete nun die Färbungen von C_4-Triangulationen und die dabei jeweils auftretenden Färbungen des Randes C_4. Hierbei gibt es genau vier Möglichkeiten: eine zweifarbige, zwei dreifarbige und eine vierfarbige. Sieht man sich bei sämtlichen Färbungen einer C_4-Triangulation nun die auftretenden Randfärbungen des C_4 an, so stellt man fest, daß bei jeder betrachteten C_4-Triangulation auch mindestens drei der vier möglichen Randfärbungen auftreten.

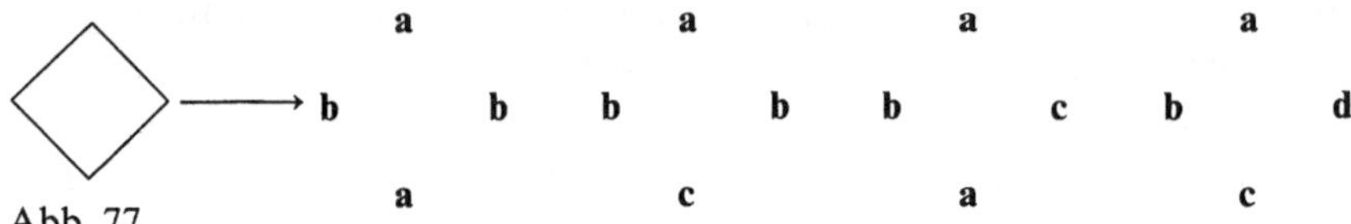

Abb. 77
Die vier verschiedenen Färbungen der Ecken des Randes einer C_4-Triangulation.

HEESCH zeigte nun, daß folgendes gilt[168]: «Das Nichtvorkommen von beliebigen zwei der vier Randfärbungen in den sämtlichen Färbungen einer C_4-Triangulation ist unverträglich mit dem Vierfarbensatz». Zum Beweis des Vierfarbensatzes mußte also gezeigt werden, daß in den Färbungen der Färbungsmenge einer jeden C_4-Triangulation mindestens drei oder vier Randfärbungen vertreten sind. Unterteilt man die Menge der C_4-Triangulationen nach dem Auftreten dieser Randfärbungsmengen, so kann man also 5 Klassen unterscheiden: entweder alle vier Randfärbungen treten auf, oder eine von ihnen fehlt. Diese Klassifizierung konnte HEESCH nun durch Hinzunahme von KEMPE-Ketten-Betrachtungen zu einer Klassifizierung mit 27 Klassen verfeinern und auf dieser Grundlage den einzuschlagenden Weg zur Lösung des Vierfarbenproblems angeben.

Auf der Jahrestagung des Vereins zur Förderung des mathematischen und naturwissenschaftlichen Unterrichts (Förderverein) in Hannover stellte HEESCH am 10.4. diesen Lösungsansatz in seinem Vortrag ‹Zum Vierfarbenproblem› vor. Eine Ausarbeitung veröffentlichte er in der Zeitschrift *Der Mathematikunterricht*[168].

HEESCH teilte diese Ergebnisse am 4.4.1979 in einem ausführlichen Bericht der DFG mit und bat gleichzeitig um weitere Förderung seiner Forschungen. Die DFG leitete den Bericht an ihre Gutachter weiter, damit HEESCH dann aufgrund der Beurteilungen abschätzen könnte, ob ein neuer Antrag auf Aufstockung der Personalmittel Aussicht auf Erfolg haben würde. Erst im Juli 1979 legte HEESCH diesen Bericht auch als Preprint vor[169].

In einem Brief an Ernst Peschl brachte er seine Befürchtung zum Ausdruck, Gefahr zu laufen,

> «das Zu-Ende-Führen des gedanklichen Lösungsweges wiederum zu verschenken; denn es wird mir immer deutlicher, daß mein Bericht den Schlüssel hierzu enthält».

Da von der DFG in dieser Angelegenheit auch im Oktober noch keine Rückmeldung vorlag, beantragte Heesch, ohne die Meinung der Gutachter abzuwarten, am 20. 10. 79 Personalmittel für einen wissenschaftlichen Mitarbeiter (BAT IIa) für die Dauer eines Jahres unter dem Thema «Gewinnung neuer Einsichten in die Struktur des Vierfarbensatzes». Heesch bezog sich in der Begründung auf eine Arbeit von P. J. Federico, *Polyhedra with 4 to 8 Faces*[170], in der 301 Polyeder aufgelistet sind. Unter dem Aspekt der von Heesch betrachteten Triangulationen waren aus dieser Liste diejenigen interessant, die keine Dreiecksfläche enthalten und deren Ecken sämtlich den Grad 3 haben. Von den 301 Polyedern erfüllen nur 4 diese Bedingung. Eine Erweiterung dieser Menge sollte das Ziel dieses Projektes sein. Mit dem Bezug auf Federicos Arbeit hoffte Heesch deutlich gemacht zu haben, daß sein «Forschungsvorhaben diesmal eine allgemeine graphentheoretische Grundlagenarbeit» zum Inhalt hatte.

Im Juli 1979 nahmen Heinrich Heesch und Ruth Proksch an dem ‹Geometrie-Symposium› an der Universität Siegen teil. Sie

Abb. 78
Heinrich Heesch bei seinem Vortrag auf der MNU-Tagung am 10. 4. 1979 in Hannover.

trafen dort wieder viele Bekannte, hatten manche interessanten Diskussionen und Gespräche und verbrachten einige anregende Tage mit Kollegen.

Vom 2. bis 15. September fand in Bielefeld eine große interdisziplinäre Konferenz über 'Crystallographic Groups' statt, zu der HEESCH als Gast eingeladen worden war. Er wurde dort «ehrenvoll und mit großer Freude empfangen».

Auf dieser Tagung spielte sich folgende Episode ab: Nach einem Vortrag von A. JANNER vom Institut für Theoretische Physik der Universität Nijmegen in den Niederlanden über höherdimensionale kristallographische Gruppen ging der russische Kristallograph V. A. KOPTSIK, Moskau, an die Tafel, schrieb den Namen SCHUBNIKOW mit einer Jahreszahl aus den vierziger Jahren an die Tafel und behauptete, daß die eben gehörten Überlegungen eigentlich schon alle in dessen Arbeiten über Farbsymmetrien enthalten seien. Während KOPTSIK noch argumentierte, ging der deutsche Mathematiker J. NEUBÜSER von der TH Aachen ebenfalls an die Tafel und schrieb über den Namen SCHUBNIKOW den Namen HEESCH mit der Jahreszahl 1930. Daraufhin gab es einige Heiterkeit im Saal, aber keinerlei freundliche Reaktion von Herrn KOPTSIK. Wie sich NEUBÜSER später erinnerte, fand er

> «es besonders absurd, ausgerechnet hier auf eine Priorität zu pochen, während Herr HEESCH bereits in den 20/30er Jahren in seinen Arbeiten zur ‹4-dimensionalen Symmetrie des dreidimensionalen Raumes› eine viel elegantere gruppentheoretische Beschreibung und Ableitungsmöglichkeit für die Farbsymmetrien aufgezeigt hatte, die z. B. für die Schwarz-Weiß-Gruppen lediglich das Aufsuchen von Untergruppen vom Index 2 in den gewöhnlichen Kristallographischen Gruppen nötig machte».

Diese Episode ist vergleichbar mit derjenigen 1969 in Lexington [171]. Nur war es dort der Russe N. V. BELOV, der sehr viel nobler reagierte als hier sein Kollege V. A. KOPTSIK.

Für HEESCH war es eine Genugtuung, auf dieser Tagung die Kontakte zu führenden Kristallographen aus aller Welt auffrischen und ausbauen zu können. So lernte er hier auch W. OPECHOWSKY kennen, der ihn in seiner schon erwähnten Arbeit *Magnetic Symmetry* von 1965 so hervorragend gewürdigt hatte [172]. Die meiste Zeit verbrachte er jedoch mit COXETER, der auch an der Tagung teilnahm. Dieser fragte ihn: «Was halten Sie vom HAKEN-Beweis?» HEESCH konterte diplomatisch: «Was halten Sie denn davon?» COXETER berichtete, daß TUTTE gefragt worden war, ob er den Beweis nicht nachprüfen wolle. TUTTE habe aber abgelehnt – ohne Angabe von Gründen.

Eine späte Würdigung seiner Parkettierungsarbeiten erfuhr HEINRICH HEESCH im Oktober: Der Springer-Verlag behandelte in seinem *Mathematics Calendar 1979* im Oktober das Thema 'Tiling the Plane'. Dabei wurden die entsprechenden Arbeiten HEESCHS in hervorragender Weise gewürdigt. Abb. 79 zeigt eines der beiden Blätter. Auf ihm wird die Konstruktion eines Parkettsteines vom Typ TCCTGG nach der von HEESCH entwickelten Methode erläutert und in drei Skizzen angedeutet, wie drei weitere solche Parkettsteine (von anderen Typen) entstehen.

Mit einem Schreiben vom 27. 2. 1980 traf endlich die erwartete Nachricht über die Stellungnahmen der DFG-Gutachter zu HEESCHS Bericht vom 4. 4. 79 ein. Sie war niederschmetternd:

> «Das Instrument der KEMPE-Ketten erscheine gegenüber dem Studium von Reduktionsfiguren wesentlich schwächer zu sein, so daß allgemeinere tieferliegende Erkenntnisse über die Struktur des Vierfarbensatzes auf diese Weise nicht erwartet werden können. ... Wenn man z. B. bedenke, daß die von EDWARD F. MOORE konstruierte Karte mit 846 Ländern erst bei Ringgrößen der Ordnung 12 reduziert werde, könne man die Kompliziertheit ermessen, die mit solch einfachen Hilfsmitteln, wie in der vorliegenden Arbeit [siehe Preprint 105] sehr ausführlich entwickelt, vermutlich nicht beherrscht werden könne.»

Am Schluß des Briefes von der DFG hieß es dann:

> «Zusammenfassend wird von den Gutachtern anerkannt, daß durch die im Bericht genannten Arbeiten Fortschritte in Richtung des Vierfarbenproblems erzielt worden seien. Eine weitere Förderung derartiger Untersuchungen ist nach Meinung der Gutachter jedoch nicht mehr angebracht.»

Die Logik, die hinter den beiden letzten Sätzen stand, war höchst rätselhaft. HEESCH zog daraufhin – um eine Ablehnung zu vermeiden – seinen Antrag vom 20. 10. 1979 am 14. 3. 1980 zurück.

An SHIMAMOTO schrieb HEESCH:

> "What I am most astonished, is that in this well steemed and unique (monopolistic) DFG again *both* of the referees can be concordant in such a poor blindness, while around them an impartial world wide mathematical public knows that the very effort to *understand* the four color question only has been brought to a more public invitation to begin with."

Im Winter 1979/80 konnte HEESCH aber auch einen großartigen wissenschaftlichen Erfolg verbuchen: Es war ihm und seinen Mitarbeitern nach einer Erweiterung des Programms von WOLFGANG KAMPS und FRIEDRICH MIEHE durch JÜRGEN KÖSTER gelungen, zum ersten Mal auf der Cyber 76 des Regionalen Rechenzentrums in Hannover Sechzehner zu rechnen. Unter den fünf gerechneten Figuren befand sich ein D-irreduzibler, jedoch E- und C-reduzibler Sechzehner mit 11 inneren Ecken. Seine Laufzeit an einem Wochenende betrug 21 h 14 min 8 s 958 ms ohne Unterbrechung! Die D-reduziblen Figuren hatten dagegen nur etwa 6 bis 7 Stunden Rechenzeit erfordert. Bis April 1981 hatte HEESCH circa 60 Sechzehner rechnen lassen! Darunter befanden sich auch solche, die E-irreduzibel sind.

Der Grund dafür, daß jetzt noch Sechzehner gerechnet wurden, lag in dem noch immer verfolgten Ziel, die Liste der reduziblen

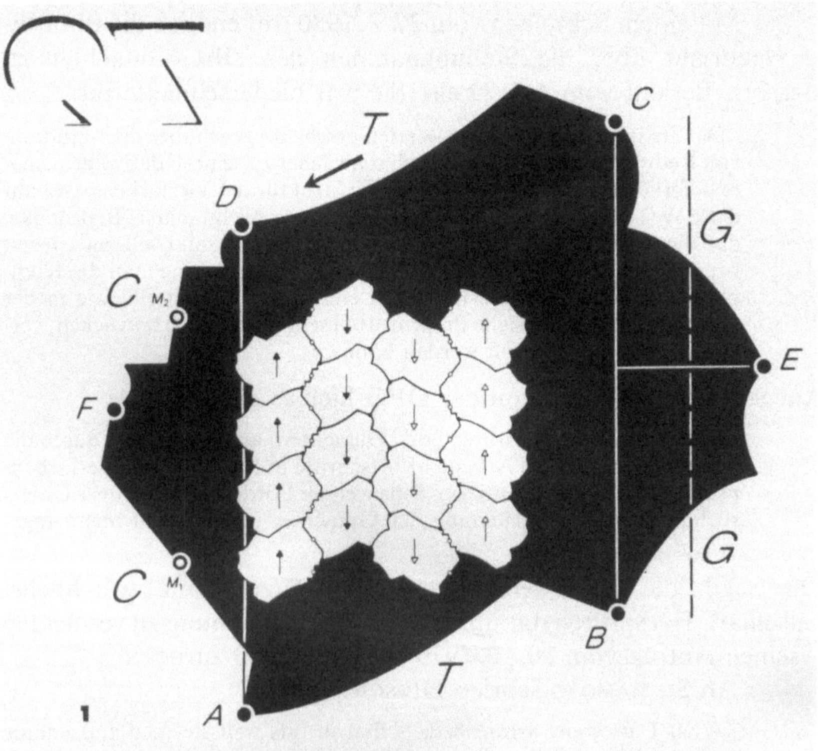

The above figure demonstrates the construction of a region of the type *TCCTGG* with 4 pairs of arbitrary edges. These four arbitrary edges are, for instance, the connecting lines between *A* and *B*, between *A* and M_1, between *D* and M_2, and between *B* and *E*.

In the notation for the types, the letters *T...T* indicate that *DC* is obtained from its replica *AB* by translation; *C* represents a 180° rotation of M_1A and of DM_2 which yields the replicas M_1F and FM_2 respectively; *G* represents the correspondence between *BE* and *EC* by translation and reflection.

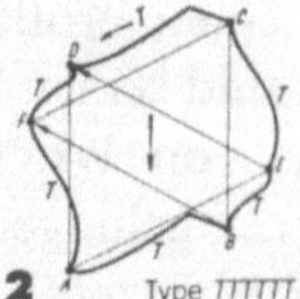

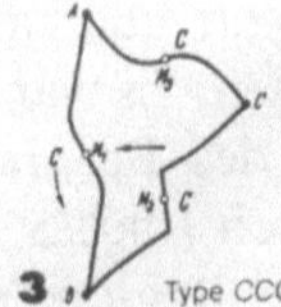

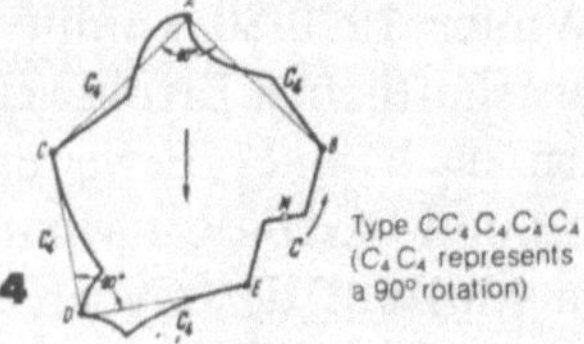

Abb. 79
Blatt zum Monat Oktober aus dem *Mathematics Calendar 79* vom Springer-Verlag.

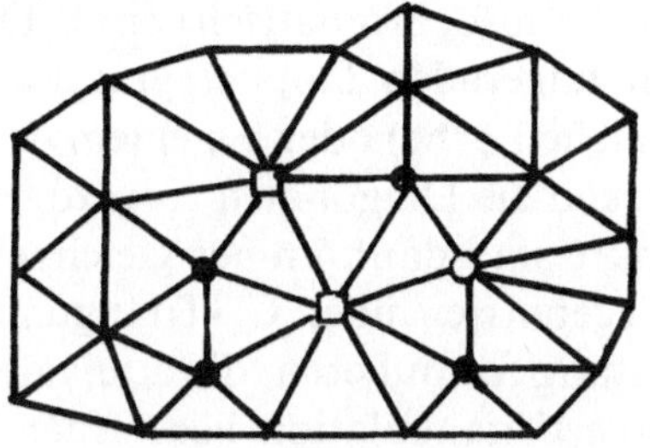

Abb. 80
Diese Sechzehner-Figur wurde am 26. 5. 1980 gerechnet. Sie ist E-irreduzibel. Rechenzeit: 37 h 27 min 30.239 s.

Figuren zu vervollständigen. Je größer die Figuren wurden, um so mehr wurde das gesamte Beweis-Verfahren abgekürzt. HEESCH hatte die Vermutung, daß die Betrachtungen nicht über n = 18 hinauszugehen brauchten. Aber es zeigte sich jetzt schon, daß die größeren Figuren etwa ab n = 16, leichter ‹mit Hand› zu rechnen waren als mit dem Computer: Der Computer mußte alle Fälle stur durchrechnen, während ein Experte durch ‹Hinschauen› viele Abkürzungen ausnutzen konnte.

Auf ständiges Drängen von RUTH PROKSCH brachte HEESCH in diesem Jahr auch seine große ‹Finitisierungsarbeit› als Preprint unter dem Titel *Herleitung aller z-positiven Figuren beim Vierfarbenproblem (Urfassung von 1971)* heraus[173], die er im Januar 1971 der DFG als Forschungsbericht eingereicht hatte. Von dieser Arbeit erschien gleichzeitig eine ‹Zweite Fassung› von HEINRICH HEESCH und JÜRGEN KÖSTER ebenfalls als Preprint[174]. Hierin erfuhr der grundlegende Begriff der *z*-positiven Figur eine der Problemsituation angepaßte Verfeinerung, die von KÖSTER stammte: Bei der Entladung wurden die Ecken höheren Grades in den Umgebungen der Zentralecke jetzt auch nach ihren verschiedenen Graden unterschieden. Dadurch erhöhte sich zwar die Anzahl der *z*-positiven Figuren von früher 8904 auf nun 11 702, die Liste selber wurde aber dadurch «nicht nur durchsichtiger als die frühere, sondern ist auch eine ungleich einfachere, klarere Startsituation für eine etwaige Weiterführung dieser Arbeit bis zu einem Beweis des Vierfarbensatzes» (aus dem Vorwort).

Außerdem wurden in dieser zweiten Fassung «Hunderte von weiteren reduziblen Figuren mitbenützt», die in der Zwischenzeit neu entdeckt worden waren.

In der Weiterverfolgung seiner Untersuchungen der C_4-Triangulationen gelangte HEESCH zu weiteren Ergebnissen. Schon lange hatte er die Beobachtung gemacht, daß es Triangulationen gibt, die zwei Ecken enthalten, die bei allen möglichen Färbungen der Triangulation gleichgefärbt (panisochromatisch) sind. Dies ist beispielsweise der Fall bei den ungeraden Doppelpyramiden (die beiden Spitzen tragen immer gleiche Farbe) oder bei einem dreieckigen Prisma, in deren drei Vierecken die Diagonalen eingezogen sind (die drei Diagonalenschnittpunkte sind dann immer gleichgefärbt). Im Zusammenhang mit den Ergebnissen über C_4-Triangulationen konnte HEESCH nun eine Vermutung formulieren, die äquivalent zur Vierfarbenvermutung ist: In einer Triangulation liege einer Kante (B, D) das Eckenpaar A, C gegenüber. Durch Kontraktion der Kante (B, D) zu einer Ecke erhält man eine Triangulation mit einer Ecke weniger als die Ausgangs-Triangulation. War nun A, C ein ‹panisochromatisches› Eckenpaar, dann ist es in der neuen Triangulation kein panisochromatisches Eckenpaar mehr. Dieses Ergebnis begründete und erläuterte HEESCH ausführlich in einem weiteren Preprint *Ein zum Vierfarbensatz äquivalenter Satz der Panisochromie*[175].

Der DFG berichtete HEESCH am 6.2.80, daß sein jetziger Ansatz

> «... *das* Fundament für die seit 100 Jahren gesuchte Lösung in Gestalt eines Induktionsschlusses (und ganz ohne Rechner- oder Großrechnerhilfe) darstellt».

Anläßlich des 60. Geburtstages von GÜNTER BERTRAM, der am 28.4.80 mit einem Festkolloquium und anschließendem geselligen Zusammensein gefeiert wurde, hatte HEESCH in seinem Dienstzimmer Material aus seinem Forschungsgebiet der Ebenenteilungen aufgebaut, weil er wußte, daß einige der Gäste, insbesondere LOTHAR COLLATZ, einer der führenden deutschen Mathematiker aus Hamburg, mit dem er vor Jahren über dieses Thema korrespondiert hatte, an diesen Dingen interessiert waren: Blätter aus den dreißiger und vierziger Jahren, die die verschiedensten regulären Parkettierungen zeigten und zum Teil noch von HEESCHS Mutter gezeichnet worden waren; Schranktüren mit Einlegearbeiten, die reguläre Parkettierungen zeigten; Holztische mit Platten aus ebensolchen Teilen; Fliesen, Tapeten, Geschenkpapier, Fotographien usw. und natürlich auch die Arbeiten HEESCHS zum Thema Flächenteilungen. COLLATZ war begeistert.

Am Abend diskutierten COLLATZ und HEESCH wohl mehr als die Hälfte der Zeit des geselligen Beisammenseins miteinander. Als HEESCH von seinen Sorgen mit der DFG berichtete, bot COLLATZ sofort seine Hilfe an, um die DFG zu veranlassen, ihre Entscheidungen zu revidieren. Insbesondere erstaunte ihn, daß die DFG die

Weitergewährung der ‹lächerlich geringen› Gelder für HEESCHs letzten wissenschaftlichen Mitarbeiter versagt hatte.

In einem Brief an Professor SEYFRIED, dem Vertrauensdozenten der DFG an der Universität Hannover, brachte COLLATZ im Mai seine Verwunderung über die negativen Gutachten zum Ausdruck:

> «Das wundert mich besonders, weil Herr HEESCH durch seine Untersuchungen zum 4-Farben-Satz ein in der ganzen Welt bekannter Forscher ist und der Antrag für eine BAT IIa Stelle doch im Vergleich zu anderen Forschungsprojekten sehr bescheiden ist.»

SEYFRIED hatte daraufhin im Juli ein Gespräch mit dem zuständigen Referenten der DFG. Aufgrund dieses Gespräches wurde folgende Strategie zwischen SEYFRIED und HEESCH vereinbart: HEESCH sollte sofort einen neuen Antrag stellen, diesen aber noch nicht an die DFG absenden, sondern zuerst eine Ablichtung an SEYFRIED geben. Dieser wollte sich dann an COLLATZ wenden. Erst wenn dann COLLATZ einen Brief an die DFG geschrieben haben würde, sollte der Original-Antrag an die DFG abgeschickt werden.

HEESCH formulierte daraufhin sofort einen neuen Antrag auf Übernahme der Personalkosten für einen wissenschaftlichen Mitarbeiter (BAT IIa) für die Dauer eines Jahres. Thema: «Begriffsbestimmung und erste Umfangsbestimmung für das Forschungsgebiet ‹Panisochromie›». HEESCH wies dabei auf sein entsprechendes Preprint und die Bedeutung dieses Themas auch für die Software für Digitalrechner hin.

Auf der Jahrestagung der DMV 1980 in Dortmund hielt BRANCO GRÜNBAUM, Seattle, einen Hauptvortrag über "Tilings, Patterns, Fabrics and Related Topics in Discrete Geometry", den er HEINRICH HEESCH widmete. Eine Ausarbeitung des Vortrags wurde von B. GRÜNBAUM und G. C. SHEPHARD im Jahresbericht der DMV veröffentlicht. Sie enthielt die Widmung: "Dedicated to Prof. Dr. HEINRICH HEESCH, a pioneer in the research of tilings and patterns".

Die geplante Aktion mit der DFG zog sich – vor allem durch mehrere Reisen SEYFRIEDs bedingt – über Monate hin, so daß HEESCH seinen Antrag erst am 4. 11. an die DFG absenden konnte. Auf Anraten von SEYFRIED, den COLLATZ-Brief noch durch einige andere befürwortende Äußerungen zu verstärken, bat HEESCH KLAUS WAGNER und YOSHIO SHIMAMOTO, seinen Antrag an die DFG zu unterstützen. Beide kamen der Bitte sofort nach. WAGNER betonte in dem Schreiben an die DFG:

> «Ich bin sicher, daß er bei Fortsetzung seiner Forschungsarbeit neue, durchschlagende Ergebnisse erzielen wird.»

COLLATZ schrieb in demselben Sinne wie seinerzeit an SEYFRIED. SHIMAMOTO ging in seinem Brief ausführlich auf die Vorgeschichte ein. In seinem vorletzten Absatz hieß es:

> "In this imperfect world, there exist individuals who claim either that the four-color problem is no longer an important problem, or that no further work on the problem is required. It has been Professor HEESCH's misfortune in the past to have some of these misguided individuals serve as referees of some of his proposals. This letter has been written, in part, in anticipation of such claims."

Und er schloß:

> "Based on the above observations it is sincerely hoped that Professor HEESCH's grant proposal will be approved, and I strongly urge you to do so."

Am 19. 2. 1981 kam die Ablehnung von der DFG ohne Angabe von Gründen. HEESCH mußte nun auch seinen letzten Mitarbeiter in die Industrie abwandern lassen.

Wie nahm HEESCH die Entscheidung auf? An COLLATZ schrieb er:

> «Ich kann mir diese Ablehnung nur dadurch erklären, daß durch ein Versehen oder Versagen beim DFG-Akten-Transport innerhalb des DFG-Hauses an der Kennedyallee Ihr Brief weder den Gutachtern noch bei der Entscheidungssitzung vorgelegen hat. Ich bin noch immer wortlos angesichts der durch das Nein geschaffenen Situation.»

An SEYFRIED hatte er schon am 19. 4. 1977 auf dessen Wunsch hin folgende «Situationsbeschreibung» geschickt:

«A. Seitens der DFG wurde mir in meiner bisherigen Forschungstätigkeit am Vierfarbenproblem zu wiederholten Malen massiver Schaden zugefügt, durch

1. Nichtbeachtung der ersten über tausend reduziblen Figuren, die ich als überwältigendes Ergebnis einer zweijährigen US-Einladung im Brookhaven Nat. Lab. 1968–1969 der DFG meldete und zugleich
2. Nichterkennen des gigantischen methodischen Durchbruchs, mittels dessen dieses überwältigende Ergebnis erzielt war;
3. Nichterkennen der Lösungsnähe des Finitisierungsresultats vom Sept. 1970, das der DFG als Forschungsbericht im Jan. 1971 vorgelegt wurde. Seit dem Vorliegen dieses Finitisierungsergebnisses, das erstmalig in der Weltforschung über das Vierfarbenproblem erzielt war und somit eine unerhörte Sensation darstellte, war der *horror infiniti* gegenüber dem Problem beseitigt; es war bewiesen, daß der Rest des Beweises zum Vierfarbensatz in der

Diskussion von nur noch 8904 aufgewiesenen Figuren (vom Durchmesser 2, 3 oder 4 Kanten) bestand.

4. Ablehnung jeder weiteren Förderung durch die DFG vom 14. August 1972 auf Grund zweier Gutachten, die das 1., 2. und 3. formulierte Nichterkennen meiner Forschungsergebnisse sowie das Nichterkennen seitens der Gutachter meiner überaus hohen Lösungschance bei Weiterarbeiten deutlich zeigen.

   Beide Gutachten sind von sämtlichen Mathematikern, die sie auszugsweise zu sehen bekamen, als Skandal bezeichnet worden, darunter auch von denjenigen drei führenden Mathematikern, die Briefe an die DFG schrieben. Keiner dieser drei Briefe ist je beantwortet worden.

B. Folgeschäden der Ablehnung meiner Forschungsförderung vom August 1972 seitens der DFG.

5. Auch W. Haken, Urbana-Champaign, Ill., USA, hat von der Ablehnung der Förderungsfortsetzung meiner Forschung 1972 durch die DFG Kenntnis erhalten und sah dadurch seine Chance, mich zu überholen und eine Lösung auf meinem Wege vor mir zu erreichen.

6. Nichterkennen der neuen Situation nach der Arbeit von Appel-Haken-Koch vom 23. 7. 1976 durch die DFG.

   ...

   Der methodische Durchbruch meines Computing, den Haken in seiner Arbeit voll ausnutzt, schließt das Revolutionieren auch der Kontrolle der damit erreichten Resultate ein: Der unabhängige Nachvollzug, der das Wesen jeder Kontrolle ist, erfordert jetzt auch ein unabhängiges Wiederholen der gigantischen Computingarbeit mittels erneut unabhängig zu erstellender Programme. Die DFG erkennt nicht, daß der Aufwand für diese von ihr selbst vorgeschlagene Kontrollarbeit ein Vielfaches der von ihr dafür bewilligten Mittel erfordert.

7. Meine Finitisierungsarbeit von 1970 und die Hakensche Arbeit vom Juli 1976 haben in der mathematischen Öffentlichkeit das Verlangen auch nach einem gedanklichen Beweis (ohne das aufwendige Computing) hochschnellen lassen. Die DFG erkennt nicht den Vorsprung, den ich durch meine Lebensarbeit in diesem Wettrennen habe.

   Durch viele meiner Ansätze bin ich seit langem darin kräftig engagiert, das Problem auch ohne Computing anzugehen. Hierbei habe ich bereits viele Erkenntnisse schriftlich gesammelt. Unter anderem enthält eine Folge von 3 Preprints eine Theorie der Reduktionsstrukturen, wodurch ich – im Wettlauf um gedankliche Lösungen des Vierfarbenproblems – einen zur Zeit gewaltigen Vorsprung vor den US-Amerikanern, den Kanadiern, Rhodesiern und Franzosen habe.»

Aufgrund der Ablehnungen, die nach dieser Zusammenstellung dann noch erfolgten, hätte die Liste unter A. noch leicht weitergeführt werden können.

Sehr empfindlich wurde durch die Ablehnung der DFG HEESCHS Mitarbeiter JÜRGEN KÖSTER getroffen. Es war der Plan gewesen, daß KÖSTER eine Lösung des Vierfarbenproblems durch Rechnen von Siebzehnern und vielleicht sogar Achtzehnern ermöglichen sollte. HEESCH war überzeugt, daß KÖSTER in der Lage war, diese Arbeit «zu Ende» zu führen. Die dazu notwendigen Vorbereitungen lagen auf dem Tisch. HEESCH:

> «Der dazugehörige darstellende Text würde ohne weiteres in Erfüllung der allgemein üblichen Anforderungen zu leisten sein; so läge damit die immer noch erste allgemein anzuerkennende Lösung des Vierfarbenproblems vor ... [Dies sollte] der Inhalt der Dissertation zum Dr.-Ing. werden. Leider ließ sich dieser Plan nicht zu Ende führen, da die DFG die Stelle für Herrn KÖSTER nicht weiter bewilligte.»

JÜRGEN KÖSTER nahm daraufhin eine Stelle in der Industrie im Bereich der Datenverarbeitung an: Er rationalisierte die Kunden- und Geschäftsführung in einer Fabrik für Katzen- und Hundefutter – ein Wissenschaftler, den HEESCH für einen seiner fähigsten Mitarbeiter überhaupt gehalten hat.

18 Nach HEESCHS 75. Geburtstag (1981 bis heute)

Am 25. 6. 1981 feierte HEINRICH HEESCH seinen 75. Geburtstag. Aus diesem Anlaß lud der Fachbereich Mathematik der Universität Hannover zu einem wissenschaftlichen Festkolloquium am 3. 7. ein. Nach einer kurzen Begrüßungsansprache von Prof. Dr. TH. KALUZA, Hannover, trugen Prof. Dr. Y. SHIMAMOTO, Upton (N.Y.) USA, über 'Two-vertex-coloring of planar maps', Prof. Dr. W. KLEE, Karlsruhe, über ‹Topologische Aspekte der Kristallographie› und Prof. Dr. H. S. M. COXETER, Toronto, Canada, über 'The so-called COXETER-Graph' vor. Anschließend lud der Jubilar zum Abendessen in die Stadthalle ein. Es wurde ein gelungenes Fest. HAKEN befand sich zu diesem Zeitpunkt in Braunschweig. Er schickte ein Schmucktelegramm als Geburtstagsgruß, erschien aber in Hannover nicht. Viele Teilnehmer des Festkolloquiums bedauerten dies. Hier hätte HAKEN die Gelegenheit zu einer noblen Geste gehabt.

SHIMAMOTO hatte auf Antrag von KARL DÜRRE und HEINRICH HEESCH wieder ein Stipendium von der ALEXANDER VON HUMBOLDT-Stiftung bekommen: "... in order to give you and your German host the possibility to continue the scientific cooperation". Das Stipendium war auf drei Monate begrenzt. Den Zeitpunkt hatte SHIMAMOTO frei wählen können.

Die schnelle, unbürokratische und großzügige Behandlung von Stipendien-Anträgen durch die HUMBOLDT-Stiftung konnte – bei all den negativen Förderungs-Erfahrungen HEESCHS – nicht genug gerühmt werden.

Kurz nach dem Geburtstagsfest fand vom 12. bis 18. 7. eine von COXETER und FEJES TÓTH veranstaltete Tagung zum Thema 'Discrete Geometry' in Oberwolfach statt, an der auch HEESCH und RUTH PROKSCH teilnahmen. HEESCH war, wie so oft in dieser Zeit, auch hier ein Mittelpunkt des Interesses. Nicht nur die Tatsache, daß das Vierfarbenproblem nun bei vielen als gelöst galt, sondern vielmehr die Art und Weise, wie es gelöst worden war, gab zu vielen grundsätzlichen Diskussionen Anlaß.

Auf dieser Oberwolfach-Tagung wurde deutlich, daß HEESCHS fast 50 Jahre zurückliegenden Forschungen auf dem Gebiet

Abb. 81
Beim Geburtstagskolloquium am 3.7.1981. Erste Reihe von links: KLAUS WAGNER, HEINRICH HEESCH, H. S. M. COXETER, ELLI HEESCH.

der Flächenteilungen im Rahmen der 'discrete geometry' wieder aktuell wurden. Einen der engagierten Vertreter dieser neuen Initiativen, G. C. SHEPHARD, lernte HEESCH hier kennen und diskutierte viel mit ihm.

HEESCHS Hauptgesprächspartner aber war wohl auch hier H. S. M. COXETER. HEESCH war noch immer von dem Vortrag COXETERS auf dem Geburtstags-Kolloquium erfüllt. Der COXETER-Graph mit der genialen Notation seiner 28 Ecken durch COXETER hatte ihn fasziniert, und er versuchte, weitere Eigenschaften dieses nicht-HAMILTONschen Graphen zu entdecken. Insbesondere hatte es ihm die Automorphismengruppe von der Ordnung $2^3 \times 42 = 336$ angetan, die auf der Menge aller offenen Wege der Länge 3 transitiv ist. Wie es für HEESCH typisch war, versuchte er zuerst, den COXETER-Graphen auf verschiedene Weisen graphisch darzustellen. Dabei fand er eine besonders eingängliche räumliche Darstellung, von der nun wieder COXETER so begeistert war, daß er sie in seine kleine Arbeit, die er HEINRICH HEESCH zum 75. Geburtstag widmete, aufnahm[176].

HEESCH befaßte sich dann noch monatelang mit Fragestellungen, die aus der Beschäftigung mit dem COXETER-Graphen und dem

Abb. 82
H. S. M. COXETER bei seinem Festvortrag: "The so-called COXETER-Graph", anläßlich des Festkolloquiums zu HEESCHS 75. Geburtstag.

damit eng verwandten PETERSEN-Graphen hervorgingen. In diesem Zusammenhang stieß er immer wieder auf eine Gruppe der Ordnung 48, in der, wie bei der Quaternionengruppe auch, verschiedene Elemente mit einer gemeinsamen, vom neutralen Element verschiedenen Potenz vorkommen. In dieser Gruppe gibt es 34 Elemente, deren dritte oder vierte Potenz gleich, aber vom neutralen Element verschieden ist. HEESCH fand diese Gruppe erwähnenswert und beschrieb sie in einem Preprint, das 1983 erschien[177].

Ende Januar 1982 erhielt HEESCH einen Brief von einem Studenten der Elektrotechnik an der TH Aachen, ULRICH SCHMIDT. SCHMIDT hatte 1979/80 an einem M.Sc.-Kurs in Computing Science am Imperial College in London teilgenommen und als Thema seiner "thesis" den Beweis des Vierfarbensatzes von APPEL und HAKEN gewählt. Dabei konzentrierte er sich vor allem auf die Entladungsprozedur und die Menge der unvermeidbaren Figuren. Als er schon beim ersten Durchgehen dieser Menge überflüssige Figuren bemerkte, schrieb er ein Programm, um diese Menge systematisch zu überprüfen. Er entdeckte dann insgesamt 17 überflüssige Figuren. Bei der außerordentlich mühsamen und zeitraubenden Überprüfung der Entladungsprozedur – SCHMIDT schaffte etwa ein Viertel – trat eine

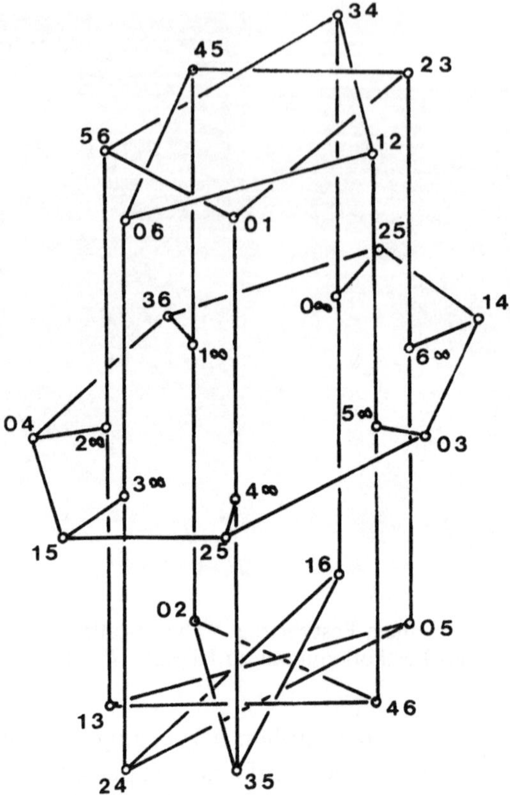

Abb. 83
"The COXETER-Graph as drawn by HEINRICH HEESCH"
(aus der Arbeit von COXETER[176]).

Reihe von Fehlern zu Tage («ich habe etwa vier DIN-A4-Seiten zusammengestellt»):

> «Die meisten der Fehler sind trivial. Bei den nichttrivialen Fehlern handelt es sich entweder um die falsche oder die Nichtbehandlung eines Falles.»

SCHMIDT konnte einige Fehler reparieren, bei anderen gelang dies jedoch nicht. Als HAKEN im Juni 1981 in Aachen war, konfrontierte ihn SCHMIDT mit den Fehlern. SCHMIDT schrieb:

> «Zuerst wollte er einige zusätzliche Reduktionen vornehmen, da ihm die fraglichen Figuren als 'reduktionswahrscheinlich' erschienen (dies hätte zwei neue 14er bedeutet). Schließlich schickte er mir aber sechs Seiten mit Änderungen seiner Entladungsprozedur, die eine Vergrößerung der unvermeidbaren Menge unnötig machen.»

APPEL und HAKEN nahmen 1986 in einer Arbeit *The Four Color Proof Suffices* zu den von SCHMIDT gefundenen Fehlern Stellung[178]. Dieser ausgezeichnet instruktive Artikel war von ihnen geschrieben worden, um den Gerüchten

> "that there is something wrong with the proof of the Four Color Theorem"

entgegenzutreten.

> "However, the rumors ... seem to be based on a misinterpretation of the results of the independent check of details of the proof by U. SCHMIDT."

Die Autoren zeigten, wie Fehler der Art, wie sie von SCHMIDT entdeckt worden waren, mehr oder weniger schnell behoben werden können und

> "do not affect the robustness of the proof".

HEESCH war von der Qualität der Arbeiten SCHMIDTs sehr angetan und hoffte nun, in SCHMIDT einen Mitarbeiter zu finden, der die ehemals KÖSTER zugedachte Arbeit übernehmen könnte. Er bot daher Schmidt an, bei ihm zu promovieren. Nach einigen Hemmungen – SCHMIDT fühlte sich nicht als Mathematiker, sondern als Elektroingenieur – erklärte er sich schließlich bereit. HEESCH nahm daraufhin sofort Kontakt mit der Stiftung Volkswagenwerk auf, um Gelder für die SCHMIDT zugedachte Stelle zu bekommen. Die Verhandlungen mit der Stiftung zogen sich jedoch so lange hin, daß SCHMIDT nicht mehr warten konnte. Als die Zusage der Stiftung schließlich kam, hatte SCHMIDT kurz vorher eine Stelle in der Industrie angenommen.

SHIMAMOTO kam im März 1982 wieder für einige Wochen nach Hannover. Diesmal stand die Diskussion des COXETER-Graphen im Vordergrund des Interesses.

Darüber hinaus hatte natürlich die teilweise Überprüfung des APPEL-HAKEN-Beweises durch ULRICH SCHMIDT für einiges Aufsehen und für Gesprächsstoff gesorgt. Als SHIMAMOTO in die USA zurückgekehrt war, versuchte er, von HAKEN Genaueres zu erfahren. Aber nach HAKENs Auskunft war nach einigen 'troubles' nun alles wieder in Ordnung. SHIMAMOTO war jedoch skeptisch:

> "... if there is anything new, WOLFGANG [HAKEN] isn't telling me anything about it."

Im März 1983 wurde HEINRICH HEESCH besonders geehrt: Im Rahmen der ‹23. Diskussionstagung der Arbeitsgemeinschaft Kristallographie der DMG, DPG und GDCh[179] und der Jahrestagung der

Abb. 84
HEINRICH HEESCH im März 1983 auf der Tagung in Tübingen.

Schweizerischen Gesellschaft für Kristallographie und ihrer Sektion für Kristallwachstum› in Tübingen fand am Nachmittag des 7. 3. 83 ein ‹HEESCH-Kolloquium› statt. Die deutschen und schweizerischen Kristallographen wollten auf dieser gemeinsamen Tagung HEINRICH HEESCH ihre besondere Anerkennung mit diesem Nachmittag zum Ausdruck bringen, zumal er in beiden Ländern gearbeitet hatte. HANS WONDRATSCHEK stellte in einer Laudatio die besonderen Verdienste HEESCHS bei der Behandlung grundlegender Fragestellungen der mathematischen Kristallographie heraus. Insbesondere betonte er, daß HEESCHS Ideen und Ergebnisse auf dem Gebiet der Schwarz-Weiß-Gruppen lange Zeit unbeachtet geblieben waren und erst spät Anerkennung gefunden hatten:

> «Die neuere theoretische Kristallographie hat viel von diesen Gedanken, die vor mehr als 50 Jahren veröffentlicht wurden, aufgegriffen [180].»

G. C. SHEPHARD, Norwich, 'Tiling 3-dimensional space with polyhedral tiles', und E. KOCH, Marburg, ‹Normalisatoren von Raumgruppen: Eigenschaften und Anwendungen›, lauteten die anderen Vorträge in diesem Kolloquium.

WONDRATSCHEK zog später das Fazit dieses Nachmittags:

> «Das HEESCH-Kolloquium war ein Erfolg und hat die Probleme der mathematischen Kristallographie auch fernerstehenden Kristallographen bewußt gemacht.»

In Tübingen traf man sich anschließend im Hospiz zum Abendessen und geselligen Beisammensein. Am darauffolgenden Tag wurde HEESCH von den Schweizern zum Abendessen eingeladen. Für HEESCH waren diese Tübinger Tage eine «wunderschöne tiefe Freude». Es zeigte sich wieder einmal, mit welcher warmherzigen Hochachtung HEESCH von den Kristallographen aufgenommen wurde – im Gegensatz zur kühlen Zurückhaltung und deutlichen Unsicherheit, mit der viele Mathematiker HEESCH begegneten.

Ein Jahr später fand vom 9. bis 18. 8. in Hamburg bereits wieder eine große internationale Tagung der Kristallographen statt: der '13. International Congress of Crystallography'. Es war eine riesige Veranstaltung mit circa 1500 Wissenschaftlern aus aller Welt. Insbesondere HANS WONDRATSCHEK aus Karlsruhe und seine Kieler Kollegen FRIEDRICH LIEBAU und HORST KÜPPERS veranlaßten, daß HEINRICH HEESCH als Ehrengast zu dieser Tagung eingeladen wurde. Sie drangen darauf, daß er auf einem eigenen Stand seine Materialien zur Flächenteilung innerhalb der 'non-commercial exhibition' ausstellte. KÜPPERS verfrachtete die drei je ca. 60 cm mal 90 cm großen Bücherschrank-Türen und zwei Tische mit Einlegearbeiten (Furnierarbeiten) in Parkettform sowie andere Teile in seinem Wagen von Kiel – sie befanden sich noch in der elterlichen Wohnung in Kiel – nach Hamburg. In Hamburg bauten HEESCH und RUTH PROKSCH die Ausstellungsstücke auf: Fliesen, Kacheln, Holzmodelle, Blechstücke, Schmuckstücke, Geschenkpapier, Fotos, Zeichnungen und vieles andere. Während der Tagung war dann ein ständiges Kommen und Gehen am HEESCH-Stand. Alte Bekannte konnten begrüßt werden, neue Bekanntschaften wurden geschlossen. Man traf sich bei HEESCH. Unzähligemale mußte das Prinzip der Flächenteilung, mußten die Grundkonstruktionen der regulären Parkettierungen erläutert und die historischen Zusammenhänge erzählt werden. HEESCHS Ausstellung war eine Attraktion und ein großer Erfolg. Unter ausländischen Gästen konnte man öfter hören:

> «Ist das der Heesch? Von dem hat man doch seit 50 Jahren nichts mehr gelesen.»

Aber der Name war vielen Kristallographen noch wohlbekannt und die Bewunderung und Freude, ihn kennengelernt zu haben, offensichtlich.

Gesellschaftlicher Höhepunkt war dann die große 'Congress Excursion', auf der in zehn Bussen Hunderte von Tagungsteilnehmern nach Lübeck, Travemünde und in die Eulenspiegel-Stadt Mölln gefahren wurden. HEESCH und PROKSCH hatten sich auf dieser

Fahrt den Ehepaaren KÜPPERS und LIEBAU angeschlossen und so mit ihnen schöne freundschaftliche Stunden verbracht. HEESCH war noch lange Zeit von dem Erlebnis dieser Tagung erfüllt.

Ein besonderer Einschnitt in HEESCHS Leben vollzog sich am 2./3. 10. 1984: Er gab seine elterliche Wohnung in Kiel am Wilhelmplatz 4 auf und zog mit allen Möbeln und Einrichtungsgegenständen nach Hannover um. Nach dem Auszug seiner Wirtin hatte er nun die Wohnung Im Moore 19 als Hauptmieter übernommen. Die seit Jahrzehnten verwohnten Räume hatte er vollständig renovieren lassen, wobei ihm RUTH PROKSCH mit Rat und Tat zur Seite gestanden hatte. Eine zentrale Gasheizung war eingebaut worden, so daß nun die Kohlen nicht mehr aus dem Keller in die dritte Etage geschleppt zu werden brauchten. Für manche andere Bequemlichkeit, die normalerweise heute selbstverständlich ist, auf die HEESCH bis dahin

Abb. 85
RUTH PROKSCH und HEINRICH HEESCH am ‹HEESCH-Stand› auf dem "13. International Congress of Crystallography" im August 1984 in Hamburg

aber immer verzichtet hatte, war ebenfalls gesorgt worden. Für HEESCH bedeutete dieser Umzug gleichzeitig ein Abschied von seiner geliebten Heimatstadt Kiel. Insofern waren dies traurige, von vielen wehmütigen Erinnerungen geprägte Tage.

Im Dezember 1984 traf HEESCH ein empfindlicher Verlust: Seine wertvolle alte italienische Geige, die er sich vor 15 Jahren in Kiel gekauft hatte, wurde ihm aus der verschlossenen Wohnung gestohlen. Es gab daraufhin peinlich genaue Befragungen und Protokollaufnahmen durch die Polizei. Alle Nachbarn wurden verhört und die einschlägigen Instrumentenhandlungen in der ganzen Bundesrepublik verständigt. Aber bis zum heutigen Tag konnten keine Spuren aufgedeckt werden. Obwohl HEESCH in den letzten Jahren nur noch selten gespielt hatte – in Hannover hatte sich keine Gelegenheit zum Musizieren mit anderen ergeben –, war der Verlust der Geige für ihn doch sehr schmerzlich. Zum Glück hatte er noch das Instrument, das ihm 1928 sein Lehrer FELIX BERBER geschenkt hatte. Aber dieses Instrument war bei weitem nicht so wertvoll wie das gestohlene.

Vom 1. bis 4. 4. 1985 fand aus Anlaß des 75. Geburtstages von KLAUS WAGNER in der HERMANN-EHLERS-Akademie in Kiel eine internationale Tagung statt ‹Über fachliche und didaktische Aspekte der Graphentheorie: Einbetten und Färben von Graphen›. Die Tagung wurde von den WAGNER-Schülern RAINER BODENDIEK und HEINZ SCHUMACHER, beide jetzt Professoren an der Pädagogischen Hochschule in Kiel, veranstaltet. Aus Hannover waren RUTH PROKSCH, HEINRICH HEESCH, WOLFGANG MADER und HANS-GÜNTHER BIGALKE eingeladen worden. Sie trugen dort auch vor[181]. Fast alle Schüler WAGNERS, die nun an Hochschulen oder Universitäten wirkten, waren anwesend. Außerdem auch GERHARD RINGEL aus Santa Cruz und aus der DDR HORST SACHS und G. BUROSCH. Es war eine sehr gelungene Tagung, deren Erfolg auch auf das Tagungsgebäude zurückzuführen war. Durch die Gesellschaftsräume, vor allem den ‹Bierkeller›, wurde eine Atmosphäre erzeugt, die nicht besser hätte sein können. Abends ging niemand woanders hin. Alles drängte in den Bierkeller, um bei Wein oder Bier zu diskutieren oder Erinnerungen auszutauschen.

Auch hier war die Lösung des Vierfarbenproblems ein nicht enden wollendes Gesprächsthema. Die Meinungen gingen auseinander. Während einige es für Zeitverschwendung hielten, sich weiter mit diesem Problemkreis zu befassen, wollten andere Genaueres über die Zweifel am APPEL-HAKEN-Beweis wissen. HORST SACHS bedauerte es angesichts der jetzigen unklaren Situation, daß er seinerzeit nach der Veröffentlichung des Beweises aufgehört hatte, sich mit dem Problem zu befassen. Man konnte ja nicht wissen – vielleicht war ja doch noch gar nichts wirklich bewiesen. HEESCH mußte seine Ansätze immer wieder erläutern. Aber die Materie ist nicht so gelagert, daß für sie an einem Biertisch neue Anhänger gewonnen werden können, die dann vielleicht damit weitermachen. Vieles blieb unklar.

Im Frühjahr 1985 schwirrte auf mehreren Tagungen das Gerücht umher, daß APPEL und HAKEN ihren Beweis wegen mehrerer Fehler und Unvollständigkeiten offiziell zurückgezogen hätten. HEESCH fragte sofort bei DÜRRE nach. DÜRRE rief SHIMAMOTO an, und SHIMAMOTO erkundigte sich direkt bei HAKEN. Dieser dementierte. Es war also doch nur ein Gerücht gewesen. Aber APPEL und HAKEN reagierten dann doch mit ihrer schon erwähnten Arbeit: *The Four Color Proof Suffices*[178].

Auf der Bundestagung für Didaktik der Mathematik in Bielefeld hielt ein Mathematiker am 6. 3. 1986 einen Hauptvortrag zum Thema ‹Das mathematische Denken und der Computer›. Als er gefragt wurde: «Was halten Sie vom Beweis des Vierfarbensatzes?», antwortete er spontan: «Der ist doch sowieso falsch!» In einer Diskussion nach dem Vortrag vertrat er die Ansicht, daß der HAKEN-Beweis schon deswegen falsch sei, weil das Verfahren, nämlich der Rückgriff auf endliche Mengen, in diesem Falle grundsätzlich nicht funktionieren könne. Auch diese Meinung gab es also.

1986 veranstalteten die Stadt und die Technische Hochschule Darmstadt von Mai bis August auf der Mathildenhöhe eine umfassende Ausstellung zum Thema ‹Symmetrie in Kunst, Natur und Wissenschaft›, die in der breiten Öffentlichkeit große Beachtung fand. Im Rahmen dieser Ausstellung fand vom 13. bis 16. 6. ein interdisziplinäres wissenschaftliches ‹Symmetrie-Symposium› statt, zu dem auch HEINRICH HEESCH um einen Beitrag gebeten wurde. Er entschied sich für eine Poster-Präsentation zum Thema ‹Zweidimensionale Kristallographie› innerhalb des Workshops ‹Kristallographische Symmetrie›. Auf drei großen Wänden wurden die 28 Grundtypen der 93 Typen regulärer Parkettierungen dargestellt und anhand vieler Parkettbeispiele erläutert. Die schönen, zum Teil kolorierten Originalzeichnungen verfehlten ihre Wirkung nicht und zogen viele Betrachter an, denen HEINRICH HEESCH und RUTH PROKSCH die Einzelheiten erklären mußten. Viele neue Freunde wurden hier für die Sache gewonnen.

Am 25. Juni 1986 vollendet
Herr Prof. Dr. Heinrich Heesch
sein 80. Lebensjahr.

Aus diesem Anlaß veranstaltet das
Lehrgebiet Mathematik und ihre Didaktik
im großen Katalogsaal der Universitätsbibliothek,
Welfengarten 1 b, eine Ausstellung:

Heinrich Heesch
Aus der Arbeit eines hannoverschen Mathematikers.

Zur offiziellen Eröffnung dieser Ausstellung
laden wir Sie herzlich ein.

Fachbereich Mathematik

Lehrgebiet Mathematik
und ihre Didaktik
FB Erziehungswissenschaften I

Universität Hannover

Programm

Dr. Ing. G. Schlitt, Ltd. Bibliotheksdirektor
Begrüßung

Prof. Dr. K. Steffens, Dekan des FB Mathematik
Gratulation und Ansprache

Prof. Dr. H.-G. Bigalke, Lehrgebiet Mathematik
und ihre Didaktik
Würdigung der Arbeit Heinrich Heeschs
und
Eröffnung der Ausstellung

Die Veranstaltung findet im Vortragssaal der
Universitätsbibliothek, Welfengarten 1 b,
am 25. Juni 1986, um 16.15 Uhr statt.

Anschließend bittet Herr Prof. Dr. Heesch
zu einem Umtrunk und Imbiß.

U. A. w. g. bis 15. Juni 1986.

(Wenn Sie sich die Ausstellung ansehen möchten, sollten Sie dies vor der Veranstaltung tun, da der Katalogsaal um 19.00 Uhr geschlossen wird.)

Abb. 86
Einladung zur Eröffnung der Ausstellung anläßlich des 80. Geburtstages HEINRICH HEESCHS am 25. 6. 1986.

Flankiert wurde HEESCHS Poster-Session durch eine Poster-Darbietung zum Thema ‹Zur Struktur regulärer Parkettierungen› von HANS-GÜNTHER BIGALKE. Hier wurde die Struktur der von HEESCH erstmals aufgezeigten Menge der 93 Typen regulärer Parkettierungen analysiert und durch eine Typisierung der Parkettsteine ergänzt. Eine entsprechende Veröffentlichung widmete BIGALKE HEINRICH HEESCH zum 80. Geburtstag[182].

Wie immer bei solchen Gelegenheiten traf HEESCH auch auf dieser Tagung viele alte Bekannte und machte neue Bekanntschaften vor allem mit jüngeren Wissenschaftlern, die zwar seinen Namen kannten, ihm aber bisher nicht persönlich begegnet waren. So zum Beispiel Professor DÉNES NAGY, Budapest, der nach der Tagung an HEESCH schrieb:

> "I enjoyed very much the conversation and discussion with you in Darmstadt. Of course it was a great pleasure for me to meet Professor HEESCH, who is one of the most prominent figure of modern mathematical crystallography and symmetry research. I am also a historian of science and technology (not only mathematician), and may I remark: we have to begin a lot of chapter in history of modern geometry and crystallography with the same phrase
>
> At first professor HEINRICH HEESCH ...
>
> Really, it is impossible to speak e.g. about tessellations (Parkettierung), black-white symmetry, generalization of symmetry groups, four dimensional crystallography, etc. etc. without the name of Prof. HEESCH. He is a legendary fellow to me, who made very important contributions in many fields, who understood extrainteresting problems a long ago, who is the 'father' of modern mathematical crystallography."

HEESCHS 80. Geburtstag am 25. 6. 1986 wurde mit einer sehr schönen Veranstaltung gefeiert. (Die Einladung zu dieser Feierstunde und das Programm zeigt Abb. 86.) HEINRICH HEESCH wurde eine besondere Freude bereitet: Im Anschluß an die Würdigung seiner Arbeit konnte ihm das erste Exemplar *HEINRICH HEESCH – Gesammelte Abhandlungen* überreicht werden[183]. Damit lagen nun alle seine Veröffentlichungen (außer den Preprints zur Vierfarben-Forschung) gesammelt vor. Spätestens ab diesem Zeitpunkt kann das oft gehörte Argument, die Arbeiten HEESCHS seien nur sehr schwer zugänglich, nicht mehr akzeptiert werden.

In der ‹HEESCH-Ausstellung› wurde in acht Vitrinen über die Arbeitsgebiete des Jubilars berichtet:

– *Kristallgeometrie – Parkettierungen – Vierfarbenproblem* –.

Dabei war es den Veranstaltern gelungen, die mathematischen Fakten didaktisch so aufzuarbeiten und darzustellen (zum Teil

Abb. 87
HEINRICH HEESCH im Oktober 1986 an der Leit-Vitrine der HEESCH-Ausstellung.

mit anschaulichen Modellen), daß auch Nicht-Mathematiker einen guten Eindruck von den Arbeiten bekommen konnten. Die Ausstellung fand gebührende Beachtung und wurde von vielen als die schönste bezeichnet, die in der Universitätbibliothek bisher gezeigt worden war.

An der Universität Kiel hielt HORST KÜPPERS am 1. 7. 1986 im Mineralogischen Kolloquium einen Vortrag mit dem Thema ‹Anwendungen der Schwarz-Weiß-Gruppen (HEESCH–SCHUBNIKOW-Gruppen) in der Kristallographie›. In der Einladung hieß es: «. . . aus Anlaß des 80. Geburtstages von Prof. Dr. HEINRICH HEESCH (* 25.06. 1906 in Kiel).»

Im April 1987 wurde zu Ehren des 100. Geburtstages von SCHUBNIKOW in Moskau ein einwöchiges ‹Seminar über Symmetrie› veranstaltet. In den vielen Reden wurde auch mehrfach HEINRICH HEESCH als ‹Erfinder› der Schwarz-Weiß-Raumgruppen genannt. Sogar V. A. KOPTSIK – man erinnere sich an dessen Auftreten auf der Bielefelder Tagung im September 1979 – anerkannte diese Urheberschaft öffentlich. Damit schloß sich ein Bogen über fast sechzig Jahre zu den Anfängen der Forschungen HEINRICH HEESCHS in Zürich. Und es waren wieder einmal die Kristallographen, die HEINRICH HEESCHS gedachten und seine Arbeiten zu würdigen wußten.

Chronologie

1906	25.6. Geburt in Kiel. Sehr frühzeitig Ausbildung am Kieler Konservatorium im Fach Violine.
1925	Abitur in Kiel.
1925–1928	Studium in München: Violine an der Staatlichen Akademie der Tonkunst, Physik und Mathematik an der Universität.
1928	Meisterklassenzeugnis für Violine.
1928–1930	Studium und Promotion in Zürich. Arbeiten auf dem Gebiet der Kristallgeometrie, Definition und erste Abzählungen der Schwarz-Weiß-Raumgruppen.
1930–1935	Assistent am Mathematischen Institut in Göttingen. Weitere Arbeiten auf dem Gebiet der Kristallgeometrie, Lösung des Regulären Parkettierungsproblems.
1935–1955	Privatgelehrter. Arbeiten auf dem Gebiet der Flächenteilung, erste Forschungen zur Lösung des Vierfarbenproblems. Im Krieg z. T. Soldat, z. T. Civillehrer an einer Schiffsartillerieschule, z. T. in der Industrie tätig.
1955	Lehrbeauftragter an der Technischen Hochschule Hannover.
1958	Habilitation mit Arbeiten in der Vierfarben-Forschung.
1961	Besoldeter Privatdozent an der TH Hannover.
1963	Buch, zusammen mit OTTO KIENZLE: *Flächenschluß, System der Formen lückenlos aneinanderschließender Flachteile.*
1964	Entdeckung der D-Reduktion.
1965	Zum ersten Mal Einsatz eines Computers in der Vierfarbenforschung.
1966	apl. Professor.
1968	Buch: *Reguläres Parkettierungsproblem.*
1968–1971	insgesamt ca. 1 1/2 Jahre Forschungsaufenthalt (Gastprofessur) in den USA.
1969	Buch: *Untersuchungen zum Vierfarbenproblem.*
1970	‹Finitisierungsarbeit› zur Lösung des Vierfarbenproblems.
1973	Entdeckung der E-Reduktion.
1974–1980	U. a. zahlreiche Arbeiten (zehn Preprints) zum Vierfarbenproblem.

1975 Pensionierung.

1981 Feier des 75. Geburtstages mit einem Festkolloquium.

1986 Feier des 80. Geburtstages mit einer festlichen Eröffnung der Ausstellung ‹Heinrich Heesch – Aus der Arbeit eines hannoverschen Mathematikers›.

Quellen

Kapitel 1

1 Zitiert nach *Cellesche Zeitung* vom 2. 8. 86: *Die schwarzen Schafe.*
2 Aus: Hansen, H. J., *Die Schiffe der deutschen Flotte 1848–1945.*
3 Scriba, Ch. J. in: *Jber. d. Dt. Math.-Verein.*, *73* (1971) 1–5.
4 Cf. das Vorwort aus Steinitz, E., Rademacher, H., *Vorlesungen über die Theorie der Polyeder.* Berlin 1934.
5 Cf. Behnke, H., Köthe, G., *Otto Toeplitz zum Gedächtnis.* In: *Jber. d. Dt. Math.-Verein.*, *66* (1964).
6 Aus: Hermes, H., *Heinrich Scholz – Die Persönlichkeit und sein Werk als Logiker.* In: *Heinrich Scholz.* Schriftenreihe der Ges. z. Förderung d. Westf. Wilhelms-Universität zu Münster, *41* (1958).

Kapitel 2

7 Rohsa, E., *‹Putti› Staiger – ungebeugt vom harten Schicksal.* In: *Göttinger Monatsblätter*, Oktober 1983, p. 6/7.
8 Arnold Sommerfeld, *Autobiographische Skizze.* In: Bopp, F. (Hrsg.), *Geist und Gestalt.* Biographische Beiträge zur Geschichte der Bayerischen Akademie d. Wiss., Bd. 2 (1959).
9 Hermann, A., *Albert Einstein/Arnold Sommerfeld – Briefwechsel.* Basel, Stuttgart 1968.
10 Nach: Eckert, M., Pricha, W., Schubert, H., Torker, G., *Geheimrat Sommerfeld – Theoretische Physiker. Eine Dokumentation aus dem Nachlaß.* Deutsches Museum, München 1984.
11 Perron, O., *Constantin Carathéodory.* In: *Jber. d. Dt. Math.-Verein.*, *55* (1952).
12 Siehe: Perron, O., *Heinrich Tietze.* In: *Jber. d. Dt. Math.-Verein.*, *83* (1982).
13 Aumann, G., *Heinrich Tietze.* In: *Jbuch Bayer. Akad. Wiss.* (1964).
14 Cf. Perron, loc. cit.[12].
15 Nach Pinl, M., *Kollegen in einer dunklen Zeit*, Teil III. In: *Jber. d. Dt. Math.-Verein.*, *73* (1971/72).
16 Aus einer Münchener Zeitung (?) anläßlich des Todes von Felix Berber am 2. 11. 1930.
17 Schmidt, H., *Oskar Perron. In: Jbuch 1976, Bayer. Akad. Wiss.*, München 1976.
18 Eduard Spranger anläßlich der Trauerfeier des Bayer. Volksbildungsverbandes am 6. 3. 1932 in: *Georg Kerschensteiner zum Gedächtnis.*
19 Karl Alexander von Müller in: cf. [18].
20 Englert, L., *Georg Kerschensteiner – Eduard Spranger, Briefwechsel 1912–1931.* München u. a. 1966.
21 Englert, L., *Georg Kerschensteiner.* In: *Neue Deutsche Biographie*, Band 11, Berlin 1977.
22 Aus *Meyers Enzyklopädisches Lexikon*, 1979.

Kapitel 3

23 Cf. [9].
24 Cf. HUND, F., *Geschichte der Quantentheorie.* BI Hochschultaschenbuch 200/200a, Mannheim 1967.
25 Cf. hierzu HEISENBERG, W., *Die physikalischen Prinzipien der Quantentheorie.* Leipzig 1930.
26 Cf. [24].
27 Dies geschah in den Bänden *69* (1929) und *70* (1969) in der angegebenen Zeitschrift.
28 *Zeitschrift für Kristallographie., 71* (1929), p. 95–102.
29 BURCKHARDT, J. J., *Zur Geschichte der Entdeckung der 230 Raumgruppen.* In: *Arch. Hist. Exact Sci., 4* (1967/68), p. 235–246.
30 *Zeitschrift für Kristallographie, 72* (1929), p. 177–201.
31 Sie erschien 1929 im Band *72* der *Zeitschrift für Kristallographie*, p. 272–290.
32 Unter den Obertiteln *Zur systematischen Strukturtheorie III* und *Zur systematischen Strukturtheorie IV*, in Band *73* (1930), p. 325–345 bzw. p. 346–356.
33 BUCRKHARDT, J. J., *Zur Theorie der Bewegungsgruppen.* In: *Comm. Math. Helv., 6* (1933/34), p. 159–184.
34 Siehe hierzu z. B. die Literaturangaben in: SCHUBNIKOV, A. V., BELOV, N. V., *Colored Symmetry.* Oxford u. a. 1964.
35 Wohl erstmals von BELOV, N. V., NERONOVA, N. N., SMIRNOVA, T. S., *1651 Schubnikov groups.* In: *Trudy, Akad. Nauk SSSR, Inst. Kristall., 11* (1955), p. 33–67.
36 Zum Beispiel bei NOWACKI, W., *Zur Symmetrielehre*, 1. Überblick über «zweifarbige» Symmetriegruppen. In: *Fortschr. d. Mineralogie, 38* (1960), p. 96–107.
37 ZAMORZAEV, A. M., PALISTRANT, A. F., *Antisymmetry, its generalization and geometrical applications.* In: *Zeitschrift für Kristallographie, 151* (1980), p. 231–248.
38 In dem Standardwerk RADO/SUHL, *Magnetism*, Vol. II, Part A, 1965.
39 Cf. auch z. B.: V. KOPSKY, *The Structure of Heesch Groups and its Relation to Material Property Tensors.* In: *J. Magnetism and Magnetics Materials, 3* (1976) 201–211.
40 Cf. NOWACKI, loc. cit. [36].
41 Cf. SHUBNIKOV, loc. cit. [34].
42 GREGOR WENTZEL in einer Bescheinigung vom 18. 7. 1930.
43 Nach J. J. BURCKHARDT, *Die Mathematik an der Universität Zürich 1916–1950.* Beih. Nr. 16 z. Zeitschr. *Elemente der Mathematik*, Basel 1980.
44 *Neue Zürcher Zeitung* am 8. 7. 1930.
45 Cf. BURCKHARDT, loc. cit. [43].
46 Nach BURCKHARDT, loc. cit. [43].
47 Cf. BURCKHARDT, loc. cit. [43].
48 SPEISER, A., *Ein Parmenides-Kommentar. Studien zur Platonischen Dialektik.* Leipzig 1937 (2. erw. Aufl., Stuttgart 1959).
49 Nach BURCKHARDT, loc. cit. [43].
50 GRAESER, W., *Bachs Kunst der Fuge.* In: *Bach-Jahrbuch 1924*, XXI. Jahrgang, Leipzig 1925, p. 1–104.
51 BERGEL, E., *Johann Sebastian Bach – Die Kunst der Fuge.* Bonn 1980.
52 RIEMANN, Musiklexikon, Mainz 1959, p. 665.
53 Siehe BURCKHARDT, loc. cit. [43].

Kapitel 4

54 REID, C., *Courant in Göttingen and New York, The Story of an Improbable Mathematician.* New York, Heidelberg, Berlin 1976.
55 CARATHÉODORY, C., *Zum Andenken an David Hilbert.* In: *Die Naturwissenschaften, 31* (1943), p. 241.
56 Alle Angaben (in der Reihenfolge) nach dem Vorlesungsverzeichnis vom Sommersemester 1931.
57 Nach SOMMERFELD, A., *Zum Andenken an David Hilbert.* In: Die Naturwissenschaften, *31* (1943), p. 240/41.
58 BEHNKE, H., *Gelebte Mathematik.* In: *Math. Phys. Semesterberichte, 19* (1972), p. 135–145.
59 Cf. REID, loc. cit. [54], p. 110.
60 KNOPP, K., *Edmund Landau.* In: *Jber. d. Dt. Math.-Verein., 54* (1951), p. 55–62.
61 MACLANE, S., *Mathematics at the University of Göttingen.* In: BREWER, J. W., SMITH, M. K., *Emmy Noether.* New York, Basel 1981.
62 CHARLOTTE JOHN, zitiert von C. REID, loc. cit. [54], p. 127.
63 VAN DER WAERDEN, B. L., *Nachruf auf Emmy Noether.* In: *Mathem. Annalen, 111* (1935).
64 *Zeitschrift für Kristallographie, 81* (1932), p. 230–242.
65 In: *Zeitschrift für Kristallographie, 78* (1931), p. 208–241.
66 Veröffentlicht in: *Nachr. Ges. Wiss. Göttingen, Mathem.-Phys. Klasse* 1932, p. 268–273.
67 Erschienen in: *Zeitschrift für Kristallographie,* (A) *83* (1933) p. 335–344.
68 Erschienen in: *Zeitschrift für Kristallographie,* (A) *84* (1933) p. 400–407.
69 Cf. beispielsweise bei HUTCHINSON, J. P., *Automorphism Properties of Embedded Graphs.* In: *J. Graph Theory, 8* (1984), p. 36–49.
70 Erschienen in: *Zeitschrift für Kristallographie,* (A) *85* (1933), p. 443–453.
71 FISCHER, W., *Homogene Kugelpackungen mit der Koordinationszahl 3.* In: *Zeitschrift f. Kristallographie, 162* (1983), p. 76.
72 Cf. HILBERT, D., COHN-VOSSEN, S., *Anschauliche Geometrie.* Berlin, Heidelberg, New York 1932, p. 44/45.
73 Cf. MACLANE, loc. cit. [61].

Kapitel 5

74 DEUERLEIN, E., *Der Aufstieg der NSDAP in Augenzeugenberichten.* dtv Band 1040, München 1974, p. 383.
75 Zitiert nach DEUERLEIN, loc. cit. p. 384.
76 Nach DEUERLEIN, loc. cit. p. 395.
77 Siehe DEUERLEIN, loc. cit. p. 401.
78 Nach DEUERLEIN, loc. cit. p. 414.
79 RÜHLE, G., *Das Dritte Reich.* Berlin 1934, p. 112 f.
80 RÜHLE, G., loc. cit. p. 113.
81 BRACHER, K. D., SAUER, W., SCHULZ, G., *Die Nationalsozialistische Machtergreifung.* Köln, Opladen 1960, p. 173.
82 REIMANN, B. W., *Die ‹Selbstgleichschaltung› der Universitäten.* In: TRÖGER, J., *Hochschule und Wissenschaft im Dritten Reich,* Frankfurt, New York 1984.
83 Zitiert nach HERMANN, A., *Albert Einstein/Arnold Sommerfeld – Briefwechsel.* Basel, Stuttgart 1968, p. 119.

84 Alle Zitate in den beiden vorangehenden Abschnitten nach: BEYERCHEN, A. D., *Wissenschaftler unter Hitler*. Köln 1980, p. 41.
85 Cf. FREWER, M., *Felix Bernstein*. In: *Jber. d. Dt. Math.-Verein.*, *83* (1981), p. 84–95.
86 Quellen zu diesem Abschnitt sind: REID, C., loc. cit. [54], BEYERCHEN, A. D., loc. cit. [84], und PINL, M., *Kollegen in dunkler Zeit*, Teil II. In: *Jber. d. Dt. Math.-Verein.*, *72* (1970/71), p. 165–189.
87 Cf. ROEGELE, O. B., *Student im Dritten Reich*. In: KUHN, H., et al., *Die Deutsche Universität im Dritten Reich*, München 1966.
88 KUNKEL, W., *Der Professor im Dritten Reich*. In: KUHN, H., loc. cit. [87], p. 116.
89 Nach: SEIER, H., *Universität und Hochschulpolitik im nationalsozialistischen Staat*. In: MALETTKE, K. (Hg.), *Der Nationalsozialismus an der Macht*, Göttingen 1984.
90 REID, C., loc. cit. [54].
91 GUNDELACH, E., *Die Verfassung der Göttinger Universität in 3 Jahrhunderten*. Göttingen 1955.
92 Cf. KUNKEL, W., loc. cit. [88], p. 114.
93 Dargestellt und zitiert nach: *Jber. d. Dt. Math.-Verein.*, *43* (1934) p. 81 f.
94 Einzelheiten zu dieser Mitgliederversammlung siehe in: *Jber. d. Dt. Math.-Verein.*, *44* (1934), p. 86–88. Der Wortlaut des Antrags ist nach Unterlagen zitiert, die im Nachlaß HEINRICH HEESCHS vorliegen.
95 SEIER, H., loc. cit. [89].
96 Siehe hierzu z. B. BIEBERBACHS Auseinandersetzung mit HARALD BOHR in: *Jber. d. Dt. Math.-Verein.*, *44* (1934), 1–3, und die Reaktion der Mitgliederversammlung der DMV darauf in demselben Band, p. 86–88.
97 In: *Commentarii Mathematici Helvetici*, *6* (1933/34), p. 144–153.
98 Veröffentlicht in: *Nachr. Ges. Wiss. Göttingen, Mathem.-Phys. Klasse*, 1934, p. 35–42.
99 Veröffentlicht in: *Nachr. Ges. Wiss. Göttingen, Mathem.-Phys. Klasse*, 1935, p. 115–117.
100 Nach RÜHLE, G., loc. cit. [79], p. 155.
101 SEIER, H., loc. cit. [89], p. 155 f.
102 KUNKEL, W., loc. cit. [88], p. 127.
103 Zu WILHELM BÖRGER cf.: BRACHER/SAUER/SCHULZ, loc. cit. [81], p. 631 und 642.

Kapitel 6

104 HILBERT, D., *Mathematische Probleme*. (Pariser Vortrag) In: *Nachr. Ges. Wiss. Göttingen, Mathematisch-Physikalische Klasse*, (1900).
105 In: *Nachr. Ges. Wiss. Göttingen, Math.-Phys. Klasse*, (1910), p. 75–84, und in: *Math. Ann.*, *70* (1911), p. 297–336, und *72* (1912), p. 400–412.
106 REINHARDT, K., *Zur Zerlegung der Euklidischen Räume in kongruente Polytope*. In: *Sitzungsberichte der Preussischen Akademie der Wissenschaften, physikalisch-mathematische Klasse*, (1928) p. 150–155.
107 HEESCH beschreibt dies in seinem Buch *Reguläres Parkettierungsproblem*, Köln und Oppladen 1968, p. 20.
108 In: *Nachr. Ges. Wiss. Göttingen, Math.-Phys. Klasse*, 1935, p. 115–117.
108 a REINHARDT, K., *Über die Zerlegung der Ebene in Polygone*. Dissertation, Frankfurt a. M. 1918.

109 Cf. KERSHNER, R. B., *On Paving the Plane*. In: *The Amer. Math. Monthly*, *75* (1968), p. 839–844.

110 Zusammengefaßt loc. cit. [107].

Kapitel 7

111 HEESCH, E., HEESCH, H., LOEF, J., *System einer Flächenteilung und seine Anwendung zum Werkstoff- und Arbeitsparen*. Moosburg 1944.

Kapitel 8

112 Eine ausgezeichnete Darstellung der Geschichte des Vierfarbenproblems findet der Leser beispielsweise bei: AIGNER, M., *Graphentheorie – Eine Entwicklung aus dem 4-Farbenproblem*. Stuttgart 1984, oder bei: SAATY, T. L., KAINEN, P. C., *The Four-Color-Problem*. McGraw-Hill, Inc, 1977. Cf. auch APPEL, K., HAKEN, W., *The Four-Color-Problem*. In: STEEN, *In Mathematics today*. Berlin-Heidelberg-New York, 1978.

113 KEMPE, A. B., *On the geographical problem of the four colors*. In: *Am. J. Math.*, *2* (1879), p. 193–200.

114 HEAWOOD, P. J., *Map-color* theorems. In: *Quart. J. Math.*, *29* (1897) p. 270–285.

115 AIGNER, M., loc. cit. [112].

116 Bezüglich der verwendeten Fachtermini sei auf die einschlägige Literatur verwiesen. Etwa: HEESCH, H., *Untersuchungen zum Vierfarbenproblem*. Mannheim 1969, oder auch AIGNER, M., loc. cit. [112].

117 Alle Angaben über PESCHL nach: REICH, L., *Ansprache und Laudatio für Herrn Univ.-Prof. Dr. Dr.h.c. Ernst F. Peschl*. In: *Grazer Universitätsreden*, Band 20, Graz 1983.

Kapitel 9

118 HEESCH, H., KIENZLE, O., *Flächenschluß*. Band 6 in der Schriftenreihe: *Wissenschaftliche Normung*. Berlin-Göttingen-Heidelberg 1963.

119 COXETER, H. S. M., in: *Mathematical Reviews*, *27*, (1964).

120 PROKSCH, R., *Geometrische Propädeutik*. Göttingen 1956.

121 Cf. hierzu: HEESCH, H., *Untersuchungen zum Vierfarbenproblem*. BI-Hochschulskripten, Band 810/810a/810b, Mannheim 1969.

122 HEESCH, H., *Reguläres Parkettierungsproblem*. Westdeutscher Verlag, Köln und Opladen 1968.

123 Cf. z. B. bei: GRÜNBAUM, B., SHEPHARD, G. C., *Tilings and Patterns*, New York 1986, p. 155.

Kapitel 10

124 WINN, C. E., *A Case of Coloration in the Four Color Problem*. In: *Am. J. Math.*, *49* (1937), p. 515–528.

125 Eine genauere Darstellung findet man bei DÜRRE, K. und MIEHE, F., *Eine Implementierung des HEESCH-Algorithmus zur chromatischen Reduktion*. In: NAGL, M. und SCHNEIDER, H.-J. (Hrsg.): *Graphs, Data Structures, Algorithms*; Band 13 der Serie *Applied Computer Sciences*, München Wien 1979.

126 Cf. [121].

127 WOLLNY, W., *Reguläre Parkettierung der euklidischen Ebene durch unbeschränkte Bereiche.* BI-Hochschultaschenbuch, Band 711, Mannheim 1970.

Kapitel 11

128 Cf. HEESCH, H., *Untersuchungen zum Vierfarbenproblem*, p. 179 und 216.
129 HEESCH, H., *Chromatic Reduction of the Triangulations* T_e, $e = e_5 + e_7$. In: *Journal of Combinatorial Theory*, (B) *15*, (1972), p. 46–55.
130 Cf. [121].

Kapitel 12

131 Cf. WINN, C. E., loc. cit. [124].
132 Cf. HEESCH, H., [121], p. 94 bis 128.
133 Bei der FERMATschen Dreiecksaufgabe handelt es sich darum, ein pythagoräisches Dreieck (rechtwinkliges Dreieck mit ganzzahligen Seitenlängen) zu finden, dessen Hypotenuse und Kathetensumme Quadratzahlen sind, wobei die Länge der längeren Kathete geradzahlig ist. Die kleinstmögliche Lösung besteht aus 165-stelligen Zahlen!
134 HEESCH, H. *Herleitung aller z-positiven Figuren beim Vierfarbenproblem* (Urfassung von 1971). Preprint Nr. 111 des Instituts für Mathematik der Universität Hannover.
135 HEESCH bezieht sich hier auf seine *Untersuchungen zum Vierfarbenproblem*, wo er auf den Seiten 94–128 den Fall $e_6 = e_7 = 0$ gelöst hat.
136 BIRKHOFF, G. D., *The reducibility of maps.* In: *Amer. J. Math. 35* (1913), p. 115–128.

Kapitel 13

137 Cf. z. B. AIGNER, loc. cit. [112].
138 TUTTE, W. T., *Shimamoto's Attack on the Four Colour Problem.* Preprint, Faculty of Mathematics, University of Waterloo, Waterloo, Ontario, Canada, 1971.
139 WHITNEY, H., *On reduzibility in the four color problem.* Umdruck vom 5.11.1971.
140 WHITNEY, H., TUTTE, W. T., *Kempe Chains and the Four Colour Problem.* In: *Utilitas Mathematica, 2* (1972), p. 241–281.

Kapitel 14

141 ALLAIRE, F., *A Minimal 5-Chromatic Planar Graph Contains a 6-Valent Vertex.* In: *Proceedings of the Seventh Southeastern Conference On Combinatorics, Graph Theory, And Computing.* Louisiana State University, Baton Rouge, February 9–12, 1976.
142 Später wandelte HEESCH die Definition der E-Reduktion etwas ab, indem er für die Ausgangsfigur nicht mehr die D-Irreduzibilität forderte. Bei dieser Sichtweise ist dann die D-Reduktion ein Spezialfall der E-Reduktion. Die Unterfigur ist die gesamte Figur.
143 HEESCH, H., *E-Reduktion.* Preprint Nr. 19 des Instituts für Mathematik der TU Hannover, 1975. Später veröffentlicht in: BODENDIEK, R. u. a., *Graphen in Forschung und Unterricht, Festschrift K. Wagner*, Bad Salzdetfurth 1985.

Kapitel 15

144 Tutte, W. T., *Even and odd 4-colorings*. In: Harary, F., *Proof Techniques in Graph Theory*. New York, London 1969.

145 Siehe Preprint Nr. 82 des Mathematischen Instituts der TU Hannover: Bigalke, H.-G., *Ein Umlege-Algorithmus zur Beseitigung der Ecken ungeraden Grades in Kugel-Triangulationen*, 1978.

146 Heesch, H., *Liste der reduziblen Figuren mit den Eckenzahlen n, $2 \leqq n \leqq 11$, des Randkreises C_n*. Preprint Nr. 15 des Instituts für Mathematik der TU Hannover, 1974.

147 Heesch, H., *F-Reduktion*. Preprint Nr. 36 des Mathematischen Instituts der TU Hannover, 1975.

148 Ihre Ergebnisse veröffentlichten Allaire und Swart 1978 im *Journal of Combinatorial Theory*, Series B *25*, p. 339–362, unter dem Titel *A Systematic Approach to the Determination of Reducible Configurations in the Four-Color Conjecture*.

149 In englischer Schreibweise wird eine Ecke (vertex) vom z. B. Grade 5 mit V_5 und entsprechend die Anzahl dieser Ecken in einer Triangulation mit v_5 bezeichnet.

150 Cf. [147].

151 Appel, K., Haken, W., *The Existence of Unavoidable Sets of Geographically Good Configurations*. In: *Illinois Jour. Math.*, *20* (1976), p. 218–297.

152 Heesch, H., Miehe, F., *Chromatische Reduktion der Triangulationen ohne (5,5)-Kante*. Preprint Nr. 47 des Mathematischen Instituts der TU Hannover, 1976.

153 Cf. loc. cit. p 216.

154 Cf. Appel, K., Haken, W., *An Unavoidable Set of Configurations in Planar Triangulations*. In: *Journal of Combinatorial Theory*, Ser. B *26* (1979), p. 1–21.

155 Veröffentlicht im *Journal of Combinatorial Theory*. Ser. B *27* (1979), p. 130–150.

Kapitel 16

156 Heesch, H., *Kanten-Nichtkritizität und Contraktions-Nichtkritizität*. Preprint Nr. 50 des Instituts für Mathematik der TU Hannover, 1976, und Heesch, H., *Zwei Paare von Reduktionstypen – Eine Vermutung über die Gestalt der K-reduziblen Figuren*. Preprint Nr. 72 des Instituts für Mathematik der TU Hannover, 1977.

157 Cf. loc. cit. [156].

158 In: *Lexikon der Pädagogik*, Verlag Herder, Freiburg 1952.

159 In: *Der mathematische und naturwissenschaftliche Unterricht*, *12* (1959/60), p. 20–23.

160 In: *Der Mathematikunterricht*, Heft 4 (1968).

161 In: *Der Mathematikunterricht*, Heft 4 (1979).

162 Siehe MacLane loc. cit. [61].

163 Dürre, K., Heesch, H., Miehe, F., *Eine Figurenliste zur chromatischen Reduktion*. Preprint Nr. 73 des Instituts für Mathematik der TU Hannover, 1977.

164 Appel, K., Haken, W., *Every Planar Map is Four Colorable, Part I: Discharging*. In: *Illinois Journal of Mathematics*, *21* (1977), p. 429–490 und zwei Microfiche Supplements, und Appel, K., Haken, W., Koch, J., *Every*

Planar Map is Colorable, Part II: Reducibility. In: *Illinois Journal of Mathematics, 21* (1977), p. 491–567.
165 Appel, K., Haken, W., *The Solution of the Four-Color-Map Problem*. In: *Scientific American*, Oct. 77, No. 4, p. 108–121. Deutsche Übersetzung in: *Spektrum der Wissenschaft*, Erst-Edition, Juni 1978.
166 Cf. Steen, L. A., *Solution of the four color problem*. In: *Mathematics Magazine, 49* (1976), p. 219–222.

Kapitel 17

167 Research Paper No. 370, Department of Mathematics and Statistics, Calgary, Alberta, Canada, Dezember 1977. Auch veröffentlicht in: *Proceedings of the Seventh Manitoba Conference on Numerical Mathematics and Computing*, (1977), p. 3–72.
168 Cf. Heesch, H., *Zum Vierfarbenproblem*. In: *Der Mathematikunterricht, 25* Heft 4 (1979), p. 70–74.
169 Heesch, H., *Verfeinernde Analyse der Färbungen von Triangulationen eines Randkreises* C_4. Preprint Nr. 105 des Instituts für Mathematik der Universität Hannover, 1979.
170 In: *Geometriae dedicata, 3* (1974), p. 469–481.
171 Cf. Kapitel 11.
172 Cf. loc. cit. [38] in Kapitel 3.
173 Heesch, H., *Herleitung aller z-positiven Figuren beim Vierfarbenproblem (Urfassung von 1971)*. Preprint Nr. 111 des Instituts für Mathematik der Universität Hannover, 1980.
174 Heesch, H., Köster, J., *Herleitung aller z-positiven Figuren beim Vierfarbenproblem, Zweite Fassung*. Preprint Nr. 112 des Instituts für Mathematik der Universität Hannover, 1980.
175 Heesch, H., *Ein zum Vierfarbensatz äquivalenter Satz der Panisochromie*. Preprint Nr. 117 des Instituts für Mathematik der Universität Hannover, 1980.

Kapitel 18

176 Coxeter, H. S. M., *A Systematic Notation for the Coxeter Graph*. In: *C. R. Math. Rep. Acad. Sci. Canada, 3* (1981), p. 329–332.
177 Heesch, H., *Über eine Gruppe der Ordnung 48*. Preprint Nr. 166 des Instituts für Mathematik der Universität Hannover, 1983.
178 Appel, K., Haken, W., *The Four Color Proof Suffices*. In: *The Mathematical Intelligencer, 8* No. 1 (1980), p. 10–20.
179 DMG = Deutsche Mineralogische Gesellschaft, DPG = Deutsche Physikalische Gesellschaft, GDCh = Gesellschaft Deutscher Chemiker, die alle mehr oder weniger an Kristallographie interessiert sind.
180 Wondratschek, H., *Heinrich Heesch und die Kristallographie*. In: *Zeitschrift für Kristallographie, 162* (1983), p. 233–234.
181 Siehe den Tagungsband: Bodendiek, R., et al., *Graphen in Forschung und Unterricht, Festschrift K. Wagner*. Bad Salzdetfurth 1985.
182 Bigalke, H.-G., *Zur Struktur regulärer Parkettierungen der euklidischen Ebene*. In: *Zeitschrift für Kristallographie, 176* (1986), p. 35–65.
183 *Heinrich Heesch – Gesammelte Abhandlungen*. Herausgegeben von Hans-Günther Bigalke. Bad Salzdetfurth 1986.

Schriftenverzeichnis

[1] Zur Strukturtheorie der ebenen Symmetriegruppen, *Zeitschrift für Kristallographie*, *71* (1929), p. 95–102.

[2] Zur systematischen Strukturtheorie II, *Zeitschrift für Kristallographie*, *72* (1929), p. 177–201.

[3] Über die vierdimensionalen Gruppen des dreidimensionalen Raumes, *Zeitschrift für Kristallographie*, *73* (1930), p. 325–345.

[4] Über die Symmetrien zweiter Art in Kontinuen und Semidiskontinuen, *Zeitschrift für Kristallographie*, *73* (1930), p. 346–356.

[5] Reine Diskontinuumskristallographie, *Zeitschrift für Kristallographie*, *81* (1932), p. 230–242.

[6] Über topologisch reguläre Teilungen geschlossener Flächen, *Nachrichten von der Gesellschaft der Wissenschaften zu Göttingen, Mathematisch-Physikalische Klasse 1932*, p. 268–273.

[7] Zur Topologie parallelepipedischer Gitter, *Zeitschrift für Kristallographie*, (A) *83* (1933), p. 335–344.

[8] Über topologisch gleichwertige Kristallbindungen, *Zeitschrift für Kristallographie*, (A) *84* (1933), p. 400–407.

[9] (zusammen mit F. Laves)
Über dünne Kugelpackungen, *Zeitschrift für Kristallographie*, (A) *85* (1933), p. 443–453

[10] Über Kugelteilung, *Commentarii Mathematici Helvetici*, *6* (1933/34), p. 144–153

[11] Über Raumteilungen, *Nachrichten von der Gesellschaft der Wissenschaften zu Göttingen, Mathematisch-Physikalische Klasse 1934*, p. 35–42

[12] Aufbau der Ebene aus kongruenten Bereichen, *Nachrichten von der Gesellschaft der Wissenschaften zu Göttingen, Mathematisch-Physikalische Klasse 1935*, p. 115–117

[13] Über das Parkettierungsproblem, Auszug aus einem auf der Tagung der Deutschen Mathematiker-Vereinigung in Bad Pyrmont im September 1934 gehaltenen Vortrag, *Jahresbericht der Deutschen Mathematiker-Vereinigung*, (1935), p. 71.

[14] (zusammen mit Elli Heesch und J. Loef) *System einer Flächenteilung und seine Anwendung zum Werkstoff- und Arbeitsparen*, Moosburg 1944, 62 Seiten.

[15] Flächenteilung als Mittel der Rationalisierung, *Industrie-Anzeiger*, 2. 5. 1950, p. 389–390

[16] Axiom, Axiomatik; Hypothese, Zwei Artikel in: *Lexikon der Pädagogik*, Freiburg 1952, Spalten 189/190 und 793.

[17] System der abfallosen Formen, *Mitteilungen der Forschungsgesellschaft Blechverarbeitung e.V.*, Nr. 19/20, 15.10.1956, p. 225–226.

[18] Abfalloses Schneiden und Stanzen von Blechen durch Anwendung des Flächenschlusses in der Konstruktion, eine Rationalisierungsanregung, *Werkstattstechnik und Maschinenbau*, *46* Heft 8 (1956), p. 427.

[19] Form im Flächenschluß, *Mitteilungen der Forschungsgesellschaft Blechverarbeitung e.V.*, Nr. 23, 1.12.1957, p. 257–260.

[20] Zur Klassifikation der ebenen kongruenten Abbildungen, *Der mathematische und naturwissenschaftliche Unterricht*, *12* (1959/60), p. 20–23.

[21] (zusammen mit O. KIENZLE) *Flächenschluß, System der Formen lückenlos aneinanderschließender Flachteile*, Berlin, Göttingen, Heidelberg 1963, X + 141 Seiten.

[22] Le découpage des matériaux en feuilles sans perte de matière, *Groupement pour l'avancement de la Mécanique Industrielle*, Septembre-Octobre 1964, Nr. 5, p. 13–24.

[23] *Reguläres Parkettierungsproblem*, Köln, Opladen 1968, 96 Seiten.

[24] *Untersuchungen zum Vierfarbenproblem*, BI-Hochschulskripten, Band 810/810a/810b, Mannheim 1969, 290 Seiten.

[25] Parkettierungsprobleme, *Der Mathematikunterricht*, Heft 4 (1968), p. 5–45.

[26] Die 17 diskontinuierlichen Gruppen ebener kongruenter Abbildungen mit mehr als einer Translationsrichtung, *Der Mathematikunterricht*, Heft 4 (1968), p. 46–54.

[27] Eine Betrachtung der 11 homogenen Ebenenteilungen, *Der Mathematikunterricht*, Heft 4 (1968), p. 66–78.

[28] Chromatic Reduction of the Triangulations T_e, $e = e_5 + e_7$, *Journal of Combinatorial Theory*, (B) *15* (1972), p. 46–55.

[29] Die Zwölfecke durch sämtliche Ecken eines Ikosaeders, *Der Mathematikunterricht*, Heft 4 (1979), p. 46–61.

[30] Über die Reduktionsmethode zur Lösung des Vierfarbenproblems, *Der Mathematikunterricht*, Heft 4 (1979), p. 62–69.

[31] Zum Vierfarbenproblem, *Der Mathematikunterricht*, Heft 4 (1979) p. 70–74.

[32] E-Reduktion, In: *Graphen in Forschung und Unterricht, Festschrift K. Wagner*, herausgegeben von R. Bodendiek, Salzdetfurth 1985, p. 78–84.

[33] Überdeckung der Ebene mittels kongruenter Bereiche, In: *Jahrbuch Überblicke Mathematik 1985*, Mannheim 1985, p. 39–55.

[34] Die 5 Typen der projektiven Abbildungen der Geraden auf sich und die 10 Typen der projektiven Abbildungen der Ebene auf sich, *Elemente der Mathematik*, *40* (1985), p. 60–62.

Preprints von HEINRICH HEESCH,
die am Institut für Mathematik, Universität Hannover, erschienen sind:

[P 1] Liste der reduziblen Figuren mit den Eckenzahlen n, $2 \leqq n \leqq 11$, des Randkreises C_n, 1974, Nr. 15.

[P 2] E-Reduktion, 1974, Nr. 19.

[P 3] F-Reduktion, 1975, Nr. 36.

[P 4] (zusammen mit F. MIEHE) Chromatische Reduktion der Triangulationen ohne (5,5)-Kante, 1976, Nr. 47.

[P 5] Kanten-Nichtkritizität und Contraktions-Nichtkritizität, 1976, Nr. 50.

[P 6] Zwei Paare von Reduktionstypen. Eine Vermutung über die Gestalt der K-reduziblen Figuren, 1977, Nr. 72.

[P 7] (zusammen mit K. DÜRRE und F. MIEHE) Eine Figurenliste zur chromatischen Reduktion, 1977, Nr. 73.

[P 8] Verfeinernde Analyse der Färbungen von Triangulationen eines Randkreises C_4, 1979, Nr. 105.
[P 9] Ein zum Vierfarbensatz äquivalenter Satz der Panisochromie, 1980, Nr. 117.
[P 10] Herleitung aller z-positiven Figuren beim Vierfarbenproblem (Urfassung von 1971), 1980, Nr. 111.
[P 11] (zusammen mit J. Köster) Herleitung aller z-positiven Figuren beim Vierfarbenproblem (Zweite Fassung), 1980, Nr. 112.
[P 12] Über eine Gruppe der Ordnung 48, 1983, Nr. 166.
[P 13] Klassifikation der linearen Abbildungen der affinen Ebene auf sich, 1984, Nr. 174.

Namenverzeichnis

Die Seitenzahlen sind kursiv gesetzt, wenn sich auf der betreffenden Seite ein Foto der Person befindet.

Bildnachweis

19 Privatbesitz, mit freundlicher Genehmigung von EMIL A. FELLMANN
22 Ansichtskarte
22 Mit freundlicher Genehmigung von Marcel Jenni, Universitätsbibliothek Basel
37 Ansichtskarte
76 *The Mathematical Intelligencer*, Vol. 8, No. 1, 1986, mit freundlicher Genehmigung des Springer-Verlags, Heidelberg
79 Blatt zum Monat Oktober aus dem *Mathematics Calendar 1979*, mit freundlicher Genehmigung des Springer-Verlags, Heidelberg

Alle anderen (photographischen) Abbildungen stammen aus Privatbesitz, mit freundlicher Genehmigung von HEINRICH HEESCH.